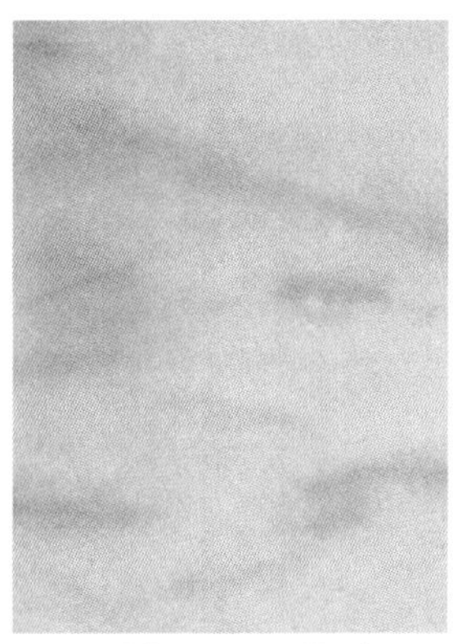
ROSA AURORA
玫瑰红

DARK GREEN(TAIWAN)
台湾大花绿

IMPERIAL RED
印度红

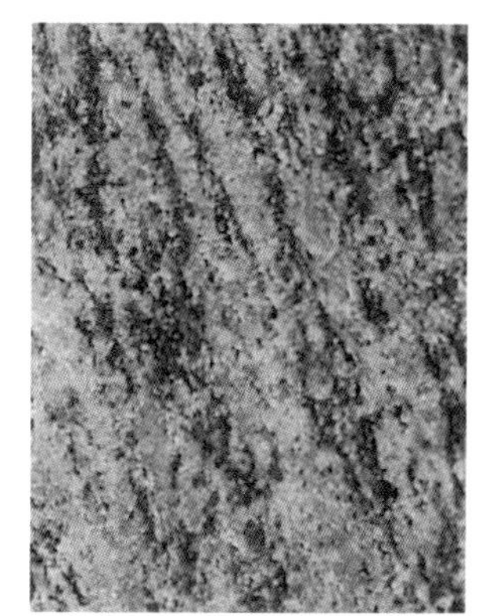
VERDE MARITACA
幻彩绿

图2-1 天然大理石板材

图2-2 广东中山市怡景假日酒店大理石饰面

EMERALD PEARL
绿星石

CAMELLIA PINK
美利坚红

PARADISO DARK
紫彩麻

NERO IMPALA
巴拿马黑

图2-3 天然花岗石板材

图2-4 北京中旅大厦天然花岗石饰面

黄

粉红

银灰

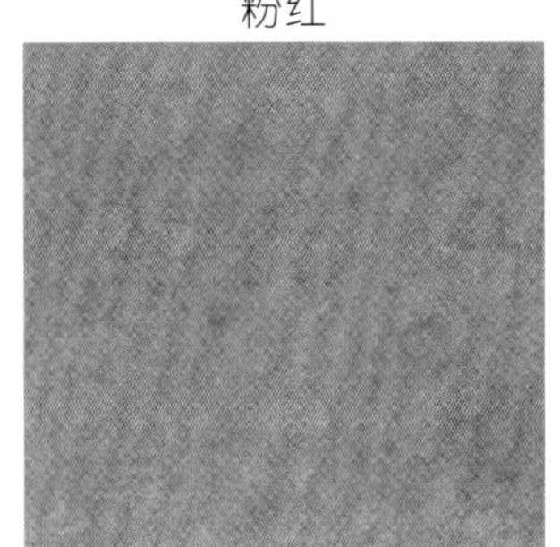

灰绿

图2-6 天津标准国际建材有限公司生产的微晶玻璃板及装饰实例

Y3360A

WT3360

F221

H3360A

F3002

图3-3 维也纳瓷砖样品及装饰实例

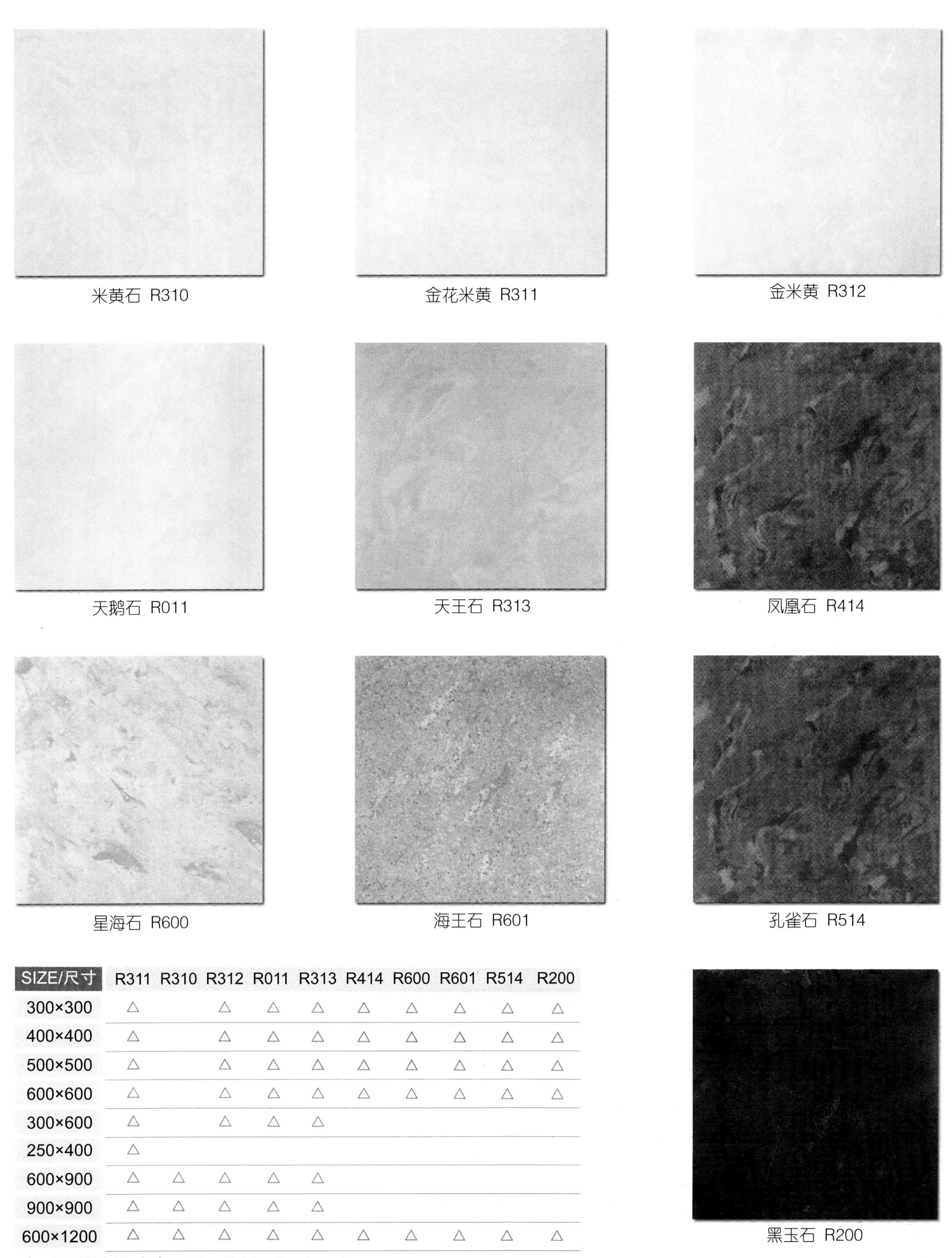

SIZE/尺寸	R311	R310	R312	R011	R313	R414	R600	R601	R514	R200
300×300	△		△	△	△	△	△	△	△	△
400×400	△		△	△	△	△	△	△	△	△
500×500	△		△	△	△	△	△	△	△	△
600×600	△		△	△	△	△	△	△	△	△
300×600	△		△	△	△					
250×400	△									
600×900	△	△	△	△	△					
900×900	△	△	△	△	△					
600×1200	△	△	△	△	△	△	△	△	△	△

△ 表示现有尺寸（mm)/available sizes(mm)

图3-6 上海斯米克玻化砖部分样品

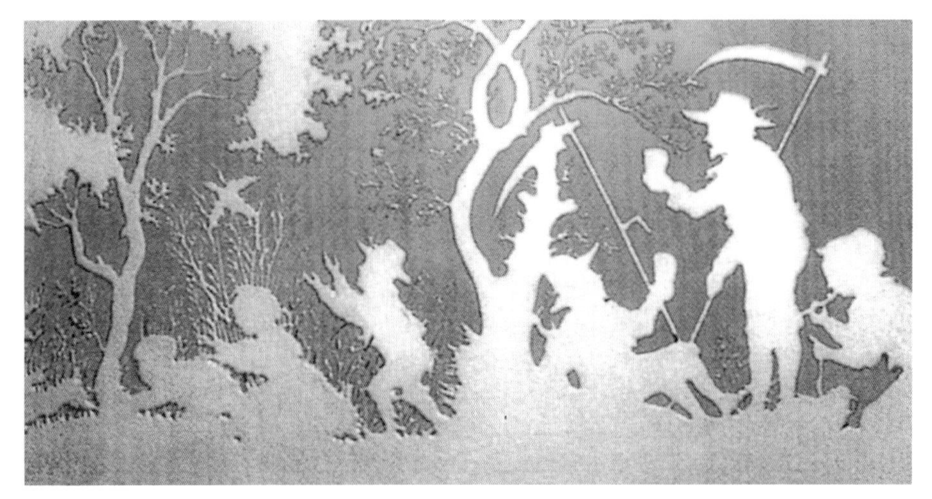

图4-3　图案毛玻璃

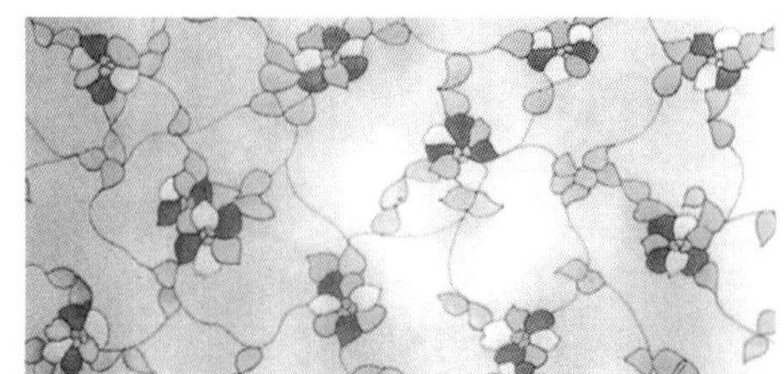

图4-4　各种图案的彩绘玻璃

图6-4　原色和上色竹地板

图6-5　原色竹地板铺地装饰效果

图6-13　软木地板与软木墙板装饰效果

图6-9　瑞典产仿大理石面复合地板装饰效果

图6-10　瑞典产仿天然木纹面复合地板装饰效果

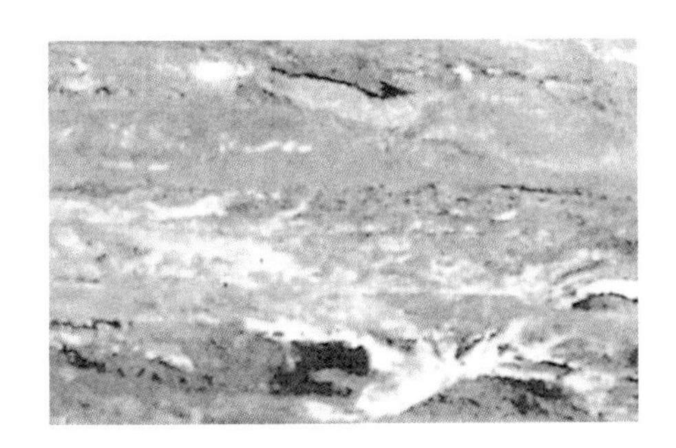

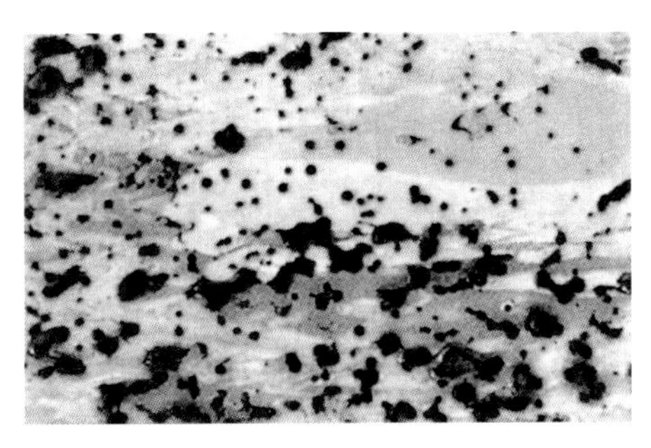

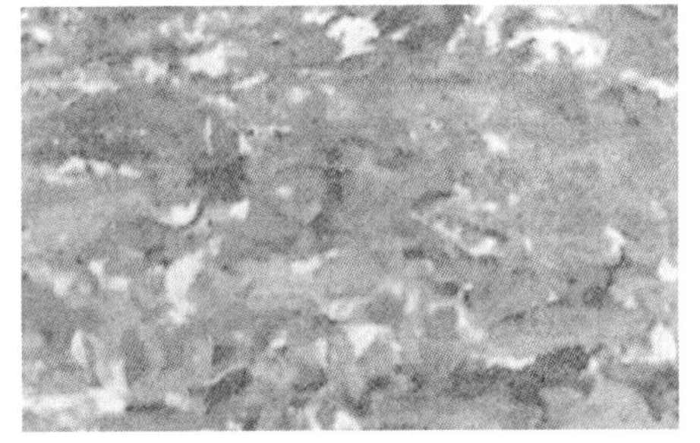

图6-14　德国产塑料地板

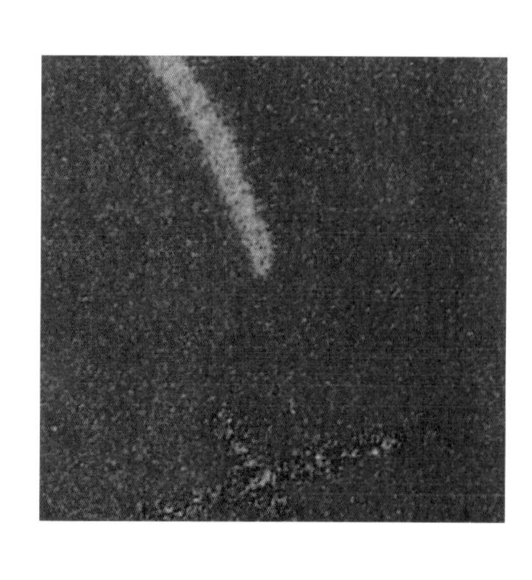

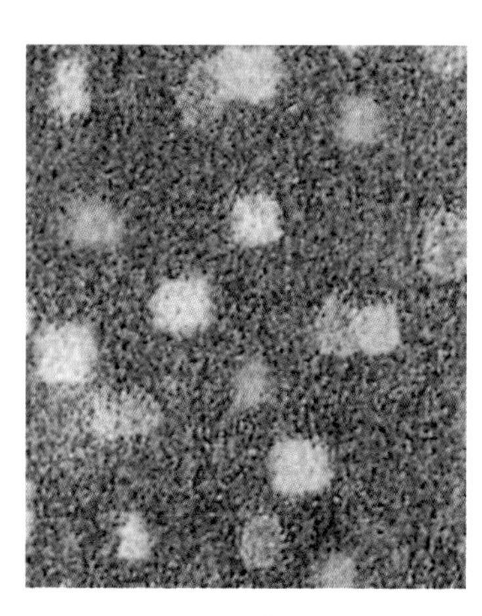
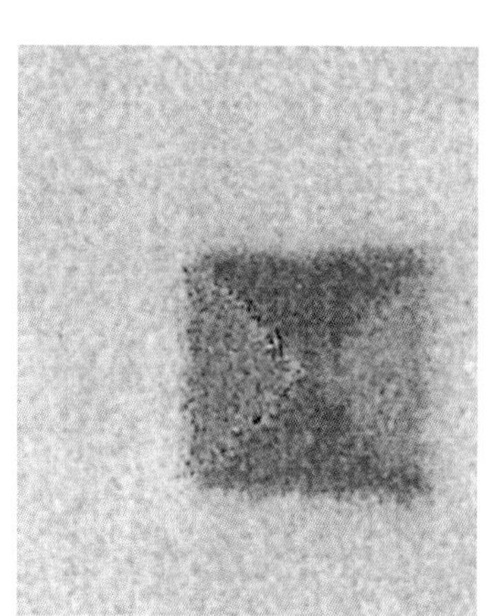

图7-2　德国产纯羊毛地毯

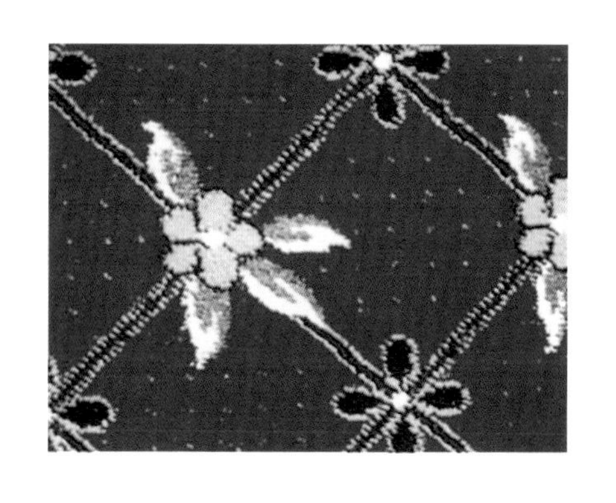

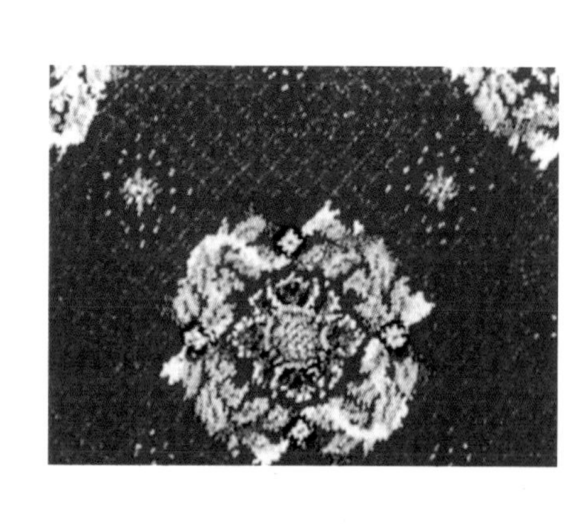

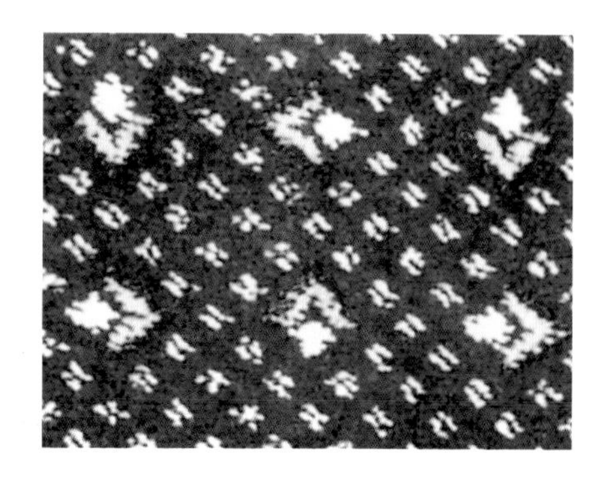

图7-3　浙江美术地毯厂生产的纯羊毛地毯

图7-4　纯毛地毯装饰的某宴会厅

图7-5　北京燕山石化公司地毯厂生产的化纤地毯

图7-7　山东威海海马地毯集团公司生产的高级羊毛挂毯“九龙闹海”（局部）

图8-7　塑料壁纸贴墙效果图

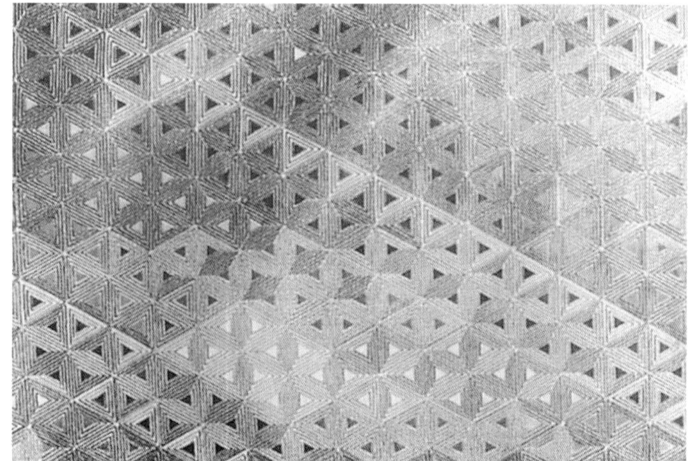

图8-9　电脑印花化纤贴墙布图案与色彩

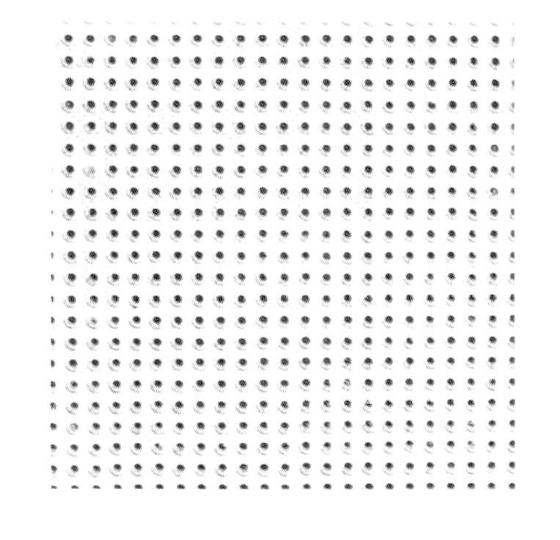

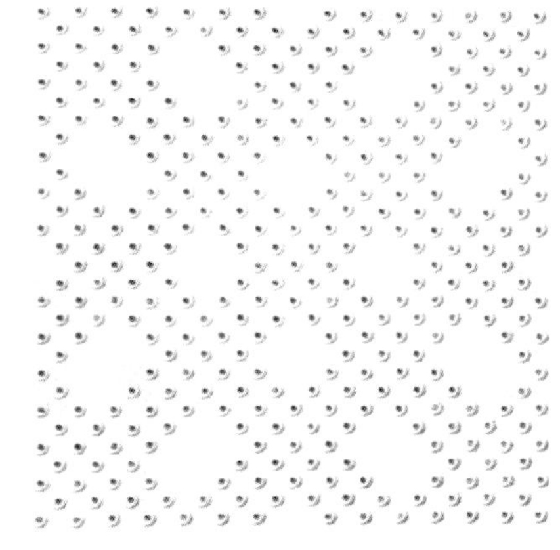

图10-2 各种装饰石膏板

图10-4 吸声用穿孔石膏板

图10-6 矿棉吸声板吊顶效果图

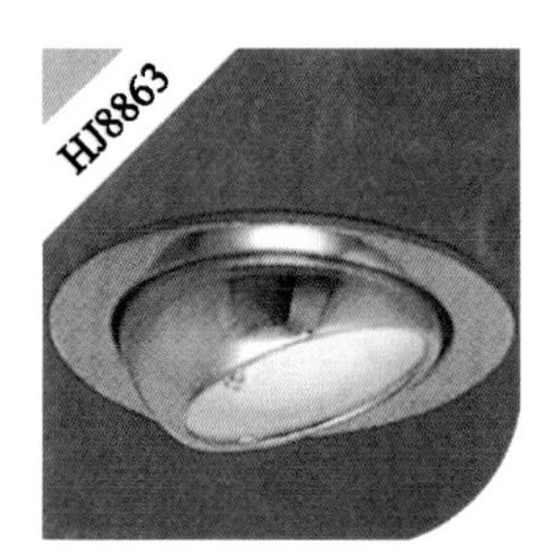

图12-8 顶棚埋设灯及其照明效果图

图12-9 北京五洲大酒店啤酒室内顶棚埋设灯

图15-1 广东东莞家乐玻璃有限公司生产的“欧尔”牌玻璃面盆

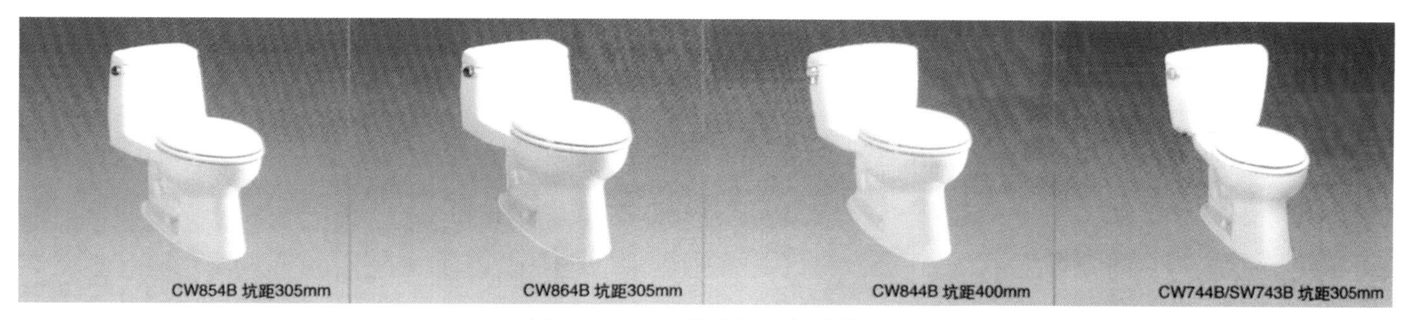

图15-2　TOTO牌坐便器部分样品

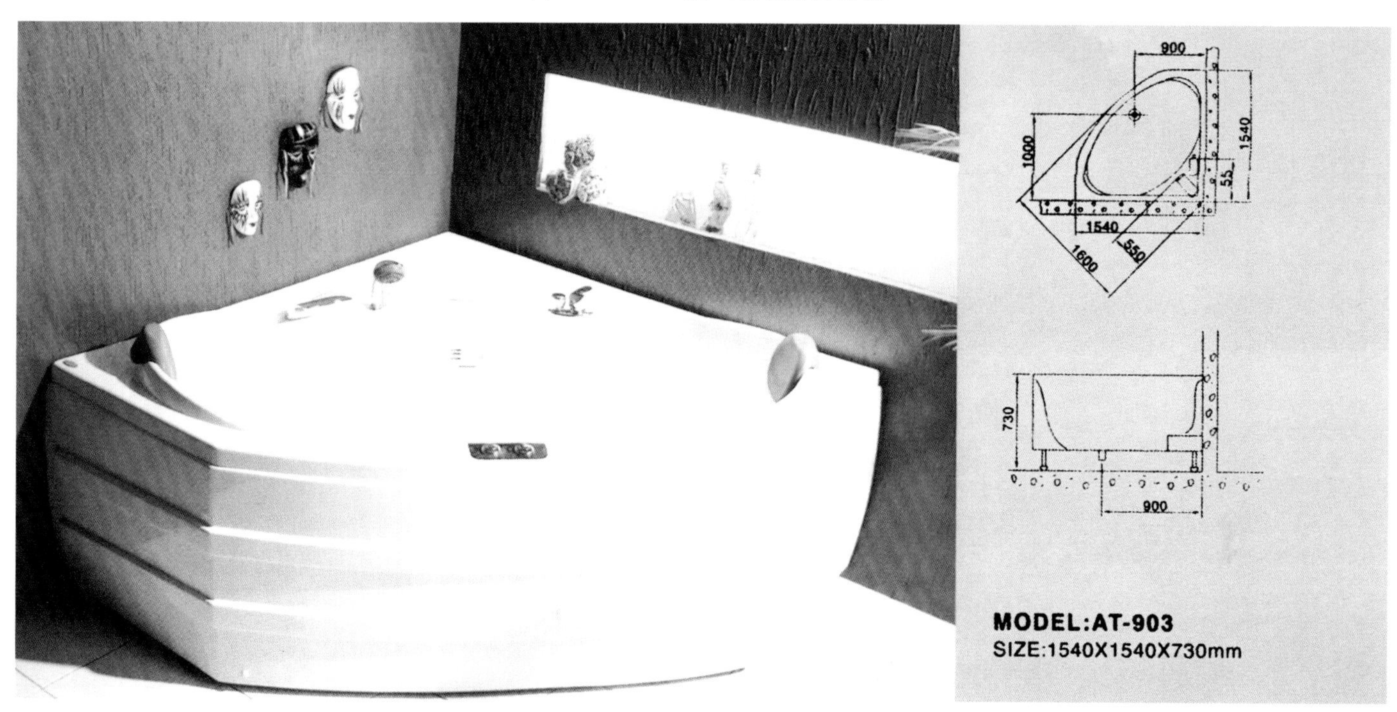

图15-3　阿波罗高级按摩浴缸

图15-4　阿波罗高级淋浴房

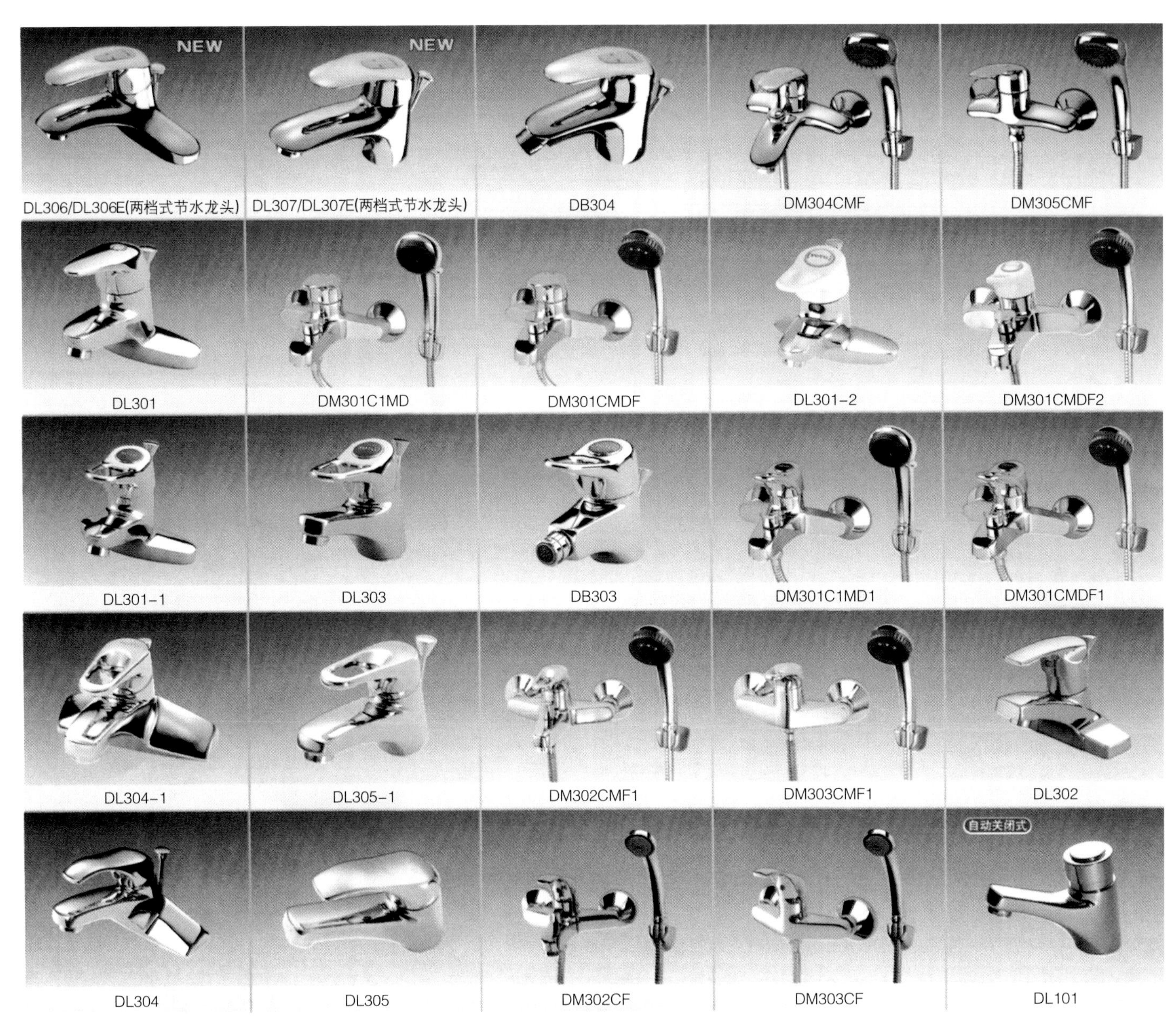

图15-5　各种水龙头样品（TOTO牌）

室内设计与建筑装饰专业教学丛书暨高级培训教材

建 筑 装 饰 材 料

（第 三 版）

华 中 科 技 大 学　向才旺　编著

中 国 建 筑 工 业 出 版 社

图书在版编目(CIP)数据

建筑装饰材料/向才旺编著. —3版. —北京:中国建筑工业出版社,2014.3
(室内设计与建筑装饰专业教学丛书暨高级培训教材)
ISBN 978-7-112-16386-1

Ⅰ.①建… Ⅱ.①向… Ⅲ.①建筑材料—装饰材料—技术培训—教材 Ⅳ.①TU56

中国版本图书馆CIP数据核字(2014)第023260号

随着装饰材料新工艺、新技术、新产品和新规范的不断出现,作者对第二版内容做了更新,特别是在低碳、环保、绿色等当今人类共同关注的热点问题方面做了相应地增加和删除。同时对相关的国家标准、技术规范、质量认证体系等内容进行了补充。主要内容有装饰石材、饰面陶瓷、饰面玻璃、装饰涂料、地板、地毯与挂毯、壁纸与贴墙布、木质饰面材料、吊顶装饰材料、装饰用金属材料、灯具、塑料门窗、胶粘剂、卫生洁具及其配件等。

本书可作为室内设计、环境艺术、建筑学等专业大学教材、研究生参考用书、建筑装饰与室内设计行业技术人员、管理人员继续教育与培训教材及工作参考指导用书。

* * *

责任编辑:王玉容
责任设计:李志立
责任校对:陈晶晶 关 健

室内设计与建筑装饰专业教学丛书暨高级培训教材
建筑装饰材料
(第三版)
华中科技大学 向才旺 编著
*
中国建筑工业出版社出版、发行(北京西郊百万庄)
各地新华书店、建筑书店经销
北京千辰公司制版
北京建筑工业印刷厂印刷
*
开本:880×1230毫米 1/16 印张:21 插页:6 字数:552千字
2014年8月第三版 2020年8月第二十二次印刷
定价:**63.00**元
ISBN 978-7-112-16386-1
(25098)

室内设计与建筑装饰专业教学丛书暨
高级培训教材编委会成员名单

第三版编者的话

本套丛书1996年出版第一版，2004年修订出版第二版，由于广受读者厚爱，已经经历了17个春秋，多次，有的甚至40多次重印，正如编者在第一版中所期望的那样，“我国将迎来了一个经济、信息、科技、文化等多个方面高度发展的兴旺时期”。时代推动了室内设计行业的发展，行业的进步带动了科技出版业的繁荣。

为了建设一个美好的中国，圆我们向往的中国梦，在人与建筑之间创建一个健康的、舒适的室内环境是必需的，也是我们所期盼的，所以室内设计越来越受到人们的重视。

编委会和中国建筑工业出版社共同努力，在第三版丛书各册的修编中，力争在第二版的基础上增加近年来国内外本专业和相关各学科的新理念、新技术、新案例和新信息，务使各册内容能与时俱进，紧跟时代的发展，满足当今与长远教学与实践的需要，例如生态、环境、节能、低碳与可持续发展理念，以及人性化、关注人民大众的需求与有关文化内涵与地域文化的内容都有所充实。在文字表达、版式和图例配置上也都有所改进。

虽然我们作了认真的增补和修正，但仍有很多不足之处，诚请专家和读者予以指正，我们一定本着“精益求精”的精神，在今后不断修订与完善。

2013年12月

第二版编者的话

自从1996年10月开始出版本套“室内设计与建筑装饰专业教学丛书暨高级培训教材”以来，由于社会对迅速发展的室内设计和建筑装饰事业的需要，丛书各册都先后多次甚至十余次的重印，说明丛书的出版能够符合院校师生、专业人员和广大读者学习、参考所用。

丛书出版后的近些年来，我国室内设计和建筑装饰从实践到理论又都有了新的发展，国外也有不少可供借鉴的实践经验和设计理念。以环境为源、关注生命的安全与健康、重视环境与生态、人—环境—社会的和谐，在设计和装饰中对科学性和物质技术因素、艺术性和文化内涵以及创新实践等诸多问题的探讨研究，也都有了很大的进步。

为此，编委会同中国建筑工业出版社研究，决定将丛书第一版中的9册重新修订，在原有内容的基础上对设计理论、相关规范、所举实例等方面都作了新的补充和修改，并新出版了《建筑室内装饰艺术》与《室内设计计算机的应用》两册，以期更能适应专业新的形势的需要。

尽管我们进行了认真的讨论和修改，书中难免还有不足之处，真诚希望各位专家学者和广大读者继续给予批评指正，我们一定本着“精益求精”的精神，在今后不断修订与完善。

第一版编者的话

面向即将来临的21世纪，我国将迎来一个经济、信息、科技、文化都高度发展的兴旺时期，社会的物质和精神生活也都会提到一个新的高度，相应地人们对自身所处的生活、生产活动环境的质量，也必将在安全、健康、舒适、美观等方面提出更高的要求。因此，设计创造一个既具科学性，又有艺术性；既能满足功能要求，又有文化内涵，以人为本，亦情亦理的现代室内环境，将是我们室内设计师的任务。

这套可供高等院校室内设计和建筑装饰专业教学及高级技术人才培训用的系列丛书首批出版8本：《室内设计原理》(上册为基本原理，下册为基本类型)、《室内设计表现图技法》、《人体工程学与室内设计》、《室内环境与设备》、《家具与陈设》、《室内绿化与内庭》、《建筑装饰构造》等；尚有《室内设计发展史》、《建筑室内装饰艺术》、《环境心理学与室内设计》、《室内设计计算机的应用》、《建筑装饰材料》等将于后期陆续出版。

这套系列丛书由我国高等院校中具有丰富教学经验，长期进行工程实践，具有深厚专业理论修养的作者编写，内容力求科学、系统，重视基础知识和基本理论的阐述，还介绍了许多优秀的实例，理论联系实际，并反映和汲取国内外近年来学科发展的新的观念和成就。希望这套系列丛书的出版，能适应我国室内设计与建筑装饰事业深入发展的需要，并能对系统学习室内设计这一新兴学科的院校学生、专业人员和广大读者有所裨益。

本套丛书的出版，还得到了清华大学王炜钰教授、北京市建筑设计研究院刘振宏高级建筑师、中央工艺美术学院罗无逸教授的热情支持，谨此一并致谢。

由于室内设计社会实践的飞速发展，学科理论不断深化，加以编写时间紧迫，书中肯定会存在不少不足和差错之处，真诚希望有关专家学者和广大读者给予批评指正，我们将于今后的版本中不断修改和完善。

编委会

1996年7月

第三版前言

室内设计与建筑装饰专业教学丛书暨高级培训教材《建筑装饰材料》自2002年6月开始修订、2004年2月出版第二版以来，与此套丛书其他教材一样，受到了广大读者的支持和喜爱，多次印刷。随着装饰材料新工艺、新技术、新产品和新规范的不断出现，编者深感此书在内容上亟待更新。特别是在低碳、环保、绿色这些涉及人体和环境的概念已成为当今人类共同关注的热点时，应对此书中原有的、如今市场上已逐步淘汰的部分装饰材料的介绍予以删除，并增加一些新兴环保类的装饰材料。与此同时，对新型建筑装饰材料的一些国家标准、技术规范、质量认证体系等相关内容进行补充。

本次修订，在书稿框架上不做大的变化，保持原来的体系风格。由于新型装饰材料种类繁多，作者编著时可能挂一漏万，好在当代网络技术十分发达，读者可通过网络查询和了解--些新型装饰材料的品种、价格和相关标准、施工方法及如何选购装饰材料等等。

鉴于作者水平原因，书中错误之处难免，敬请广大读者谅解。编写过程中参考了一些书籍、资料和网上信息，向被引用资料的作者一并致谢。

作者：向才旺

2014年春节于武汉

第二版前言

现代建筑要求建筑师们遵循功能与美学的原则，创造出具有提高生命意义的优美空间环境，使人们的身心得到平衡，情绪得到调节。新型建筑装饰材料和新的装饰装修方法的不断涌现为现代建筑创造了十分重要的物质条件。那些色彩斑斓、绚丽多姿、功能各异的建筑装饰材料无疑丰富和扩展了建筑师和室内设计师们的想象空间。如果说现代建筑是一幅延绵不断的画卷，那变化万千的装饰材料当是铸成这一历史画卷的颜料和浓墨。

党的十六大明确提出全面建设小康社会，住房质量的好坏又是衡量小康水平的一项重要指标。改革开放以来，党和政府始终把解决城市居民住房作为一件十分重要的事情来做。20年左右的时间，我国城市居民人均住房面积从不足$8m^2$增加到$27m^2$，增长了数倍。然而，这一指标距离小康社会要求还有很大差距，我国住宅市场前景十分光明。据行业权威人士分析，按目前的发展水平，我国每年具有约5000亿元的建筑装饰材料市场，加之2008年奥运会在中国北京举行，这无论对房地产开发商，还是对建筑装饰材料生产商和销售商而言，无疑具有极大的诱惑力。

为了使消费者能够正确合理地选用建筑装饰材料，1997年受中国建筑工业出版社委托，作者编写了《建筑装饰材料》一书，列入“室内设计与建筑装饰专业教学丛书暨高级培教材”系列之一。本教材1999年出版，受到了广大读者的喜爱，已经5次重印。同时，不少读者对本教材的不足之处也提出了宝贵意见。考虑到新型建筑装饰材料发展速度之快，新的品种、新的标准规范不断呈现，本教材的修订实属当务之急。

2002年6月，中国建筑工业出版社在上海同济大学召开了室内设计与建筑装饰专业教学丛书暨高级培训教材修订会，对本系列教材均提出了修订意见。本次《室内装饰材料》的修订，增加了新的装饰材料品种，增加了消费者最关心的和国家强制执行的部分装饰材料中有害物质成分的检测及限定内容，增加了光盘作为辅助读物，删除了部分比较传统的装饰材料品种及与其他教材在内容上的重复之处，力求内容更加新颖，体系更加完整。

由于作者水平所限，加上新的材料推陈出新速度之快，书中遗漏和错误之处在所难免，敬请广大读者指正。编写过程中参考并引用了一些单位和作者的资料及文献；同济大学来增祥教授及尤逸南老师提供了资料和参考意见，华中科技大学路志军副教授参加了部分编写工作，在此一并致谢。

第一版前言

现代建筑要求建筑师们遵循美学和实用的原则,创造出具有提高生命意义的优美空间环境,使人们的身心得到平衡,情绪得到调节,思维得以灵活,智慧得以发挥。新型建筑装饰材料和新的施工方法的不断出现为突出现代建筑这一主题创造了十分重要的物质条件。那些色彩斑斓、绚丽多姿、功能各异的建筑装饰材料无疑丰富了建筑师们无穷无尽的想象空间。如果说现代建筑是一幅延绵不断的画卷,那变化万千的建筑装饰材料当是铸成这一历史画卷的颜料和浓墨。

"小康不小康,关键看住房",这是当代中国政府和老百姓最为关注的现代生活热点问题之一。国人生活质量的高低很大程度地反映在住房质量的好坏上。现代建筑越来越注重人们对它的感官要求和舒适要求,经过一天紧张的工作之后,人们疲倦的身体和紧张的神经需要在一个舒适、温馨的环境中得到松弛,以求达到平衡心理、调节情绪的目的。因此,居室室内装饰与陈设在调节人们生理和心理平衡上显得尤为重要。

室内墙壁如果选用色彩淡雅的壁纸或墙布装饰,既能改变人们对过去单一的白灰抹墙的冷色基调的反感心理,起到美化居室的作用,又可保护墙壁不受有害物质的侵蚀。防臭壁纸可以净化室内空气,防火壁纸可以减少或抑制火灾发生,芳香壁纸发出的香味令人心旷神怡,回味无穷。

内墙涂料可随人们的视觉需要来变化色彩,或暖色调,或冷色调。多彩涂料的出现使墙壁色彩由单一有序向多彩无序方向发展,且施工简便,工效提高。涂料也由单一的装饰型向装饰功能复合型发展,如防水涂料、防火涂料、防霉变涂料、光致变色涂料等等。

公共建筑设施中的厅堂、走廊、柱面、楼梯台阶、墙裙等处为庄重起见,可用天然大理石或花岗岩饰面,也可用其他人造材料如高级墙地砖、微晶玻璃饰面板等装饰材料;商场、影剧院、会议厅、舞厅等人群密集之处为了降低噪声,可在建筑物内墙和顶棚处装饰矿棉吸声板、石膏吸声板等吸声材料;地面如铺设木地板、塑料地板或化纤类、植物类、羊毛类地毯,富有弹性舒适感觉,冬季更有一种温暖感。窄小的居室内如嵌置一面墙镜面玻璃,既可修饰整容,更有扩大空间的效果。

灯具在现代室内设计和装饰中起着画龙点睛之功效。灯具从光源到造型、选材等方面都发生了很大变化,从造价昂贵、造型华丽的天然水晶灯、贵金属支架吊灯,到造型典雅、别致的室内壁灯、台灯、落地灯,还有各式各样的吸顶灯、射灯、室内喷泉彩灯、旋转变化的舞台灯光,组成了色彩斑斓、变化万千的灯光世界。

室内如放置几盆花草,案头搁上一两盆盆景,点缀些许小品,墙壁再镶嵌一两幅壁画,配上几件款式新颖、色彩和谐的家具,就会给人一种轻松、舒适、温馨的感觉。

建筑装饰材料的选用还要考虑造价问题。就我国目前的经济水平和居民消费水平而言,还不可能大量使用进口的各类高档装饰材料。何况国产建筑装饰材料已能满足三四星级宾馆的装饰要求。新型、美观、适用、无污染、耐久、价格适中的装饰材料则在今后较长一段时间内成为消费市场的主导产品。随着我国住房制度重大改革措施的出台,住房装饰又会成为居民新的消费热点。消费者千万要量力而行,不可盲目攀比,把各自的住宅装饰的像星级宾馆一样豪华,这实际上是一种家庭装饰的误区。宾馆讲求的是商业行为,而家庭讲求的则是温馨、舒适、实用。一些名不见经传的传统材料,通过精心设计、巧妙施工,同样能起到以假乱真、意想不到的装饰效果。

本书共分十二章,是作者在总结多年教学、科研和生产实践经验的基础上编著的。作者力图将近年来各种新型建筑装饰材料性能及应用反映在本书中,但由于时间关系,作者水平所限,加上装饰材料推陈出新速度之快,书中遗漏和错误之处在所难免,敬请广大读者指正。编著过程中参考并引用了一些单位和作者的资料及文献,在此一并致以谢意。

本书由武汉城市建设学院向才旺副教授编著,书中所有装饰材料的标准和规范、插图由武汉城市建设学院路志军高级实验师编写。

目　录

第一章　概　　述

建筑装饰行业是时代的宠儿，是人民生活水平不断提高的具体体现，也是将建筑装饰从建筑施工这个传统观念中解放出来，赋予其新的内涵的历史发展的必然。今天，建筑装饰已不再是依附于建筑施工部门的附属产业，它是集建筑风格、结构形式、装饰材料的性能及品种、先进的施工技术和设备、人们的环境意识、美学心理、生理素质等多门科学技术于一体的综合技术。

建筑装饰工程包括外装修和内装修，它不仅能使建筑物更加适用、美观，更重要的是能够保护建筑物的结构，以延长建筑物的使用寿命。

建筑装饰行业的发展除了与建筑业的发展有密切关系外，更是与建筑装饰材料的发展息息相关。可以说，正是由于有了现代新型建筑装饰材料的蓬勃发展，才有了现代建筑装饰行业的出现。当我们力举建筑装饰行业的同时，自然要对建筑装饰材料的发展作些回顾。

中华民族优秀的传统建筑文化与现代建筑美学的完美结合，是建筑装饰的基本原则。我们的民族有着五千年的悠久历史，是东方灿烂文化的发源地。中国的古代建筑更是灿烂文化中的瑰宝。我国的古代建筑早以金碧辉煌、色彩瑰丽著称于世，如紫禁城、颐和园、天坛、圆明园、留园、寄畅园、布达拉宫、灵隐寺、喀什清真寺以及各类宫殿、庙宇等等。这些古代建筑具有相当深厚的文化底蕴，形象动人，特色强烈。这些无不与各种色彩的琉璃瓦、梁柱额枋斗栱彩画、熠熠生辉的金箔、花纹多样的装饰石材等建筑装饰材料的使用有关。这些丰富的建筑文化及历史遗产，充分说明我们的祖先在建筑风格、建筑施工技术、建筑材料及装饰材料的生产和使用上居世界领先地位。

人类已经进入了21世纪。而对新世纪，我们不仅要继承我国历史悠久的古代建筑艺术，更为重要的是要弘扬这一历史文化，古为今用。长期以来，我国在与建筑艺术和建筑装饰行业密切相关的新型建筑装饰材料的生产与发展上，与发达国家差距很大，不能满足国民经济和社会发展的需要，也不能满足人们生活质量不断提高的需求。改革开放以来，这种状况有所改善，我国生产的建筑装饰材料，已能满足四星级宾馆的装饰要求。

随着新世纪的到来，西部大开发的号角已吹响，北京成功申办2008年奥运会，党的十八大提出“五位一体的建设”和“两个一百年的中国梦”的目标，这些都充分表明了中国政府坚持以经济建设为中心的坚定信念，也意味着对建筑装饰业和装饰材料提供了极好的历史机遇。我们相信，随着科学技术的发展，会有越来越多的新型建筑装饰材料不断问世，以满足消费者越来越高的选择要求。

一、建筑装饰材料的地位

在生产力低下的原始社会，人类赖以生存的是洞穴，那时的居住环境，大约无所谓装饰。随着生产力的发展，人类已不满足生存的基本要求。在古代社会，希腊、罗马的石砌建筑，印度的石窟，中国的木结构建筑，均采用装饰与构件的结合，集装饰与建筑于一体的做法。直到17世纪初，欧洲开始出现建筑装饰与建筑主体分离的建筑物，标志着人们对建筑的使用功能有了更高层次的要求。可以说，建筑是人类物质文明与精神文明的直接体现。

现代建筑要求建筑师遵循美学的原则,创造出具有提高生命意义的优美空间环境,使人的身心得到平衡,情绪得到调节,智慧得以发挥。建筑装饰材料为实现这一目标起着重要的甚至决定性的作用。同样的建筑主体,采用不同的装饰材料进行装修就会创造出不同档次、风格的效果。例如外墙可选用玻璃幕墙、铝塑板、彩色压型板、陶瓷墙地砖、玻璃马赛克、外墙涂料等;门窗可选用木门窗、彩板门窗、铝合金门窗、塑钢门窗等;内墙可选用壁纸、贴墙布、内墙涂料及其他装饰材料;内隔墙可采用透光不透明的空心玻璃、彩色玻璃、屏风式拉格等;顶棚可采用金属龙骨或木龙骨配以石膏板、矿棉板、铝合金板等组装成吊顶,而吊顶可根据空调风道、灯具饰物的需要组装成具有不同标高层次和形状;屋面如为坡形,可选用彩色水泥波形瓦、彩色夹芯板、特种琉璃等;室内地面可采用无放射性污染的天然大理石、花岗岩、地面砖、实木地板、软木地板、复合地板、塑料地板、地毯等。对于主体尚好的陈旧建筑,同样可以通过装修手段使其适应现代建筑的美观及使用功能要求。

总之,建筑装饰材料是实现现代建筑艺术必不可少的物质基础和手段,是提高建筑物使用功能和风格、色调的必要条件。

二、建筑装饰材料的功能

装饰材料敷设在建筑物的表面,借以美化建筑与环境,也起着保护建筑物的作用。根据建筑物部位不同,所用材料的装饰功能也不尽一致。

1. 外墙装饰材料的功能

建筑物外墙直接与大自然环境接触,长期受到阳光、风、雨、雪等自然条件的作用,还要受到腐蚀性气体和微生物的侵蚀。因此,外墙装饰材料本身应有适宜的功能、色彩来衬托建筑物,才能使建筑物既庄重美观又不致受自然条件的影响发生破坏。

外墙装饰的效果是通过装饰材料的质感、线条和色彩来表现的,当然还要考虑建筑物总的设计造型、比例、虚实对比、线条等的设计要求。质感是指材料质地的感觉,主要通过线条的粗细,凹凸面对光线吸收、反射程度不一而产生的感观效果。这些方面可以通过选用性质不同的装饰材料或对同一种装饰材料采用不同的施工方法来达到。如丙烯酸酯涂料,可以施工成有光的、平光的和无光的,也可以作成凹凸的、拉毛的或彩砂的。

色彩不仅影响到建筑物的外观、城市的面貌,也与人们的心理与健康息息相关。外装饰材料的色彩应考虑到建筑物的功能、环境等多种因素而精心设计。

色彩靠颜料来实现。因而应首先选用与周围环境相适应的、耐久性好的着色颜料。

使用外墙装饰材料除考虑其装饰性和保护墙体的功能外,有时还要考虑兼具其他功能。例如人们都希望自己居住的环境有一个冬暖夏凉的“小气候”,当我们在外墙或窗户上安装中空吸热玻璃或热反射玻璃后,就能有效地避免室内温度高低波动。这样做,不仅建筑物外表美观,改善了居住环境,而且大大地节省了能源。

2. 室内装饰材料的功能

人们经过一天紧张的工作、学习之后,需要在一个舒适、温馨的环境中得到松弛,求得心理平衡,情趣调节。就我国目前的经济水平和人们消费水平而言,家居是人们主要的休憩场所,因此,室内装饰和陈设就显得尤为重要。

室内墙壁如果喷涂色彩淡雅的建筑涂料,或铺贴壁纸,或贴墙布,既能改变人们过去对单一的白灰抹墙的冷色基调的反感心理,起到美化居室的作用,又可保护墙壁不受有害物质的侵蚀,防臭涂料和壁纸还能起到室内除臭和净化空气的功能。防火涂料在一定程度上能抑制居室火灾的发生。公共建筑中的会客厅、厅堂为庄重起见,可施以大理石、花岗石。商场、剧院等人群密集之处为了降低噪声，可采用各种吸声材料加以装饰。地面如采用水磨石或各种彩色地砖，便于清洗，美观大方；如铺设塑料地板、地毯、木地板、复合地板，一改水泥混凝土刚性地面，使人有一种弹性感、舒适感，冬季更有一种温暖感。室内如果再配以色彩柔和、造型美观典雅的吊灯、壁灯，放置几盆花草和盆景，墙壁镶嵌一二幅壁画点缀，配上家具，整个居室会给人一种清静、舒畅、温馨之感，从而使身心得到更好的调节与平衡。

三、建筑装饰材料的分类

建筑装饰材料品种繁多。按其化学性质可分为无机装饰材料（如彩色水泥、饰面玻璃、天然石材等），有机装饰材料（如有机高分子涂料、建筑塑料、复合地板等）及有机与无机复合型装饰材料（如铝塑装饰板、人造大理石、玻璃钢装饰材料等）。无机装饰材料又可分为金属和非金属两大类。

按建筑物的装饰部位来分类，可以分为外墙装饰材料（如外墙涂料、饰面陶瓷和饰面玻璃等）；内墙装饰材料（如内墙涂料、壁纸、墙布、壁挂、各种木质装饰板等）；吊顶装饰材料（如各类吸声板、铝合金吊顶等）；地面装饰材料（如各种地板、铺地砖、地毯、地面涂料等）；室内隔墙装饰材料（如活动式木拉格、塑料制品拉格、彩色或夹层玻璃等）以及屋面装饰材料。

四、建筑装饰材料的选择

合理选择和使用好建筑装饰材料是建筑装饰的重要环节。选择建筑装饰材料应综合考虑建筑设计的环境、气氛、空间、功能及各类材料用量和经济合理等诸多因素。

1. 安全与健康性的选择

现代建筑装饰材料中，天然的较少，人工合成的较多，绝大多数装饰材料对人体是无害的、安全的。但是，也有少数装饰材料含有对人体有害的物质，如有的石材中含有对人体有害的放射性元素，木质装饰品特别是木芯板中含有挥发性的甲醛，油漆中含有苯、二甲苯等。这些物质都是有害于人体健康的，选购时，可借助于有关环保监测和质量检测部门进行检验，未超过国家标准规定范围的，可以放心选购。必须指出的是，装饰工程结束后，不宜马上搬进去，注意打开门窗通风一段时间，待油漆、木质制品中的挥发性物质基本挥发尽，对人的眼、鼻、呼吸道无刺激后再住进为好。

2. 色彩的选择

材料的色彩也是选择的一个重要方面，它是构成装饰效果的重要因素，在建筑装饰中有着举足轻重的作用，有着“最经济的奢侈品”之称。在建筑装饰中，如色彩选择和使用得当，往往只需要较少的费用，就能让装饰环境大增风采；反之，选择处理不当，会使装饰环境变得庸俗不堪。

我国古代建筑强调色彩的形式美，在建筑物外部进行色彩处理的方法和技巧是多种多样的：

一是根据建筑性质明确区分色彩。如宫殿、庙宇常采用强烈的原色：白色或青色的台基，朱红色的屋身，檐下以青绿等冷色为主，屋面是黄色或绿色的琉璃瓦等，这种色调使建筑物更显富丽堂皇、璀璨夺目；而平民住宅一般采用中和的色彩，使建筑物显得素雅、宁静，与居住环境所要求的气氛相协调。

二是运用对比色。为了在效果上达到强调某种艺术气氛的目的，由色的对比衬托质的对比。运用对比色还可以达到协调建筑物各部分统一于同一风格的目的。例如北京天坛、太和殿外部多种色彩的运用有简和繁、有细和粗，彼此呼应，获得了浑然一体的艺术效果。

三是以各种色彩的和谐创造建筑的风格和环境。如为了表现园林建筑特有的风格,色彩一方面单独运用浅灰、棕褐、绿、浅黄、浅蓝等,同时也将它们综合使用,以避免大面积用色单调,如再加以较为精致、淡雅的装饰和家具、陈设、建筑小品等,会使色彩更加丰富和谐。

四是从城市诸多建筑的总体规划进行建筑物外部色泽的搭配。

现代建筑中,庞大的高层建筑宜用稍深的色调,使之在蓝天白云衬托下更显庄重和深远;小型民用建筑宜采用淡色调,使人不致感觉矮小和零散。夏天的工作与休息环境应采用冷色调,使人联想到蓝天、大海、森林而感到凉爽;冬季则宜采用暖色调,给人以温暖感觉。幼儿园的活动室宜用中黄、淡黄、橙黄、粉红的暖色调;寝室则宜用浅蓝、青蓝、淡绿的冷色调;医院的病房宜用浅绿、淡蓝、淡黄的浅色调;饭店餐厅宜采用淡黄、橘黄的浅色调等等。

性别、职业、年龄、健康状况不同,对色彩的爱好也有差异。男性粗犷刚毅、富于幻想、热情奔放,喜爱暖色调中较为鲜艳明快的色彩。女性比较细腻温柔、端庄含蓄,偏爱冷色调、中性调以及比较安逸舒适的色调。从事教育、科研的脑力劳动者偏爱调和素雅、温柔深沉的冷色调,公交系统、服务行业等从事体力劳动者偏爱冷色调。年龄越小,越喜爱光谱上接近红色一端的色彩,年龄越大,越喜爱近于紫色一端的色彩。结核病人愿意接受青色,精神病人乐于处在紫色环境之中,冷色调对外伤病人有安抚、抑制情绪波动的效果,黄色、橙色可以稳定心血管疾病患者的病情等等。

3. 材料的选择

选择建筑装饰材料除了要考虑安全健康、色彩和谐等因素外,还要考虑装饰材料的耐久性、舒适性、节省能耗、经济适用等等。建筑物外墙选择的装饰材料,既要美观,又要耐久。有机材料在光、热、风、雨、雪等自然条件作用下容易老化或脱落破坏,故不宜选作外墙装饰材料。无机材料如白水泥、彩色水泥、混凝土艺术构件、玻璃马赛克、陶瓷墙地砖、幕墙玻璃等,色彩宜人,耐久可靠,是较理想的外墙装饰材料。

室内装饰可供选择的装饰材料品种较多,如何选择主要取决于室内的装饰设计的基调和材料本身的功能。因此,就要依据材料的色彩、质感、光泽、性能、功能诸方面来综合考虑。尽管市场上可供选择的装饰材料品种较多,但真正要把装饰材料的选用与建筑艺术的完美完整地统一起来,的确又是一门学问。

选择装饰材料还应考虑一个不容忽视的问题,就是装饰造价问题。就我国目前的消费水平而言,各类建筑中除少数外,还不可能大量使用高档装饰材料。新型、美观、适用、耐久、安全、价格适中的装饰材料在今后较长时间内仍是市场主导产品。一些传统材料,经过建筑师的匠心设计和施工者的鬼斧神工,同样能起到以假乱真的装饰效果。消费者在选择装饰材料时,还应掌握物有所值的原则。目前装饰材料市场上鱼目混珠,价格差异很大,低质高价的装饰材料充斥市场,使得消费者买的不放心,使用更不放心。选购时,要选择那些有正规生产厂名、产品出厂检验合格证、产品使用说明书的产品,最好选择由国家有关部门重点推荐的产品。

随着人类文明的发展和社会的进步,建筑装饰已成为整体建筑艺术的一个不可分割的组成部分,建筑装饰材料已成为古老而又年轻的建筑材料大家庭里新的一员。人类对包括建筑装饰材料在室内的建筑艺术的追求是无止境的,因此对构成这种艺术的物质基础,包括建筑装饰材料在内的建筑材料的品种、质量、档次的追求,也是无止境的。我们相信,专业的、业余的成千上万的建筑师和室内设计师们,一定会用新型建筑装饰材料把世界、把我们的每个家庭装点得更加瑰丽,更加美好。

根据上海市百安居、好美家、红星美凯龙、喜盈门等50家建材零售门店及搜房等网络投票数据汇总，得到下列装饰材料品牌消费者满意度，以及各品牌市场占有率，以供消费者选购时参考（表1-1、表1-2）。

2011年6月上海装饰材料市场满意度较高品牌　　表1-1

进口地板	卢森	柏丽	威兹帕克	得高	爱格
洁具	科勒	TOTO	美标	乐家	英皇
龙头	摩恩	科勒	汉斯格雅	高仪	美标
水槽	摩恩	欧琳	科勒	弗兰卡	铂浪高
实木工艺门	固友	星星	TATA	冠牛	梦天
管材管件	白蝶	伟星	美尔固	卫水宝	保利
水处理系统	怡口	水丽	立升	百诺肯	伊瑞尔
淋浴房	英皇	德立	雅立	加枫	理想
新型门窗	阳毅	创开	百明	芬德	瑞斯乐
橱柜	佳饰	耀新	海尔	博洛尼	特铭
五金	汇泰龙	海蒂诗	川口	华亿达	瑞高
实木地板	骏牌	林牌	誉丰	新空间	三好
实木复合地板	书香门地	北美枫情	大自然	安信	生活家
强化地板	汇丽	圣象	菲林格尔	德尔	扬子
涂料/油漆	多乐士	立邦	长春藤漆	欧龙漆	大师
防盗门	盼盼	星月神	步阳	晶晶	新多
吊顶	奥普	欧斯宝	乐思龙	武峰	洛狮龙

2011年6月各种装饰材料品牌市场占有率分析　　表1-2

整体橱柜	占有率	实木工艺门	占有率	实木复合地板	占有率
佳饰	11.13%	固友	8.36%	书香门地	23.60%
欧派	8.32%	星星	6.15%	东阳	13.07%
志邦	8.03%	汇豪	6.04%	大自然	9.50%
美高	6.85%	TATA	5.95%	誉丰	5.81%
耀新	6.58%	豪利	5.88%	安信	4.75%
博洛尼	4.69%	华鹤	5.68%	林牌	3.56%
锦制	3.64%	鑫欧典	4.49%	生活家	1.91%
嘉丽堡	2.81%	雅勤	3.32%	骏牌	1.90%
爱朴	2.74%	润成创展	3.21%	华明	1.44%
卫浴	占有率	进口地板	占有率	水处理系统	占有率
TOTO	18.11%	卢森	15.30%	怡口	17.04%
科勒	17.19%	柏丽	11.20%	水丽	16.22%
美标	5.51%	得高	7.90%	立升	9.58%
乐家	4.85%	威兹帕克	6.50%	百诺肯	9.30%
英皇	3.24%	阿姆斯壮	6.30%	恩美特	8.60%

续表

龙头	占有率	集成吊顶	占有率	管材管件	占有率
摩恩	20.30%	奥普	17.08%	白蝶	16.23%
汉斯格雅	16.11%	友邦	15.21%	洁水	12.43%
科勒	13.42%	富佰得	13.39%	天力	7.82%
高仪	11.16%	欧斯宝	6.90%	皮尔萨	7.21%
绿太阳	9.04%	和成	5.30%	美尔固	6.17%
瓷砖	占有率	整体房/淋浴房	占有率	强化地板	占有率
诺贝尔	17.03%	英皇	12.46%	汇丽	20.98%
东鹏	9.11%	德立	9.96%	圣象	18.41%
斯米克	8.57%	鼎豪	7.41%	菲林格尔	7.32%
马可波罗	7.14%	白兔	6.09%	特佳	6.97%
冠军	6.23%	巴斯曼	5.97%	卢森	6.21%
亚细亚	4.22%	朗斯	5.68%	德尔	6.11%
赛尚印象	3.53%	阿波罗	5.31%	扬子	5.28%
金意陶	3.50%	欧路莎	4.28%	阿特拉斯	3.97%
特地	3.38%	雅立	4.02%	莱茵阳光	2.76%
道格拉斯	3.05%	旭辉	3.75%	其他	2.49%
浴室家具	占有率	五金	占有率	实木地板	占有率
欧路莎	14.13%	西玛	6.47%	骏牌	22.19%
尚标	8.73%	瑞高	5.74%	林牌	20.03%
高第	6.46%	海蒂诗	5.71%	好力家	10.82%
科勒	6.33%	华亿达	4.77%	誉丰	10.39%
格拉仕伦	5.75%	汇泰龙	4.44%	久盛	2.91%
美标	5.04%	万德	3.67%	安信	2.76%
欧曼	4.25%	名优	3.64%	大自然	2.69%
爱丽舍	3.54%	美固	3.32%	泛美	2.45%
TOTO	3.40%	伊可大	2.94%	富丽家	2.39%
水槽	占有率	新型门窗	占有率	涂料油漆	占有率
摩恩	19.50%	阳毅	20.25%	多乐士	26.07%
弗兰卡	14.51%	创开	14.19%	立邦	22.28%
欧琳	12.56%	绿娃	8.71%	欧龙漆	11.18%
普乐美	7.61%	罗普斯金	6.73%	长春藤	9.62%
帕布洛	5.95%	百明	3.79%	大师	5.05%
绿太阳	5.74%	别也	3.30%	鸽牌	1.17%
铂浪高	5.10%	芬德	2.68%	紫荆花	1.14%
希恩	3.79%	创饰	2.28%	都芳	0.83%
巨杉	2.22%	精卫	2.06%	华润	0.70%

续表

移门/整体衣柜系统	占有率	卫浴配件	占有率	厨房电器	占有率
班尔奇	13.36%	科勒	15.44%	方太	17.08%
拉迷	12.85%	TOTO	12.38%	老板	12.35%
丹麦王	11.08%	银晶	7.40%	林内	9.50%
妙财宝	9.72%	美标	5.65%	能率	8.13%
史丹利	7.33%	和成	4.96%	西门子	7.67%
顶固	5.95%	彪马	4.19%	A.O.史密斯	5.66%
比乐	4.78%	踊跃	4.04%	伊莱克斯	4.60%
好莱客	4.70%	好世登	3.72%	樱花	4.57%
德禄	3.48%	乐家	3.69%	奥普	4.51%
板材	占有率	防盗门	占有率	楼梯	占有率
兔宝宝	18.74%	星月神	17.78%	北疆华府	18.61%
珍林	16.30%	盼盼	13.96%	皮特	15.85%
雅佳居	15.90%	步阳	13.27%	捷步	9.39%
晟泰	15.63%	新多	12.07%	吉步	8.14%
晋龙	8.32%	万嘉	6.75%	巨铠	7.47%
维茵卡	8.02%	瑞斯乐	4.82%	华通	5.35%
金爽	3.92%	晶晶	4.59%	申允	4.91%
皮特	2.68%	王力	3.44%	迪华	4.34%
隆丰	1.91%	金盾	2.39%	艺极	4.34%

第二章　建筑装饰石材

建筑装饰石材是指具有可锯切、抛光等加工性能，在建筑物上作为饰面材料的石材，包括天然石材和人造石材两大类。天然石材指天然大理石和花岗岩，人造石材则包括水磨石、人造大理石等。

据统计，目前世界每年生产建筑装饰石材约6000万吨，其中2/3是石灰石质石材，1/3是硅质石材。生产国家几乎遍布世界各地。其中意大利是世界上最大的石材生产国，也是最大的消费国，其年产量(荒料)始终占世界产量的30%左右，其次是西班牙、中国、美国、希腊、日本、法国、巴西、印度及比利时等国。

我国建筑装饰石材历史悠久。北京房山产的汉白玉、云南大理产的大理石、辽宁丹东产的丹绿等都著称于世。随着我国建筑业的发展和人民生活水平的不断提高，一些高级宾馆、饭店等公共设施及居民家庭用天然石材进行装饰已十分普遍。同时，天然石材也是我国重要的建筑材料出口产品，远销欧洲、亚洲等地。

第一节　天 然 石 材

一、天然石材的应用历史

在我国，天然石材作为建筑材料可以追溯到新石器晚期。如这一时期在辽东半岛海城等地用巨石建筑的石棚，距今已有3000多年。殷墟出土的大量石柱、石梁、石鸟兽装饰品，证明夏商时期石材已用于建筑及建筑装饰。安阳出土的商代石磬，则是石材用于乐器的例证。陕西凤翔县出土的10面石鼓，石鼓上分刻10首四言诗，是我国最早的石刻文字工艺品。到秦汉时期，人工剁斧的条石、块石及石像大量用于古长城、古园陵及墓的建筑和装饰。

魏晋南北朝时期，佛教文化空前盛行，隋唐时期达到登峰造极的程度，以后绵延至宋朝、明朝，建寺立庙凿窟造像遍及中华大地，如最著名的石窟建筑艺术敦煌石窟、云冈石窟、龙山石窟、大足石窟等。隋唐盛世，我国建筑工艺进入了一个新时期，石材开始用于造桥及建塔。如隋初落成的赵州安济大石桥，距今已有1400多年，隋大业七年的山东历城四门塔，是我国现存最早的石塔，距今1300多年，开创了我国世代石桥、石塔的建筑艺术。

隋唐之后至民国，随着建筑业的发展，石材开发和应用规模不断扩大，我国各地分布的古陵园、古建筑、名胜古迹，无不使用大量石材装饰装修，可以说石材建筑和装饰构成了我国石文化极为丰富的艺术宝库。

清代历时100余年陆续建成的著名大型皇家园林圆明园，总面积约350公顷，周长约为10km。园内建筑壮观、气势雄伟，集中华建筑艺术之精华，是我国与世界建筑史上的精品，有“万园之园”美称。这一建筑艺术瑰宝于咸丰十年(1860年)遭到英法联军毁灭性地掠夺、焚毁，现仅存西洋楼部分石雕与其他建筑遗迹。

除中国外，世界上许多古建筑都是由天然石材建造而成的。公元前30世纪中叶，在尼罗河三角洲的古萨地方造了三座大金字塔，哈夫拉金字塔是全世界最大的金字塔，它高达 146.6m，底边长 230.4m，用了 230 万块平均 2.5t 重的大石块。石块凿磨得非常平整，石缝间不用胶结材料，严密得连刀片都插不进。整个塔身外面又贴着一层磨光的白色大理石板，在沙漠地带呈现出一片神话般壮观景象。

1816 年，在哈夫拉金字塔不远处，人们发现了被沙漠掩埋达四千多年的斯芬克斯狮身人面像，这是世界上最大的巨石像。这长达 57m，高 20 余米，除狮爪外，用整块石头雕成，成为世界七大奇迹之一。

古希腊是欧洲文化的摇篮，古希腊建筑是欧洲文化的开拓者，早在公元前 5 世纪，希腊就开始开采、加工、应用大理石作为建筑材料，其中雅典卫城是希腊古典建筑的代表作。雅典卫城建造在雅典城内的一座小山冈上，四周用乱石砌成围墙，东西长约 280m，南北最宽处约 130m，呈橄榄形。这里地势险要，山冈 70～80m 高处有一个天然的大平台，山门、胜利神庙、帕提农神庙、伊瑞克先神庙和雅典娜雕像等建筑物，分布在平台的周围。

帕提农神庙是卫城最大的主要建筑物。它的周围是有 46 根刚劲挺拔的陶立克式石柱构成的柱廊，里面分东西两部分。东面的神殿中央有一座用象牙和宝石做成的光彩照人的雅典娜女神像。室外石墙的下部以及屋顶的檐口和山花上，刻满了鲜艳明快的生动浮雕。

在帕提农神庙以北不远处，是造型灵活的伊瑞克先神庙。神庙的北面和东西各有一个入口，门前都有表现女性纤巧柔美的爱奥尼式石柱构成的门廊。南面一片洁白平整的大理石墙面衬托出由六根神志娴静端庄的女郎柱组成的小柱廊。

这些诗一般的建筑，充分反映了希腊古典建筑的艺术风格。

古罗马直接继承了古希腊的建筑成就，并在多方面广泛创新，凯旋门、纪功柱、神庙、皇宫、剧场、竞技场等一大批具有古罗马建筑风格的建筑艺术品，大量使用了天然石材作为结构材料和装饰材料。

罗马万神庙便是其中最著名的一座。万神庙由一个圆形神殿和一个门廊组成。门廊的正面有 8 根柱子，柱头用白色大理石，柱身用磨光的红色花岗岩做成。圆形神殿的穹隆直径达 43.4m。神殿墙厚 6.2m，为减轻重量，墙壁中空，穹隆顶上做了许多方斗状凹穴。殿内装饰十分华丽，沿墙排列着神龛、神像和雕刻精美的柱子，地面用各色的大理石拼成图案，在建筑上很有特色。

在中世纪的西欧，教会的权力至高无上，教堂成为最重要的建筑物。巴黎圣母院便是世界第一座典型的哥特式教堂。巴黎圣母院的装修堪称豪华奢侈。从外部看，大量的雕刻使整座教堂变成了一座镂空的巨石艺术品。从内部看，祭坛、歌台、屏风都是精雕细琢，一身珠光宝气。巨大的彩色玻璃窗拼镶出圣经故事的图案，当阳光照射时，便显示出五彩斑斓的“天堂境界”。

17 世纪后半叶，法国国王路易十四成了至高无上的统治者，号称“太阳王”。这时期法国成为欧洲文明的中心，它的建筑也表现出伟大的气概。

凡尔赛宫是西欧最大的宫殿，它南北长 580m，中央部分的西面有一个长 73m、宽 9.7m、高 13m 的大厅，大厅墙面用白色大理石板贴面，镶有淡雅的彩色大理石构成的图案，壁柱用绿色大理石做成，铜制的柱头，镀上厚厚一层黄金。西墙是 17 个圆额大窗子，东墙上有 17 面大镜子，用精雕细琢的镜框嵌起来。顶棚是圆筒形的，上面有大面积绘画。

在用石材作为建筑和装饰的艺术珍品中，还有欧洲文艺复兴时期的代表作罗马城圣彼得大教堂、美国国会大厦、法国马赛公园等。

二、天然石材的特点、形成及技术性能

(一)天然石材的特点

天然大理石是石灰岩与白云岩在高温、高压作用下矿物重新结晶、变质而成。它具有致密的隐晶结构。纯大理石为白色,称为汉白玉。如在变质过程中混入了其他杂质,就会出现各种不同的色彩和花纹、斑点,如含碳则呈黑色;含氧化铁则呈玫瑰色、橘红色;含氧化亚铁、铜、镍呈则绿色等等,这些斑斓的色彩和石材本身的质地使其成为古今中外的高级建筑装饰材料。缺点是化学稳定性较差,不耐酸,不宜用于室外。

天然花岗岩是由长石、石英石、云母等矿物组成的天然岩石,其中长石含量为40% ~60%,石英含量为20% ~40%。全部花岗岩中 SiO_2 含量占67% ~75%,故属酸性岩石,极耐酸性腐蚀,对碱类侵蚀也有较强的抵抗力。花岗岩结构致密、质地坚硬,比重为2.7g/cm³,抗压强度大,硬度大,耐磨性好,吸水率小,耐冻性也强,可经受100 ~200次以上冻融循环,使用寿命长。

花岗岩的化学成分随产地不同而有所区别。某些花岗岩含有微量放射性元素,对这类花岗岩应避免使用于室内。

花岗岩的缺点是自重大,用于房屋建筑会增加建筑物自重;硬度大,给开采和加工带来困难;质脆,耐火性差,当温度超过800℃时,由于其中二氧化硅(SiO_2)的晶型发生转变,造成体积膨胀而导致石材开裂,失去强度。

表2-1、表2-2为大理石和花岗岩的化学成分

大理石的化学成分(%)　　　　表2-1

CaO	MaO	SiO_2	Al_2O_3	Fe_2O_3	SO_3	其他(Fe^{2+}、Mn^{2+}、K^{2+}、Na^{2+})
28 ~ 54	13 ~ 22	3 ~ 23	0.5 ~ 2.5	0 ~ 3	0 ~ 3	微　量

典型花岗岩的化学成分(%)　　　　表2-2

CaO	MaO	SiO_2	Al_2O_3	Fe_2O_3	SO_3	MnO	P_2O_3	其　他
1.99	0.02	76.72	17.29	2.87	0.15	0.02	0.02	微　量

(二)岩石的形成及分类

岩石是由各种不同的地质作用所形成的天然矿物的集合体。组成岩石的矿物称造岩矿物。由一种矿物构成的岩石称单成岩(如石灰岩),这种岩石的性质由其矿物成分及结构构造决定。由两种或两种以上矿物构成的岩石称为复成岩(如花岗石),这种岩石的性质由其组成矿物的相对含量及结构构造决定。

1. 造岩矿物

矿物是具有一定化学成分和一定结构特征的天然化合物或单体。目前已发现的矿物有3300多种,绝大多数是固态无机物。其中主要造岩矿物有30余种,各种造岩矿物具有各自的颜色和特性。建筑工程中常用的岩石的主要造岩矿物及其特性见表2-3。

大部分岩石都是由多种造岩矿物所组成,如花岗岩,它是由长石、石英、云母及某些暗色矿物组成,因此颜色多样。只有少数岩石是单成岩,如白色大理岩,是由方解石或白云石所组成。由此可见,岩石并无确定的化学成分和物理性质,同种岩石,产地不同,其矿物组成和结构均有差异,因而岩石的颜色、强度等性能也均不相同。

2. 岩石的形成与分类

各种造岩矿物在不同的地质条件下,形成不同类型的岩石,通常可分为岩浆岩(或称火成岩)、沉积岩和变质岩三大类。

主　要　造　岩　矿　物　　　　　　　　　　**表2-3**

矿物名称	化学成分	性质及特点
石　英	SiO_2	无色透明，对于酸碱非常稳定，密度2.65g/cm³，熔点1600℃，硬度7
长石类{正长石 斜长石	$K_2O \cdot Al_2O_3 \cdot 6SiO_2$ $m(Na_2O \cdot Al_2O_3 \cdot 6SiO_2)$ $+n(CaO \cdot Al_2O_3 \cdot 2SiO_2)$	白色，但由于含微量铁，故也有桃红色，主要有正、斜长石，肉眼很难区别，稳定性比石英差，是造岩矿物中最多的一种。密度2.6～2.7g/cm³，硬度6
云母类{白云母 黑云母	$(Na,K)_2O \cdot Al_2O_3 \cdot 2SiO_2$ $m\{(Na,K)_2O \cdot Al_2O_3 \cdot 2SiO_2\}$ $+n\{2(Fe,Mg)O \cdot SiO_2\}$	有黑、白两种，解理完全。白云母稳定性好，黑云母稳定性差。密度：白云母2.8g/cm³；黑云母2.9g/cm³，硬度2.5
角闪石和辉石类	Fe、Mg、Al、Ca等的硅酸盐化合物	在化学成分上两者相同，结晶类型相同，颜色均为黑色，稳定性差。角闪石密度2.9～3.6g/cm³，辉石3～3.6g/cm³，硬度5～6
橄榄石	$2(Mg,Fe)O \cdot SiO_2$	暗绿色，稳定性差，密度3.2～3.5g/cm³，硬度7
方解石	$CaCO_3$	白色，但多数颜色淡。密度2.7g/cm³，硬度3，易溶于酸

(1)岩浆岩

岩浆岩又称火成岩，它是地壳深处的熔融岩浆上升到地表附近或喷出地表经冷凝而成。岩浆岩是组成地壳的主要岩石，占地壳总质量的89%。根据岩浆冷却情况的不同，岩浆岩又可分为深成岩、喷出岩和火山岩三种。

深成岩是岩浆在地壳深处受到很大的上部覆盖压力作用，缓慢均匀冷却而成的岩石。其特点是矿物全部结晶且晶粒粗大，呈块状构造，构造密实。深成岩的抗压强度高，吸水率小，表观密度大和抗冻性、耐磨性、耐水性好。建筑上常用的深成岩有花岗岩、辉长岩、闪长岩等。

喷出岩是岩浆喷出地表后，在压力骤减、迅速冷却的条件下形成的岩石。其特点是大部分结晶不完全，多呈细小结晶(隐晶质)或玻璃质结构。当喷出岩形成较厚的岩层时，其孔结构与深成岩相似；当形成较薄的岩层时，因冷却较快，且岩浆中气体由于压力降低而膨胀，故常呈多孔结构，近于火山岩。建筑上常用的喷出岩有玄武岩、辉绿岩、安山岩等。

火山岩又称火山碎屑岩，它是火山爆发时，岩浆被喷到空中，经急速冷却后落下而成的岩石。其特点是表观密度较小，呈多孔玻璃质结构。建筑上常用的火山岩有火山灰、浮石、火山凝灰岩。生产火山灰质硅酸盐水泥时火山灰可大量用来作混合材料，浮石可作为混凝土骨料。

(2)沉积岩

沉积岩又称水成岩。它是由露出地表的各种岩石(母岩)经自然风化、风力搬迁、流水冲移等作用后再沉淀堆积，在地表及距地表不太深处形成的岩石。沉积岩为层状构造，其各层的成分、结构、颜色、层厚等均不相同。与岩浆岩相比，沉积岩的表观密度较小，密实度较差，吸水率较大，强度较低，耐久性也较差。

沉积岩虽然仅占地壳质量的5%，但在地球上分布极广，约占地壳表面积的75%，加之埋藏于距地表不太深处，故易于开采。沉积岩用途广泛，其中最重要的是石灰岩。石灰岩是烧制石灰和水泥的主要原料，也是配制混凝土的骨料。石灰岩还可用来砌筑基础、勒脚、墙体、拱、柱、路面、踏步、挡土墙等。其中致密者，经切割、打磨抛光后，可代替大理石板材使用。

(3)变质岩

变质岩是由原生的岩浆岩或沉积岩，经过地壳内部高温、高压的作用，使岩石原来的结构发生变化，产生熔融再结晶而形成的岩石。通常沉积岩变质后，结构较原岩致密，性能变好，而岩浆岩变质后，有时结构反而不如原岩坚实，性能变差。建筑上常用的变质岩为大理岩、石英石、片麻岩等。其中大理岩自古以来就作为一种高级建筑装饰材料。石英岩十分耐久，常用于重要建筑的饰面、地面、踏步等。

（三）天然石材的技术性质

1. 表观密度

天然石材的表观密度与其矿物组成和孔隙率有关。致密的石材，如花岗岩、大理石等，其表观密度接近于其密度，约为 2500 ~ 3100kg/m^3，而孔隙率大的火山凝灰岩、浮石等，其表观密度约为 500 ~ 1700kg/m^3。

天然石材按表观密度大小可分为重石和轻石两类。表观密度大于 1800kg/m^3 的为重石，小于 1800kg/m^3 的为轻石。重石可用于建筑物的基础、贴面、地面、房屋外墙、桥梁及水工构筑物等，轻石主要用作墙体材料。

2. 吸水性

石材的吸水性主要与孔隙率及孔隙结构特征有关。深成岩及许多变质岩孔隙率都较小，因而吸水率也很小。例如花岗岩的吸水率通常小于 0.5%。沉积岩由于形成条件的不同，密实程度也不一致，因而孔隙率和孔隙结构特征的变化很大，其吸水率波动很大。例如致密的石灰岩，吸水率可小于 1%；而多孔贝壳石灰岩，吸水率高达 15%。

石材中的孔隙结构特征对吸水性的影响，主要表现在孔隙是开口孔隙还是闭口孔隙。如果孔隙相互封闭又不连通，即使孔隙率大，吸水率也小；开口孔隙吸水量大，开口大孔隙虽然水分易进入，但不能留存，只能润湿孔壁，所以吸水率仍然较小。对于微细连通的开口孔隙，孔隙率愈大，则吸水率愈大。

3. 耐水性

石材的耐水性用软化系数（K）表示。软化系数是指石材在吸水饱和条件下的抗压强度与干燥条件下的抗压强度之比，反映了石材的耐水性能。$K>0.90$ 的石材称为高耐水性石材，$K=0.70\sim0.90$ 的为中耐水性石材，$K=0.60\sim0.70$ 的为低耐水性石材。一般 $K<0.80$ 的石材，不允许用于重要建筑。

4. 抗冻性

石材在饱水状态下，经过规定次数的反复冻融循环，若无贯穿裂纹，且质量损失不超过 5%，强度损失不大于 25%，则为抗冻性合格。

石材的抗冻性主要与矿物组成、晶粒大小、分布均匀性及天然胶结物的胶结性质等有关。寒冷地区且处于水位升降范围内的建筑构造，使用石材时需经抗冻性试验合格。

5. 抗压强度

石材的抗压强度是划分其强度等级的依据。测定抗压强度的试件尺寸为 50mm × 50mm × 50mm 的立方体。天然石材的强度等级分为 MU100、MU80、MU60、MU50、MU40、MU30、MU20、MU15 和 MU10 等 9 个等级。

天然石材的抗压强度大小，取决于岩石的矿物组成、结构与构造特征、胶结物质的种类及均匀性等因素，此外加荷载的方式对抗压强度测定也有影响。

6. 硬度

岩石的硬度以莫氏或肖氏硬度表示。它取决于岩石组成矿物的硬度与构造。凡由致密、坚硬矿物组成的石材，其硬度就高。岩石的硬度与抗压强度有很好的相关性，一般抗压强度高的，硬度也大。岩石的硬度越大，其耐磨性和抗刻画性能越好，但表面加工越困难。

7. 耐磨性

耐磨性是指石材在使用条件下抵抗摩擦、边缘剪切以及冲击等复杂作用的性质。石材的耐磨性以单位面积磨耗量表示。石材的耐磨性与其组成矿物的硬度、结构特征以及石材的抗压强度和冲击韧性等有关。作为建筑物铺地面的石材,要求耐磨性好。

8. 可加工性

天然石材开采后加工成建筑材料尤其是建筑装饰材料,应具有一定的可加工性。如石材荒料的开采、锯切、磨光等工序,还要求加工后的石材有一定的可钻性,便于施工安装。

此外,石材的导热、耐热、抗冲击等性能,根据用处不同,对其也有不同要求。

三、建筑装饰用饰面石材

(一)大理石装饰板材

1. 大理石装饰板材的加工

从大理石矿体开采出来的块状石料称为大理石荒料。大理石荒料经锯切、磨光等加工后就成为大理石装饰板材。石材的出材率是指每立方米荒料所生产的成品板材的平方米数。以厚度20mm板材计,目前我国生产厂家的出材率约为11 ~21m^2/m^3,与发达国家相比差距较大。

目前,世界天然石材装饰板的标准厚度还是2cm,但欧美国家已经开始向薄型板材的方向发展,厚度为1.2 ~1.5cm的板材产量日趋增多,最薄的厚度达到7mm。与此同时,已开发了一批薄型板材的专用施工机具和配套的施工方法。对石材的颜色也提出了更高的要求。一般对大理石要求纯白、纯黑或纯黑带细白纹的,以及粉红色等颜色。对花岗岩则喜欢纯黑、红色、淡绿等颜色。

加工技术的发展主要表现在:

(1)加工石材的框锯规格越来越大,并且出现了可以锯切最薄为1cm厚的石材大毛板的框锯。

(2)石材薄板多锯片双向切机已发展到可装直径达1600mm圆锯片,可直接从荒料上切得宽度达60cm,厚1cm的板材。今后大规格石材毛板将受建筑业欢迎,可在工地现场按实际需要尺寸,现切割,现铺装,现抛光。这样建筑物饰面又美观又节约材料,且施工速度加快。

2. 大理石装饰板材品种

我国生产的天然大理石装饰板材,著名品种有汉白玉、丹东绿、雪浪、秋景、雪花、艾叶青、东北红等。除汉白玉外,能与世界名品如印度红、巴西蓝、挪威蓝、卡拉奇白、金花米黄、大花绿等相媲美的珍贵名品还不多。表2-4为我国的大理石名品代号,表2-5、表2-6为我国天然大理石部分生产厂家及产品品种。

3. 大理石装饰板材的技术标准

(1)规格与等级分类

大理石装饰板材的板面尺寸有标准规格和非标准规格两大类。世界石材饰面板材常用规格如表2-7所示。我国标准《天然大理石建筑板材》(GB/T 19766—2005)规定,板材的形状可分为普通型(PX)和圆弧型(HM)。普通型板材常用规格如表2-8。普通型板材按规格尺寸偏差、平面度公差、角度公差及外观质量分为优等品(A)、一等品(B)和合格品(C)。

圆弧型板材按规格尺寸偏差、直线度公差、线轮廓度公差及外观质量分为优等品(A)、一等品(B)、合格品(C)三个等级。

大理石产品的标记也是消费者选购时需要留心注意的事项。大理石产品标记顺序为:荒料产地地名、花纹色调特征描述、编号、产品类别、规格尺寸、等级、标准号。如用北京房山汉白玉大理石荒料加工的600mm×600mm×20mm、普通型、优等品板材则标记为:

房山汉白玉大理石:M1101PX600×600×20 A GB/T 19766—2005

大理石名称与编号　　表 2-4

产　地	名　称	编　号	原编号
北京市	房山高庄汉白玉	M1101	M101
	房山艾叶青	M1102	M102
	房山黄山玉	M1103	M125
	房山白	M1104	
	房山砖渣	M1105	
	房山次白玉	M1106	
	房山桃红	M1107	
	房山螺丝转	M1110	M110
	延庆晶白玉	M1111	
	房山芝麻白	M1112	M112
	房山石窝汉白玉	M1113	
	房山青白石	M1116	
	房山银晶	M1130	M130
辽宁省	丹东绿	M2117	M217
	铁岭红	M2119	M219
江苏省	宜兴咖啡	M3252	M052
	宜兴青奶油	M3258	M058
	宜兴红奶油	M3259	M059
浙江省	杭　灰	M3301	M0956
山东省	莱州雪花白	M3711	M311
湖北省	通山红筋红	M4280	
	通山中米黄	M4286	
	通山荷花绿	M4292	
	通山黑白根	M4296	
湖南省	慈利虎皮黄	M4372	
	慈利荷花红	M4373	
	慈利荷花绿	M4374	
	隆回山水画	M4375	
	道县玛瑙红	M4376	
	莱阳白	M4377	
	芙蓉白	M4378	
	邵阳黑	M4379	
四川省	宝兴白	M5101	
	石棉白	M5102	
	宝兴青花灰	M5103	
	宝兴青花白	M5104	
	宝兴波浪花	M5105	
	宝兴银杉红	M5106	
	宝兴红	M5107	
	蜀金白	M5108	
	丹巴白	M5109	
	丹巴水晶白	M5110	
	丹巴青花	M5111	
	宝兴大花绿	M5112	
	彭州大花绿	M5113	
贵州省	贵阳纹脂奶油	M5201	076
	贵阳水桃红	M5202	
	遵义马蹄花	M5221	
	贵州木纹米黄	M5231	
	贵州平花米黄	M5232	
	贵州金丝米黄	M5233	
	紫云杨柳青	M5234	
	贵定红	M5241	
	贞丰木纹石	M5251	
	毕节晶墨玉	M5261	078
	毕节残雪	M5262	075

续表

产　　地	名　　称	编　　号	原　编　号
陕西省	汉中雪花白 陕西大花绿	M6101 M6102	
云南省	河口雪花白 贡山白玉 河口白玉 元阳白晶玉 云南白海棠 云南米黄	M5306 M5322 M5323 M5324 M5325 M5326	M706 M722 M723 M724 M725 M726

天然大理石板材品种、产地及规格　　表 2-5

产品名称	生产厂家或产地	产　品　特　征	规格(mm) (长×宽×厚)
汉白玉	北京大理石厂 湖北黄石大理石厂	玉白色,微有杂点和脉纹	300×150×20 300×300×20 305×152×20 305×305×20 400×200×20 400×400×20 600×300×20 600×600×20 610×305×20 610×610×20 900×600×20 915×610×20 1067×762×20 1070×750×20 1200×600×20 1200×900×20 1220×915×20
晶　白	湖　北	白色晶粒,细致而均匀	
雪　花	山东莱州市大理石厂	白间淡灰色,有均匀中晶,有较多黄杂点	
雪　云	广东云浮市大理石厂	白和灰白相间	
影晶白	江苏高资大理石厂	乳白色有微红至深赭的脉纹	
墨晶白	河北曲阳大理石厂	玉白色、微晶,有黑色脉纹和斑点	
风　雪	云南大理	灰白间有深灰色晕带	
冰　琅	河北曲阳	灰白色均匀粗晶	
黄花玉	湖北黄石	淡黄色,有较多稻黄脉纹	
碧　玉	辽宁连山关	嫩绿或深绿和白色絮状相渗	
彩　云	河北获鹿	浅翠绿色底,深绿色絮状相渗,有紫斑或脉纹	
斑　绿	山东莱阳	灰白色底,有斑状堆状深草绿点	
云　灰	北京房山	白或浅灰底,有烟状或云状黑灰纹带	
驼　灰	江苏苏州	土灰色底,有深黄褐色浅色脉纹	
裂　玉	湖北大冶	浅灰带微红色底,有红色脉络和青灰色斑	
艾叶青	北京房山	青底,深灰间白色地状斑云,间有片状纹缕	
残　雪	河　北	灰白色,有黑色斑带	
晚　霞	北京顺义	石黄间土黄斑底,有深黄	
虎　纹	江苏宜兴	叠脉,间有黑晕 赭色底,有流纹状石黄色经络	
灰黄玉	湖北大冶	浅黑灰底,有焰红色、黄色和浅灰脉络	
秋　枫	江苏南京	灰红底,有血红晕脉	
砾　红	广东云浮大理石厂	淡红底满布白色大小碎石块	
桔　红	浙江长兴	浅灰底,密布粉红和紫红叶脉	
岭　红	辽宁铁岭	紫红底	
墨　叶	江苏苏州	黑色,兼有少量白络或白斑	
莱阳黑	山东莱阳	灰黑底,间有黑斑灰白色点	
墨　玉	贵州、广西	墨　色	

天然大理石厂生产厂家及品种、规格　　表 2-6

生产厂家	品　　种	外贸代号	产品花色特征	规格(mm)(长×宽×厚)
北京大理石厂(华表牌)	汉白玉	101	纯白色	305×305×20 610×305×20 915×610×20 300×300×20 400×400×20 600×300×20 900×600×20 300×300×20 400×400×20 600×300×20 600×600×20 900×600×20 1000×700×20 305×305×20 400×200×20 610×305×20
	桃　红	113	白色斑	
	桔　红	121	黄白斑、带墨点	
	灵寿绿	107	浅绿色纹理	
	涞水红		肉红色，有的有云纹	
	晚　霞	108	土黄色，带深黄色花纹	
	黄金玉	125	黄色，带云纹	
	浅绿金玉	125-1	黄色、绿云纹	
	墨　玉	104	黑色，有隐纹	
	紫豆瓣	105	黑色，灰色豆瓣花	
	贵阳黑		纯黑色	
	银　晶	130	浅灰色，深灰条纹	
	黄山玉		浅灰色，深灰大条纹	
	深咖啡		黄褐色，虎皮斑纹	
	艾叶青	102	中灰色，白色花纹	
北京大理石厂	螺丝转	110	浅灰色，深灰螺纹带白纹	
	云　花	120	浅灰色，深灰间白色纹	
	芝　白		浅灰色，有深灰色花纹	
	雪　白	117	白色，有灰色小斑	
	莱阳绿		中绿色斑块，间中灰条纹	
	山东雪花		白色，浅灰条或深灰条	
	绿金玉		绿色，绿花色花纹	
山东莱州市大理石厂(莱州牌)	雪花白	311(特)	纯白，色调一致无杂质	
	雪花白	311(1)	白色，带少许杂黄点	
	雪花白	311-1	白色，有红道黄绿斑，暗灰绿，石英筋	
	莱阳绿(斑绿)	320	灰白色底，带有深草绿斑点状或堆状	
	栖霞绿(翠绿)	317	浅绿色，白绿花纹，有波浪	
	栖霞绿(翠绿)	318	较深绿，绿白交叉似海浪	
	条　灰	319	灰白色，黑白直线条或曲线条	
	灰　白	332	白间淡灰色	
	山水灰	331	拼出水画	
	紫螺红	314	绛红色底，夹有红灰相间的螺红	
江西上高县大理石厂(白云峰牌)	雪花白		带淡灰云彩	
	彩　绿		深绿、浅绿、带云彩	
	翠　绿		玉　色	
	锦　黑		纯　墨	
	咖　啡		带猪肝色	
	黑　花		纯黑带花点	
	汉白玉		纯　白	
	汉白玉		白色带花纹	

续表

生产厂家	品　　种	外贸代号	产　品　花　色　特　征	规格(mm) (长×宽×厚)
湖北黄石大理石厂	雪　浪	022	白底带黑色花纹	450×650×20 600×900×20 650×950×20 300×300×20 305×305×20 400×200×20 400×400×20 500×250×20 500×400×20 500×500×20 600×300×20 600×400×20 600×500×20 600×600×20 900×600×20 1220×915×20
	秋　景	023	浅棕色带条状花纹	
	墨　璧	027	黑色带少量条纹	
	汉白玉	028	白色带少量隐斑	
	汉白玉	028-1	白底带隐斑及条纹	
	粉　荷	031	黄色底带花纹	
	锦　黄	040	浅粉红底带条纹	
	虎　皮	044	浅灰底色带黑花	
	墨绒玉	044-2	深灰黑色带少量白斑	
	玛瑙红	045	红色底带花纹	
	荷花绿	046	浅绿色底带条纹或点花纹	
天津市大理石厂	雪　花		雪白色	
	花雪花		带白花、山水纹柳	
	莱阳绿		斑绿色	
	墨　玉		全墨色	
	紫豆瓣		紫　色	
	东北红		红色、花纹柳	
	房山灰		麻点灰色	
	螺丝转		灰　色	
	艾叶青		艾叶花色	
	晚　霞		晚霞光色	
	济南青		正黑色	
	汉白玉		乳白色	
	丹东绿		浅绿色	
	咖　啡	052		
	咖　啡	052-1		
	宁　红	054		
	杭　灰	056		
	灰　螺	057-1		
贵阳市大理石厂	纹脂奶油		奶白底带红色或灰色条纹	
	枣　红		全枣红色，或枣红底青白色斑状花	
	残　雪		墨黑底色，白色爪样花纹	
	晶墨玉		全黑色，无杂斑	
	美人蕉		深红色加黑色山水图案，深红色加绿、灰色	
	莱阳绿		绿花、豆沙状花	
	雪花白		全白，或白底青灰条状花纹	
	海棠花		深棕底、黑白卵石状花	

世界石材建筑装饰板材常用规格　　表2-7

产　品	规　格　(mm)			规　格　(mm)		
	长	宽	厚	长	宽	厚
墙面板	600	500	20	1200	500	20
	800	800	20	2000	500	20
	1000	500	20	2000	2000	20
地面板	305	305	20	600	300	20
	400	400	20	600	500	20
	500	250	20	700	350	20
	500	300	20	500	250	15
	500	500	20	400	200	15
				300	300	15
楼梯踏步板	1000	300		1200	300	
窗台板	800	400	30~40	1000	400	30~40
	900	400	30~40	1200	400	30~40
裙脚板	100	80	7~10	200	80	7~10
	150	80	7~10	250	80	7~10
薄型板材	200	100	7	300	300	10
	300	150	7	150	75	10
	300	150	7.5	400	200	10
	152.5	152.5	9.5	400	200	8
	305	152.5	9.5	600	600	10
	305	305	9.5			

普通型大理石板常用规格(mm)　　表2-8

长	宽	厚	长	宽	厚	长	宽	厚
300	150	20	900	600	20	610	305	20
300	300	20	1070	750	20	610	610	20
400	200	20	1200	600	20	915	610	20
400	400	20	1200	900	20	1067	762	20
600	300	20	305	152	20	1220	915	20
600	600	20	305	305	20			

(2)尺寸允许偏差

规格尺寸允许偏差,包括尺寸、平面度和直角等偏差。普通型板材尺寸允许偏差见表2-9,异型板材的规格尺寸允许偏差由供需双方商定。

普型板尺寸允许偏差(mm)　　表2-9

都　位		优等品	一等品	合格品
长、宽度		0 -1.0	0 -1.0	0 -1.5
厚　度	≤12	±0.5	±0.8	±1.0
	>12	±1.0	±1.5	±2.0
干挂板材厚　度	≤12	+2.0	+2.0	+3.0
	>12	0	0	0

平面度允许极限公差应符合表 2-10 的规定。

平面度允许极限公差(mm) **表 2-10**

板材长度范围	允许极限公差值		
	优等品	一等品	合格品
≤400	0.20	0.30	0.50
>400～≤800	0.50	0.60	0.80
>800	0.70	0.80	1.00

角度允许极限公差符合表 2-11 的规定。对于拼缝板材，正面与侧面的夹角应<90°。

角度允许极限公差(mm) **表 2-11**

板材长度范围	允许极限公差值		
	优等品	一等品	合格品
≤400	0.30	0.40	0.50
>400	0.40	0.50	0.70

圆弧型板材厚度最小值应不小于 20mm，规格尺寸允许偏差见表 2-12。

尺寸允许偏差(mm) **表 2-12**

<table>
<tr><th rowspan="2">项目</th><th colspan="3">允许偏差</th></tr>
<tr><th>优等品</th><th>一等品</th><th>合格品</th></tr>
<tr><td>弦长</td><td colspan="2">0
-1.0</td><td>0
-1.5</td></tr>
<tr><td>高度</td><td colspan="2">0
1.0</td><td>0
1.5</td></tr>
</table>

圆弧型板材直线度与线轮廓度允许公差见表 2-13。

允许公差(mm) **表 2-13**

项目		允许公差		
		优等品	一等品	合格品
直线度(按板材高度)	≤800	0.6	0.8	1.0
	>800	0.8	1.0	1.2
线轮廓度		0.8	1.0	1.2

圆弧型板材面角度允许公差：优等品为 0.4mm，一等品为 0.6mm，合格品为 0.8mm。侧面角 α 应不小于 90°。

(3)外观质量

同一批板材的色调应基本调和，花纹应基本一致。

板材正面外观缺陷的质量要求应符合表 2-14 的要求。

外观缺陷质量要求　　表 2-14

<table>
<tr><th>名　称</th><th>规　定　内　容</th><th>优等品</th><th>一等品</th><th>合格品</th></tr>
<tr><td>裂纹</td><td>长度超过 10mm 的不允许条数(条)</td><td colspan="3">0</td></tr>
<tr><td>缺棱</td><td>长度不超过 8mm，宽度不超过 1.5mm(长度≤4mm，宽度≤1mm 不计)，每米长允许个数(个)</td><td rowspan="4">0</td><td rowspan="3">1</td><td rowspan="3">2</td></tr>
<tr><td>缺角</td><td>沿板材边长顺延方向，长度≤3mm，宽度≤3mm(长度≤2mm，宽度≤2mm 不计)，每块板允许个数(个)</td></tr>
<tr><td>色斑</td><td>面积不超过 $6cm^2$(面积小于 $2cm^2$ 不计)，每块板允许个数(个)</td></tr>
<tr><td>砂眼</td><td>直径在 2mm 以下</td><td>不明显</td><td>有，不影响装饰效果</td></tr>
</table>

板材允许粘结和修补。粘结和修补后不影响板材的装饰效果和物理性能。

(4)物理性能

镜面板材的镜向光泽值应不低于 70 光泽单位，若有特殊要求，由供需双方协商确定。

板材的其他物理性能指标应符合表 2-15 的规定。

物理性能指标　　表 2-15

<table>
<tr><th colspan="3">项　　目</th><th>指　　标</th></tr>
<tr><td colspan="2">体积密度(g/cm^3)</td><td>≥</td><td>2.30</td></tr>
<tr><td colspan="2">吸水率(%)</td><td>≤</td><td>0.50</td></tr>
<tr><td colspan="2">干燥压缩强度(MPa)</td><td>≥</td><td>50.0</td></tr>
<tr><td>干　燥</td><td rowspan="2">弯曲强度(MPa)</td><td rowspan="2">≥</td><td rowspan="2">7.0</td></tr>
<tr><td>水饱和</td></tr>
<tr><td colspan="2">耐磨度*(l/cm^3)</td><td>≥</td><td>10.0</td></tr>
</table>

* 为了颜色和设计效果，以两块或多块大理石组合拼接时，耐磨度差异应不大于 5，建议适用于经受严重踩踏的阶梯、地面和月台使用石材耐磨度最小为 12。

4. 大理石装饰板材的应用

由于大理石天然生成的致密结构和色彩、斑纹、斑块，经过锯切、磨光后的板材光洁细腻，如脂如玉，纹理自然，花色品种可达上百种。百色大理石洁白如玉，晶莹纯净，故又称汉白玉、苍山白玉或白玉，是大理石中的名贵品种。云灰大理石和彩花大理石的漫长的形成过程中，由于大自然的“鬼斧神工”，使其具有令人遐想万千的花纹和图案，如有的像乱云飞渡，有的则像青山直上，有的表现为“微波荡漾”、“湖光山色”、“水天相连”、“花鸟虫鱼”、“珍禽异兽”、“群山叠翠”、“骏马奔腾”等等，装饰效果美不胜收。大理石装饰板材主要用于宾馆、展厅、博物馆、办公楼、会议大厦等高级建筑物的墙面、地面、柱面及服务台面、窗台、踢脚线、楼梯、踏步等处，也可加工成工艺品和壁画。大理石的化学稳定性不如花岗岩，不耐酸，空气和雨水中所含的酸性物质和盐类对大理石有腐蚀作用，故大理石不宜用于建筑物外墙和其他露天部位。

图 2-1(文前彩图)为天然大理石装饰板材样品，图 2-2(文前彩图)为天然大理石在室内装饰实例。

目前在我国市场上经常可见的国际名牌石材产品有挪威红、印度红、南非红、意大利紫罗红、土耳其紫罗红、美利坚红、莎利士红、大啡珠、海军蓝、蓝眼睛、巴西黑、蓝宝石、白水晶、卡门红、黑金沙、美国红紫晶、玫瑰花岗等。多产于印度、美国、南非、意大利、挪威、土耳其、西班牙等国家。

(二)花岗石装饰板材

岩石学中花岗岩是指由石英、长石及少量云母和暗色矿物(橄榄石类、辉石类、角闪石类及黑云母等)组成的全晶质的岩石。但建筑上所说的花岗岩与大理石一样,也是广义的,是指具有装饰功能、并可磨光、抛光的各类岩浆岩及少量其他类岩石,主要是岩浆中的深成岩和部分喷出岩及变质岩,大致包括各种花岗岩、闪长岩、正长岩、辉长岩(以上均属深成岩),辉绿岩、玄武岩、安山岩(以上均属喷出岩),片麻岩(属变质岩)等。这类岩石的组成构造非常致密,矿物全部结晶且粒粗大,呈块状构造或粗晶嵌入玻璃质结构中的斑状构造。它们经研磨、抛光后形成的镜面,呈现出斑点状花纹。

1. 花岗石装饰板材的加工

花岗石装饰板材加工与大理石装饰板材相同,也是由矿山开采出来的花岗岩荒料经锯切、研磨、抛光后成为具有一定规格的装饰板材。由于花岗岩的硬度(肖氏硬度80~100)大于大理石(肖氏硬度在50左右),故在加工过程中难度大,锯片、锯料、磨料等都有严格要求。

2. 花岗石装饰板材品种

我国花岗岩储量丰富,主要产地有山东、福建、四川、湖南、江苏、浙江、北京、安徽、陕西等省。此外,广东、河北、河南、山西、黑龙江、湖北等省市也有生产。国产花岗岩较著名的品种有济南青、将军红、白虎涧、莱州白(青、黑、红、棕黑等)、岑溪红等。前已所述,国际市场上著名的花岗石装饰板材有印度红、啡铅、红铅、巴拿马黑、蓝眼睛、积架红、蓝珍珠、拿破仑红、巴西黑、绿星石等。

花岗石装饰板材的标准规格见表2-16,名称与编号见表2-17,主要品种及生产厂家见表2-18。

普通型花岗石板材规格(mm)　　表2-16

边长系列	300*、350*、400、500、600*、800、900、1000、1200、1500、1800
厚度系列	10*、12、15、18、20*、30、35、40、50

注:*为常用规格。

花岗石名称与编号　　表2-17

产地	名称	编号	原编号
北京市	白虎涧红	G1151	G151
	密云桃花	G1152	
	延庆青灰	G1153	
	房山灰白	G1154	
	房山瑞雪	G1156	G156
河北省	平山龟板玉	G1301	
	平山绿	G1302	
	平山柏坡黄	G1303	
	易县黑	G1304	
	涿鹿樱花红	G1305	
	承德燕山绿	G1306	

续表

产　　地	名　　称	编　　号	原　编　号
山西省	北岳黑	G1401	
	灵丘贵妃红	G1402	
	恒山青	G1403	
	广灵象牙黄	G1404	
	灵丘太白青	G1405	
	灵丘山杏花	G1406	
	代县金梦	G1407	
内蒙古自治区	白塔沟丰镇黑	G1510	
	傲包黑	G1511	
	喀旗黑金刚	G1512	
	诺尔红	G1530	
	阴山红	G1531	
	凉城绿	G1550	
辽宁省	风城杜鹃红	G2101	
	建平黑	G2102	
	绥中芝麻白	G2103	
	绥中白	G2104	
	青山白	G2105	
	绥中浅红	G2106	
	绥中虎皮花	G2107	
吉林省	吉林白	G2201	
黑龙江省	楚山灰	G2301	G1716
浙江省	安吉红	G3301	
	龙泉红	G3302	
	龙川红	G3303	
	温州红	G3304	
	上虞菊花红	G3305	
	上虞银花	G3306	
	嵊州红玉	G3307	
	嵊州樱花	G3308	
	仕阳芝麻白	G3309	G273
	三门雪花	G3310	
	磐安紫檀香	G3311	
	嵊州东方红	G3312	
	嵊州云花红	G3313	
	嵊州墨玉	G3314	
	司前一品红	G3315	
	仕阳青	G3316	
	安吉芙蓉花	G3317	
安徽省	岳西黑	G3401	
	岳西绿豹	G3402	
	岳西豹眼	G3403	
	皖西红	G3404	
	金寨星彩蓝	G3405	
	天堂玉	G3406	
	龙舒红	G3407	
福建省	晋江巴厝白	G3503	G603
	泉州白	G3506	G606
	南安雪里梅	G3508	G608
	龙海黄玫瑰	G3510	
	康美黑	G3511	G611

续表

产 地	名 称	编 号	原 编 号
福建省	漳浦青	G3512	G612
	洪塘白	G3514	G614
	晋江清透白	G3515	G615
	肖厝白	G3516	AG98
	福鼎黑	G3518	G684
	海沧白	G3523	G623
	武夷红	G3528	
	武夷蓝冰花	G3529	
	晋江陈山白	G3532	G632
	晋江内厝白	G3533	G633
	安溪红	G3535	G635
	安海白	G3536	
	大洋青	G3538	
	南平青	G3539	
	东石白	G3540	G640
	漳浦红	G4548	G648
	南平黑	G3553	
	长乐、屏南芝麻黑	G3554	G654
	同安白	G3555	G655
	南平闽江红	G3559	
	连城花	G3562	
	罗源樱花红	G3563	G663
	罗源紫罗兰	G3564	G664
	罗源红	G3565	G665
	连城红	G3566	G666
	古田桃花红	G3567	
	宁德丁香紫	G3568	
	宁德金沙黄	G3569	
	长乐红	G3575	
	华安九龙壁	G3576	
	浦城百丈青	G3577	
	浦城牡丹红	G3578	
	石井锈石	G3582	G682
	光泽红	G3583	G683
	光泽高源红	G3586	
	光泽铁关红	G3587	
	漳浦马头花	G3588	G688
	光泽珍珠红	G3589	
	永定红	G3596	G696
	邵武青	G3599	
江西省	贵溪仙人红	G3601	GV8818
山东省	济南青	G3701	G301
	崂山灰	G3706	G306
	崂山红	G3709	G309
	五莲豹皮花	G3742	
	平邑将军红	G3752	G352
	齐鲁红	G3754	G354
	平度白	G3755	G355
	莒南红	G3756	
	三元花	G3757	
	文登白	G3760	G360
	泽山红	G3764	G364

续表

产　　地	名　　称	编　　号	原　编　号
山东省	莱州芝麻白	G3765	G365
	莱州樱花红	G3767	G367
	乳山青	G3770	G370
	荣成靖海红	G3772	
	荣成海龙红	G3773	
	荣成人和红	G3775	
	蒙山花	G3776	
	蒙阴海浪花	G3777	
	蒙阴粉红花	G3778	
	招远珍珠花	G3783	G383
	荣成京润红	G3784	
	荣成佳润红	G3785	
	石岛红	G3786	G386
	龙须红	G3787	G387
	平邑孔雀绿	G3791	G391
河南省	淇县森林绿	G4101	
	辉县金河花	G4102	
湖北省	麻城彩云花	G4226	
	麻城鸽血红	G4227	
	麻城龙衣	G4228	
	麻城平靖红	G4229	
	三峡红	G4251	
	三峡绿	G4252	
	宜昌黑白花	G4253	
	宜昌芝麻绿	G4255	
	西陵红	G4256	
	通山九宫青	G4298	
湖南省	衡阳黑白花	G4285	
	怀化黑白花	G4386	
	隆回大白花	G4387	
	新邵黑白花	G4389	
	郴县金钱花	G4391	
	华容出水芙蓉	G4392	
	华容黑白花	G4393	
	汨罗芝麻花	G4394	
	望城芝麻花	G4395	
	长沙黑白花	G4396	
	桃江黑白花	G4397	
	平江黑白花	G4398	
	宜章莽山红	G4399	
广东省	信宜星云黑	G4416	G416
	信宜童子黑	G4417	G417
	信宜海浪花	G4418	G418
	信宜细麻花	G4419	G419
	广宁墨蓝星	G4420	G420
	广宁红彩麻	G4421	G421
	广宁东方白麻	G4422	G422
	普宁大白花	G4439	G439
广西壮族自治区	岑溪红	G4562	G562
	三堡红	G4563	
	桂林红	G4572	
	桂林浅红	G4573	

续表

产　　地	名　　称	编　　号	原 编 号
四川省	芦山红	G5101	
	芦山忠华红	G5102	
	三合红	G5103	
	石棉红	G5104	
	天全玫瑰红	G5106	
	汉源巨星红	G5107	
	芦山樱花红	G5108	
	二郎山红	G5109	
	新庙红	G5110	
	荥经红	G5111	
	川　红	G5112	
	四川红	G5113	
	二郎山冰花红	G5114	
	二郎山雪花红	G5115	
	二郎山川絮红	G5116	
	二郎山杜鹃红	G5117	
	雅州红	G5118	
	黎州红	G5119	
	黎州冰花红	G5120	
	汉源三星红	G5121	
	石棉樱花红	G5122	
	宝兴红	G5123	
	宝兴珍珠花	G5124	
	芦山樱桃红	G5125	
	芦山珍珠红	G5126	
	宝兴翡翠绿	G5127	
	天全邮政绿	G5128	
	二郎山孔雀绿	G5129	
	二郎山菊花绿	G5130	
	宝兴绿	G5132	
	宝兴墨晶	G5133	
	宝兴黑冰花	G5134	
	芦山墨冰花	G5135	
	宝兴菜花黄	G5136	
	石棉彩石花	G5137	
	喜德枣红	G5138	
	喜德玫瑰红	G5139	
	冕宁红	G5140	
	喜德紫罗兰	G5141	
	攀西蓝	G5142	
	航天青	G5143	
	牦山黑	G5144	
	冕宁黑冰花	G5145	
	夹金花	G5146	
	甘孜樱花白	G5147	
	甘孜芝麻黑	G5148	
	丹巴芝麻花	G5149	
	旺苍隆丰红	G5150	
	南江玛瑙红	G5151	
	天府红	G5152	
	泸定红	G5153	
	泸定长征红	G5154	

续表

产　地	名　称	编　号	原编号
四川省	加郡红	G5155	
	泸定五彩石	G5156	
	米易绿	G5157	
	米易豹皮花	G5158	
贵州省	罗甸绿	G5241	
甘肃省	陇南芝麻白	G6201	G2701
	陇南青水红	G6202	
新疆维吾尔自治区	天山蓝	G6501	
	哈密星星蓝	G6502	
	哈密芝麻翠	G6503	
	天山冰花	G6504	
	天山绿	G6507	
	双井红	G6508	
	双井花	G6513	
	天山红	G6520	
	新疆红	G6521	
	托里菊花黄	G6522	
	托里雪花青	G6523	
	托里红	G6524	
	和硕红	G6530	
	天山红梅	G6531	
	鄯善红	G6540	

花岗石装饰板材生产厂家及产品品种　　表 2-18

品　种	规　格　(mm)		生产厂家
红色系列			
四川红	1000×1500	600×600	四川华信大理石有限公司
石棉红	1000×1500		广东南雄雄得利花岗石开发公司
岑溪红	600×900	400×600	广西岑溪县石材开发公司
虎皮红	900×1200		陕西西北地质公司
樱桃红	1000×1500	300×600	长春市石材公司
平谷红	900×1200	300×600	北京市双鹏石材联合开发公司
杜鹃红	900×1200	600×600	北京市双鹏石材联合开发公司
			辽宁杜鹃红石材(集团)总公司
连州大红	900×1200	300×600	广东广连花岗石有限公司
连州中红	900×1200	300×600	广东广连花岗石有限公司
玫瑰红	900×600	600×600	山东荣成花岗石厂
贵妃红	400×900	400×400	山西灵丘县花岗石厂
鲁青红	400×900	600×600	山东长青县花岗石厂
鑫农红	600×900	300×600	浙江磐安石材(集团)公司
樱花红	600×900	300×600	浙江磐安石材(集团)公司
斑斓红	600×900	300×600	浙江磐安石材(集团)公司
幻彩红	900×1200	600×900	深圳金崇立建材有限公司
黄红色系列			
岑溪橘红	900×600	600×600	广西岑溪市石材开发公司
东留肉红	400×400	600×600	广东丰顺县东穗石材有限公司
连州浅红	600×600	600×900	广东广连花岗石有限公司
兴洋桃红	600×600	600×900	广东新兴县兴洋花岗石板厂
兴洋桃红	400×400	600×600	
平谷桃红	900×1200	300×600	北京市双鹏石材联合开发公司
浅红小花	1000×1500	900×600	广东南雄雄得利花岗石开发公司
樱花红	500×500	600×600	浙江温州振海精密花岗石厂
珊瑚花	400×400	600×600	河南偃师五龙花岗石厂

续表

品　　种	规　　格　（mm）		生　产　厂　家
黄红色系列			
虎皮黄	400×400	600×600	河南偃师五龙花岗石厂
西丽红	600×600	600×300	武汉金山石材有限公司
将军红	600×600	600×300	武汉金山石材有限公司
粉红麻	600×600	300×600	广东云浮市天龙云石工程有限公司
木纹黄	600×600	400×400	浙江磐安石材(集团)公司
金彩麻	600×900	300×600	力生石材(广东)有限公司
青色系列			
芝麻青	600×1500	600×900	广东南雄雄得利花岗石开发公司
米易绿	1000×1500	600×600	
攀西蓝	1000×1500	300×900	
南雄青	600×900	600×800	
芦花青	1000×1500	600×900	
青　花	900×600	600×600	上海大理石厂
菊花青	300×300	400×900	河南偃师县五龙花岗石厂
竹叶青	500×500	600×900	浙江温州振海精密花岗石厂
济南青	600×600	1070×750	山东济南青花岗石开发公司
细麻青	400×400	600×900	四川华信大理石有限公司
青蛙绿	600×900	600×600	浙江磐安石材(集团)公司
雨花绿	600×900	600×600	
磐山青	600×900	600×600	
蓝珍珠	600×600	300×300	广东番禺顺威石材工艺厂
绿　星	600×600	300×300	
中青绿	600×900	600×600	力生石材(广东)有限公司
花白系列			
白石花	900×600	600×600	山东荣成县花岗石加工厂
四种花白	900×600	600×600	四川华信大理石有限公司
白虎涧	400×400	600×600	北京大理石厂
济南花白	900×600	600×600	山东济南花岗石厂
烟台花白	900×600	600×600	山东烟台玉石制品工业有限公司
黑白花	400×400	900×600	广东广连花岗石有限公司
芝麻白	900×600	600×600	广西玉林地区石材联合公司
岭南花白	1500×1000	900×600	广东南雄雄得利花岗石开发公司
花　白	900×600	600×600	湖南桃江花岗石厂
细花白	900×600	600×600	力生石材(广东)有限公司
雪花白	900×600	600×600	
白芝麻白	900×600	600×600	
黑色系列			
巴西黑	900×600	600×600	力生石材(广东)有限公司
金沙黑	900×600	600×300	力生石材(广东)有限公司
黑金花	600×600	300×300	力生石材(广东)有限公司
淡青黑	900×600		广东南雄雄得利花岗石开发公司
纯　黑	1500×600		广东南雄雄得利花岗石开发公司
芝麻黑	900×600		四川华信大理石有限公司
四川黑	1070×750	900×600	四川华信大理石有限公司
贵州黑	900×600	600×600	贵阳花岗石加工厂
烟台黑	900×600	600×600	山东烟台玉石制品工业有限公司
沈阳黑	1070×750	600×600	沈阳市大理石厂
荣成黑	900×600	600×600	山东荣成县花岗石加工厂
乌石锦	900×600	600×600	湖北石首市建筑装饰材料厂
长春黑	900×600	600×600	长春市石材公司
纯黑麻	900×600	600×600	深圳金崇立建材有限公司
金沙黑花岗	900×600	600×600	深圳金崇立建材有限公司

注：表中所列花岗石板材厚度均为18～20mm。

3. 天然花岗石建筑板材的质量标准及技术要求（GB/T 18601—2009）

（1）天然花岗石建筑板材的分类

按形状分为毛光板（MG）、普型板（PX）、圆弧板（HM）、异型板（YX）。

按表面加工程度分为镜面板（JM）、细面板（YG）、粗面板（CM）。

按用途分为一般用途和功能用途。

（2）天然花岗石建筑板材等级

按加工质量和外观质量分为：

毛光板按厚度偏差、平面度偏差、外观质量等将板材分为优等品（*A*）、一等品（*B*）、合格品（*C*）三个等级。

普型板按规格尺寸偏差、平面度公差、角度公差、外观质量分为优等品（*A*）、一等品（*B*）合格品（*C*）三个等级。

圆弧板按规格尺寸偏差、直线度公差、线轮廓度公差、外观质量等分为优待品（*A*）、一等品（*B*）、合格品（*C*）三个等级。

（3）天然花岗石建筑板材标记

名称采用 GB/T 17670 规定的名称或编号。

标记顺序为：名称、类别、规格尺寸、等级、标准编号。如用山东济南青花岗石荒料加工的 600mm × 600mm × 20mm、普型、镜面、优等品板材标记为：

济南青花岗石（G3701）PX　JM　600 × 600 × 20　*A*　GB/T 18601—2009

（4）技术要求

毛光板的平面度公差和厚度偏差应符合表 2-19 的规定。

普型板规格尺寸允许偏差应符合表 2-20 的规定。

圆弧型板壁厚最小值应不小于 18mm，规格尺寸允许偏差应符合表 2-21 的规定。

毛光板加工质量要求（mm）　　**表 2-19**

项目		技术指标					
		镜面和细面板材			粗面板材		
		优等品	一等品	合格品	优等品	一等品	合格品
平面度		0.80	1.00	1.50	1.50	2.00	3.00
厚度	≤12	±0.5	±1.0	-1.0 -1.5	—	—	—
	>12	±1.0	±1.5	±2.0	+1.0 -2.0	±2.0	+2.0 -3.0

普型板规格尺寸允许偏差（mm）　　**表 2-20**

项目		技术指标					
		镜面和细面板材			粗面板材		
		优等品	一等品	合格品	优等品	一等品	合格品
长度、宽度		0 -1.0		0 -1.5	0 -1.0		0 -1.5
厚度	≤12	±0.5	±1.0	+1.0 -1.5	—	—	—
	>12	±1.0	±1.5	±2.0	+1.0 -2.0	±2.0	+2.0 -3.0

圆弧型板材规格尺寸允许偏差(mm) **表 2-21**

项目	技术指标					
	镜面和细面板材			粗面板材		
	优等品	一等品	合格品	优等品	一等品	合格品
弦长	0 -1.0		0 -1.5	0 -1.5	0 -2.0	0 -2.0
高度				0 -1.0	0 -1.0	0 -1.5

普型板平面度允许公差应符合表 2-22 规定。

普型板平面度允许公差(mm) **表 2-22**

板材长度(L)	技术指标					
	镜面和细面板材			粗面板材		
	优等品	一等品	合格品	优等品	一等品	合格品
$L \leqslant 400$	0.20	0.35	0.50	0.60	0.80	1.00
$400 < L \leqslant 800$	0.50	0.65	0.80	1.20	1.50	1.80
$L > 800$	0.70	0.85	1.00	1.50	1.80	2.00

圆弧板直线度与线轮廓度允许公差应符合表 2-23 规定。

圆弧板允许公差(mm) **表 2-23**

项目(L)		技术指标					
		镜面和细面板材			粗面板材		
		优等品	一等品	合格品	优等品	一等品	合格品
直线度(按板材高度)	≤800	0.80	1.00	1.20	1.00	1.20	1.50
	>800	1.00	1.20	1.50	1.50	1.50	2.00
线轮廓度		0.80	1.00	1.20	1.00	1.50	2.00

普型板角度允许公差应符合表 2-24 规定。

普型板角度允许公差(mm) **表 2-24**

板材长度(L)	技术指标		
	优等品	一等品	合格品
$L \leqslant 400$	0.30	0.50	0.80
$L > 400$	0.40	0.60	1.00

圆弧板端面角度允许公差:优等品为 0.40mm,一等品为 0.60mm,合格品为 0.80mm。侧面角 α 应不小于 90°。

普型板拼缝板材正面与侧面的夹角不应大于 90°。

镜面板材的镜面光泽度应不低于 80 光泽单位,特殊需要由供需双方协商确定。

(5)外观质量

同一批板材的色调应基本调和,花纹应基本一致。

板材正面的外观缺陷应符合表 2-25 规定,毛光板外观缺陷不包括缺棱和缺角。

外观质量要求　　表 2-25

<table>
<tr><th rowspan="2">缺陷名称</th><th rowspan="2">规定内容</th><th colspan="3">技　术　指　标</th></tr>
<tr><th>优等品</th><th>一等品</th><th>合格品</th></tr>
<tr><td>缺棱</td><td>长度≤10mm，宽度≤1.2mm（长度≤5mm，宽度≤1mm不计），周边每米长度允许个数（个）</td><td rowspan="3">0</td><td rowspan="3">1</td><td rowspan="3">2</td></tr>
<tr><td>缺角</td><td>沿板材边长，长度≤3mm，宽度≤3mm（长度≤2mm，宽度≤2mm 不计），每块板允许个数（个）</td></tr>
<tr><td>裂纹</td><td>长度不超过两端顺延至板边总长度的 1/10（长度≤20mm 不计），每块板允许条数（条）</td></tr>
<tr><td>色斑</td><td>面积≤15mm×30mm（面积<10mm×10mm 不计），每块板允许个数（个）</td><td rowspan="2">0</td><td rowspan="2">2</td><td rowspan="2">3</td></tr>
<tr><td>色线</td><td>长度不超过两端顺延至板边总长度的 1/10（长度<40mm 不计），每块板允许条数（条）</td></tr>
</table>

注：干挂板材不允许有裂纹存在。

（6）物理性能

天然花岗石建筑板材的物理性能应符合表 2-26 的规定。工程对石材物理性能有特殊要求的，按工程要求执行。

花岗石建筑板材物理性能　　表 2-26

<table>
<tr><th colspan="2" rowspan="2">项　　目</th><th colspan="2">技　术　指　标</th></tr>
<tr><th>一般用途</th><th>功能用途</th></tr>
<tr><td colspan="2">体积密度（g/cm³）　≥</td><td>2.56</td><td>2.56</td></tr>
<tr><td colspan="2">吸水率（%）　≤</td><td>0.60</td><td>0.40</td></tr>
<tr><td rowspan="2">压缩强度（MPa）≥</td><td>干　燥</td><td rowspan="2">100</td><td rowspan="2">131</td></tr>
<tr><td>水饱和</td></tr>
<tr><td rowspan="2">弯曲强度（MPa）≥</td><td>干　燥</td><td rowspan="2">8.0</td><td rowspan="2">8.3</td></tr>
<tr><td>水饱和</td></tr>
<tr><td colspan="2">耐磨性（l/cm³），≥</td><td>25</td><td>25</td></tr>
</table>

（7）放射性

天然花岗石建筑板材应符合《建筑材料放射性核素限量》GB 6566 的规定。

4. 花岗石装饰板材的应用

花岗石装饰板材主要用途建筑室内外饰面材料，以及重要的大型建筑物基础、踏步、栏杆、堤坝、桥梁、路面、街边石、城市雕塑等。

磨光花岗石板材的装饰特点是华丽而庄重，粗面花岗石装饰板材的特点是凝重而粗犷。应根据不同的使用场合选择不同物理性能及表面装饰效果的花岗石。

图 2-3（文前彩图）为天然花岗石装饰板材样品，图 2-4（文前彩图）为天然花岗石室内装饰实例。

四、建筑饰面石材装饰施工

饰面石材按装饰施工工艺分为湿挂与干挂两大类。地面装饰多采用湿铺，主要用水泥砂浆进行铺设。对墙面、柱面、门套多采用湿挂施工。对外墙特别是用石材作幕墙装饰则采用干挂施工工艺。

（一）湿挂工艺

石材湿挂工艺是比较传统的施工方法，主要用于建筑物墙面（墙面不高）、柱面和门窗套等处的装饰。所用辅助材料主要有水泥、砂子,勾缝用白水泥、熟石膏粉、矿物颜料、16~18号铜丝或镀锌铅丝等。施工工具准备齐全。工艺流程为:施工装备(石材上钻孔、剔槽)→穿铜丝或镀锌铅丝→绑扎钢筋网→吊垂直、找规矩弹线→安装石材→灌浆→擦缝。

(二)干挂工艺

石材干挂法又称空挂法,是当代装饰材料施工中的一种新型施工工艺。该方法以金属挂件将饰面石材直接吊挂于墙面或空挂于钢架之上,不需再灌浆粘贴。其原理是在主体结构上设主要受力点,通过金属挂件将石材固定在建筑物上,形成石材装饰幕墙。与湿挂工艺相比较,干挂工艺可以有效地避免传统湿挂工艺出现的板材空鼓、开裂、脱落等现象,明显提高了建筑物的安全性和耐久性;可以完全避免传统湿贴工艺出现的板面泛白、变色等现象,有利于保持幕墙清洁美观;在一定程度上改善施工人员的劳动条件,有助于加快工程进度。这种施工工艺可将石材幕墙的高度控制在100m以内,但为了安全起见,建议干挂石材幕墙的高度以不超过30m为宜。

干挂法施工首先是在需要装饰石材的建筑主体部位预埋金属连接件,再将竖向钢龙骨(槽钢)的转接件(角码)与预埋件焊接好后,将竖向龙骨与转接件焊接(或用不锈钢螺栓连接),最后将横向龙骨与竖向龙骨焊接(或用不锈钢螺栓连接),形成干挂框架,石材板块通过不锈钢挂件与横向龙骨不锈钢螺栓连接,调整后固定。

第二节 人造石材

人造石材也是一种应用比较广泛的室内装饰材料。常见的有水磨石板材、人造大理石板材、人造花岗石板材、微晶玻璃板材等。

一、水磨石板材

水磨石板是以水泥和大理石末为主要原料,经过成型、养护、研磨、抛光等工序制成的一种建筑装饰用人造石材。一般预制水磨石板是以普通水泥混凝土为底层,以添加颜料的白水泥和彩色水泥与各种大理石粉末拌制的混凝土为面层所组成。

水磨石板具有美观、适用、强度高、施工方便等特点,颜色根据需要可任意配制,花色品种多,并可在使用施工时拼铺成各种不同的图案。适用于建筑物的地面、墙面、柱面、窗台、踢脚、台面、楼梯踏步等处,还可制成桌面、水池、假山盘、花盘、茶几等。图2-15为水磨石板表面花纹示意图。

(一)水磨石板材的技术指标及质量标准

水磨石板目前采用的是建材行业标准《建筑水磨石制品》(JC 507—93)。

1. 产品分类

按水磨石制品在建筑中的使用部位可分为墙面和柱面用水磨石(Q);地面和楼面用水磨石(D);踢脚板、立板和三角板类水磨石(T);隔断板、窗台板和台面板类水磨石(G)。

按制品表面加工程度分为磨面水磨石(M);抛光水磨石(P)。

水磨石的常用规格尺寸为300mm×300mm、305mm×305mm、400mm×400mm、500mm×500mm。其他规格尺寸由设计、使用部门与生产厂共同议定。

水磨石按其外观质量、尺寸偏差和物理力学性能分为优等品(*A*)、一等品(*B*)和合格品(*C*)。

产品标记示例:规格为400mm×400mm×25mm的××牌一等品地面用抛光水磨

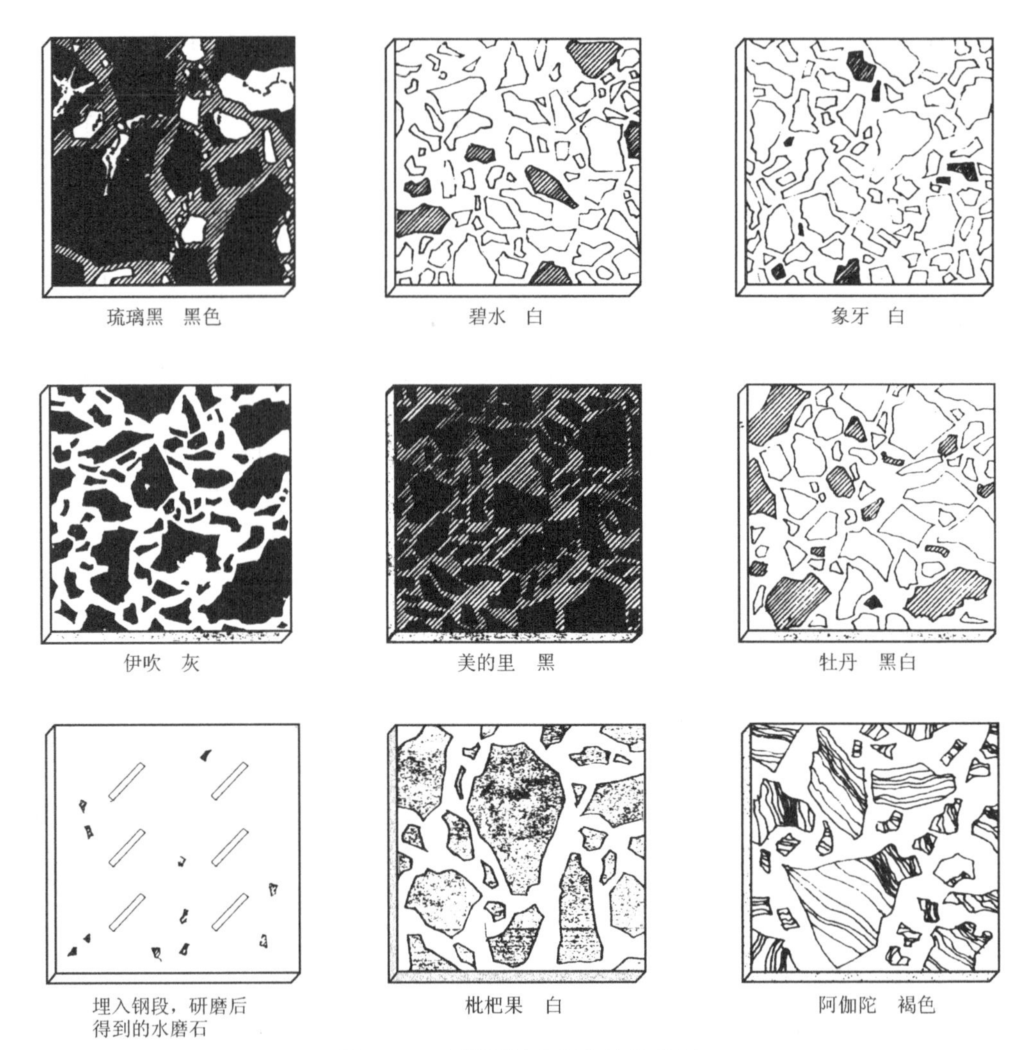

图 2-15　水磨石板表面花纹示意图

石标记为：××牌水磨石 DPB400×400×25JC507。

2. 质量要求

(1)外观质量　水磨石板面层的外观缺陷规定见表 2-27。当水磨石光面有图案时，其越线和图案偏差应符合表 2-28。

(2)尺寸偏差　水磨石的规格尺寸允许偏差、平面度、角度允许极限公差应符合表 2-29 的规定。

(3)出石率　磨光面的石渣分布应均匀。石渣粒径大于 3mm 的水磨石，出石率应不小于 55%。

(4)光泽度　抛光水磨石的光泽度，优等品不得低于 45.0 光泽单位，一等品不得低于 35.0 光泽单位，合格品不得低于 25.0 光泽单位。

水磨石面层外观缺陷规定　　　　**表 2-27**

缺陷名称	优等品	一等品	合格品
返浆杂质	不允许		长×宽≤10mm×10mm 不超过 2 处
色差、划痕、杂石、漏砂、气孔	不允许		不明显
缺口	不允许		不应有长×宽＞5mm×3mm 的缺口。长×宽≤5mm×3mm 的缺口周边上不超过 4 处，但同一条棱上不超过 2 处

注：一个缺角应计为相邻两棱边各有缺口 1 处。

越线和图案偏差规定 表 2-28

缺陷名称	优等品	一等品	合格品
图案偏差(mm)	≤2	≤3	≤4
越线(mm)	不允许	越线距离≤2 长度≤10 允许2处	越线距离≤3 长度≤20 允许2处

规格尺寸、平面度、角度允许极限偏差 表 2-29

类别	项目 等级	长度、宽度(mm)	厚度(mm)	平面度(mm)	角度(mm)
Q	优等品	0 -1	±1	0.6	0.6
	一等品	0 -1	+1 -2	0.8	0.8
	合格品	0 -2	+1 -3	1.0	1.0
D	优等品	0 -1	+1 -2	0.6	0.6
	一等品	0 -1	±2	0.8	0.8
	合格品	0 -2	±3	1.0	1.0
T	优等品	±1	+1 -2	1.0	0.8
	一等品	±2	±2	1.5	1.0
	合格品	±3	±3	2.0	1.5
G	优等品	±2	+1 -2	1.5	1.0
	一等品	±3	±2	2.0	1.5
	合格品	±4	±3	3.0	2.0

(5)吸水率 水磨石的吸水率不得大于8.0%。

(6)抗折强度 水磨石的抗折强度平均值不得低于5.0MPa,且单块最小值不得低于4.0MPa。

(二)防静电水磨石地坪

防静电水磨石地坪是一种水磨石的新型工艺技术,它采用无机导电相材料独特配方、特性工艺制造。防静电性能稳定,安全可靠,耐磨持久。其外观建筑性能与普通优质水磨石无异,可用在容易产生静电的工作场所,如电信机房、电子制造、信息通信、航天航空、火工电力、微电子生产、石油化工、生物医药、军火产品生产线和仓库等工作环境。

防静电水磨石地坪的物理力学性能如下:

光泽度:35~45;

抗压强度:(MPa)>28

抗折强度:(MPa)>5

耐磨性:500g时大于8000转无明显磨损

起尘性:<1mg/cm^2

表2-30为某防静电水磨石板的技术性能。

防静电水磨石板技术性能 **表2-30**

产品规格(mm)	600×600×25、500×250×25、400×400×20、300×300×20 (还有大于这四种规格产品)
抗压强度(MPa)	100
抗折强度(MPa)	8
吸水率(%)	<3
光泽度	40~50
体积电阻(Ω)	5×10~10
表面电阻(Ω)	1×10~10
不发光性	符合GB 50209—2002中技术指标要求
接地电阻	符合SJ/T 10694—2006中的不大于10Ω的标准

二、合成石板材

(一)聚酯型人造大理石饰面板

聚酯型人造大理石是以不饱和聚酯树脂为粘结剂,配以天然大理石或方解石、白云石、硅砂、玻璃粉等无机矿物粉料,以及适量的阻燃剂、稳定剂、颜料等,经配料混合、浇注、振动压缩、挤压等方法固化制成的一种人造石材。由于其颜色、花纹和光泽等均可以仿制成天然大理石、花岗石或玛瑙等的装饰效果,故称之为人造大理石、人造花岗石、人造玛瑙等。人造大理石由于重量轻,强度高,耐腐蚀,耐污染,施工方便等优点,是室内装饰装修应用比较广泛的材料。更方便的是,其装饰图案、花纹、色彩可根据需要人为地控制,厂商可根据市场要求生产出各式各样的图案组合,这是天然石材所不及的。人造大理石具有良好的可加工性,可用加工天然大理石的办法对其进行切割、钻孔等。

人造大理石可用作室内墙面、柱面、壁面、匾额、建筑浮雕等外装饰,也可用于卫生间卫生洁具的装饰及化验、医疗、通信等方面。人造大理石的物理力学性能如表2-31所示。

人造大理石的物理力学性能 **表2-31**

抗压强度(MPa)	抗折强度(MPa)	抗拉强度(MPa)	密 度(g/cm^3)	表面光泽度(%)	表面巴氏硬 度	吸水率(%)	热变形温度(℃)	线膨胀系数($\times10^{-5}$)	马丁耐热温度(℃)
>100	38.0左右	6	2.2	>100	50~60	<0.1	141.5	2~3	62.5

表2-32为人造大理石板材及制品的品种、规格和生产厂家。

人造大理石板材及制品品种、规格及生产厂家 **表2-32**

生产厂家	产品名称	规 格 (mm)	技术及质量标准		
			项 目	单 位	指 标
北京市建材水磨石厂	人造大理石板	长≤2000 宽≤650 厚8~12	密 度 抗压强度 抗折强度	g/cm^3 MPa MPa	2.22 ≥100 ≥30
	各种卫生洁具	按需要加工	硬 度 吸水率 光泽度 耐酸、碱 抗醋、鞋油、墨水等污染性能	HB % 度	≥35 <0.1 >70 耐 良好

续表

生产厂家	产品名称	规格（mm）	技术及质量标准		
			项目	单位	指标
天津市建筑装饰材料厂	人造大理石板 各种卫生洁具	最大规格： 长 1500 厚 6 ~ 30 按需要加工	抗压强度 抗弯强度 密度 导热系数 耐腐蚀性	MPa MPa g/cm^3 W/(m·K)	70 ~ 150 18 ~ 35 1.4 ~ 2.4 0.93 ~ 2.33 耐强酸、中碱
北京市玻璃钢制品厂	人造大理石浴盆	1500 × 750 × 430	抗压强度	MPa	> 100
	人造大理石板式台面	400 × 580	抗折强度	MPa	> 30
	人造大理石板式桌面、面盆	440 × 310 × 150	密度	g/cm^3	2.2
	人造大理石面盆	1500 × 580	表面硬度（巴氏）		> 35
	立柱式面盆	440 × 310 × 150 外形 720 × 520	吸水率	%	< 0.1
	人造大理石卫生间	面盆 550 × 400 × 145 1380 × 2100 包括地面及水暖件全套	耐酸碱腐蚀		耐
	人造大理石、花岗石装饰板	厚度 5 ~ 20 长、宽根据需要			
湖南湘潭市硅酸盐制品厂	人造大理石板	300 × 300 × 8 400 × 400 × 8 500 × 500 × 8 600 × 600 × 8 700 × 700 × 8 800 × 800 × 8 900 × 900 × 8 1000 × 1000 × 8	抗压强度 抗折强度 耐腐蚀性（10% 硫酸、烧碱） 光泽度	MPa MPa 度	90 ~ 120 20 ~ 40 耐 80 ~ 100
北京市尾矿砖厂	人造大理石板	200 × 300 × 10 400 × 400 × 10 400 × 600 × 10 500 × 500 × 10 500 × 700 × 10 600 × 900 × 10 800 × 1200 × 10 800 × 1200 × 10 800 × 1200 × 15 800 × 1200 × 20 900 × 1800 × 10 900 × 1800 × 15 900 × 1200 × 20	密度 抗压强度 吸水率 耐酸率（按 5% 盐酸处理 24 小时的失重计算） 耐碱率（按 5% NaOH 处理 24h 的失重计算）	g/cm^3 MPa % % %	2.19 113.5 < 0.11 99.7 99.5

（二）其他类型的人造大理石

聚酯类人造大理石产品的质量目前还不稳定，再加上成本较高，产品的收缩性大，容易翘曲变形，因而在一定程度上限制了自身的发展。为了降低成本，改善人造大理石的某些性能，近年来我国各地相继研制和开发了其他类型的人造大理石。

1. 水泥—树脂复合型人造大理石

这种人造大理石的制作工艺是以普通水泥砂浆作基层，然后在表面敷树脂以罩光和添加图案色彩。这一方面降低了生产成本，另一方面也避免了产品在使用过程中的翘曲变形问题。

安徽省建筑科学研究所研制的复合型人造大理石所用原料如表2-33，制品性能如表2-34所示。

试制用的原材料　　表2-33

序号	材料名称	规格	备注
1	不饱和聚酯树脂	196号、306-2号、307-1号、307-2号	1. 购买这三种原料时，最好在同一家商店购买 2. 过氧化环乙酮溶液和环烷酸钴苯乙烯溶液严禁直接接触，以免反应太剧烈而造成事故
2	过氧化环已酮		
3	环烷酸钴苯乙烯		
4	石粉	大于60目的白云石粉，白度一般大于80度	制作产品表面花纹时用。用作浅色花纹时白度要高，以能满足花纹要求。 每批制品要用同一批颜料，以保证性能的一致性
5	颜料	各种色彩的氧化铁系颜料、氧化铬绿、酞青蓝等	
6	水泥	≥32.5级的各种水泥	
7	砂	最大粒径小于5mm质量要求同一般混凝土用砂	
8	水	自来水或其他饮用水	

复合型人造大理石制品性能　　表2-34

性能	指标	与聚酯类人造大理石对比
装饰性与表面耐污染性	表面光洁度较高，花纹美观，有极好的耐污染性能	两者基本一致
物理力学性能	抗折、抗压强度稍高于水泥制品	力学性能比聚酯类人造大理石低得多，吸水率大于聚酯类，且基层无耐酸性
耐热变性	制品在85℃烘2h，然后20℃水冲15min；再在85℃烘2h，又于20℃冲水15min，如此反复循环15次无变化	优于聚酯类人造大理石
抗冻性	-15℃冻融无开裂、变形现象	优于聚酯类人造大理石
耐候性	将成品（30mm×30mm×15mm）平放于屋面，在夏季气温为33～37℃条件下开始放置，三个月后，制品表面无变化，不翘曲，无损伤破坏现象	优于聚酯类人造大理石

2. 硅酸盐类人造大理石

硅酸盐类人造大理石是水泥花阶砖工艺的一种新形式，即用白水泥或几种有色水泥浆料混合，自然形成的一种大理石纹理的材料作为面层，再制成板材；或在板材表面进行艺术处理，模拟天然大理石的特征。表面光洁度通过树脂罩光或磨光、抛光获得。这类人造大理石的物理化学性能比天然大理石稍差，但其价格极为经济，仅为天然大理石产品的1/10左右。

在这类大理石中，硅酸盐石英类人造大理石的研制和应用是比较成功的。它以普通硅酸盐水泥或白水泥为主要原料、掺入耐磨砂子和石英粉作填料，加入颜料后入模成型。面层经特殊工艺处理，在色泽花纹、物理、化学性能等方面都优于其他类型的人造大理石。装饰效果达到以假乱真的程度，而产品生产成本仅为天然大理石的4%～5%左右。

3. 高强度人造石膏大理石板

建筑石膏制品用于建筑装饰与装修非常普遍，但是采用加压成型方法制造高强度的人造大理石制品，国外也只有俄罗斯等国家进行批量生产。北京市建材科研所研制成功的高强度人造石膏大理石制品，其抗压强度到55.9MPa，耐水溶蚀性良好，可用于室内外装饰装修。这种材料的基本配方为（重量百分比）：

建筑石膏75～80；消石灰20～25；水60～86；底色颜料0.5～2；纹饰颜料3～8。

高强度人造石膏大理石的主要技术关键是成型加工工艺，优选最佳加压时间、脱模时间和成型压力值，使胶凝材料内多余的水分全部挤压溢出，同时还需保留其水化凝结所必需的最少而又足够的水量，从而达到坯体密实度增大，获得制品强度高于浇注成型方法4～5倍的效果。这种制品的防水处理采取两种方法：其一为无机材料防水处理，在配方中加入消石灰的人造大理石板，成型后浸泡到无机物防水处理溶液中，使之表面生成新的难溶物质；其二为有机材料防水处理，采用甲基丙烯酸甲酯（MMA）和苯乙烯（St）的混合单体，在－98.6kPa的真空度下，抽真空3h，浸渍单体加热固化，板面无裂纹，断开面平齐，不但具有防水性能，而且起到增强作用。

这种人造大理石板材成本比聚酯型人造大理石板材低30%～50%。

表2-35为人造石膏大理石与俄罗斯同类产品比较。

国产人造石膏大理石与俄罗斯同类产品比较　　　　表2-35

性能 \ 板材	俄罗斯高强石膏装饰板	国产表面防水石膏大理石	国产树脂浸渍石膏大理石
抗压强度（MPa）	50～70	31.35	55.9
抗折强度（MPa）	10～15	13.4	33.9
密度（g/cm^3）	1.90	1.92	2.00
吸水率（%）	7	9	1.6
硬　度	2.5～3（莫氏）	21.7（肖氏）	34（肖氏）
抗冻性	30～50次循环无变化	15次循环无变化	15次循环无变化
磨耗率（g/cm^2）	0.7～1.4	3.3	3.31
光泽度	—	110	107
耐水溶蚀性	—	无溶蚀现象	无溶蚀现象

4. 浮印型人造饰面板

浮印型人造饰面板是由密度小于水，且不溶于水的调合剂配以颜料在各种不同的基材（如胶合板、纤维板、塑料板、石膏板、硬纸板、金属板、陶瓷板、玻璃板等）面上经基材加工、喷涂、浮印、压膜等工序而成。花色图案可人为控制，产品与天然大理石、花岗石极为相似，装饰效果达到以假乱真的程度。产品重量轻，安装方便，加工成本低，更可在异形或曲面上浮印，如在陶瓷基材上浮印后经过焙烧，能与釉面融合，其耐久性优于天然大理石。如在玻璃基材上浮印后则称为玻璃大理石，其表面平整，光洁如镜。如经过特殊加工，可制成不同色彩的金属闪光玻璃大理石，装饰效果更加富丽堂皇，熠熠生辉。

5. 玉石合成饰面板

玉石合成饰面板亦称人造琥珀石饰面板，以透明不饱和聚酯树脂将天然石粒（如卵石），各色石块（如均匀的玉石、大理石）以至天然的植物、昆虫等浇注成板材。产品具有光洁度高，质感强，强度高，耐酸碱腐蚀的优点，是一种高雅美观的室内墙面地面装饰材料。

6. 幻彩石

幻彩石是一种新型的人造石材，主要是由各种不同色彩的精选云石，加入其他装饰物料如玻璃或贝壳等，压成砖块，体积较小可用作墙地砖或洗手盆台面板等。幻彩石最引人入胜之处在于其款式繁多，从绚丽夺目的浅色到典雅高贵的深蓝或黑色等。产品图案色彩可任意变化，为现代室内设计提供了广阔的遐想空间。

7. 微晶玻璃装饰板

微晶玻璃不是传统意义上用来采光的玻璃品种，也不是用于玻璃幕墙的那一类玻璃，而是全部用天然材料制成的一种人造高级建筑装饰材料，较天然花岗岩具有更灵活的装饰设计和更佳的装饰效果。

微晶玻璃装饰板是应用受控晶化高技术而得到的多晶体，其特点是结构致密、高强、耐磨、耐蚀，在外观上纹理清晰、色泽鲜艳、无色差、不褪色。目前已代替天然花岗石而用于墙面、地面、柱面、楼梯、墙裙、踏步等处装饰。

微晶玻璃装饰板目前只有日本、韩国和我国台湾、天津、广东等少数几个厂家能生产，由于其优良的装饰性能，使得产品一上市就深受消费者的欢迎。近几年，日本新建的车站或车站翻新维修时，其内、外墙、地面大多改用微晶玻璃板，如名古屋附近的车站、东京车站、上野地铁车站、新大阪地铁车站、箱崎地铁车站等。此外，在为数众多的公用建筑、商业建筑、娱乐设施及工业建筑的装饰中也大量采用微晶玻璃板，如新千岁空港旅客进港大厅、新东京邮电局、竹井美术馆、大阪科学馆、住友银行、东京银座时装大厦、SONY 电子株式会社厂房、NEG 本社等等。在台湾省，桥福第一信托大楼、高雄南荣大楼、板信汉生金融大楼、田中农社等都采用了微晶玻璃装饰。图 2-6（文前彩图）为微晶玻璃板装饰实例。

微晶玻璃装饰板的成分与天然花岗石相同，均属硅酸盐质，除比天然石材具有更高的强度、耐蚀性、耐磨性外，还具有吸水率小（0 ~ 0.1%）、无放射性污染、颜色可调整、规格大小可控制的优点，还能生产弧形板。

表 2-36 为微晶玻璃板与大理石、花岗石装饰板的主要性能比较。

微晶玻璃板与天然大理石、花岗石板性能比较　　**表 2-36**

性能	微晶玻璃板	大理石板	花岗石板
密度（g/cm^3）	2.70	2.70	2.70
抗压强度（MPa）	300 ~ 549	60 ~ 150	100 ~ 300
抗折强度（MPa）	40 ~ 60	8 ~ 15	10 ~ 20
莫氏硬度	6.5	3 ~ 5	5.5
吸水率（%）	0 ~ 0.1	0.3	0.35
扩散反射率（%）	89	59	66
耐酸性（1% H_2SO_4）	0.08	10.3	1.0
耐碱性（1% NaOH）	0.05	0.30	0.10
热膨胀系数（10^{-7}/℃）	62	80 ~ 260	50 ~ 150
耐海水性（mg/cm^2）	0.08	0.19	0.17
抗冻性（%）	0.028	0.23	0.25

第三章　建筑饰面陶瓷

我国生产陶瓷的历史悠久。我国瓷器的发明，大约有3000多年的历史。东汉以后，中国的制瓷技术迅速发展，各个历史时期都出现了别具特色的名窑和新品种。浓艳晶莹的河南钧窑的钧瓷，是宋代的名瓷之一，其中的“窑变”最负盛名。钧瓷在釉料中加入了铜还原剂，烧制成相映生辉的红、紫、蓝、白等瑰丽的颜色，形成一幅幅奇特的图画，可以与黄金、玉器媲美。浙江龙泉窑的青瓷，具有“青如玉、明如镜、声如磬”的特点，宋朝以来，就远销东西亚、阿拉伯及欧洲英法等国。

元代以后，制瓷业迅速发展起来的江西景德镇，被称为中国的“瓷都”。景德镇瓷器造型轻巧，色彩绚丽，装饰精美，其中青花瓷、粉彩瓷、青花玲珑瓷、薄胎瓷被视为珍品，成为帝王将相们互赠的礼品。我国明代著名航海家郑和，七次率领船队远涉重洋，到东南亚各国和非洲等地，随船带出去的礼品，就有大批青花瓷器。

陶不同于瓷，制陶器一般不上釉。古代中国陶和瓷都是制造的工艺品、量器具等。我国制陶工艺可追溯到秦代。被称为世界第八奇迹的秦始皇陵兵马俑，就出土了不少陶车、陶马、陶俑。在陕西临潼姜寨遗址中出土了一只淡红色的陶盆，是古代中国彩陶中的一件珍品。彩陶是中国新石器时代仰韶文化的代表，因此仰韶文化也称为彩陶文化。

唐三彩是中国特有的一种工艺品。它是一种上了釉的陶器，而不是瓷器。所谓三彩并不局限于三种颜色，一般有黄、白、绿、蓝等颜色，而以青、绿、黄三色为主的制品最为珍贵。

历史进入到现代，陶瓷除了保留传统的工艺品、量器具功能外，更大量地向建筑材料领域发展。今天，陶瓷已经成为现代建筑中重要的建筑材料，如陶瓷墙地砖、卫生陶瓷、琉璃制品、陶瓷壁画等。

陶瓷墙地砖是釉面砖、地砖与外墙砖的总称。地砖中包括铺路砖、大地砖、锦砖（马赛克）和梯沿砖等。外墙砖包括彩釉砖和无釉外墙砖。近年来，许多新的墙地砖品种不断出现，如劈裂砖、陶瓷玻化砖等。

全世界每年用于建筑装饰的陶瓷墙地砖约为10多亿平方米，主要消费地区在欧洲，约占53%，其次是美洲。在美国装饰瓷砖已走出厨房与浴室，成为豪华住宅常用的装饰材料。

陶瓷墙地砖已成为建筑陶瓷中的主要品种。由于其制作上具有原材料来源丰富，成本较低，机械化及自动化程度较高，可进行大规模工业化生产，产品易于包装运输等优点，产品性能具有强度高、耐高温、抗老化、无有害气体散发，装饰效果好等特点，因此在当今众多的墙地面装饰材料中占有极重要的地位。

从产量来看，全世界建筑用陶瓷墙地砖约为15亿m^2，其中意大利产量占首位，为6.0m^2；其次为中国，产量为3.5亿m^2；之后为西班牙，产量为2.6亿m^2；巴西2.0亿m^2；日本1.5亿m^2；德国1亿m^2。

意大利是世界陶瓷砖生产和贸易第一大国，生产陶瓷砖的企业有300多家。20世纪80年代是意大利陶瓷砖迅猛发展的10年。这10年中，意大利抓住机遇，以向外大量出口生产技术和装备为主来促进自身的发展。10年中其产量年均递增11%，1990

年就突破了4亿m^2。目前意大利陶瓷砖企业的平均生产规模为220万m^2,最大的企业生产能力已超过2000万m^2。1990年的人均产量为7.6m^2,是世界人均产量的22倍。现在意大利的陶瓷砖生产能力已超过6亿m^2。仅1995年,总销售额就达56.66亿美元(其中出口额为39.33亿美元),占欧洲陶瓷砖总销售额的56.7%。

在世界陶瓷砖生产、科研、技术装备等领域中,意大利长期处于领先地位。在原料利用和加工方面首先研究开发用劣质原料代替优质原料生产陶瓷砖,充分利用地方红黏土原料代替黏土、石英、长石等原料。在地砖中加入15%～40%的花岗岩,收到了降低烧成温度,提高产品抗折强度的效果。1989年为降低能耗,意大利开发了干粉造粒工艺,可降低燃料消耗13%～17%,降低电耗23%～27%,降低生产成本10%。意大利的陶瓷地砖生产设备也是世界上最先进的,成型设备已实现液压机系列化和大吨位(目前最大吨位达3000t以上),现推出的高精度、带磁力控制装置的2500t压力机已投入生产应用。该压力机每分钟可压制22次,每次可压制500mm×500mm的墙地砖2块、1200mm×600mm的1块、200mm×200mm的10块。在施釉技术方面发展了多功能全自动综合施釉技术。一条全自动施釉生产线包括了坯体强度检测仪、擦边机、90°转向器、清扫器、自动丝网印机、浇油装置、喷釉装置、滚釉装置、双盘施釉装置等等。近年来还推广干法施釉和高温施釉技术。

意大利陶瓷砖烧成设备辊道窑,也是世界上最先进的烧成设备。采用辊道窑一次快速烧成工艺,窑型有单层、双层和3层三种。这种烧成工艺的能耗仅为隧道窑烧成的1/2～1/4。

在成品检选方面,意大利已经实现墙地砖检验分级全自动化。电子摄像机把砖的表面图像信息输入计算机,计算机再把图像分解成高分辨率网点,每一点与标准值比较,从而迅速地对产品进行分级以保证质量。此外,无损伤检测墙地砖抗折强度的方法也是意大利首创,采用此法可根据敲击产品时发出的声音和频率来连续检验产品的力学强度。

第一节　陶瓷的基本知识

一、陶瓷的概念与分类

陶瓷的生产发展经历了由简单到复杂,由粗糙到精细,从无釉到施釉,从低温到高温过程。

传统的陶瓷产品如日用陶瓷、建筑陶瓷、电力陶瓷等是用黏土类及其他天然矿物原料经过粉碎加工、成型、煅烧等过程而得到的器皿。由于它所使用的原料主要是硅酸盐矿物,所以归属于硅酸盐类材料。随着科学技术的发展,陶瓷原料的组成也发生了变化,新品种的陶瓷如氧化物陶瓷、压电陶瓷等也不断推出,但它们还是按照传统的生产工艺过程即原料处理—成型—煅烧而制成,所不同的是生产设备采用了现代化的方式。

陶瓷的范围在国际上并无统一的界限。在欧洲一些国家,陶瓷最初是指传统的黏土质产品,后来又包括特种陶瓷。而在美国和日本,陶瓷(Ceramics)是硅酸盐或窑业产品的同义词,

它不仅包括了陶瓷和耐火材料,甚至还包括水泥、玻璃与珐琅在内。

从产品种类来说,陶瓷系陶器与瓷器两大类产品的总称。陶器通常有一定的吸水率,断面粗糙无光,不透明,敲之声音粗哑,有的无釉,有的施釉。瓷器的坯体致密,基本上不吸水,有半透明性,通常都施有釉层。介于陶器与瓷器之间的一类产品,国外称为

炻器,也有的称为半瓷。我国文献中常称为原始瓷器,或称为石胎瓷。炻器与陶器的区别在于陶器坯体是多孔的,而炻器坯体的孔隙率却很低,其坯体致密,达到了烧结程度,吸水率通常小于2%。炻器与瓷器的区别主要是炻器坯体多数带有颜色且无半透明性。

陶器分为粗陶和精陶两种。粗陶坯料一般由一种或多种含杂质较多的黏土组成,有时还需要掺瘠性原料或熟料以减少收缩。建筑上所用的砖瓦及陶管、盆、罐和某些日用缸器均属于这一类。精陶系指坯体呈白色或象牙色的多孔性陶制品,多以可塑性黏土、高岭土、长石、石英为原料。精陶通常两次烧成,素烧的最终温度为1250~1280℃,吸水率9%~12%,最大可达17%。精陶按其用途不同可分为建筑精陶(如釉面砖)、美术精陶和日用精陶。

炻器按其坯体的致密性、均匀性以及粗糙程度分为炻器和细炻器两大类。建筑装饰上用的外墙砖、地砖以及耐酸化工陶瓷、缸器均属于粗炻器。日用炻器和工艺陈设品则属于细炻器。驰名中外的江苏宜兴紫砂陶即是一种不施釉的有色细炻器。

实际上,上述三类陶瓷的原料和制品性能的变化是连续和相互交错的,很难有明确的区分界限。从陶器、炻器到瓷器,其原料是从粗到精,烧成温度及烧成结果由低到高,坯体结构由多孔到致密。建筑用陶瓷按其组织结构多属陶器至炻器范畴的产品。

二、建筑陶瓷的原料及生产

陶瓷坯体的主要原料有可塑性原料、瘠性原料、熔剂原料三大类。可塑性原料即黏土原料,它是陶瓷坯体的主体。瘠性原料可降低黏土的塑性,减少坯体的收缩,防止高温烧成时坯体变形。常用的瘠性原料有石英砂、熟料和瓷粉。熟料是将黏土煅烧后磨细而成,也可将普通黏土砖边角料磨细后作为熟料。瓷粉是用碎瓷磨细而成。熔剂原料可降低烧成温度,它在高温下熔融后呈玻璃熔体,可溶解部分石英颗粒及高岭土的分解产物,并可粘结其他结晶相。常用的熔剂原料有长石、滑石以及钙、镁的碳酸盐等。

(一)主要原料

1. 可塑性原料——黏土

黏土是很复杂的一类矿物原料。它的化学组成、矿物成分、技术特性以及生成条件都是复杂而不完全固定的。

(1)黏土的形成。黏土是由含长石类的岩石经长期风化而成。风化作用分机械风化(温度变化、冰冻、水力等)和化学风化(空气中的 CO_2 和水作用)以及有机物风化(动植物遗骸腐蚀)。这三种风化作用常常是交错重叠进行的。以钾长石风化为例,可用下述方程简略地表示这个复杂变化过程:

(钾长石)$K_2O \cdot Al_2O_3 \cdot 6SiO_2 + H_2CO_3 + 9H_2O$

(高岭石)$Al_2O_3 \cdot 2SiO_2 \cdot 2H_2O + K_2CO_3 + 4H_4SiO_4$(硅酸)

(2)黏土的分类。按地质构造分为残留黏土和沉积黏土;按构成黏土的主要矿物可分为高岭石类、水云母类、蒙脱石类、叶蜡石类和水铝英石类;按其耐火度可分为耐火黏土(耐火度1580℃以上)、难熔黏土(耐火度1350~1358℃)和易熔黏土(耐火度1350℃以下);按习惯分类法有高岭土、黏性土、瘠性黏土和页岩。

(3)黏土的化学组成。黏土的矿物组成主要为高岭石类(包括高岭石 $Al_2O_3 \cdot 2SiO_2 \cdot 2H_2O$ 与多水高岭石 $Al_2O_3 \cdot 2SiO_2 \cdot nH_2O$ 等);微量高岭石类(包括蒙脱石 $Al_2O_3 \cdot 4SiO_2 \cdot xH_2O$ 与叶蜡石 $Al_2O_3 \cdot 4SiO_2 \cdot H_2O$ 等);水云母类;水铝英石类。

黏土的主要化学组成是含水硅酸铝($xAl_2O_3 \cdot ySiO_2 \cdot 2H_2O$)。因其矿物组成的不同,三者之间的分子比各有不同,以高岭土为例,其理论化学式为:$Al_2O_3 \cdot 2SiO_2 \cdot 2H_2O$,理论化学成分为:

$$SiO_2 \quad 46.5\% ; \quad Al_2O_3 \quad 39.5\% ; \quad H_2O \quad 14.0\%$$

实际上黏土中除 SiO_2、Al_2O_3 和 H_2O 外,还含有一些其他氧化物如 CaO、MgO、Fe_2O_3、K_2O、Na_2O 及 TiO_2 等。

(4)黏土的颗粒组成。颗粒组成是指黏土中含有不同大小颗粒的百分数。经一定方法分散后的黏土矿物通常是小于 10μm 的胶体颗粒。而大于 10μm 的颗粒大都是夹杂在黏土中的游离石英和其他杂质。小于 10μm 的颗粒愈多,黏土可塑性愈强,干燥收缩愈大,干后强度愈高,而且会降低烧成温度。

(5)黏土的工艺性质:

1)可塑性与结合性。黏土的可塑性是指黏土加适量水搅拌捏练之后,在外力作用下能获得任意形状而不发生裂纹和破裂以及在外力作用停止后,仍能保持该形状的性能。常用塑性限度、液性限度、可塑性指数、可塑性指标和相应含水率来反映可塑性大小。

塑性限度(塑限)是黏土由固态进入塑性状态时的含水量;液性限度(液限)是黏土由流动状态进入塑态时的含水量;可塑性指数则为液限与塑限之差;可塑性指标是指在工作状态的水分下,黏土受外力作用出现裂纹时应力与应变的乘积。

黏土能将非可塑性原料粘合,使之成为可以成型的泥团,并在干燥后具有一定的强度,这种性能称为结合性。黏土的可塑性愈强,其结合力也愈大。

可以根据可塑性指数或可塑性指标将黏土按可塑性能分类:

强塑性黏土:指数 >15 或指标 >3.6;

中等塑性黏土:指数为 7~15,指标为 2.5~3.0;

低塑性黏土:指数为 1~7,指标 <2.4;

非塑性黏土:指数 <1。

2)收缩。黏土在干燥过程中,由于水分排出,粒子互相靠拢发生收缩。在煅烧过程中由于发生了一系列的物理化学变化,也会产生收缩。收缩可用干燥收缩率、烧成收缩和总收缩率来表示。

此外,黏土的稀释性能、烧结性能、耐火度都会影响其工艺性质。

2. 瘠性原料

(1)石英。石英是自然界分布很广的矿物,其主要成分是 SiO_2。一般作瘠性原料的有脉石英、石英岩、石英砂岩、硅砂等四种。

石英在煅烧过程中会发生多次晶型转变,随着晶型转变,其体积会发生很大变化,因此在生产工艺上必须加以控制。石英在加热过程中的晶型转变如图 3-1 所示。

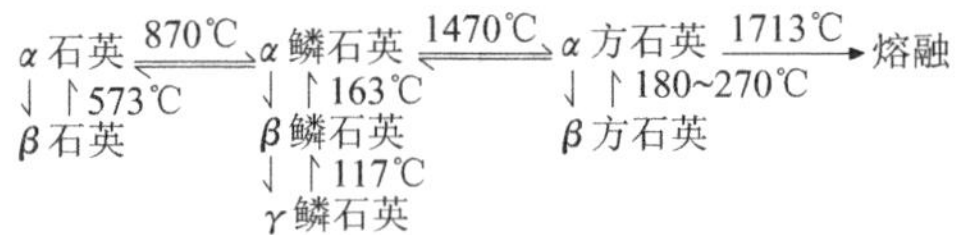

图 3-1　石英的晶型转变温度

一般来说,温度升高时,SiO_2 密度变小,结构松散,体积膨胀;冷却时,其密度增大,体积收缩。

晶型转化时的体积变化能形成相当大的应力。这种应力往往是陶瓷产品开裂的原因。在拟定陶瓷产品烧成制度时,往往在石英晶型转化的温度范围内采用慢速升温,以避免产品发生过大的体积变化以致开裂。

(2)熟料和废砖粉。加入熟料和废砖粉的目的是为了减少坯体的收缩和烧成收缩。

3. 熔剂原料

(1)长石

长石是陶瓷制品中常用的熔剂,也是釉料的主要原料。釉面砖坯体中一般引入少量长石。长石的种类分为四种：

钾长石 $K_2O \cdot A1_2O_3 \cdot 6SiO_2$；

钠长石 $Na_2O \cdot A1_2O_3 \cdot 6SiO_2$；

钙长石 $CaO \cdot A1_2O_3 \cdot 2SiO_2$；

钾微斜长石 $(K、Na)_2O \cdot A1_2O_3 \cdot 6SiO_2$。

长石的共生矿物有石英、云母、霞石、角闪石和石榴子石等。

焙熔温度：钠长石（1120℃）< 钾长石（1170 ~ 1530℃）< 钙长石（1550℃）；

焙熔温度范围：钾长石 > 钠长石 > 钙长石。

长石与石英一样都是瘠性原料，可以缩短坯体干燥时间，减少坯体干燥时的收缩和变形。

长石是溶剂原料，它的主要作用是降低陶瓷坯体的烧成温度。在高温下长石溶化为长石玻璃，填充于坯体颗粒间的空隙，粘结颗粒使坯体致密，并有助于改善坯体的力学性能。

（2）硅灰石原料

硅灰石是硅酸钙类矿物，它的化学通式为 $CaO \cdot SiO_2$。天然硅灰石通常蕴藏在变质石灰岩中，除含 CaO 和 SiO_2 外，硅灰石还含有少量 Fe_2O_3、TiO_2、$A1_2O_3$ 和 MgO 等。

硅灰石的热膨胀系数较低，在室温至 800℃之间只有 6.7×10^{-6}/℃。硅灰石作为陶瓷墙地砖坯料，除降低烧成温度外，还具有减少收缩，产品热稳定性好，便于快速烧成，容易压制成型，产品吸水膨胀小等特点。

此外，熔剂原料还有碳酸盐、滑石、萤石、透辉石及其他矿物原料。

4. 辅助原料

辅助原料有氧化锆和锆石英、电解质如碳酸钠、硅酸钠、腐殖酸钠及丹宁酸等。

（二）釉料

1. 釉的组成、性质和分类

釉是指附着于陶瓷坯体表面的连续玻璃质层。它具有与玻璃相类似的某些物理与化学性质，但毕竟不是玻璃，二者并不完全相同。

釉具有各向同性、无固定熔点而只有熔融范围，有光泽、透明等均质玻璃体所具有的一般性质，而且这些性质随温度和组成变化的规律也极近于玻璃。但釉在熔化时必须很黏稠且不发生流动，只有这样才能保证在烧成时保持它原有的表面而不会流走，并能在直立的表面上不致下坠。当然，某些艺术釉除外，需要釉在坯体表面流动，如流纹釉等，它们在烧成时釉在坯体表面应有较大的流动性，制品才能获得理想的艺术装饰效果。

施釉的目的在于改善坯体的表面性能和提高力学强度。通常疏松多孔的陶瓷坯体表面粗糙，即使坯体烧结后孔隙率趋于零，由于它的玻璃相中含有晶体，所以坯体表面仍然粗糙无光，易于玷污和吸湿，影响美观、卫生、机械和电学性能。施釉后的制品表面平整、光滑、发亮、不吸湿、不透气，同时在釉下装饰中，釉层还具有保护画面，防止彩料中有毒元素溶出的作用。让釉着色、析晶、乳浊等，还能增加制品的装饰性，掩盖坯体的不良颜色和某些缺陷。

釉料必须具有以下性质：

（1）釉料必须在坯体的烧成温度下成熟。为了让釉在坯体上顺利铺展，一般要求釉的成熟温度接近于坯体的烧成温度而略有偏低。为了便于一次烧成，釉应具有较高的始熔温度与较宽的熔融温度范围。

(2)釉料的组成要选择适当,釉料熔化铺展后所形成的釉层要与坯体牢固地结合,并使釉的热膨胀系数接近或稍小于坯体的热膨胀系数,从而使釉层不易发生破裂或剥离的现象。

(3)釉料在高温熔化后,要具有适当的黏度和表面张力,冷却后能形成优质的釉面即具有平滑、光亮的表面,无流釉、堆釉、针孔等缺陷。

(4)釉层质地坚硬,不易磕碰或磨损。

表 3-1 为釉的分类。

釉 的 分 类 **表 3-1**

分类方法	种 类
按坯体种类	瓷器釉、陶器釉、炻器釉
按化学组成	长石釉、石灰釉、滑石釉、混合釉、铅釉、无铅釉、硼釉、食盐釉、土釉等
按烧成温度	易熔釉(1100℃以下) 中温釉(1100~1250℃) 高温釉(1250℃以上)
按制备方法	生料釉、熔块釉
按外表特征	透明釉、乳浊釉、有色釉、光亮釉、无光釉、结晶釉、砂金釉、碎纹釉、花釉等

2. 坯釉料组成的表示方法

(1)用配料比表示

这是最常见的方法。一般工厂生产工艺规程直接列出坯、釉配方中各种原料的重量百分比,即配料比。

(2)用矿物组成(又称示性组成)

表示把各种天然原料中所含的同类矿物含量合并在一起,用黏土矿物、长石类矿物及石英三种矿物含重量的百分比表示坯体的组成。

(3)用化学组成表示

根据化学分析结果,用各种氧化物及烧失量的重量百分比来反映坯、釉料的组成。如某种釉面砖坯料化学组成为 SiO_2 59.40%, $A1_2O_3$ 19.81%, Fe_2O_3 0.45%, CaO 6.79%, MgO 1.63%, $(K、Na)_2O$ 0.80%,烧失量 11.53%。利用这些数据可初步判定坯、釉料的一些基本性质。

(4)用实验公式表示

坯釉组成中氧化物按其性质分为三类,如表 3-2 所示。

氧化物在坯釉实验公式中的分类 **表 3-2**

碱 性 成 分				酸性成分		碱 性 成 分				酸性成分	
碱性氧化物 R_2O 及 RO			中性氧化物 R_2O_3	酸性氧化物 RO_2		碱性氧化物 R_2O 及 RO			中性氧化物 R_2O_3	酸性氧化物 RO_2	
Li_2O	CaO	ZnO	$A1_2O_3$	SiO_2	B_2O_3		BeO	CoO	Mn_2O_3		P_2O_5
Na_2O	MgO	CdO	Fe_2O_3	TiO_2	AS_2O_3		PbO	NiO	(B_2O_3)①	UO_3	Sb_2O_5
K_2O	BaO	CuO	Cr_2O_3	ZrO_2	Sb_2O_3				FeO		MoO_3
Cu_2O	SrO	MnO	(Sb_2O_3)①	SnO_2	V_2O_5						

注:①鉴于 B_2O_3、Sb_2O_3 的特殊性质,有时将它们列入酸性成分中,有时列入碱性成分中。

根据坯釉的化学组成计算出各氧化物的分子数，按照碱性氧化物、中性氧化物和酸性氧化物的顺序列出它们的分子数。这种式子称为实验公式或简称为坯式或釉式。普通陶瓷的坯和釉常采用这种方法表示。一些原料也可用同样方法列出其实验公式，以反映其组成。

坯式通常以中性氧化物 R_2O_3 为基准，令其分子数为 1，则可写成下列形式：

$$\left.\begin{matrix} xR_2O \\ yRO \end{matrix}\right\} 1R_2O_3 \} zSiO_2$$

在釉料中碱金属及碱土金属氧化物起溶剂作用，所以釉式中常以它们的分子数之和为 1 写成下列釉式：

$$1\left\{\begin{matrix} R_2O \\ RO \end{matrix}\right\} mR_2O_3 \cdot nSiO_2$$

以上是坯式与釉式的一般表示方法，这很容易辨别公式是釉式还是坯式。但坯式有时也可写成以 R_2O 及 RO 的分子数之和为基准，令其为 1，这样坯式与釉式相似。可根据 $A1_2O_3$ 和 SiO_2 前面的系数值来区分它是坯式还是釉式，一般 $A1_2O_3$ 和 SiO_2 的分子数较高者为坯式。

（三）建筑陶瓷的生产工艺

以陶瓷墙地砖为例，是以无机非金属材料为主要原料，经准确配比、混合加工后，按一定的工艺方法成型经烧成后得到的产品。墙地砖产品的显著特点是外形均为规格的薄板状。大多数工厂均采用半干法压制成型生产工艺，适合于大规格现代化生产。燃料有燃煤、重油或天然气。图 3-2 为陶瓷墙地砖生产工艺简图。

除半干法压制成型工艺外，也有采用注浆法成型工艺的。

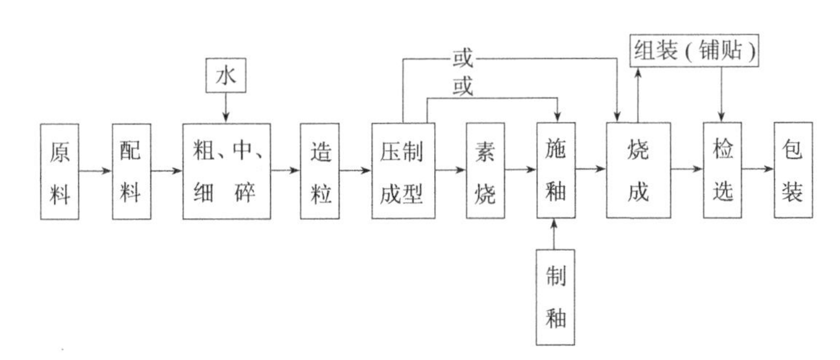

图 3-2 陶瓷墙地砖生产工艺流程示意图

第二节 饰面陶瓷

一、釉面砖

（一）釉面砖的性能及用途

釉面砖是用于建筑物内墙面装饰的薄板状精陶制品，又称内墙面砖，表面施釉，制品经烧成后表面平滑、光亮，颜色丰富多彩，图案五彩缤纷，是一种高级内墙装饰材料。釉面砖除装饰功能外，还具有防水、耐火、抗腐蚀、热稳定性良好、易清洗等使用功能。釉面砖品种繁多，规格不一，过去较常用的是 108mm × 108mm $\left(即 4\frac{1''}{4} \times 4\frac{1''}{4}\right)$和 152mm × 152mm（即 6″ × 6″）以及与之相配套的边角材料，现在已发展到 200mm × 150mm、250mm × 150mm、300mm × 150mm 等规格。颜色也由比较单一的白、红、黄、绿等色向彩色图案方向发展，彩色图案釉面砖的市场越来越广阔。

表3-3列举了釉面砖的主要种类及特点。

釉面砖正面有釉，背面有凹凸纹，便于施工镶贴时与基体粘结牢固。主要品种有白色釉面砖、彩色釉面砖、印花釉面砖及图案釉面砖等多种。所施的釉料主要有白色釉、彩色釉、光亮釉、珠光釉、结晶釉等。

釉面砖主要用于建筑物室内的厨房、卫生间、餐厅等部位装饰。

釉面砖主要品种及特点　　**表3-3**

种类		代号	特点
白色釉面砖		F、J	色纯白、釉面光亮、清洁大方
彩色釉面砖	有光彩色釉面砖	YG	釉面光亮晶莹，色彩丰富雅致
	无光彩色釉面砖	SHG	釉面半无光，不晃眼，色泽一致，柔和
装饰釉面砖	花釉砖	HY	系在同一砖上施以多种彩釉，经高温烧成。色釉相互渗透，花纹千姿百态，装饰效果良好
	结晶釉砖	JJ	晶花辉映，纹理多姿
	斑纹釉砖	BW	斑纹釉面，丰富生动
	理石釉砖	LSH	具有天然大理石花纹，颜色丰富，美观大方
图案砖	白地图案砖	BT	系在白色釉面砖上装饰各种图案，经高温烧成。纹样清晰，色彩明朗，清洁优美
	色地图案砖	YGT DYGT SHGT	系在有光（YG）或无光（SHG）彩色釉面砖上，装饰各种图案，经高温烧成。具有浮雕、缎光、绒毛、彩漆等效果
字画釉面砖	瓷砖画	—	以各种釉面砖拼成各种瓷砖画，或根据已有画稿烧制成釉面砖，拼装成各种瓷砖画，清晰美观，永不褪色
	色釉陶瓷字	—	以各种色釉、瓷土烧制而成，色彩丰富，光亮美观，永不褪色

（二）釉面砖常用品种

在国际市场上，釉面砖的品种和规格向多样化方向发展，彩色制品日益增多，彩色产品的比例意大利已占到90%，美国80%，日本70%，英国65%，法国35%。意大利和日本产品的花色已达数千种之多。西班牙的釉面砖品种也较多，图案新颖，具有欧洲的典型风格，近年来又吸收东方文化，使其产品的工艺设计和风格适应不同地区、不同民族的需要。巴西的釉面砖在国际市场上也占有一定位置。意大利是世界陶瓷墙地砖第一生产大国，釉面砖主要品种有丁香、格陵兰、康桥、安地斯、水芙蓉、米兰、雅典、郁金香、奥图曼、威尼斯、北岛、尼罗河、地中海、印第安、含羞草、凡尔赛、钻石等品牌。主要规格有：300mm × 300mm、150mm × 300mm、150mm × 150mm、200mm × 200mm、220mm×220mm、450mm×450mm、220mm×270mm、80mm×220mm 等。产品多为自动印花（丝网印刷）施釉，图案颜色丰富多彩，或呈隐花，或呈明图，或具立体感。图3-3（文前彩图）为维也纳釉面砖样品及装饰实例。

（三）釉面砖技术要求和质量标准

世界各国对陶瓷墙地砖都有自己的国家标准，或者采用国际标准化组织（ISO）颁布的产品标准，也有发展中国家依照意大利、西班牙、日本等国的标准来制定本国产品标准，或者参照这些国家标准执行。我国于1992年颁布了釉面内墙砖国家推荐标准GB/T 4100—92。

1. 釉面内墙砖定义、规格与尺寸

按照GB/T 4100—92，将釉面内墙砖定义为：用磨细的泥浆脱水干燥并进行半干法压型,素烧后施釉入窑釉烧而成的;或生料坯施釉一次烧成的,用于内墙保护和装饰的有釉精陶质板状建筑材料称为釉面内墙砖。

釉面内墙砖按釉面颜色分为单色(含白色)、花色和图案砖。形状分为正方形、矩形和异形配件砖。图 3-4 为异形配件砖形状。异形配件砖有阴角、阳角、压顶条、腰线砖、阴三角、阳三角、阴角座、阳角座等,起配合建筑物内墙阴、阳角等处镶贴釉面砖时的配件作用。

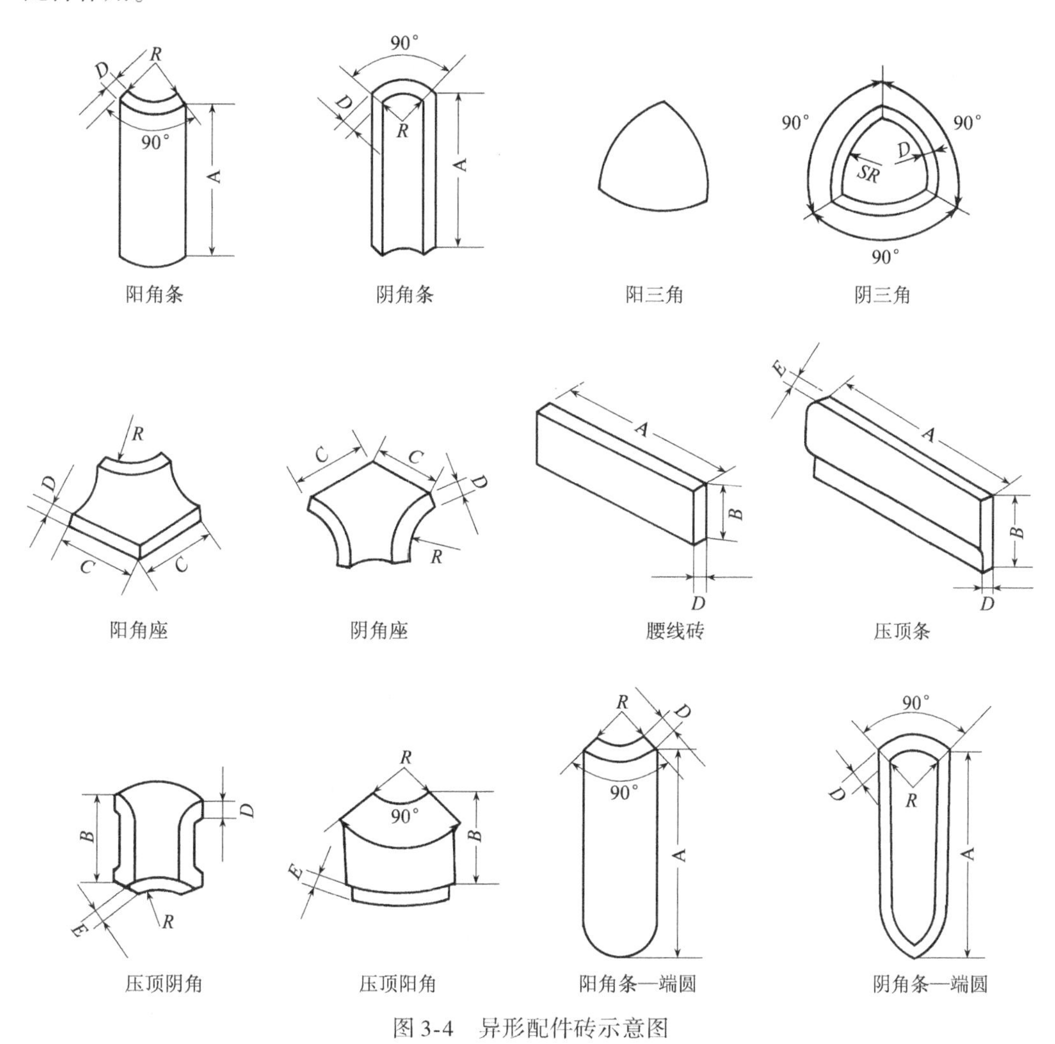

图 3-4　异形配件砖示意图

图中 $A=152\text{mm}$,$B=38\text{mm}$,$C=50\text{mm}$,$D=5\text{mm}$,$R=3\text{mm}$。

釉面砖的侧面形状见表 3-4。选择不同的侧面,可组成各种形状的釉面砖,其 R、r、H 值由生产厂自定,E 不大于 0.5mm。背纹深度不小于 0.2mm。

釉面内墙砖的主要规格尺寸见表 3-5,其他规格尺寸由供需双方商定。

釉面砖侧面形状　　　　**表 3-4**

名　称	图　例	名　称	图　例
小圆边	H r D	大圆边	H R D
平　边	D	带凸缘边	H E D

釉面砖主要规格尺寸 **表 3-5**

图例		装配尺寸 C(mm)	产品尺寸 A×B (mm)	厚度 D (mm)	图例		装配尺寸 C(mm)	产品尺寸 A×B (mm)	厚度 D (mm)
模数化	C D A×B J C=A 或 B+J J为接缝尺寸	300×250	297×247	生产厂自定	非模数化	A×B D	产品尺寸 A×B(mm)		厚度 D
		300×200	297×197				300×200		生产厂自定
		200×200	197×197				200×200		
		200×150	197×148				200×150		
		150×150	148×148	5			152×152		5
		150×75	148×73	5			152×75		5
		100×100	98×98	5			108×108		5

2. 质量要求

(1)尺寸允许偏差

釉面内墙砖的尺寸允许偏差应符合表 3-6 的规定。异形配件砖的尺寸允许偏差，在保证匹配的前提下由生产厂自定。

釉面砖尺寸允许偏差 **表 3-6**

	尺寸 (mm)	允许偏差(mm)
长度或宽度	≤152	±0.5
	>152 ≤250	±0.8
	>250	±1.0
厚度	≤5	+0.4 −0.3
	>5	厚度的 ±8%

(2)外观质量

1)等级　根据外观质量，将釉面砖分为优等品、一级品和合格品三个等级。

2)表面缺陷　表面缺陷允许范围应符合表 3-7 规定。

表面缺陷允许范围 **表 3-7**

缺陷名称	优等品	一级品	合格
开裂、夹层、釉裂	不允许		
背面磕碰	深度为砖厚的 1/2	不影响使用	
剥边、落脏、釉泡、斑点、坯粉釉缕、桔釉、波纹、缺釉、棕眼裂纹、图案缺陷、正面磕碰	距离砖面 1m 处目测无可见缺陷	距离砖面 2m 处目测缺陷不明显	距离砖面 3m 处目测缺陷不明显

3)色差　色差允许范围应符合表 3-8 要求。供需双方也可另行商定色差允许范围。

允许色差 **表 3-8**

	优等品	一等品	合格品
色差	基本一致	不明显	不严重

4)平整度　尺寸不大于 152mm 的釉面砖，平整度应符合表 3-9 规定，尺寸大于 152mm 的釉面砖，平整度应符合表 3-10 规定。表中数值以对角线长度的百分数表示。

平整度允许偏差(一) 表 3-9

平 整 度	优 等 品	一 级 品	合 格 品
中心弯曲度(mm)	+1.4 -0.5	+1.8 -0.8	+2.0 -1.2
翘曲度(mm)	0.8	1.3	1.5

平整度允许偏差(二) 表 3-10

平 整 度	优 等 品	一 级 品	合 格 品
中心弯曲度(%)	+0.5	+0.7	+1.0
翘曲度(%)	-0.4	-0.6	-0.8

5)边直度和直角度 尺寸大于 152mm 的釉面砖,其边直度和直角度应符合表 3-11 规定。

边直度和直角度允许偏差 表 3-11

	优 等 品	一 级 品	合 格 品
边直度(%)	+0.8 -0.3	+1.0 -0.5	+1.2 -0.7
直角度(%)	±0.5	±0.7	±0.9

6)白度 各等级白色釉面砖的白度不小于 73 度。白度也可由供需双方商定。

(3)物理力学性能

1)吸水率 釉面砖的吸水率不大于 21%。

2)耐急冷急热性能 釉面砖经急冷急热性能试验,釉面无裂纹。

3)弯曲强度 釉面砖的弯曲强度平均值不小于 16MPa。当厚度大于或等于 7.5mm 时,弯曲强度平均值不小于 13MPa。

4)抗龟裂性能 釉面砖经抗龟裂性能试验,釉面无裂纹。

(4)釉面抗化学腐蚀性能

釉面抗化学腐蚀性,需要时由供需双方商定级别。

(四)釉面砖的镶贴方法

墙面或柱面镶贴釉面砖的铺贴程序为:基层清理→做灰饼标筋→底层找平→排砖→弹线→贴标准点→镶贴→擦缝→清洁。

1. 基层清理

在抹底找平之前需将基层表面的浮灰、尘土、砂浆块、油污等清除干净,补好基层的孔洞,高出基层的部位要凿磨平,如基层为混凝土墙面还应凿毛。

2. 做灰饼标筋

在施工装饰部位每角两面末端吊出通长垂直线,并每隔 1.5m 左右做一个灰饼。灰饼面必须与找平层相平,然后在这些灰饼面上拉通长横线,每隔 1.5m 补做一个灰饼,纵横灰饼相连做标筋。灰饼大小为 50mm×50mm,标筋宽度约为 50mm,采用 1:2 或 1:3 干硬性砂浆抹成。可在砂浆上用废碎瓷砖片条贴成标志,但砖片或砖条某一直边必须按拉(吊)线横平竖直。阴、阳角处亦必须先吊垂直线和规方。

3. 底层找平

砖基底:将砖面浇水润湿后,用 1:3 水泥砂浆(体积比)按标筋高度或标志抹平,用木搓板压实搓毛。砂浆层厚度约为 10~12mm。

混凝土基底:将已经凿毛的混凝土基层浇水润湿,用 0.4~0.5 水灰比的素水泥浆,并掺水泥重量 3%~5% 的 108 胶,混合均匀后在基底满刷一遍。然后拌上体积比为1:3的水泥砂浆,按标筋高度或标志抹平,用木搓板压实搓毛,砂浆层厚度约为10~12mm。

4. 排砖弹线

待找平层砂浆干至六七成,即可根据装饰设计效果图和砖的尺寸,花纹拼接情况在找平层上进行分段分格排砖弹线。在同一墙面上瓷砖横竖排列,均不得有一行以上的非整砖,但按装饰设计要求镶贴花纹图案用的异型尺寸面砖除外。遇有突出的管线、灯具、洁具、暖气设备时,应用整砖套割吻合,或镶拼成一定图案花纹,不得用碎块砖拼凑镶贴,影响整体效果。

5. 镶贴标准点

标准点是废面砖用水泥砂浆贴在找平层上,并按此拉线或用直角靠尺板作镶贴面砖的控制点。标准点间距以1.5m×1.5m或2m×2m为宜。面砖镶贴到此处时将标准点敲掉。

6. 镶贴面砖

镶贴面砖之前,砖基底墙面要提前24h润湿透,混凝土基底墙面可提前3~4h润湿。面砖要在施工前浸泡吸水,浸泡时间不小于2h,然后取出用抹布擦去表面和背面明显水迹方可镶贴。采用体积比为1:1的水泥砂浆(水泥强度等级≥32.5级,砂子为过筛中细砂),满抹面砖背面,四角刮成斜面,砂浆厚度控制在5mm左右,注意边角满浆。面砖镶贴到位后用刮刀木柄轻轻压击砖面,使之与周边面砖相平。镶贴8~10块后,用直角靠尺板检查平整度,并用灰刀将缝拨直。阴、阳角拼接处则用阴、阳角条,也可用瓷砖切割机或磨砂机将两块面砖边沿切磨成45°斜角,保证接缝平直、密实。扫除表面灰浆,用木条或竹签划缝,并用软布将面砖表面擦拭干净,每镶贴完一面墙后要将横竖缝划出来。

7. 擦缝

面砖镶贴24h后,用白水泥浆勾缝,再用棉纱或软布蘸白水泥浆将缝隙擦平实,不可在缝隙中干撒白水泥粉。彩色面砖缝可在白水泥中掺入适当颜料调制成彩色色浆擦缝。

8. 清洁

待勾缝水泥浆凝结硬化后,再清洗面砖表面,必要时可用软布或棉纱蘸稀盐酸清洗,再用清水冲洗干净。

二、墙地砖

墙地砖包括建筑外墙装饰贴面用砖和室内外地面用砖。由于目前这类砖的发展趋势向产品墙地两用,故称为墙地砖。

(一)原料及生产工艺

墙地砖是以优质陶土为原料,加上其他材料后配成生料,经半干法压型于1100℃左右焙烧而成,分无釉和有釉两种。有釉的墙地砖则在已烧成的素坯上施釉,然后经釉烧而成。目前比较先进的生产方式是一次烧成工艺,世界上已有60%以上的墙地砖是采用辊道窑一次快速烧成。

外墙砖和地砖属炻质或瓷质陶瓷制品,其背面有凹凸条纹,便于镶贴时增强面砖与基层的粘结力。

(二)种类与花色

墙地砖按其表面是否施釉分为无釉墙地砖和彩色釉面陶瓷墙地砖(简称彩釉砖)。墙地砖颜色众多,对于一次烧成的无釉面砖,通常是利用其原料中含有的天然矿物(如赤铁矿）等进行自然着色，也可在泥料中加入各种金属氧化物进行人工着色，如米黄色、紫红色、白色等。对于彩釉砖，则是通过施加各种色釉进行着色。

墙地砖的表面质感多种多样。通过配料和改变制作工艺，可获得平面、麻面、磨光面、抛光面、纹点面、仿大理石（或花岗石）表面、压花浮雕表面、无光釉面、金属光泽釉面、防滑面、玻化瓷质面、耐磨面等多种表面性状，也可获得丝网印刷、套花图案、单色、多色等装饰效果。我国台湾省生产的罗马瓷砖（即墙地砖），其生产过程为：原料→粉碎→研磨→喷雾造粒→高压成型→施釉→釉烧→电脑选检→包装，全套生产线从意大利引进，生产的墙地砖品种有雷欧系列、彩点系列、粉彩系列、石韵系列、帝王系列、成吉思汗系列及圣彼得系列，既有供外墙贴面的，也有供室内地面铺设装饰的，既有色彩艳丽的，也有非常淡雅的。

（三）墙地砖的技术要求和质量标准

1. 产品规格尺寸

根据国家标准《彩色釉面陶瓷墙地砖》（GB 11947—89）规定，按产品表面质量和变形允许偏差分为优等品、一级品和合格品三个等级，主要产品规格尺寸见表3-12。

彩釉砖的主要规格尺寸（mm） **表3-12**

100×100	300×300	200×150	115×60
150×150	400×400	250×150	240×60
200×200	150×75	300×150	130×65
250×250	200×100	300×200	260×65

无釉墙地砖的主要规格有：100mm×100m×（8～9）mm、100mm×200mm×8mm、150mm×200mm×8mm、200mm×200mm×8mm、200mm×300mm×9mm、300mm×300mm×9mm等，且有更大规格品种问世，如400mm×400mm、500mm×500mm、600mm×600mm等。

2. 质量要求

（1）尺寸允许偏差　尺寸允许偏差必须符合表3-13的规定。

彩釉砖尺寸允许偏差（mm） **表3-13**

	基本尺寸	允许偏差
边长	<150	±1.5
	150～250	±2.0
	>250	±2.5
厚度	<12	±1.0

（2）表面与结构质量要求　表面质量应符合表3-14的规定，最大允许变形应符合表3-15的规定。

彩釉砖外观质量要求 **表3-14**

缺陷名称	优等品	一级品	合格品
缺釉、斑点、裂纹、落脏、棕眼、熔洞、釉缕、釉泡、烟熏、开裂、磕碰、波纹、剥边、坯粉	距离砖面1m处目测，有可见缺陷的砖数不超过5%	距离砖面2m处目测，有可见缺陷的砖数不超过5%	距离砖面3m处目测，缺陷不明显
色差	距离砖面3m处目测不明显		
分层	各级彩釉砖均不得有结构分层缺陷存在		
背纹	凸背纹的高度和凹背纹的深度均不大于0.5mm		

彩釉砖最大允许变形(%)　　表 3-15

变形种类	优等品	一级品	合格品
中心弯曲度	±0.50	±0.60	±0.80 −0.60
翘曲度	±0.50	±0.60	±0.70
边直度	±0.50	±0.60	±0.70
直角度	±0.60	±0.70	±0.80

(3)物理力学性能　物理力学性能应符合表 3-16 规定的各项指标。

彩釉砖物理力学性能　　表 3-16

性能	指标
吸水率(%)	不大于 10
而急冷急热性	经 3 次急冷急热循环不出现炸裂或裂纹
抗冻性能	经 20 次冻融循环不出现破裂、剥落或裂纹
弯曲强度(MPa)	平均值不低于 24.5
耐磨性能	只对铺地的彩釉砖进行耐磨试验,依据釉面出现磨损痕迹时的研磨转数将砖分为 4 个等级

(4)耐化学腐蚀性　根据耐酸、耐碱性能把彩釉砖的耐化学腐蚀性分为 AA、A、B、C、D 五个等级(图 3-5),无釉墙地砖的质量要求可参照以上标准执行。

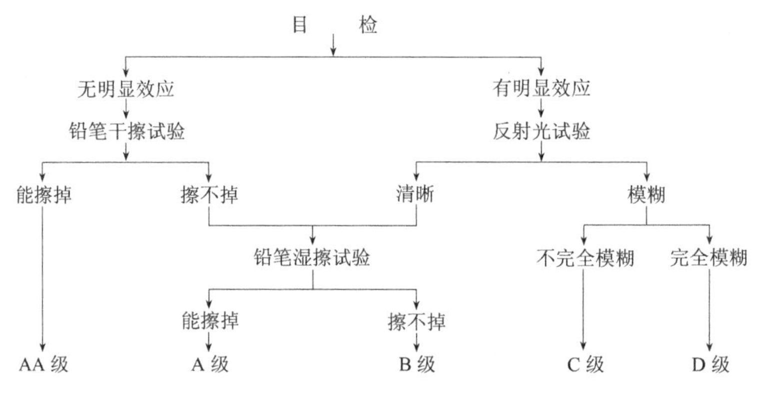

图 3-5　彩釉砖的耐化学腐蚀等级

(四)墙地砖铺贴施工方法

地面砖色彩丰富、坚硬耐磨、易于擦洗,广泛用于建筑物室内地面、阳台、走廊及楼梯等处装饰。

1. 基层清理

在基层找平之前,必须清理干净,如基层是混凝土楼板还需凿毛。

2. 基层找平

根据室内地面的设计标高,用体积比为 1∶2.5 的干硬性水泥砂浆找平。如地面有地漏或需坡度排水,应做好找坡,先做好标准点,按标准点拉水平通线进行铺设。在基层铺抹干硬性水泥砂浆前,先在基层表面均匀抹素水泥浆一道,增加基层与找平层的黏结度。

3. 铺设

铺设地面板之前,在底子灰面层上先撒上一层水泥,再稍洒水,随即铺设地砖,可用两种方法铺设:

方法 1:留缝铺设法。根据尺寸弹线,铺缝均匀,不出半砖。从门口开始,在已经铺好的地板砖上垫上木板,施工人员站在木板上铺设。铺横缝时,用米厘条铺一排放一根,竖缝根据弹线走齐,随铺随手用软布或棉纱擦拭干净。

方法2:满铺法。这种方法不用弹线,从门口开始往里铺,出现非整块时用切割机切割补齐。

铺设地面砖时边铺边用带橡皮垫的小锤或抹刀木柄敲击拍打砖的四周和中部,如有横竖缝不直者可将缝拨直,直到缝直砖平,不起空鼓为止。

留缝铺设要在铺设完毕后,取出米厘条,用1:1水泥砂浆勾缝。满铺地砖用1:1水泥砂浆扫缝(砂子用窗纱过筛)。铺完一片,随即清扫干净,然后覆盖一层塑料薄膜养护,防止水分蒸发,在3~5d内不准踩踏。

三、墙地砖新产品

近年来,随着建筑装饰业的不断发展,新型墙地砖装饰材料品种不断增加,如陶瓷劈离砖、瓷质玻化砖、彩胎砖、麻面砖、陶瓷艺术砖、金属光泽釉面砖等。

(一)劈离砖

劈离砖又称劈裂砖,是将一定配比的原料,经粉碎、炼泥、真空挤压成型、干燥、高温煅烧而成。由于成型时为双砖背连坯体,烧成后再劈裂成两块砖,故称劈离砖。

劈离砖最先在德国兴起并得到发展,不久在欧洲各国引起重视,继而世界各地竞相仿效。这种新型墙地砖制造工艺简单,能耗低,使用效果好,深受消费者喜爱。目前世界上有100多条劈离砖生产线。我国现有北京、厦门、襄樊及台湾等省市引进劈离砖生产线先后建成投产,产品质量均已达到德国DIN工业标准要求。另外,广东佛山市石湾化工陶瓷厂、黑龙江省汤原县建筑陶瓷厂等单位利用国产设备和技术生产的劈离砖,经检测其产品质量可达到德国同类产品标准。国产劈离砖除供应国内用户外,还出口销售到新加坡、日本、美国、加拿大、科威特、中东等国家和地区。

劈离砖强度高、吸水率低、抗冻性强、防潮防腐、耐磨耐压、耐酸碱、防滑;色彩丰富,自然柔和,表面质感变幻多样,或清秀细腻,或浑厚粗犷;表面施釉者光泽晶莹,富丽堂皇;表面无釉者质朴典雅、大方,无反射眩光。

产品主要规格有:240mm×52mm×11mm、240mm×115mm×11mm、194mm×94mm×11mm、190mm×190mm×13mm、240mm×115/52mm×13mm、194mm×94/52mm×13mm等。

劈离砖适用于各类建筑物外墙装饰,也适合用作楼堂馆所、车站、候车室、餐厅等处室内地面铺设。较厚的砖适合于广场、公园、停车场、走廊、人行道等露天地面铺设,也可作游泳池、浴池池底和池岩的贴面材料。

(二)彩胎砖

彩胎砖是一种本色无釉瓷质饰面砖。它采用彩色颗粒土原料混合配料,压制成多彩坯体后,经一次烧成呈多彩细花纹的表面,富有天然花岗岩的纹点,有红、绿、黄、蓝、灰、棕等多种基色,多为浅色调,纹点细腻,质朴高雅。

产品主要规格(mm):200×200、300×300、400×400、500×500及600×600等,最小尺寸95mm×95mm,最大规格可为600mm×900mm。

彩胎砖表面有平面和浮雕型两种,又有无光与磨光、抛光之分,吸水率小于1%,抗折强度大于27MPa,这种砖的耐磨性极好,特别适用于人流密度大的商场、剧院、宾馆、酒楼等公共场所铺地装饰,也可用于住宅厅堂墙地面装饰。

(三)玻化砖

玻化砖是坯料在1230℃以上的高温下,使砖中的熔融成分成玻璃态,具有玻璃般亮丽质感的一种新型高级铺地砖,也有人称为瓷质玻化砖(市场上有时也称为通体砖)。我国上海斯米克建筑陶瓷有限公司生产的斯米克玻化砖,按照欧洲EN-176标准生产,有四大系列,100多个品种。如纯色系列、彩点系列、聚晶与梦幻系列、特殊用途的玻化砖系列,主要色系有白色、灰色、黑色、黄色、红色、绿色、蓝色、褐色等。主要规格(mm):200×200×20、300×300×30、400×400×40、500×500×50。

斯米克玻化砖的特性有:

1. 低吸水率

吸水率<0.1%,比欧洲标准及天然石材低5~30倍,长年使用,不变颜色,不留水迹,始终如新。

2. 高耐磨性

由于经高温烧制而成,产品的莫氏硬度达7,质地密实坚硬,耐磨性为130mm²,仅为欧洲标准的64%(欧洲标准为205mm³)。

3. 高强度

具有>46MPa的抗折强度,施工使用时不易破损。

4. 耐酸碱

斯米克玻化砖耐酸碱性强,不留污渍,易于清洗。

5. 其他性能

斯米克玻化砖采用全电脑化的生产和检选设备,尺寸均匀平整,色泽协调均匀,易于施工。由于产品吸水率极低,表面未施任何透明釉料,普通亚光面砖摩擦系数高达0.7,具有极好的防滑效果。此外,产品原料中不含对人体有害的放射性元素,是高品质的环保型建材。

表3-17为斯米克玻化砖的技术标准。

玻化砖技术标准 **表3-17**

玻化砖试验项目	测试方法	欧洲标准EN-176	企业标准	玻化砖试验项目	测试方法	欧洲标准EN-176	企业标准
吸水率	EN99	≤0.50%	≤0.1%	耐磨度	EN102	<205mm³	<130mm³
抗折强度	EN100	>27MPa	>46MPa	莫氏硬度	EN101	>6	>7
长度偏差	EN98	±0.6%	±0.4%	线性热膨胀系数	EN103	$<9\times10^{-6}K^{-1}$	$<7\times10^{-6}K^{-1}$
宽度偏差	EN98	±0.6%	±0.4%	耐化学腐蚀性	EN106	认可	认可
厚度偏差	EN98	±5%	±3%	热振性	EN104	认可	认可
表面平整度偏差	EN98	±0.5%	±0.4%	抗冻性	EN202	认可	认可
边直度偏差	EN98	±0.6%	±0.4%	摩擦系数	$0.40\le\mu\le0.74$		0.70(干)
直角度偏差	EN98	±0.5%	±0.4%				0.44(湿)

斯米克玻化砖已成功应用在上海商务中心、上海广播电视大楼、上海新世界城,上海第一八佰伴新世纪商厦、北京故宫博物院、外交部大楼、中央电视塔、钓鱼台酒店、国际饭店等工程铺地装饰。图3-6(文前彩图)为上海斯米克建筑陶瓷股份有限公司生产的部分玻化砖样品。

(四)麻面砖

麻面砖是采用仿天然岩石色彩的配料,压制成表面凹凸不平的麻面坯体后,经一次烧成的炻质面砖。砖的表面酷似经人工修凿过的天然岩石面,纹理自然,粗犷雅朴,有白、黄、红、灰、黑等多种色调。主要规格(mm):200×100、200×75和100×100等。麻面砖吸水率<1%,抗折强度>20MPa,防滑耐磨。薄型砖适用于建筑物外墙装饰,厚型砖适用于广场、停车场、码头、人行道等地面铺设。

(五)大规格墙地砖

广东佛山石湾鹰牌陶瓷有限公司,1996年引进设备,生产出(mm):1000×1000、

800×1200 和 650×900 等超大规格瓷质砖。这种大规格砖酷似天然石材而优于石材，它的硬度大于石材而密度小于石材、耐酸、耐碱、耐风化、没有天然石材边缝水渍现象，也不含对人体有危害的放射性物质，颜色丰富多彩，应用前景十分广阔。目前我国大规格瓷质砖在市场上繁花似锦、占据了主要位置。

（六）陶瓷艺术砖

陶瓷艺术砖采用优质黏土、瘠性原料及无机矿化剂为原料，经成型、干燥、高温焙烧而成，砖表面具有各种图案浮雕，艺术夸张性强，组合空间自由度大，可运用点、线、面等几何组合原理，配以适量同规格彩釉砖或釉面砖，可组合成抽象的或具体的图案壁画。

（七）金属釉面砖

金属釉面砖运用进口和国产金属釉料等特种原料烧制而成，是当今国内市场的领先产品。我国四川陶瓷厂生产的金属釉面砖含黑色与红色两大系列，主要有金灰色、古铜色、黑绿色、宝石蓝等多个品种。产品具有光泽耐久、质地坚韧、网纹淳朴、赋予墙面装饰静态的美，还有良好的热稳定性、耐酸碱性、易于清洁，装饰效果好等性能。

金属光泽釉面砖，是采用钛的化合物，以真空离子溅射法将釉面砖表面处理呈金黄、银白、蓝、黑等多种色彩，光泽灿烂辉煌，给人以坚固豪华的感觉。这种面砖抗风化、耐腐蚀，历久常新，适用于商店柱面和门面的装饰。

（八）黑瓷装饰板

由山东省新材料研究所和北京丰远黑瓷制品厂生产的钒钛黑瓷板，现已获中、美、澳三国专利。这种瓷板具有比黑色花岗岩更黑、更硬、更亮的特点，可用于宾馆饭店等内外墙面及地面装饰，也可用作单位铭牌仪器平台等。

（九）大型陶瓷艺术饰面板

大型陶瓷艺术饰面板具有单块面积大、厚度薄、平整度好、吸水率低、抗冻、抗化学侵蚀、耐急冷急热、施工方便等优点，并有绘制艺术、书法、条幅、陶瓷壁画等多种功能。产品表面可做成平滑或各种浮雕花纹图案，并施以各种彩色釉，用其作为建筑物外墙、内墙、墙裙、廊厅、立柱等的饰面材料，尤其适合用在大厦、宾馆、酒楼、机场、车站、码头等公共设施的装饰。

（十）水晶砖

水晶砖属于玻化砖的一种，其材质已达到纳米技术水平。水晶砖的烧结温度比一般的玻化砖还要高。水晶砖表面光清透亮如水晶，故名水晶砖。产品规格以 600 mm×600 mm 为主，也有 800 mm×800 mm 等。

（十一）抛光砖

抛光砖是通体砖坯体的表面经过打磨抛光而成的一种光亮砖，属通体砖的一种。相对通体砖而言，抛光砖表面要光洁得多。抛光砖坚硬耐磨，适合于除洗手间、厨房以外的多数室内空间使用。可以做出各种仿瓷、仿木效果。市场上推出的防静电抛光砖，是在防静电釉面砖的基础上改良而成，除兼具防静电釉面砖的所有优点外，还具有硬度高（经 1360℃烧结而成）、高耐磨、平整度好、吸水率低、不起尘、规格尺寸精度高等特点，主要用于对静电敏感的场所。

目前市场上可供消费者选择的墙地砖产品种类繁多，品牌也不少。市场上比较公认的品牌有马可波罗（中国驰名商标）、东鹏地砖（中国驰名商标）、诺贝尔（国家免检产品）、金陶名家（中国驰名商标）、冠珠－萨米特（中国驰名商标）、蒙娜丽莎（中国驰名商标）、斯米克（国家免检产品）、樵东（国家驰名商标）、冠军（中国知名产品）等。

第四章　建筑饰面玻璃

建筑玻璃正在向多品种多功能方面发展,兼具装饰性与适用性的玻璃新品种不断问世,从而为现代建筑设计和装饰设计提供了更大的选择性。

现代建筑的趋势之一是愈来愈多地采用大面积玻璃,甚至玻璃幕墙。如被誉为"水晶宫殿"的美国匹兹堡平板玻璃公司大厦,高191m,44层,全部采用镜面玻璃作外墙,呈哥特式建筑风格,矗立在美国俄亥俄河两条支流的汇合处,宏伟壮观,令人叹为观止。而如今采用玻璃幕墙的建筑一座座拔地而起,争奇斗妍,开创了幕墙建筑的新时代。如香港的中国银行大厦、嘉华中心、瑞安中心等高层建筑,就是现代玻璃幕墙建筑的代表。

建筑物立面大面积采用玻璃制品,尤其是采用当今玻璃技术发展领域中的中空玻璃、镜面玻璃、热反射玻璃等品种,既能调节居室内的气候,节约能源,又起到了优美壮观的装饰效果。玻璃幕墙建筑所采用的玻璃已由浮法玻璃、钢化玻璃等品种,发展到吸热玻璃、热反射玻璃、中空玻璃、贴膜玻璃等。其中热反射玻璃是玻璃幕墙采用的主要品种,色彩有灰色、茶色、金色、银白色、古铜色等。

装饰玻璃除被用于外墙作幕墙及一般建筑物的门、窗采光材料外,还广泛用于室内的墙壁、隔断、柱面、顶棚等处,具有独特的装饰效果。

第一节　玻璃的基本性质

玻璃是用石英砂(SiO_2)、纯碱(Na_2CO_3)、长石($R_2O \cdot Al_2O_3 \cdot 6SiO_2$,式中$R_2O$指$Na_2O$或$K_2O$)、石灰石($CaCO_3$)等为主要原料,在1550~1600℃高温下熔融、成型,并经急冷而成的固体材料。为了改善玻璃的某些性能和满足特种技术要求,常常在玻璃生产过程中加入某些辅助性原料,或经特殊工艺处理,则可得到具有特殊性能的玻璃。

玻璃与陶瓷不同,它是无定形非结晶体的均质同向性材料,因此,玻璃具有其他材料不可比拟的独特性能,即为一种透明材料。

玻璃的化学成分甚为复杂,其主要成分为SiO_2(含量72%左右)、Na_2O(含量15%左右)、CaO(含量9%左右),此外还含有少量Al_2O_3、MgO及其他化学成分。这些氧化物在玻璃中起着十分重要的作用,如表4-1所示。常用的辅助性原料及其作用见表4-2。

一、玻璃的基本分类

玻璃的品种千变万化,但决定其性质的关键因素是它的化学组成,根据其化学组成可以把玻璃分为如下几类:

1. 钠玻璃

主要是由SiO_2、Na_2O和CaO组成,又名钠钙玻璃或普通玻璃。它的软化点较低,易于熔制。由于所含杂质多,制品多带有绿色。其力学性质、光学性质和化学稳定性均较差,多用于制造普通建筑玻璃和日用玻璃制品。

玻璃中主要氧化物的作用 表 4-1

氧化物名称	在玻璃中含量	所起作用	
		增加	降低
二氧化硅（SiO_2）	铅玻璃含52%以上，石英玻璃可达100%	熔融温度、化学稳定性、热稳定性、机械强度	密度、热膨胀系数
氧化钠或氧化钾（Na_2O或K_2O）	工业玻璃含13%～16.5%	热膨胀系数	化学稳定性、耐热性、熔融温度、析晶倾向、退火温度、韧性
氧化钙（CaO）	允许含量达13%，含量过多将使玻璃析晶	硬度、机械强度、化学稳定性、析晶倾向、退火温度	耐热性
氧化硼（B_2O_3）	一般硼硅玻璃含16.5%，耐热玻璃可达23.5%	化学稳定、耐热性、折射率、光泽	熔融温度、析晶倾向、韧性
氧化镁（MgO）	特殊用途耐热玻璃可达9%，窗玻璃、瓶玻璃应在5.5%以下	耐热性、化学稳定性、机械强度、退火温度	析晶倾向、韧性（含量2.5%以下时）
氧化钡（BaO）	一般不超过15%	软化温度、密度、光泽、折射率、析晶倾向	熔融温度、化学稳定性
氧化锌（ZnO）	锌玻璃可达10%，普通玻璃可含2%～4%	耐热性、化学稳定性、熔融温度	热膨胀系数
氧化铅（PbO）	铅玻璃可含33%，晶质玻璃、光学玻璃可达60%	密度、光泽、折射率	熔融温度、光学稳定性
氧化铝（$A1_2O_3$）	普通玻璃可达15%，矿石熔制的瓶玻璃可达14%～15%，超过此含量则熔制困难	熔融温度、化学稳定性、机械强度	（含量介于2%～5%时）析晶倾向

玻璃主要辅助原料及其作用 表 4-2

名称	常用化合物	作用
助熔制	萤石、硼砂、硝酸钠、纯碱等	缩短玻璃熔制时间，其中萤石与玻璃液中杂质 FeO 作用后，可增加玻璃透明度
脱色剂	硒、硒酸钠、氧化钴、氧化镍等	在玻璃中呈现为原来颜色的补色，达到使玻璃无色的作用
澄清剂	白砒、硫酸钠、铵盐、硝酸钠、二氧化锰等	降低玻璃液黏度，有利于消除玻璃液中气泡
着色剂	氧化铁（Fe_2O_3）、氧化钴、氧化锰、氧化镍、氧化铜、氧化铬等	赋予玻璃一定颜色，如 Fe_2O_3 能使玻璃呈黄或绿色，氧化钴能呈蓝色等
乳浊剂	冰晶石、氟硅酸钠、磷酸三钙、氧化锡等	使玻璃呈乳白色和半透明体

2. 钾玻璃

是以 K_2O 代替钠玻璃中部分 Na_2O 并提高玻璃中 SiO_2 含量，故又名硬玻璃。它坚硬而有光泽，其他性质也较钠玻璃好，多用于制造化学仪器和用具，以及高级玻璃制品。

3. 铝镁玻璃

是通过降低钠玻璃中碱金属和碱土金属氧化物的含量，引入 MgO 并以 $A1_2O_3$ 代替部分 SiO_2 而制成的一类玻璃。它的软化点低，析晶倾向弱，力学性质、光学性质和化学稳定性都有提高。常用来制造高级建筑装饰玻璃。

4. 铅玻璃

又称铅钾玻璃或重玻璃、晶质玻璃，系由 PbO、K_2O 和少量的 SiO_2 所组成。它光泽透明，质软易加工，对光的折射率和反射性能强，化学稳定性高，用以制造光学仪器、高级器皿和装饰品等。

5. 硼硅玻璃

硼硅玻璃也称耐热玻璃，由 $B_2O_5SiO_2$ 及少量 MgO 所组成。它具有较好的光泽和透明度，较强的力学性能、耐热性能、绝缘性能和化学稳定性能，用以制造高级化学仪器和绝缘材料。

6. 石英玻璃

石英玻璃由纯 SiO_2 制成，具有极强的力学性质、热性质、优良的光学性能和化学稳定性，并能透过紫外线。可用以制造耐高温仪器及杀菌灯等特殊用途的仪器。

二、玻璃的物理、化学及力学性质

1. 玻璃的密度

普通玻璃的密度为 2.45 ~ 2.55g/cm^3，玻璃的密度与其化学组成有关，故变化很大，且随温度升高而降低。

2. 玻璃的光学性质

玻璃具有优良的光学性质，既能通过光线，还能反射光线和吸收光线。厚度大的玻璃和重叠多层玻璃是不易透光的。

光线入射玻璃，表现有透射、反射和吸收的性质，光线能透过玻璃的性质称为透射；光线被玻璃阻挡，按一定角度折回称为反射（或折射）；光线通过玻璃后，一部分被损失掉，称为吸收。利用玻璃的这些特殊光学性质，人们研制出一些具有特殊功能的新型玻璃，如吸热玻璃、热反射玻璃、光致变色玻璃等等。

玻璃的反射光能与入射光能之比称为反射系数。这是评价热反射玻璃的一项重要指标。反射系数的大小决定于反射面的光滑程度及入射光线入射角的大小。

玻璃对光线的吸收能力随着化学组成和颜色而异。无色玻璃可透过各种颜色的光线，但吸收红外线和紫外线。各种颜色玻璃能透过同色光线而吸收其他颜色的光线。石英玻璃和硼、磷玻璃能透过紫外线。锑、钾玻璃能透过红外线。原子序数越大的金属氧化物玻璃（铅、铋等玻璃）吸收 x 和 γ 射线的能力越强。玻璃吸收光能与入射光能的比值称为吸收率，吸收率是评价吸热玻璃的一项重要指标。

透过玻璃的光能与入射光能之比称为透过率（或称透光率）。透过率是玻璃的重要性能。清洁的玻璃透过率达 85% ~90%。光线经过玻璃将发生衰减，衰减是反射和吸收两因素的综合表现。玻璃透过率随厚度增加而减小，因此厚玻璃和重叠多层的玻璃不易透光。玻璃的颜色也会影响透光，玻璃中含有少量杂质易使玻璃着色而降低采光效果。彩色玻璃、热反射玻璃的透光率低，有时低至 19%。

3. 玻璃的热工性质

玻璃的比热随温度而变化，在 15 ~ 100℃ 范围内，玻璃的比热为 $0.33 \sim 1.05 \times 10^3$ J/(kg・℃)，在低于玻璃软化温度和高于流动温度的范围内，玻璃比热几乎不变。但在软化温度与流动温度之间，玻璃比热随着温度上升而急剧增大。

玻璃的导热性很小，在常温中导热系数仅为铜的 1/400，但随温度升高导热系数增大，尤其在 700℃ 以上时更为显著。导热系数大小还受玻璃颜色和化学组成影响。密度对导热系数也有影响。表 4-3 为不同类型玻璃的导热系数。

玻璃的热膨胀系数决定于化学组成及其纯度，纯度越高热膨胀系数越小。

玻璃的导热系数 表 4-3

名 称	密 度 (kg/m^3)	导热系数 (W/m·k)	名 称	导热系数 (W/m·k)
平板玻璃	2500	0.75	充氮夹层玻璃(D=12.03mm,一层氮气)	0.097
化学玻璃	2450	0.93	充氮夹层玻璃(D=21.42mm,二层氮气)	0.0916
石英玻璃	2200	0.71	充氮夹层玻璃(D=30.16mm,三层氮气)	0.0893
石英玻璃	2210	1.35	干空气夹层玻璃(D=12.06mm,一层干空气)	0.0963
石英玻璃	2250	2.71	干空气夹层玻璃(D=21.04mm,二层干空气)	0.0893
玻璃砖	2500	0.81	干空气夹层玻璃(D=29.83mm,三层干空气)	0.0863
泡沫玻璃	140	0.052	夹层玻璃(D=8.6mm,中间空气3mm,四周玻璃条)	0.103
泡沫玻璃	166	0.087	夹层玻璃(D=15.92mm,中间空气10mm,四周玻璃条)	0.094
泡沫玻璃	300	0.116	夹层玻璃(D=15.92mm,中间空气6mm,四周橡胶条)	0.128

玻璃的热稳定性决定在温度急剧变化时玻璃抵抗破裂的能力。玻璃的热膨胀系越小,热稳定性越高。热稳定性还与导热系数的平方根成正比。玻璃制品越厚、体积越大、热稳定性也越差。由于玻璃制品热胀冷缩,其内部会产生压、拉应力,所以玻璃制品抵抗温度急剧上升的热稳定性比急剧下降时大,这是因为急热时受热表面产生压应力,而急冷时产生拉应力,玻璃的抗压强度远高于抗拉强度。玻璃含有游离的 SiO_2,具有残余的膨胀性质,会影响制品的热稳定性,因此须用热处理方法加以消除,以提高制品的热稳定性。

4. 玻璃的化学稳定性

玻璃具有较高的化学稳定性,但长期受到侵蚀性介质的腐蚀,也能导致变质和破坏。

大多数工业用玻璃都能抵抗酸的侵蚀,但氢氟酸除外。

硅酸盐类玻璃长期受水汽的作用,能水解生成碱和硅酸,此种现象称为玻璃的风化:

$$Na_2O \cdot 2SiO_2 + (n+1)H_2O \longrightarrow 2NaOH + 2SiO_2 + nH_2O$$

随着玻璃风化程度的加深,所形成的硅酸为玻璃表面所吸附,形成薄膜,阻止了玻璃继续风化,因此水解生成硅酸较多的玻璃,其化学稳定性也较高。

铝酸盐和硼酸盐类玻璃化学稳定性最好。磷酸盐类玻璃不能形成薄膜,化学稳定性最差。玻璃中碱性氧化物在潮湿空气中,能与 CO_2 生成碳酸盐,随着水分蒸发,碳酸盐类集聚在玻璃表面形成白色斑点和薄膜,破坏了玻璃的透光性,称为玻璃发霉。可用酸处理硅酸盐类玻璃表面,并加热到 400~450℃,不仅可溶去斑点和薄膜,还能得到致密的表面薄膜,从而提高它的化学稳定性。

硅酸盐玻璃在退火处理中,由于碱性氧化物与炉气中的 SO_2、SO_3 及水蒸气相作用,生成容易清除的灰色斑点和薄膜,降低了玻璃表面的含碱量,从而提高玻璃的化学稳定性。

5. 玻璃的力学性质

玻璃的力学性质决定其化学组成、制品形状、表面形状和加工方法等。凡含有未熔夹杂物、结石、节瘤或具有微细裂纹的制品,都会造成应力集中,从而降低玻璃的机械强度。

玻璃的抗压强度极限随其化学组成而变,相差极大(600~1600MPa)。荷载的时间长短对抗压强度影响很小,但受高温的影响。如玻璃黏度降低 $10^{10} \sim 10^{3}$P 时,抗压强度急剧下降。玻璃承受荷载后,表面可能发生极细微的裂纹,并随着荷载的次数加多及使用期加长而增多和增大,最后导致制品破碎。因此制品长期使用后。须用氢氟酸处理其表面,消灭细微裂纹,恢复其强度。

抗拉强度是决定玻璃品质的主要指标,通常为抗压强度的 1/14 ~ 1/15,约为 40 ~ 120MPa。

玻璃的弹性模量受温度影响严重。在常温下玻璃具有弹性,弹性模量非常接近其断裂强度,因此脆而易碎。温度升高弹性模量较低,出现了塑性变形。当玻璃制品用于比较容易变形的结构上时,应采用弹性模量较小的。普通玻璃的弹性模量为 60000 ~ 75000MPa,接近于铝,为钢的 1/3。

玻璃的硬度随其化学成分和加工方法的不同而不同,一般其莫氏硬度在 4 ~ 7 之间。

三、玻璃的表面加工和装饰

普通平板玻璃经过表面加工后,可改善外观和表面性质,还可进行装饰。经过特殊加工后的玻璃,如中空玻璃、钢化玻璃等,还能改善玻璃的物理和力学性能。

玻璃的表面加工可分为冷加工、热加工和表面处理三大类。

(一)玻璃的冷加工

在常温下通过机械方法来改变玻璃制品的外形和表面形态的过程,称为冷加工。冷加工的基本方法有研磨抛光、切割、喷砂、钻孔和切削。

1. 研磨抛光

研磨是将玻璃制品粗糙不平处或成形时余留部分的玻璃磨去,使制品具有需要的尺寸、形状及平整的表面。开始用粗磨料研磨,然后逐级使用细磨料,直至玻璃表面的毛面状态变得较细致,再用抛光材料抛光,使光面玻璃表面得以平滑、透明,并具有光泽。研磨、抛光两个工序结合起来,俗称抛光。经研磨、抛光后的玻璃制品,称为磨光玻璃。

2. 喷砂、切割与钻孔

喷砂是利用高压空气通过喷嘴细孔时形成的高速气流,带着细粒石英砂或金刚石砂等吹到玻璃表面,使表面组织不断受到砂粒的高速冲击而产生破坏,形成毛面的过程。喷砂主要用于玻璃表面磨砂及玻璃仪器商标的打印。

切割是利用玻璃的脆性和残余应力,在切割点加一刻痕造成应力集中,使玻璃易于折断的过程。对不太厚的玻璃板、玻璃管,均可用金刚石、合金刀或其他坚韧工具在表面刻痕,再加折断。为了使切割处应力更加集中,也可刻痕后再沿刻痕用火焰加热,使之更易于折断。

钻孔分研磨钻孔、钻床钻孔、冲击钻孔、超声波钻孔等。研磨钻孔是用铜或黄铜棒压在玻璃表面上转动,通过碳化硅等磨料及水的研磨作用使玻璃形成所需要的孔。孔径大小一般为 3 ~ 100mm。钻床加工使用碳化钨或硬质合金钻头,加工操作与一般金属钻床相似,孔径大小为 3 ~ 15mm,钻孔速度比金属慢,加工时用水、轻油、松节油冷却。冲击钻孔是利用电磁振荡器使钻孔钻凿连续冲击玻璃表面形成孔的过程。如将 150W 的电磁振荡器通上 100V 的电源,使硬质合金的钻凿每分钟转动 2000 转左右,而给玻璃面每分钟有 6000 次的冲击,只要 10s 钟就可钻得直径 2mm、深 5mm 的小孔。超声波钻孔是利用超声波发生器使加工工具发生频率为 16 ~ 30kHz、振幅为 20 ~ 30μm 的振动,在振动工具和玻璃之间注入含有磨料的加工液,使玻璃穿孔。

(二)玻璃的热加工

建筑玻璃常进行热加工处理,目的是为了改善其性能及外观质量。

玻璃的热加工原理主要是利用玻璃黏度随温度改变的特性以及其表面张力与导热系数的特点来进行的。各种类型的热加工,都需要把玻璃加热到一定温度。由于玻璃的黏度随温度升高而减小,同时玻璃导热系数较小,所以能采用局部加热的方法,在需要加热的地方使其局部达到变形、软化,甚至熔化流动的状态,再进行切割、钻孔、焊接等加工。利用玻璃的表面张力大,有使玻璃表面趋向平整的作用,可将玻璃制品在火焰中抛光和烧口。

在热加工过程中,必须掌握玻璃的析晶性能,防止玻璃析晶。玻璃与玻璃或与其他材料(如金属、陶瓷等)加热焊接时,两者的膨胀系数必须相同或相近。玻璃在火焰中加热时,要防止玻璃中的砷、锑、铅等成分被还原而发黑。要结合玻璃的组成与性能,控制适宜的火焰性质与温度。由于玻璃的导电性能随温度升高而增大,可采用煤气与电综合加热的方法来加工厚玻璃制品。经过热加工的制品,应缓慢冷却,防止炸裂或产生大的永久应力。对许多制品还必须进行二次退火。

(三)玻璃的表面处理

玻璃的表面处理主要分为三类,即化学刻蚀、化学抛光和表面金属涂层。

1. 玻璃的化学刻蚀

化学刻蚀是用氢氟酸溶掉玻璃表层的硅氧,根据残留盐类溶解度的不同,而得到有光泽的表面或无光泽的毛面的过程。玻璃与氢氟酸作用后生成的盐类溶解度各不相同。氢氟酸盐类中,碱金属(钠和钾)的盐易溶于水,而氟化钙、氟化钡、氟化铅不溶于水。在氟硅酸盐中,钠、钾、钡和铅盐在水中都溶解很少,而其他盐类则易于溶解。

刻蚀后玻璃的表面性质决定于氢氟酸与玻璃作用后生成的盐类性质、溶解度的大小、结晶的大小以及是否容易从玻璃表面清除。如生成的盐类溶解度小,且以结晶状态保留在玻璃表面不易清除,遮盖玻璃表面,阻碍氢氟酸溶液与玻璃接触反应,则玻璃表面受到的侵蚀不均匀,表面粗糙而无光泽。若反应物不断被清除,使得腐蚀在玻璃表面均匀进行,则可得到非常平滑而有光泽的表面。

生产中采用的蚀刻剂为蚀刻液或蚀刻膏。蚀刻液可由 HF 加入 NH_4F 与水组成。蚀刻膏由氟化铵、盐酸、水并加入淀粉或粉状冰晶石粉配成,制品上不需要腐蚀的部位可涂上保护漆或石蜡。

2. 化学抛光

化学抛光的原理与化学蚀刻一样,是利用氢氟酸破坏玻璃表面原有的硅氧膜而生成一层新的硅氧膜,提高玻璃的光洁度与透光率。化学抛光效率高于机械抛光,且节省动力。化学抛光一种是单纯的化学侵蚀作用,另一种是用化学侵蚀和机械研磨相结合。前者多用于玻璃器皿,后者则用于平板玻璃。

采用化学侵蚀方法来抛光时,除用侵蚀剂氢氟酸外,还要加入能使侵蚀生成物(硅氟化物)溶解的添加剂。通常采用硫酸,因硫酸的酸性强、沸点高、不易挥发。

采用化学侵蚀与机械研磨相结合的方法称为化学研磨法。在玻璃表面添加磨料和化学侵蚀剂,化学侵蚀生成氟硅酸盐,通过机械研磨而除去,使化学抛光的效率大大提高。所用的化学侵蚀液配方为 HF10%、NH_4F20%~30%、水 50%~60%、添加剂(调整黏度与抑制反应生成物用)10%。

3. 表面金属涂层

玻璃表面镀上一层金属薄膜,广泛用于加工制造热反射玻璃、护目玻璃、膜层导电玻璃、保温瓶胆、玻璃器具皿和装饰品等。

玻璃表面镀金属薄膜的方法,有化学法和真空沉积法。前者可分为还原法、水解法(又称液相沉积法)等,后者又分为真空蒸发镀膜法、阴极溅射法、真空电子枪蒸镀法。

化学法常应用在玻璃表面镀银。镀金则较为困难,而镀铜则更为不易。用某些有机物(例如葡萄糖)的还原反应,从银络合物的氨溶液中沉淀出金属银,并使银均匀分布在玻璃表面。化学镀银的特点是设备比较简单,缺点是银层比较厚,在1000~2000A。原料消耗量较大,均匀性也不如真空沉积法好,且易造成环境污染。

真空沉积法近些年来发展较快,走向装置大型化、工艺连续化、控制半自动化或自动化,可在大面积上均匀沉积成膜。真空蒸发镀膜法的基本原理是在低于136.8×10^{-8}Pa的真空条件下,将被蒸发的金属加热到蒸发温度,使之挥发沉积在玻璃表面,形成所需要的膜层。蒸发沉积的全部过程是由真空蒸发镀膜设备来完成的。真空电子枪蒸镀是将蒸镀材料盛放在导电的坩埚内,在高真空状态下用电子束轰击加热使之蒸发的方法,电子束由电子枪产生和控制。真空电阻加热蒸镀法是采用高熔点金属(如钨、钼、钽等)做成螺旋状或舟状的蒸发源、或者将石墨做成坩埚,通以大电流而产生高温来蒸发高熔点金属使其沉积在玻璃表面形成膜层。现已用真空沉积法来大量生产热反射玻璃等制品。

阴极溅射镀膜法是在低真空中(一般为$10^{-1}\sim10^{-2}$Pa),阴极在核能粒子(通常为气体正离子,通过气体放电产生)的轰击下,阴极表面的原子从中逸出的现象称为阴极溅射。逸出的原子一部分受到气体分子的碰撞而回到阴极,另一部分则凝结于阴极附近的基板上而形成薄膜。

4. 表面着色处理

玻璃表面着色就是在高温下用着色离子的金属、熔盐、盐类的糊膏涂覆在玻璃表面上,使着色离子与玻璃中的离子进行交换,扩散到玻璃表层中使其表面着色。有些金属离子带需要还原为原子,原子集聚成胶体而使玻璃着色。

应用电浮法可以连续生产表面着色玻璃。我国洛阳玻璃厂、上海耀华皮尔金顿玻璃有限公司等企业已成功地用现代电浮法生产技术生产出高质量的着色玻璃。

第二节　普通平板玻璃

普通平板玻璃是平板玻璃中生产量最大,使用量最多的一种,也是深加工成各种技术玻璃的基础材料。普通平板玻璃属钠玻璃类,主要用于装配建筑门窗,起透光(透光率85%~95%)、挡风雨、保温、隔声等作用,具有一定的机械强度,但性脆、紫外线通过率低。

一、平板玻璃的生产工艺

普通平板玻璃的制造方法有多种,过去常用的有垂直引上法、水平引拉法、对辊法等,但现在国内外普遍流行浮法生产玻璃。

1. 垂直引上法

垂直引上法是传统的生产方法,它又分有槽引上法和无槽引上法两种。

有槽引上法又称弗克法,是一个带槽口的耐火砖(也称槽子砖)安装在玻璃溶液面上,玻璃液从熔窑中引出,经过这个槽子砖垂直向上引拉,拉制成一连续的玻璃平带,再通过引上冷却变硬而成平板玻璃。此方法的主要缺点是容易产生波筋。

无槽引上法又称匹兹堡法。它与有槽引上法不同之处,是以浸没在玻璃溶液中的耐火"引砖"代替原来的槽子砖。引砖一般设置在玻璃溶液表面下70~150mm处,其作用是使冷却器能集中冷却在引砖之上流向板根(即玻璃原板的起始线)的玻璃液层,使之迅速达到玻璃带的成型温度。此方法较有槽引上法工艺简单,质量有较大改进,但玻璃厚薄不易控制。

2. 水平引拉法

水平引拉法是在平板玻璃引上约1m处,将原板通过转向轴改为水平方向引拉,再经退火冷却而成的玻璃平板,有柯尔本法(平拉法)和格拉威伯尔法(G法平拉)。水平引拉法不需高大厂房便可进行大面积玻璃的切割。但缺点是玻璃厚薄难以控制,板面易产生麻点、落灰等现象。

3. 浮法玻璃

浮法玻璃系采用海砂、硅砂、石英砂岩粉、纯碱、白云石等原料,在玻璃熔窑中经过1500~1570℃高温熔化后,将溶液引成板状进入锡槽,再经过纯锡液面上延伸进入退火窑,逐渐降温退火、切割而成。其特点是玻璃表面平整光洁、厚薄均匀、极小的光学畸变,具有机械磨光玻璃的质量。熔窑的燃料可以是煤气、重油或天然气,而目前世界上最先进的生产方法是全部用电加热使玻璃原料熔化来生产浮法玻璃,此种方法称为全电熔法。

浮法玻璃是英国人B·皮尔金顿和K·凯尔斯塔夫于1940年在实验室里最早探索的一种新工艺,1952年进入中间试验,1959年研究成功,并取得了专利权。1962年即建成了400t级的浮法生产线。

我国自行开发和设计的浮法生产线,1978年在河南洛阳玻璃厂投产并获得成功,1981年正式通过国家级技术鉴定,获得国家发明创造金质奖。目前是我国浮法生产线最多,浮法玻璃生产能力最大的企业。该企业浮法三线改扩建工程曾在1990年荣获全国优秀工程设计金质奖。

二、平板玻璃的分类、规格与等级

1. 分类与规格

按玻璃的厚度可以分为以下几类:

引拉法玻璃:按厚度分为2、3、4、5mm四类;

浮法玻璃:按厚度分为2、3、4、5、6、8、10、12、15、19mm十类。

普通平板玻璃的厚度允许偏差见表4-4。

普通平板玻璃厚度允许偏差(mm)　　表4-4

引拉法玻璃		浮法玻璃		浮法玻璃	
厚度(mm)	允许偏差	厚度(mm)	允许偏差	厚度(mm)	允许偏差
2	±0.20	2,3,4,5,6	±0.20	19	±0.35
3	±0.20	8,10	±0.30		
4	±0.20	12	±0.40		
5	±0.25	15	±0.60		

浮法玻璃应为正方形或长方形。其长度和宽度尺寸允许偏差应符合表4-5规定。

尺寸允许偏差(mm)　　表4-5

厚度(mm)	尺寸允许偏差		厚度(mm)	尺寸允许偏差	
	尺寸小于3000	尺寸3000~5000		尺寸小于3000	尺寸3000~5000
2,3,4	±2	—	12,15	±3	±4
5,6		±3			
8,10	+2,-3	+3,-4	19	±5	±5

2. 等级及技术质量要求

按国家标准《普通平板玻璃》(GB 4871—1995)和《浮法玻璃》(GB 11614—1999)

规定，引拉法生产的普通平板玻璃和浮法生产的平板玻璃均分为优等品、一等品和合格品。其质量要求分别见表4-6和表4-7。

普通平板玻璃的等级　　　　**表4-6**

缺陷种类	说　明	优等品	一等品	合格品
波筋（包括波纹辊子花）	不产生变形的最大入射角	60°	45° 50mm边部，30°	30° 100mm边部，0°
气泡	长度1mm以下的	集中的不许有	集中的不许有	不限
	长度大于1mm的每平方米允许个数	≤6mm，6	≤8mm，8 >8～10mm，2	≤10mm，12 >10～20mm，2 >20～25mm，1
划伤	宽≤0.1mm 每平方米允许条数	长≤50mm 3	长≤100mm 5	不限
	宽>0.1mm 每平方米允许条数	不许有	宽≤0.4mm 长>100mm 1	宽≤0.8mm 长>100mm 3
砂粒	非破坏性的，直径0.5～2mm，每平方米允许个数	不许有	3	8
疙瘩	非破坏性的疙瘩波及范围直径不大于3mm，每平方米允许个数	不许有	1	3
线道	正面可以看到的每片玻璃允许条数	不许有	30mm边部，宽≤0.5mm，1	宽≤0.52mm 2
麻点	表面呈现的集中麻点	不许有	不许有	每平方米不超过3处
	稀疏的麻点，每平方米允许个数	10	15	30

建筑浮法玻璃外观质量　　　　**表4-7**

缺陷种类	质　量　要　求			
气　泡	长度及个数允许范围			
	长度，L 0.5mm≤L≤1.5mm	长度，L 1.5mm≤L≤3.0mm	长度，L 3.0mm≤L≤5.0mm	长度，L L>5.0mm
	5.5×S，个	1.1×S，个	0.44×S，个	0，个
夹杂物	长度及个数允许范围			
	长度，L 0.5mm≤L≤1.0mm	长度，L 1.0mm≤L≤2.0mm	长度，L 2.0mm≤L≤3.0mm	长度，L L≤3.0mm
	2.2×S，个	0.44×S，个	0.22×S，个	0，个
点状缺陷密集度	长度大于1.5mm的气泡和长度大于1.0mm的夹杂物：气泡与气泡、夹杂物与夹杂物或气泡与夹杂物的间距应大于300mm			
线　道	按标准规定的方法检验，肉眼不应看见			
划　伤	长度和宽度允许范围及条数			
	宽0.5mm，长60mm，3×S，条			
光学变形	入射角：2mm40°；3mm45°；4mm以上45°			
表面裂纹	按标准规定的方法检验，肉眼不应看见			
断面缺陷	爆边、凹凸、缺角等不应超过玻璃板的厚度			

注：S为以平方米为单位的玻璃板面积，保留小数点后两位。气泡、夹杂物的个数及划伤条数允许范围为各系数与S相乘所得的数值，应按GB/T 8170修约至整数。

第三节　各种新型装饰玻璃

随着科学技术的发展和建筑业的进步，玻璃已由单一的采光功能向着装饰等多功能方向发展，如控制光线、调节热量、减少噪声、节约能源、防震、防火、防辐射、降低建筑物自重、改善建筑物室内环境以及增加建筑物美观等。

一、钢化玻璃

(一)玻璃钢化处理的方法和原理

钢化玻璃又称强化玻璃，具有良好的机械性能和耐热抗震性能。

钢化玻璃是普通平板玻璃通过物理钢化(淬火)和化学钢化方法来达到提高玻璃强度的目的。物理钢化又称淬火钢化，是将普通平板玻璃在加热炉中加热到接近软化点温度(650℃左右)使之通过本身的形变来消除内部应力。然后移出加热炉，立即用多头喷嘴向玻璃两面喷吹冷空气，使其快速均匀地冷却，当冷却至室温时，就形成了高强度的钢化玻璃。由于在冷却过程中玻璃的两个表面首先冷却硬化，待内部逐渐冷却并伴随着体积收缩时，外表已硬化，势必阻止内部的收缩，使玻璃处于内部受拉，外表受压的应力状态。当玻璃受弯曲应力作用时，玻璃板表面将处于较小的拉应力和较大的压应力状态，因为玻璃的抗压强度较高，故不易造成破坏。当玻璃内部处于较大的拉应力状态，因其内部无缺陷存在，故也不易破坏。图 4-1 为钢化玻璃应力状态。

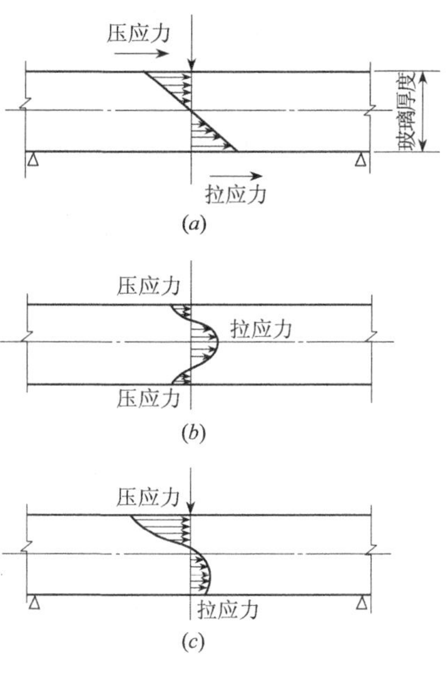

图 4-1　钢化玻璃的应力状态

(a)普通玻璃受弯作用时的截面应力分布；

(b)钢化玻璃截面上的内力分布；

(c)钢化玻璃受弯作用时的截面应力分布

化学钢化玻璃是应用离子交换法进行钢化，其方法是将含碱金属钠离子(Na^+)或钾离子(K^+)的硅酸盐玻璃，浸入熔融状态的锂(Ni^+)盐中，使钠或钾离子在表面层发生离子交换而形成锂离子的交换层。由于锂离子膨胀系数小于钠、钾离子，从而在冷却过程中造成外层收缩较小，而内层收缩较大。当冷却到室温后，玻璃便处于内层受拉应力而外层受压应力的状态，其效果类似于物理钢化的结果。从而提高玻璃的强度。

钢化玻璃的机械强度比经过良好的退火玻璃高 3 ~5 倍，且破碎时没有尖锐棱角碎片，不易伤人，从而使得钢化玻璃在汽车制造业、建筑业及其他工业得到广泛的使用。钢化玻璃由于机械强度高而被用来作高层建筑的门窗、幕墙、隔墙、屏蔽及商店橱窗、军舰与轮船舷窗、球场后档、架子隔板、桌面玻璃等。此外，由于钢化玻璃具有耐热冲击性(最大安全工作温度为 287. 78℃)和耐热梯度(能经受 204. 44℃的温差)，故可用来制造工业窑炉的观察窗、辐射式气体加热器、自动洗涤器、干燥器及弧光灯等。近年来市场上不断出现钢化玻璃自爆问题，正规厂家生产的钢化玻璃，自爆概率为千分之一至千分之三。自爆原因主要是在钢化玻璃加工过程中的缺陷，如内部应力过大或内部存在硫化镍杂质。当然，也与非正规企业生产的低劣产品有关。

钢化玻璃分平型钢化玻璃和弯型钢化玻璃两大类。前者主要用作建筑物的门窗、幕墙、隔断等，后者主要用于汽车车窗。

钢化玻璃有普通钢化玻璃、钢化吸热玻璃、钢化磨光玻璃等品种。国外钢化玻璃正向大尺寸方向发展。美国钢化玻璃的最大规格尺寸为 3500mm ×2400mm，日本 5 ~19mm 厚的平型钢化玻璃最大尺寸为 2100mm ×800mm，有的国家已生产有 2500mm ×3500mm 以上的钢化玻璃，用于玻璃橱窗、玻璃门或有抗震、耐温度骤变要求的采光工程。

（二）钢化玻璃的技术要求

1. 钢化玻璃按形状分类

钢化玻璃按形状分为平面钢化玻璃和曲面钢化玻璃，按应用范围分类，分为建筑用钢化玻璃和建筑以外用钢化玻璃。根据玻璃原片的种类不同，钢化加工后所得钢化玻璃产品厚度也不一致。用普通平板玻璃加工的钢化玻璃，平面型的有 4mm、5mm、6mm 三种厚度，曲面形的有 5mm、6mm 两种厚度；用浮法玻璃加工的钢化玻璃平面型的厚度有 4mm、5mm、6mm、8mm、10mm、12mm、15mm 和 19mm，曲面形的厚度有 5mm、6mm 和 8mm。

2. 钢化玻璃的技术要求

（1）长度、宽度由供需双方商定

平面钢化玻璃的边长允许偏差见表 4-8。

平面钢化玻璃边长允许偏差（mm）　　表 4-8

<table>
<tr><th>边条 L
厚　度</th><th>L≤1000mm</th><th>1000mm≤L≤2000mm</th><th>2000mm≤L≤3000mm</th></tr>
<tr><td>4</td><td>+1</td><td rowspan="4">±3</td><td rowspan="5">±4</td></tr>
<tr><td>5
6</td><td>−2</td></tr>
<tr><td>8</td><td>+2</td></tr>
<tr><td>10
12</td><td>−3</td></tr>
<tr><td>15</td><td>±4</td><td>±4</td></tr>
<tr><td>19</td><td>±5</td><td>±5</td><td>±6</td></tr>
</table>

平面钢化玻璃的弯曲度，弓形时不得超过 0.5%；波形时不超过 0.3%；边长大于 1.5m 的钢化玻璃的弯曲度由供需双方协商。曲面钢化玻璃的形状和边长允许偏差、吻合度由供需双方商定。厚度允许偏差，应符合 GB/T 9963—1998 的规定。

（2）外观质量

钢化玻璃的外观质量必须符合表 4-9 的规定。

钢化玻璃的外观质量　　表 4-9

<table>
<tr><th rowspan="2">缺陷名称</th><th rowspan="2">说　　明</th><th colspan="2">允许缺陷数</th></tr>
<tr><th>优等品</th><th>合格品</th></tr>
<tr><td>爆　边</td><td>每片玻璃每米边上允许有长度不超过10mm，自玻璃边部向玻璃板表面延伸深度不超过2mm，自板面向玻璃厚度延伸深度不超过厚度三分之一的爆边</td><td>不允许</td><td>1 个</td></tr>
<tr><td rowspan="2">划　伤</td><td>宽度在 0.1mm 以下的轻微划伤，每平方米面积内允许存在条数</td><td>长≤50mm
4</td><td>长≤100mm
4</td></tr>
<tr><td>宽度大于 0.1mm 的划伤，每平方米面积内允许存在条数</td><td>宽 0.1～0.5mm
长≤50mm
1</td><td>宽 0.1～1mm
长≤100mm
4</td></tr>
<tr><td>缺　角</td><td>玻璃的四角残缺以等分角线计算，长度在5mm 范围之内</td><td>不允许有</td><td>1 个</td></tr>
<tr><td>夹钳印</td><td>夹钳印中心与玻璃边缘的距离</td><td colspan="2">玻璃厚度宽≤9.5mm 时，≤13mm
玻璃厚度宽>9.5mm 时，≤19mm</td></tr>
<tr><td>结石、裂纹、缺角</td><td colspan="3">均不允许存在</td></tr>
<tr><td>波筋（光学变形）气泡</td><td colspan="3">优等品不得低于 GB 11614 一等品的规定
合格品不得低于 GB 4871 一等品的规定</td></tr>
</table>

（3）抗冲击性

抗冲击性由抗冲击性试验得出。使用与制品在同一工艺条件下生产的 610mm × 610mm 正方形平面钢化玻璃，支承在一特制的钢框上，曲面钢化玻璃必须使用相应的辅助框架支承。用直径为63.5mm(质量为1040g)表面光滑的钢球放在距离试样表面1000mm的高度自由落下,冲击点应在距试样中心25mm的圆内,对每块试样的冲击试验仅限一次,以观察其是否破坏。试验在常温下进行。取6块试样按上述方法进行,试样破坏数不超过1块为合格;多于或等于3块为不合格;破坏数为2块时,再另取6块进行试验,但6块必须全部不被破坏时方为合格。

(4)碎片状态

取4块钢化玻璃进行试验,每块试样在50mm×50mm区域内的碎片数必须超过40个。且允许有少量长条形的碎片,其长度不超过75mm,其端部不是刀刃状,延伸至玻璃边缘的长条形碎片与边缘形成的角不大于45°。

(5)霰弹袋冲击性能

取4块平面钢化玻璃试样进行试验,必须符合下列a、b中任意一条的规定。

1)玻璃破碎时,每块试样的最大10块碎片质量的总和不得超过相当于试样$65cm^2$面积的质量。

2)霰弹袋下落高度为1200mm时,试样不破坏。

(6)透射比

透射比由供需双方商定。

(7)抗风压性能

钢化玻璃的抗风压性能,由供需双方商定。

3. 钢化玻璃的常用品种及生产厂家

钢化玻璃的常用品种及生产厂家见表4-10、表4-11。

钢化玻璃的规格、技术性能及生产厂家　　　表4-10

规　格	技术性能		生产厂家
	项　目	指　标	
(400～900)×(500～1200)厚度2; (400～900)×(500～1200)厚度2、4、5	抗冲击性	2mm厚者,0.5kg钢球自1.2m高处自由落下冲击玻璃一次不破碎; 3mm厚者,0.5kg钢球自1.5m高处自由落下冲击玻璃一次不破碎; 5mm厚者,0.5kg钢球自1.7m高处自由落下冲击玻璃一次不破碎	沈阳玻璃厂
	抗弯强度	为同厚度普通玻璃的3倍	
	热稳定性	50mm×200mm试样置于151℃油中15min后取出,随即投入15℃水中,玻璃不炸裂	
	透明度	2mm厚者不小于87%;3mm厚者不小于85%;5mm厚者不小于82%	
	弯曲度	不大于5%	
	化学性能	具有一定的耐酸、耐碱性	
1200mm×600mm 1300mm×800mm	抗冲击性	5mm厚者,0.5kg钢球自1.3m高处自由落下冲击玻璃一次不破碎 6mm厚者,0.5kg钢球自1.9m高处自由落下,冲击玻璃一次不破碎	中国耀华玻璃工业公司技术玻璃厂
	抗弯强度	5、6mm厚者,为125MPa	
	耐温急变	将5、6mm厚的钢化玻璃试样置于-40℃冷冻箱内2h,取出后用熔化金属铅浇注在玻璃表面,不碎裂。将6mm厚试样置于200℃马弗炉内,取出后投入30℃水中,不破裂	

钢化玻璃产品及生产厂家　　表 4-11

产品规格(mm)		协商生产规格(mm)		生产厂家	产品规格(mm)		协商生产规格(mm)		生产厂家
长度	宽度	长度	宽度		长度	宽度	长度	宽度	
1250	750	1300	800	上海耀华皮尔金顿有限公司	1250	750	1400	800	沈阳市钢化玻璃厂
1000	600	1200	600	湖南株洲玻璃厂	1200	600	1300	800	中国耀华玻璃工业公司技术玻璃厂
1200	800	1300	1000	洛阳玻璃(集团)公司	1250	750	1300	800	秦皇岛钢化玻璃厂
		3600	2440	天津玻璃厂			1300	800	太原平板玻璃厂
		1100	650	厦门新华玻璃厂			1300	800	昆明平板玻璃厂
1200	800	1500	900	沈阳玻璃厂			1300	800	蚌埠平板玻璃厂

二、镜面玻璃

镜面玻璃又称磨光玻璃，是用普通平板玻璃经过机械磨光、抛光而成的透明玻璃。磨光玻璃分单面磨光和双面磨光两种。对玻璃表面进行磨光的目的，是为了消除由于表面不平而引起的筋缕或波纹缺陷，从而使透过玻璃的物象不变形。一般而言，玻璃表面要磨去 0.5～1.0mm 才能消除表面的不平整，因此磨光玻璃只能由较厚的玻璃进行加工。磨光后的镜面玻璃表面平整光滑，物像透过不变形，透光率大于 84%，主要用于高级建筑门窗、橱窗或制镜。

三、釉面玻璃

釉面玻璃是一种饰面玻璃。它是在玻璃表面涂敷一层彩色易熔性色釉，在熔炉中加热至釉料熔融，使釉层与玻璃牢固结合，再经退火或钢化等不同热处理而制成的产品。玻璃原片可采用普通平板玻璃、磨光玻璃、玻璃砖等。目前生产的釉面玻璃最大规格为 3200mm×1200mm，厚度为 5～15mm。

这种彩色饰面或涂层也可以用有机高分子涂料制得。据日本专利介绍，以三聚氰胺或丙烯酸酯为主剂，加入 1%～30% 的无机或有机颜料，在普通平板玻璃表面喷涂并在 100～200℃高温时烘烤 10～20 分钟，可以制得彩色饰面玻璃板。此种饰面层为两层结构：底层为透明着色涂料（为了在表面形成漫射，使用了很细的碎贝壳或铝箔粉）；面层为不透明着色涂料。喷涂压力为 0.2～0.4MPa。

釉面玻璃具有良好的化学稳定性和装饰性，可用于食品工业、化学工业、商业、公共食堂等的室内装饰，也可用作教学、行政和交通的主要房间、门厅和楼梯的饰面层，用于建筑物外立面效果则更好，表 4-12 为釉面玻璃的规格、型号与性能指标。

釉面玻璃规格、型号、性能指标与生产厂家　　表 4-12

规格(mm)	型号	技术性能指标			生产厂家
		项目	退火釉面玻璃	钢化釉面玻璃	
长度：150～1000	普通型	容重(kg/m^3)	2500	2500	中国耀华玻璃公司工业技术玻璃厂（原秦皇岛工业技术玻璃厂）
		抗弯强度(MPa)	45.0	250.0	
宽度：150～800	异型	抗拉强度(MPa)	45.0	230.0	
		线膨胀系数(1/℃)	$(8.4\sim9.0)\times10^{-6}$	$(8.4\sim9.0)\times10^{-6}$	
厚度：5～6	特异型	色泽	红、绿、黄、黑灰等多种	红、绿、黄、黑灰等多种	

四、夹层玻璃

夹层玻璃系二片或多片平板玻璃之间嵌夹透明塑料薄片，经加热、加压、粘合而成的平面或曲面的复合玻璃制品，属于安全玻璃类。

生产夹层玻璃的原片可采用普通平板玻璃、钢化玻璃、浮法玻璃、彩色玻璃、吸热玻璃或热反射玻璃等。常用的生产方法有直接合片法和预聚法两种。直接合片法采用的夹层材料一般为聚乙烯醇缩丁醛（PVB），预聚法一般采用丙烯酸酯聚合物作为夹层材料。

（一）夹层玻璃的品种与性能

1. 减薄夹层玻璃

减薄夹层玻璃是采用厚度为 1 ~ 2mm 的薄玻璃和弹性胶片制成的。该产品重量轻，具有较高的机械强度、挠曲性及破坏时的安全性和能见度。

2. 遮阳夹层玻璃

遮阳夹层玻璃是在热反射或吸热玻璃之间夹入有色条带的膜片后制成。这种夹层玻璃可吸收一部分太阳光的辐射，减少日照量和眩光等，提高安全性与舒适性。

3. 电热夹层玻璃

电热夹层玻璃分三种类型：玻璃表面镀有透明导电薄膜；将带有硅酸盐银膏带条排列在玻璃表面，并通过加热粘结而成的线状电热丝；带有很细的压在夹层玻璃之间的金属丝电热元件。这种玻璃通电后可保持表面干燥，适用于寒冷地带交通运输车辆、有巨大采光口的建筑物、商店、橱窗、货摊、瞭望所等。

4. 防弹夹层玻璃

防弹夹层玻璃是由多层夹层组成，主要用于特种车辆、银行及具有强爆震动、浪涌冲击的地方。

5. 玻璃纤维增强玻璃

玻璃纤维增强玻璃是在两层平板玻璃之间夹一层玻璃纤维而成。玻璃板的周边用密封剂和抗水性好的弹性带镶边。这种玻璃可以提供散射光照，可减少太阳辐射，为非透视材料。它还可用于装镶窗户、天窗、公共建筑的隔断墙等。

6. 报警夹层玻璃

报警夹层玻璃是在两片玻璃的中间胶片上接上一个警报驱动装置，一旦玻璃破碎时报警装置就会发出警报。主要用于珠宝店、银行、计算机中心和其他有特别要求的建筑物。

7. 防紫外线夹层玻璃

防紫外线夹层玻璃由一块或多块着色玻璃及一层或多层特殊成分的中间层组成。这种玻璃可以大大减少紫外线的穿透，避免建筑室内的家具、展览品、书籍等褪色。

8. 隔声玻璃

隔声玻璃是在两片玻璃间加入能承受大负荷的薄胶片，用它把玻璃粘合起来，成为具有良好隔声效果的复合单元，其总厚度约为 20mm，隔声值可在 38dB，如再结合充气，效果更加理想，一般可达到 5 级甚至 6 级隔声。

9. 夹绢夹丝工艺玻璃

夹绢夹丝工艺玻璃是把两片或多片玻璃用有机胶片粘结在一起，将带有图案、色彩和花纹的绢布或绢丝夹在两层或多层玻璃之间，具有很强的层次感和立体感，装饰效果好。

（二）夹层玻璃的质量标准（GB 9962—1999）

1. 分类及标记

夹层玻璃按形状、抗冲击性和抗穿透性分类。按形状可分为平面和曲面夹层玻璃；按抗冲击性及抗穿透性分类及标记见表4-13。

夹层玻璃的分类及标记　　　　**表4-13**

分　类	标　记	特　　　性	分　类	标　记	特　　　性
Ⅰ	$L_{\text{Ⅰ}}$	平面、曲面夹层玻璃必须符合抗冲击性规定	Ⅲ	$L_{\text{Ⅲ}}$	用2块玻璃组成，其总厚度不超过16mm的平面夹层玻璃，应符合抗冲击性及抗穿透性规定

2. 尺寸及允许偏差

平面夹层玻璃的长度及宽度允许偏差见表4-14。

尺寸及允许偏差（mm）　　　　**表4-14**

玻璃原片的总厚度δ（mm）	长度或宽度（mm）		玻璃原片的总厚度δ（mm）	长度或宽度（mm）	
	$L \leq 1200$	$1200 < L \leq 400$		$L \leq 1200$	$1200 < L \leq 400$
$5 \leq \delta < 7$	±2 −1	—	$11 \leq \delta < 17$	+3 −2	+4 −2
$7 \leq \delta < 11$	+2 −1	+3 −1	$17 \leq \delta < 24$	+4 −3	+5 −3

一边长度超过2400mm的夹层玻璃、多层夹层玻璃（由3块以上的玻璃原片组成）、玻璃原片总厚度超过24mm的夹层玻璃及使用钢化玻璃原片制成的夹层玻璃等，其尺寸允许偏差由供需双方商定。

平面夹层玻璃厚度允许偏差是玻璃原片厚度允许偏差之和。但是对于多层夹层玻璃，当玻璃原片总厚度超过24mm及使用钢化玻璃作原片时，其厚度允许偏差由供需双方商定。

曲面夹层玻璃的长度、宽度及厚度允许偏差和弯曲误差由供需双方商定。

3. 技术要求及指标

（1）外观质量

外观质量按规定，在良好的自然光及散射光照条件下，在距试样正面约600mm处进行目测检查，必须符合表4-15的规定。

外观质量要求　　　　**表4-15**

缺陷名称	优　　等　　品	合　　格　　品
胶合层气泡	不允许存在	直径在300mm圆内允许长度为1～2mm的胶合层气泡2个
胶合层杂质	直径在500mm圆内允许长2mm以下的胶合层杂质2个	直径500mm圆内允许长3mm以下的胶合层杂质4个
裂　　痕	不允许存在	
爆　　边	每平方米玻璃允许有长度不超过20mm，自玻璃边部向玻璃表面延伸深度不超过4mm，自板面向玻璃厚度延伸深度不超过厚度一半的爆边	
	4个	6个
叠边磨伤脱胶	不得影响使用，可由供需双方商定	

（2）材料

夹层玻璃可使用符合GB 4871一等品的普通平板玻璃、GB 11614一等品的浮法玻璃、磨光玻璃板、夹丝抛光玻璃板、平面钢化玻璃板、吸热浮法及磨光玻璃板。但是Ⅲ类夹层玻璃不使用夹丝玻璃板及钢化玻璃板。

中间材料无特殊规定。

弯曲度、耐辐射性能、耐热性能等试验参照 GB 5137 执行。

夹层玻璃常用品种及生产厂家见表4-16。

夹层玻璃常用品种及生产厂家 **表4-16**

生产厂家	夹层分类	规格尺寸范围(mm)			型号	生产工艺	生产厂家	夹层分类	规格尺寸范围(mm)			型号	生产工艺
		厚度	长度	宽度					厚度	长度	宽度		
上海耀华玻璃公司	平夹层弯夹层	3+3 5+5	1800	850	普通型 异 型 特异型	胶片法	中国耀华玻璃公司工业技术玻璃厂	平夹层	3+3 2+3	1200	800	普通型 异 型 特异型	胶片法 聚合法
洛阳玻璃厂	平夹层弯夹层	各种厚度	2000	1500	普通型 异 型 特异型	胶片法	原国营一五七厂	平夹层弯夹层	各种厚度	2000	900	普通型 异 型 特异型	胶片法 聚合法

五、压花玻璃

压花玻璃又称滚花玻璃，是在玻璃硬化前经过刻有花纹的滚筒，在玻璃单面或两面压上深浅不一的各种花纹图案。由于压花产生的凹凸不平，使光线照射玻璃时产生漫射而失去透视性，降低透光率，故它透光不透形，可同时起到窗帘的作用。压花玻璃表面花纹图案变化多端，如湖南株洲玻璃厂生产的“凤尾”花型、“银河”花型、“夜空”花型、“六棱”花型等。

压花玻璃因兼具使用和装饰功能，广泛用于宾馆、大厦、办公楼、医院等现代建筑装饰中。

压花玻璃的规格及技术性能见表4-17，外观质量要求见表4-18。

压花玻璃规格及技术性能 **表4-17**

规格(mm)	技术性能	生产厂家
800×600×3 900×600×3 1200×650×5 1200×900×5 1800×900×5 1100×900 900×900 1650×900 900×800	1. 允许偏差：长度允许偏差±5mm，厚度允许偏差±0.4mm 2. 透光率：60%～70% 3. 弯曲率：≤0.3% 4. 抗拉强度：60MPa 5. 抗压强度：700MPa 6. 弯曲强度：40MPa	株洲玻璃厂、秦皇岛耀华玻璃厂、云南楚雄玻璃厂、安徽铜陵玻璃厂、广东中山市石岐玻璃厂、四川省玻璃厂等，其他规格可由供需双方商定

压花玻璃外观质量要求 **表4-18**

缺陷种类	说明	优等品	一等品	合格品
线道	因设备造成板面上的横向线道	不允许		
	纵向线道允许条数	50mm 边部 1	50mm 边部 2	3
热圈	局部高温造成板面凸起	不允许		
皱纹	板面纵横分布不规则波纹状缺陷，每平方米允许条数	长<100mm 1	长<100mm 2	—

续表

缺陷种类	说　　明	优等品	一等品	合格品
气　泡	长度≥2mm 的，每平方米面积上允许个数	≤10mm 5	≤20mm 10	≤20mm 10 20～30mm 5
夹杂物	压辊氧化脱落造成的 0.5～2mm 黑色点状缺陷，每平方米面积上允许个数	不允许	5	10
	0.5～2mm 的结石、砂粒，每平方米面积上允许个数	2	5	10
伤　痕	压辊受损造成的板面缺陷，直径 5～20mm，每平方米面积上允许个数	2	4	6
	宽 0.2～1mm，长 5～100mm 的划伤，每平方米面积上允许条数	2	4	6
图案缺陷	图案偏斜，每米长度允许最大距离（mm）	8	12	15
	花纹变形度 P	4	6	10
裂　纹		不　允　许		
压　口		不　允　许		

六、毛玻璃

毛玻璃是指经研磨、喷砂或氢氟酸溶蚀等加工，使玻璃表面（单面或双面）成为均匀粗糙的平板玻璃。用硅砂、金刚砂、石榴石粉等作研磨材料，加水研磨而成的称为磨砂玻璃；用压缩空气将细砂喷射到玻璃表面而制成的，称喷砂玻璃；用酸溶蚀的称酸蚀玻璃。

由于毛玻璃表面粗糙，使透过光线不易产生漫射（如图 4-2），造成透光不透视，使室内光线不眩目、不刺眼。一般用于建筑物的卫生间、浴室、办公室等的门窗或隔断。也可在玻璃表面磨制或溶蚀成各种图案，增强玻璃的装饰性，如图 4-3（文前彩图）。

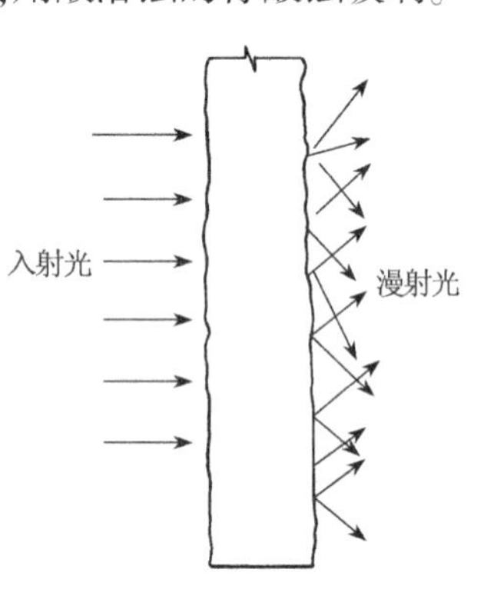

图 4-2　毛玻璃对光的漫射

七、彩色玻璃

彩色玻璃又称为有色玻璃或饰面玻璃。彩色玻璃分透明的和不透明的两种。透明的彩色玻璃是在玻璃原料中加入一定量的金属氧化物，按平板玻璃的生产工艺进行加工生产而成；不透明的彩色玻璃是用 4～6mm 厚的平板玻璃按照要求的尺寸切割成型。然后经过清洗、喷釉、烘烤、退火而成。

彩色玻璃的颜色有红、黄、蓝、黑、绿、乳白等十余种。

不透明的彩色玻璃又称为饰面玻璃。经过退火处理的饰面玻璃可以切割，经钢化处理的饰面玻璃不能切割。

彩色玻璃的彩面也可用有机高分子涂料制得。

彩色玻璃可拼成各种图案花纹，并有耐蚀、耐冲洗等特点，适用于建筑物内外墙和门窗等处装饰。

八、彩绘装饰玻璃

彩绘装饰玻璃又称彩印装饰玻璃，是通过特殊的工艺过程，将绘画、摄影、装饰图案等直接绘制（印制）在玻璃上，彩色逼真，图案花纹有传统的花、鸟、虫、鱼类，也有现代派风格类，既可单块玻璃呈完整图案，也可多块镶拼成完整图案。彩绘玻璃应用十分广泛，尤其用于现代室内的顶棚、隔断墙、屏风、落地门窗、玻璃走廊、楼梯等处装饰。与T型龙骨配合安装使用。在灯光的照射下，花纹图案绚丽多姿，美不胜收。图4-4(文前彩图)为各种图案的彩绘玻璃。

九、激光玻璃

激光玻璃是以普通平板玻璃为基材深加工而得到的一种新型装饰玻璃。经过特殊的工艺处理，玻璃背面出现全息或其他光栅，在太阳光、月光、灯光等光源照射下形成物理衍射分光，经金属材料反射后会出现艳丽的七色光，且同一感光点或感光面，因光源的入射角不同而出现不同的色彩变化，使被装饰物显得华贵高雅、梦幻迷人。

激光玻璃的颜色有银白色、蓝色、灰色、紫色、红色等多种。有单层和夹层结构之分，如半透半反单层(5mm)、半透半反夹层(5+5mm)、钢化半透半反图案夹层地砖(8+5mm)等。激光玻璃适用于宾馆、酒店、各种商业、文化娱乐设施的装饰，如首都机场候机楼、北京五洲大酒店、上海百乐门酒店、浙江省人民银行大厅、广州娱乐大世界、深圳阳光大酒店、珠海步步高大酒店、南京华东饭店舞厅等大型公共建筑在装饰上都使用了激光玻璃，并取得了良好的装饰效果。

十、夹丝玻璃

夹丝玻璃也称防碎玻璃或钢丝玻璃。它是将普通平板玻璃加热到红热软化状态，再将经热处理后的铁丝网或铁丝压入玻璃中间而成，表面可以是磨光或压花的，颜色可以是透明或彩色的。与普通平板玻璃相比，夹丝玻璃具有耐冲击性和耐热性好，在外力作用和温度急剧变化时，破而不缺，裂而不散的优点，尤其是具有一定的防火性能，故也称为防火玻璃。夹丝玻璃常用于建筑物的天窗、顶棚顶盖以及易受震动的门窗部位。彩色夹丝玻璃因其具有良好的装饰功能，可用于阳台、楼梯、电梯间等处。夹丝玻璃厚度一般在3~19mm之间，规格标准尚无统一规定。

我国湖南株洲玻璃厂生产的夹丝玻璃长度为1200mm、宽度为600~1000mm、厚度为6mm。

苏联生产的彩色夹丝玻璃厚度为6mm，最大尺寸为1500mm×800mm；日本板硝子公司生产的夹丝玻璃厚度一般为6.8mm，夹丝间距一般为50mm，夹丝磨光玻璃原片厚度为7.8~11.6mm。

夹丝玻璃由于在玻璃中镶嵌了金属物，实际上破坏了玻璃的均一性，降低了玻璃的机械强度。以抗折强度为例，普通平板玻璃为85MPa，而夹丝玻璃仅为67MPa，因此使用时必须注意以下几点：

(1)由于钢丝网与玻璃的热学性能(如热膨胀系数、热传导系数)差别较大，应尽量避免将夹丝玻璃用于两面温差较大，局部冷热交替比较频繁的部位。如冬天室内采暖、室外结冰，夏天日晒雨淋等都容易因玻璃与钢丝网热性能的不同而产生应力，导致破坏。

(2)安装夹丝玻璃的窗框尺寸必须适宜，勿使玻璃受挤压。如用木窗框则应防止日久窗框变形，使玻璃受到不均匀力的作用，如用钢窗框则应防止由于窗框温度变化急剧而传递给玻璃。最好使玻璃不与窗框直接接触，用塑料或橡胶等填充物作缓冲材料。

(3)切割夹丝玻璃时，当玻璃已断，而丝网还互相连接时，需要反复上下弯曲多次才能掰断。此时应特别小心，防止两块玻璃互相在边缘处挤压，造成微小裂口或缺口，引起使用时的破坏。

夹丝玻璃的外观质量应符合表4-19规定。

夹丝玻璃外观质量　　　　**表 4-19**

项　　目	说　　明	优等品	一等品	合格品
气　　泡	直径 3 ~ 6mm 的圆气泡每平方米面积内允许个数	5	数量不限,但不允许密集	
	每平方米面积内允许长泡个数	长 6 ~ 8mm 2	长 6 ~ 10mm 10	长 6 ~ 10mm,10 长 6 ~ 20mm,4
花纹变形	花纹变形程度	不允许有明显的花纹变形		不规定
异　　物	破坏性的	不允许		
	直径 0.5 ~ 2.0mm 非破坏性的,每平方米面积内允许个数	3	5	10
裂　　纹		目测不能看出	不影响使用	
磨　　伤		轻微	不影响使用	
金 属 丝	金属丝夹入玻璃体内状态	应完全夹入玻璃内,不得露出表面		
	脱焊	不允许	距边部 30mm 内不限	距边部 100mm 内不限
	断线	不允许		
	接头	不允许	目测看不见	

十一、装饰玻璃砖

玻璃砖又称特厚玻璃,分空心和实心两种。实心玻璃砖是采用机械压制方法制成的。空心玻璃砖是采用箱式模具压制而成,由两块玻璃加热熔结成整体的玻璃空心砖,中间充以干燥空气,经退火,最后涂饰侧面而成。空心砖有单孔和双孔两种。按性能不同,根据内侧做成的各种花纹赋予它的特殊的采光性,分为使外来光扩散的玻璃空心砖和使外来光向一定方向折射的指向性玻璃空心砖。按形状分为正方形、矩形及其他各种异型产品。按规格分,一般为边长 115mm、145mm、240mm、300mm 等多种规格。按颜色分,有使玻璃本身着色的和在内侧面用透明着色材料涂饰的产品等。

装饰玻璃砖具有抗压强度高、耐急热急冷性能好、采光性好、耐磨、耐热、隔声、隔热、防火、耐水及耐酸碱腐蚀等多种优良性能,因而是一种理想的装饰材料,适用于宾馆、商店、饭店、体育馆、图书馆等建筑物的墙体、隔断、门厅、通道等处装饰。

装饰玻璃砖厚度为 20 ~ 160mm,短边长为 1200mm、800mm 及 600mm。最大规格有 1400mm × 1200mm × 160mm、3500mm × 2000mm × 45mm 等。

装饰玻璃砖的技术性能见表 4-20。

空心玻璃砖的技术性能　　　　**表 4-20**

性　　能	试 验 项 目	试　　样	试 验 结 果
材料特性	密　　度		2.5g/cm^3
	热膨胀率	5mm 圆棒	(85 ~ 89) × 10^{-7}/℃
	硬　　度		莫氏硬度为 6
	光谱透过率	4mm 厚磨光玻璃板	平均透光率 92%
	褪 色 性	50mm × 50mm × 10mm(两张叠合)	经阳光照射 4000h 无变化
	热冲击强度	5mm 圆棒	温差 116℃时破损
	透 光 率	145mm × 145mm × 95mm 劈开石花纹 190mm × 190mm × 95mm 劈开石花纹	28% 38%
	直接阳光率	190mm × 190mm × 95mm 劈开石花纹	1.44%
	间接阳光率	190mm × 190mm × 95mm 劈开石花纹	1.07%
	全阳光率	190mm × 190mm × 95mm 劈开石花纹	2.51%

续表

性能	试验项目		试样	试验结果
隔声性能	透过损失	单嵌板	145mm×145mm×95mm 145mm×145mm×50mm 190mm×190mm×95mm 145mm×300mm×60mm	约50dB 约43db 约46dB 约41dB
		双嵌板	145mm×145mm×95mm	
压缩强度	单体压缩强度		145mm×145mm×95mm 190mm×190mm×95mm	平均9.0MPa 平均7.0MPa
	接缝剪断强度 (脉动试验)		145mm×145mm×95mm,5块	平面压:263MPa 纵向压:142.4MPa
防火性能	单嵌板		115mm×115mm,115mm×240mm 145mm×145mm,145mm×300mm 190mm×190mm,240mm×240mm (厚度:60、80、95mm)	工种防火
	双嵌板		145mm×145mm×95mm	非承重墙,耐火1h
耐冷热性			145mm×145mm×95mm	45℃以上
绝热性	导热率		各种规格的空心玻璃砖	2.94W/m·K,室内温度20℃,相对湿度50%,室外-5℃,水蒸气量在6g/h·m³下结露
	表面结露		各种规格的空心玻璃砖	

十二、异形玻璃

异形玻璃是国外近十几年发展起来的一种新型建筑玻璃,它是用硅酸盐玻璃制成的大型长条构件。异形玻璃一般采用压延法、浇筑法和辊压法生产。异形玻璃的品种主要有槽形、波形、箱形、肋形、三角形、Z形和V形等品种。产品分无色和彩色的;配筋和不配筋的;表面带花纹和不带花纹的;夹丝的和不夹丝的。

异形玻璃透光、隔热、隔声性能好,安全,机械强度高。主要用于建筑物外部竖向非承重围护结构、内隔墙、透光屋面、阳台、月台、走廊等。

十三、泡沫玻璃

泡沫玻璃是以玻璃碎屑为基料加入少量发气剂(闭口孔用碳黑,开口孔用碳酸钙)按比例混合粉磨,磨好的粉料装入模内并送入发泡炉内发泡,然后脱模退火,制成一种多孔轻质玻璃制品,其孔隙率可达80%~90%。气孔多为封闭型,孔径一般为0.1~5mm,也有小到几个μm的。

泡沫玻璃表观密度低(120~500kg/m³),导热系数小[0.053~0.14W/(m·k)],吸声系数为0.3,抗压强度0.4~8MPa,使用温度240~420℃。产品不透气、不透水,抗冻,防火,可锯、钉、钻。可作为建筑物墙壁的吸声装饰材料,表面可制成各种颜色。

十四、吸热玻璃

吸热玻璃是能吸收大量红外线辐射能量而又保持良好可见光透过率的平板玻璃。

吸热玻璃已广泛用于现代化的建筑物,可直接用于避免太阳光辐射而增热的炎热地区需设置空调及避免眩光的建筑的门窗或外墙体及火车、汽车、轮船挡风玻璃等,起隔热、调节空气和防眩作用。

吸热玻璃对太阳光的透射和阻挡见示意图4-5。

吸热玻璃的生产是在普通钠—钙硅酸盐玻璃中加入着色氧化物,如氧化铁、氧化镍、氧化钴及硒等,使玻璃带色并具较高的吸热性能。也可在玻璃表面喷涂氧化锡、氧化锑、氧化钴等有色氧化物薄膜而制成。在平板玻璃原料中加入氧化物获得的着色吸热玻璃,称为本体着色玻璃,颜料一般有灰色、茶色、蓝色、绿色、古铜色、青铜色、粉红色、金色、棕色等。可直接在浮法玻璃生产线上加工而成。按组成可分为硅酸盐吸热玻璃、磷酸盐吸热玻璃、光致变色玻璃与镀膜玻璃等。

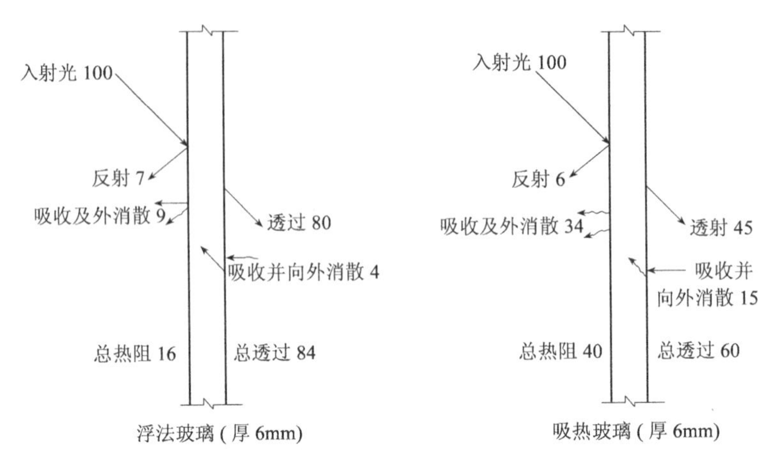

图 4-5 吸热玻璃对太阳光的透射和阻挡

吸热玻璃具有如下特点:

(1)吸收太阳的辐射热。吸热玻璃的颜色和厚度不同,对太阳的辐射热吸收程度也不同。6mm 厚的蓝色吸热玻璃能挡住 50% 左右的太阳辐射热。

(2)吸收太阳可见光。吸热玻璃比普通玻璃吸收可见光的能力要大得多,因此能使刺目耀眼的阳光变得柔和,即能减弱射入光线的强度,起到防眩的作用。

(3)具有一定的透明度。能清晰地观察室外景物。

(4)吸收紫外线。

(5)色泽经久不衰,能增加建筑物美感。

吸热玻璃的生产工艺可分为两类:一类是在线生产的颜料着色吸热玻璃;另一类是在线或离线生产的带有金属氧化物薄膜涂层或浅涂层的吸热玻璃。

吸热玻璃产品规格、有关技术性能指标见表 4-21 和表 4-22。

吸热玻璃的透光率 **表 4-21**

玻璃产地	色调	可见光透过率(%)		太阳辐射透过率(%)
		最低	平均	
中国(上海耀华皮尔金顿玻璃有限公司)	蓝色	31	51	51
	茶色	48	56	56
美国	茶色	49	55	55
美国	茶色	46	53	54

吸热玻璃的挡热性能及规格 **表 4-22**

项目	平板玻璃	灰绿色吸热玻璃	茶色吸热玻璃
厚度(mm)	4.66	4.96	4.63
挡掉热量(%)	22.9	42.0	47.6
产品规格(mm)	厚度:3、5、6、7、8;长度 2200;宽度 1800		
生产厂家	上海耀华皮尔金顿玻璃有限公司、秦皇岛耀华玻璃厂		

十五、热反射玻璃

热反射玻璃是将平板玻璃经过深加工得到的一种新型玻璃制品，具有良好的遮光性和隔热性能，可用于各种建筑中，它不仅可以节约室内空调能源，而且还可起到良好的建筑装饰效果。同时，热反射玻璃还保持有较好的透气性能。

热反射玻璃与吸热玻璃的区分可用下式表示：

$$S = A/B$$

式中　A——玻璃整个光通量的吸收系数；

B——玻璃整个光通量的反射系数。

$S>1$ 时称为吸热玻璃；当 $S<1$ 时则为热反射玻璃。

1. 热反射玻璃的加工方法

热反射玻璃是通过热解法、真空法、化学镀膜法等涂层方法在玻璃表面涂以金、银、铜、铝、镍、铁等金属或金属氧化物薄膜，或采用电浮法等离子交换法，向玻璃表层渗入金属离子以置换玻璃表面层原有的离子而形成的热反射膜。

目前发展快，并适宜于大批量生产建筑用热反射玻璃的方法主要有热解法、磁控阴极真空镀膜法、真空溅射镀膜法、化学浸渍法、气相沉积法、真空涂层法、电浮法等。

日本主要采用热分解法生产热反射玻璃。其产品的可见光透光率为45%～65%，反射率为30%～40%，遮光系数（以太阳光通过3mm厚透明玻璃射入室内的量作为1，在同样条件下，得出太阳光通过各种玻璃射入室内的相对量，称为玻璃的遮光系数）为0.6～0.8，具有良好的耐磨性、耐化学腐蚀性及耐气候性能。

欧美主要采用化学浸渍法、真空镀膜法及溅射法，在平板玻璃原片表面涂铜、镍、铬、钛等金属膜或多层膜。用这些方法生产的热反射玻璃的透光率为20%～80%，反射率为20%～40%，遮光系数为0.3～0.4，辐射率为0.4～0.7，具有良好的遮光性和隔热性能。不久前欧美还生产一种涂有金、银、铜、锡等金属或金属氧化物薄膜，透光率高，辐射率低的玻璃。其可见光透光率为60%～80%，辐射率为0.1～0.2。考虑到其隔热性能和膜面强度，一般以双层玻璃的形式使用。

2. 热反射玻璃的性能与应用

玻璃的遮光系数愈小，通过玻璃射入室内的阳光能愈少，冷房效果则愈好。8mm厚的透明浮法玻璃遮光系数为0.93；8mm厚茶色吸热玻璃为0.77；8mm厚热反射玻璃为0.60～0.75；热反射双层中空玻璃可达到0.24～0.49。

从阳光反射率看，6mm厚透明浮法玻璃第一次反射7%，第二次反射10%，总反射率17%；6mm厚茶色反射玻璃第一次反射30%，第二次反射31%，总反射61%。

6mm厚热反射玻璃对太阳辐射热的透过率比同样厚度的透明浮法玻璃减少65%以上，比吸热玻璃减少45%。6mm厚热反射玻璃对可见光的透光率比同厚度的浮法玻璃减少75%以上，比茶色吸热玻璃还减少60%，因此，热反射玻璃广泛应用在避免由于太阳辐射而增热及设置空调的建筑物上。

热反射玻璃因其卓越的隔热性能，使日晒时室内温度保持稳定，光线保持柔和，节约空调运行费用，改变室内的色调，避免眩光，改善室内环境。镀金属膜的热反射玻璃，还具有单向透像的功能，即白天能在室内看到室外的景物，而在室外却看不到室内的景象。国外近20年崛起的新建筑学派——光亮派就提倡大量采用反光和半反光，半透明和不透明的光泽材料，热反射玻璃就是其中的一种，用反光的热反射玻璃作幕墙和窗门的装饰材料，在阳光照射下，整个建筑物变成闪闪发光的玻璃宫，映照出周围的景物和云彩变幻，可谓千姿百态，美妙非凡。

热反射玻璃由于节能，所带来的经济效益比较显著。美国匹兹堡平板玻璃公司总部建造的热反射玻璃楼群，能有效地控制热量和光线，节约光源和空调所需要的能源。据测算，总部旧建筑每年每平方英尺的能耗是 1.36×10^5kJ，新建筑的能耗大约为 4.23×10^4kJ，降低能耗2/3左右，其次，热反射玻璃建筑物室内不必挂窗帘，仅此一项，对于一些大宾馆来说，节约费用也很可观。

热反射玻璃多用来制成中空玻璃或夹层玻璃窗，以增强隔热性能。美国一幢20层办公大楼，采用热反射双层中空玻璃，每年能耗为 1.4×10^5kcal/m^2，如用单层普通平板玻璃，则约为 4.5×10^5kcal/m^2，因此，使用热反射玻璃可节省能耗69%左右。加拿大皇家集团总部大楼，采用匹兹堡公司生产的4,368块热反射双层中空玻璃，冬季可比采用普通单层玻璃窗减少70%的热损失，夏季可反射45%的太阳能，大大减少了空调运行费用。

而今，热反射玻璃已发展到多种系列，从颜色看，有灰色、蓝灰色、茶色、金色、赤铜色、褐色等；结构有单板、中空、夹层等；从强度看，有一般热反射玻璃、半钢化热反射玻璃、离子钢化热反射玻璃等；厚度有3、5、6、8、10、12、15mm等规格。

我国研制热反射玻璃起步较晚，品种和数量不多，只有洛阳玻璃厂、内蒙古通辽玻璃厂、蚌埠平板玻璃厂、山东威海玻璃厂等少数厂家生产。表4-23、表4-24为国产热反射玻璃性能及规格，表4-25为国外热反射玻璃的光谱及辐射性能。

电热法热反射玻璃的规格、性能及生产厂家　　**表4-23**

品　　种	规格(mm)	采用标准	颜色均匀性（色差 ΔE）要求	可见光透射比不得大于	生产厂家
茶色电热法热反射玻璃	长度:1300～2500 宽度:1800～2000 厚度:3、4、5、6	除颜色均匀性外，产品外观质量应符合GB 11614—89技术规定	①同一片玻璃色差 $\Delta E\leq4.0$ 为合格品； ②同一片玻璃色差 $\Delta E>4.0$ 为不合格品	60%	洛阳玻璃厂、内蒙古通辽玻璃厂等
灰绿色电热法热反射玻璃			①同一片玻璃色差 $\Delta E\leq3.2$ 为合格品； ②同一片玻璃色差 $\Delta E>3.2$ 为不合格品	75%	

热喷涂彩色热反射玻璃的规格、性能及生产厂家　　**表4-24**

产品颜色	规格(mm)	可见光透过率(%)	太阳辐射反射率(%)	整体翘曲系数	局部翘曲值(mm)	抗冲击性	抗磨强度	化学稳定性	生产厂家
茶色	厚3～6 长×宽 <1500×1000	30～50	30～50	≤0.01	≤2(每300长)	为普通平板玻璃的3～4倍	在50g/cm^{3}荷载下，经过565次/min摩擦未见变化	耐酸、耐碱性能高于普通平板玻璃	山东威海玻璃厂、宁夏玻璃厂等

十六、节能玻璃

节能玻璃是一种在玻璃表面镀有复杂镀层的新型玻璃。它使冬季室内能蓄热，夏季又将阳光拒之窗外，因此有人将其称之为智能玻璃。

最近美国研究出一种具有低发射率特点的玻璃，正日益占领商业建筑和住房市场，到2000年，已有一半以上的住宅使用这种玻璃。这种玻璃用所谓“热解”工艺生产，当玻璃仍处于半熔融状态时，使低发射率材料浸渍进入玻璃中，在玻璃固化后，所嵌入的低发射率材料表面经得起风雨的冲刷。低发射率玻璃主要用于建筑物保温，但只要使

国外热反射玻璃的太阳光谱及辐射性能 表 4-25

玻璃名称	厚度(mm)	光谱透射率(%)			光谱反射率(%)			光谱吸收率			太阳辐射(%)		遮光系数
		紫外光	可见光	红外光	紫外光	可见光	红外光	紫外光	可见光	红外光	透射率	反射率	
比利时茶色吸热玻璃	5	14.4	53.0	53.8	8.0	7.1	8.0	77.5	40.9	38.2			
日本银白色镀膜热反射玻璃	6		24.0			28.1			47.9				
美国匹兹堡透明热反射玻璃	6		21.0			35.0			44.0		23.0	30.0	0.44
美国匹兹堡透明浮法玻璃	6		39.0			29.0			32.0		44.0	29.0	0.59
美国匹兹堡灰色热反射玻璃	6		17.0			35.0			48.0		25.0	30.0	0.44
美国茶色热反射玻璃	6		49.0								66.0	10.0	0.76

窗玻璃避免直接光照,此低发射率效应在夏天也有益处,如夏季室外的热量一般来自沥青路面、汽车、建筑物等放出的长波红外辐射,低发射率玻璃能将此类辐射反射到室外。

最理想的玻璃应既有低发射率特性,以利冬季保温,又能排斥太阳热量以减少夏天空调能耗。美国索斯威尔技术公司最近推出的被称为"热镜"的玻璃就具有这样的特点。这种玻璃能反射太阳热量即近红外辐射,而能透过绝大多数可见光。因而它能将来自阳光直射及其他外界热量拒之窗外。这种玻璃与其他低发射率玻璃不同之处在于镀层并不在玻璃本身而是镀在聚酯薄膜上,这层薄膜置于两块平板玻璃之间。它的蓄热效果是普通双层玻璃的 5 倍,是低发射率玻璃的 3 倍。

还有一种节能玻璃,它能像家用电器那样可以任意开或关。在冬天它呈透明,让阳光通过。在夏天它变暗,以防阳光射入。为达到这一目的常采用光致变色材料,如氯化银,它在阳光下变暗。但光致变色的缺点是它在冬季也可能遮蔽温暖的阳光。更灵活的技术是电致变色方法。电致变色玻璃上镀有复合镀层,形成两个电极,中间为电解质。在不通电时,两电极均透明,但在施加电压后,迫使一些电解质离子进入某一电极的晶格中,这时材料变得不透明。将电压反向,又能将离子从电极上移开,电极恢复透明。这可逆过程可进行数百万次。最知名的电致变色反应是将三氧化钨作为活性电极,当氟化铝锂电解质中锂离子渗入电极时,三氧化钨颜色从透明变成深蓝色,当电压反向时,离子又迁移至另一电极。

为了增加开关对比度,另一电极也用电致变色材料(如氧化铱)制成。它的性质正好和二氧化钨互补,即它吸附离子后就愈透明。这样当离子进入三氧化钨电极时,两电极同时变暗。实验室试验表明,这种电致变色玻璃在开时,可透过 68% 的可见光;在关时,只透过不到 10% 的可见光。

日本板硝子公司在两块玻璃中间夹入液晶,开发出瞬间调光玻璃。当接通电源时,调光玻璃瞬时间内透光率降低,在切断电源时,能立即恢复透明,是一种理想的新型建筑玻璃。

第四节 中空玻璃

中空玻璃是由两层或两层以上的平板玻璃、热反射玻璃、吸热玻璃、夹丝玻璃、钢化玻璃等组成,四周用高强度高气密性复合粘结剂将两片或多片玻璃与铝合金框、橡胶条、玻璃条粘结、密封,中间充以干燥气体,还可以涂上各种颜色和不同性能的薄膜。框内放入干燥剂,以保证玻璃原片间空气的干燥度。

中空玻璃颜色有无色、茶色、蓝色、绿色、灰色、紫色、金色、银色等。由于玻璃片与玻璃片之间留有一定的空隙,内充满干燥气体,因此具有优良的保温、隔热与隔声性能和理想的装饰效果。自问世以来就得到世界各国的广泛应用。前联邦德国政府曾规定了一条经济法律:"所有建筑物必须全部采用中空玻璃,禁止采用普通平板玻璃作窗玻璃。"在德国,目前几乎所有的建筑物都采用双层或多层中空玻璃,对旧建筑物限期改用中空玻璃,并由国家给予补贴,以节约能源、降低建筑物噪声、改善居住和工作环境条件。仅 1981 年,全国就因采用中空玻璃后节省了 40 亿马克的能源开支。

罗马尼亚有关资料表明,采用中空玻璃后,冬季采暖的能耗可降低 25% ~30% ,噪声可由 80dB 降低至 30dB。美国一幢 20 层办公大楼,采用银色涂层的镀膜中空玻璃(双层)后,比采用单层普通平板玻璃减少能耗 2/3。美国新建房屋采用中空玻璃的比例,已由 70 年代的 24% 上升到 90 年代的 90% 以上。

在中空玻璃的空腔中除充以干燥空气外,也可充以惰性气体,如氩或六氟化硫气体,即使空腔厚度还小些也能达到降低热传导系数的目的。如在空腔之间充以各种能漫射光线的材料或电介质等,则可获得更好的声控、光控、隔热等效果。

一、中空玻璃的加工方法

中空玻璃的加工方法有焊接法、胶接法和熔接法。

1. 胶接法

把玻璃与间隔框粘接在一起以形成中空玻璃的方法称为胶结法。德国于 1934 年率先采用这种方法制造中空玻璃,之后,相继有法国、比利时、美国、俄罗斯、意大利、芬兰等国家采用该方法。

采用的胶接剂和密封胶通常为丁基橡胶和聚硫橡胶。目前国外有采用价格较低的硅酮密封材料的,如美国推出的新型中空玻璃硅酮密封材料"Q3-3793"和"Q3-3332"具有很好的气密性。不久前德国研制出一种新型密封材料,不但用于普通的中空玻璃密封,而且更适用于充入氩气的多层中空玻璃的边部密封。

中空玻璃为防止室内外温差过大而结露,需在间隔框中填充干燥剂,国产干燥剂为 3A 型人工合成分子筛,国外还采用硅胶与分子筛的混合物。橡胶框带的出现,使中空玻璃生产减少了制框、充填干燥剂、涂胶密封等工序,比较先进的有法国 BIUER 法和 Suiggle Strip 工艺。

2. 焊接法

将两块或多块玻璃板以金属焊接的方式使其周边密封相连,这种生产加工方法称为焊接法。焊接法所选用的焊接材料有锡合金或低熔点金属,焊接边框可以由金属或槽形金属做成。

焊接法的机理是:当加热的金属和熔融的玻璃在直接接触中融合在一起时,氧化物薄膜扩散或在某种程度上溶解于玻璃内,并形成密封接头。其工艺流程如图 4-4 所示。

焊接法中空玻璃的优点是比胶结法中空玻璃具有更好的耐久性。不足之处是要求使用有色金属,生产难以实现机械化,成本较高。焊接法中空玻璃的产量占世界中空玻璃产量的 30% 左右。

3. 熔接法

熔接法是通过局部加热,使玻璃边部达到软化温度,玻璃原片的四周经弯曲后彼此熔接于一体。熔接中空玻璃产生的形变由玻璃本身和熔接缝承受，因此要控制玻璃原片的厚度（一般不大于3～4mm）、空气层厚度（最大为12mm）和中空玻璃的面积（不大于2.2m^2）。

熔接法生产工艺有几种，最具有特点的生产工艺如图4-6所示。

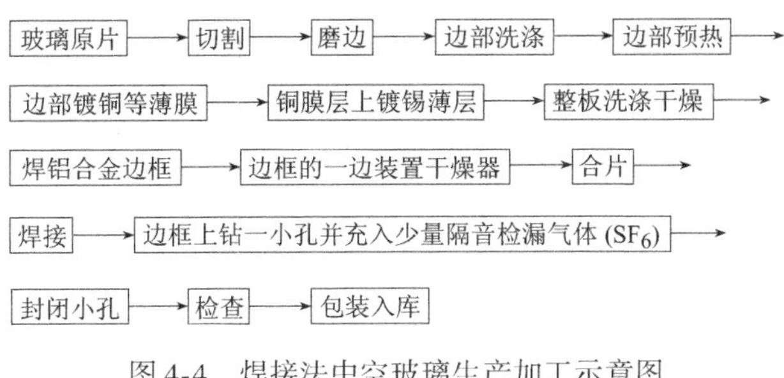

图4-4　焊接法中空玻璃生产加工示意图

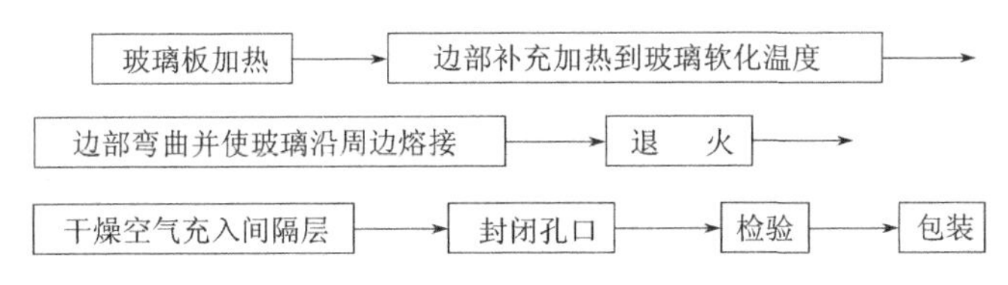

图4-6　熔接法生产工艺流程

熔接法生产工艺十分复杂，要求根据玻璃原片的化学成分严格遵循每道工序的作业制度，一般要求检查每个构件的密封性。熔接法中空玻璃的间隔层内绝对不透气，具有很高的耐久性。生产过程难以实现机械化，效率不高。目前用此法生产的中空玻璃约占世界中空玻璃产量的10%。

二、中空玻璃的性能与技术标准

（一）中空玻璃的性能

中空玻璃的性能主要有：光学性能、隔声性能、热工性能和装饰性能等。现以深圳光华中空玻璃联合企业公司生产的中空玻璃为例。

1. 光学性能

可见光透视范围10%～80%，光反射率25%～80%，总透过率25%～50%，见表4-26。

深圳产中空玻璃光学性能　　　　**表4-26**

玻璃品种	玻璃厚度（mm）	可见光透过率（%）	反射率（%）	吸收率（%）	直接透过率（%）	总阻挡率（%）	总透过率（%）	透光系数
无色防阳光玻璃+无色玻璃	4+4	39	26	29	45	49	51	0.58
	5+5	39	26	32	42	50	50	0.57
	6+6	38	26	34	40	52	48	0.55
	8+8	37	26	38	36	54	46	0.52
	10+10	36	25	42	33	57	43	0.49
茶色防阳光玻璃+无色玻璃	4+4	23	28	43	29	64	36	0.41
	5+5	21	28	47	25	67	33	0.38
	6+6	18	28	50	22	69	31	0.35
	8+8	15	27	56	17	74	26	0.29
	10+10	12	27	60	13	77	23	0.26

续表

玻璃品种	玻璃厚度（mm）	可见光透过率（%）	反射率（%）	吸收率（%）	直接透过率（%）	总阻挡率（%）	总透过率（%）	透光系数
无色防阳光玻璃 + 热反射玻璃	4+4 5+5 6+6 8+8 10+10	30 29 29 28 27	36 36 35 33 32	38 40 42 46 49	26 24 23 21 19	63 64 65 67 68	37 36 35 33 32	0.43 0.41 0.40 0.38 0.37
茶色防阳光玻璃 + 热反射玻璃	4+4 5+5 6+6 8+8 10+10	17 15 14 11 9	33 32 31 29 29	51 54 57 61 64	16 14 12 10 7	75 77 79 82 85	25 23 21 18 15	0.29 0.26 0.24 0.21 0.17

2. 热工性能

表4-27所列为深圳产中空玻璃的热工性能。

深圳产中空玻璃的热工性能　　表4-27

玻璃类型	间隔厚度（mm）	热传导系数		玻璃类型	间隔厚度（mm）	热传导系数	
		K（kcal/h·m²·℃）	U（W/m²·K）			K（kcal/h·m²·℃）	U（W/m²·K）
单层玻璃	—	5.1	5.9	三层中空玻璃	2×9 2×13	1.9 1.8	2.2 2.1
普通双层中空玻璃	6 9 12	2.9 2.7 2.6	3.4 3.1 3.0	热反射中空玻璃	12	1.4	1.6
				150mm厚混凝土墙		—	3.3
防阳光双层中空玻璃	6 12	— —	2.5 1.8	230mm厚砖墙		—	2.8

注：间隔厚度为两片玻璃之间的间隔层。中间充以干燥气体。

3. 隔声性能

表4-28所列为深圳产中空玻璃的隔声性能。

深圳产中空玻璃的隔声性能　　表4-28

类型			各种频率声音下降的分贝（dB）数						
玻璃（mm）	间隔（mm）	玻璃（mm）	平均	125（Hz）	250（Hz）	500（Hz）	1000（Hz）	2000（Hz）	4000（Hz）
4	—	—	25	20	23	26	29	29	28
6	6/12	6	28	24	24	30	33	33	30
6	6/12	6	29	27	25	31	34	27	36
6	6/12	6	31	28	25	32	34	34	38
6	6/12	6	32	29	25	32	34	36	38
10	6/12	10	31	29	26	32	32	33	38
10	6/12	10	31	29	26	32	32	34	38

（二）中空玻璃的技术标准

我国已颁布的GB/T 11944—2002标准，适用于用胶接法生产的中空玻璃。

1. 形状和最大尺寸

中空玻璃的形状和最大尺寸见表4-29。

2. 尺寸偏差

中空玻璃的尺寸允许偏差见表4-30。

3. 性能要求

中空玻璃的密封、露点、紫外线照射、气候循环和高温、高湿必须满足表4-31的要求。

常用中空玻璃形状和最大尺寸(mm)　　表4-29

玻璃厚度	间隔厚度	长边最大尺寸	短边最大尺寸(正方形除外)	最大面积(m^2)	正方形边长最大尺寸
3	6 9~12	2110 2110	1270 1271	2.4 2.4	1270 1270
4	9 9~10 12~21	2420 2440 2440	1300 1300 1300	2.86 3.17 3.17	1300 1300 1300
5	6 9~10 12~20	3000 3000 3000	1750 1750 1815	4.00 4.80 5.10	1750 2100 2100
6	6 9~10 12~20	4550 4550 4550	1980 2280 2440	5.88 8.54 9.00	2000 2440 2440
10	6 9~10 12~20	4270 5000 5000	2000 3000 3160	8.54 15.00 15.90	2440 3000 3250
12	12~20	5000	3180	15.90	3250

中空玻璃尺寸允许偏差(mm)　　表4-30

长(宽)度L	允许偏差	公称厚度t	允许偏差
$L<1000$	±2	$t<17$	±1.0
$1000\leqslant L<2000$	+2 -3	$17\leqslant t<22$	±1.5
$L\geqslant2000$	±3	$t\geqslant22$	±2.0

注:中空玻璃的公称厚度为玻璃原片的公称厚度与间隔层厚度之和。

中空玻璃的性能要求　　表4-31

项　目	试　验　条　件	性　能　要　求
密　封	在试验压力低于环境气压10±0.5kPa的情况下,厚度增长≥0.8mm。在该气压下保持2.5h后,厚度增长偏差<15%为不渗漏	全部试样不允许有渗漏现象
露　点	将露点仪温度降到≤-40℃,使露点仪与试样表面接触3min	全部试样内表面无结露或结霜
紫外线照射	紫外线照射168h	试样内表面上不得有结雾或污染的痕迹
气候循环及高温、高湿	气候试验经320次循环,高温、高湿试验经224次循环后进行露点测试	试样露点≤-40℃为合格

4. 品种与特点

中空玻璃的品种很多,我国除深圳光华中空玻璃联合企业公司生产外,还有洛阳、蚌埠、广州、沈阳、上海等地生产,且多采用胶接法生产。品种与特点见表4-32。

国产中空玻璃的品种与特点　　表 4-32

种类	结构特点与特性
普通	由两层优质平板玻璃构成,间隔层为空气。隔热、保温、防噪
隔热	多层普通中空玻璃,或由热反射玻璃构成的双层中空玻璃,间隔层也可充比空气传热系数低得多的气体
遮阳	由热反射玻璃、吸热玻璃等可起遮阳作用的玻璃原片构成,可降低太阳射热量
散光	采用压花玻璃作原片,或用玻璃纤维填充间隔层,提高采光均匀性,并降低太阳透射热量
隔声	采用各种不同厚度的玻璃,玻璃间距又各不相同,具有很好的隔声效果
钢化	采用钢化玻璃,强度大
夹丝	采用夹丝玻璃,碎片不落下,提高安全性
电热	采用电热玻璃,使房间玻璃内表面温度高于露点,不会形成水汽
发光	间隔层充以当电流通过时能发光的惰性气体。可用来装置灯光橱窗和灯光广告等
透紫外线	采用可透过紫外线的玻璃原片
防紫外线	采用吸收紫外线的玻璃原片
防辐射	采用能阻滞射线波的玻璃,装置防辐射的玻璃窗
防高能量射线	采用在高能量射线作用下不变暗的玻璃,间隔层填充经特殊盐类浸渍的纤维。可用来装置有防 x 射线和防高能量射线要求的玻璃窗

第五节 玻璃幕墙

玻璃幕墙是现代建筑的重要组成部分,它具有自重轻、可光控、保温隔热、隔声以及良好的装饰性能等,成为现代城市的一种标志。

玻璃幕墙早在一百多年前就已在建筑工程上使用,只是由于受当时的材质和加工工艺的局限,达不到幕墙对水密性、气密性及抵抗外界各种物理因素侵袭(如风力、撞击、温度收缩等)、热物理因素影响(如热辐射、结露等)以及隔声、防火等的要求,因而一直得不到很好的发展和推广。

20 世纪 80 年代以来,我国在北京、上海、广州、深圳、天津、武汉等地相继出现了一批玻璃幕墙建筑,产生了十分理想的装饰效果。

北京长城饭店的外墙全部是铝框银色镜面玻璃幕墙,总面积达 2 万平方米,所用玻璃全部由国外进口。如今,我国一些城市的幕墙玻璃多采用国产材料。北京五洲大酒店采用了我国自行研制的长弧形夹层玻璃,共 $4000m^2$,这种玻璃幕墙的拱高达 $390m^2$。如当时不采用这种大规格弧形夹层玻璃而改用其他小块玻璃拼装幕墙,既会破坏整体建筑风格,又不会达到“一明一暗、一虚一实”的设计效果。

玻璃幕墙早期多用钢框,后来发展到采用铝合金框,目前已发展到隐框玻璃幕墙建筑。在铝合金框的玻璃幕墙中,既有成套进口和成套国产的,也有利用通用铝合金型材进行组装的。从质量上看,这几种铝合金框玻璃幕墙有很大的差异。进口的幕墙确有其优点,如建筑配件齐全、表面质量较好等,但价格较贵。

铝合金玻璃幕墙分有框和隐框两种。有框的幕墙,玻璃四周有铝合金框格,玻璃镶嵌在铝合金框格内,玻璃自重和风荷载由镶嵌玻璃的铝合金框格承受,并传给铝合金框架。隐框幕墙则没有镶嵌玻璃的铝合金框格,而是用硅酮结构胶胶粘在铝合金框架上,玻璃自重和风荷载通过结构硅酮胶传给铝合金框架。隐框幕墙又可分为全隐、半隐两种,半隐又分竖隐横不隐和横隐竖不隐两种。

隐框玻璃幕墙的设计、制作和施工极其严格，对材料的技术要求也特别高，尤其是结构用的硅酮胶质量好与否，直接影响到幕墙的安全使用。

玻璃幕墙结构目前是新的是点支式（又称点式）玻璃幕墙。

点式玻璃幕墙的全称为金属支承结构点式玻璃幕墙。它是由玻璃板、点支撑装置和支持结构构成的，具有钢结构的稳定性、玻璃的轻便性以及机械的精密性。

根据支撑结构形式，可将点式玻璃幕墙分为三类：

1. 金属支撑结构点支式玻璃幕墙

这是最早的点支式玻璃幕墙结构，也是采用最多的结构类型。

2. 点支式全玻璃幕墙

支撑结构是玻璃板，称为玻璃肋。采用金属紧固件和连接件将玻璃面板和玻璃肋相连接，形成玻璃幕墙。由玻璃面板和玻璃肋构成的全玻璃幕墙视野开阔、结构简单，使人耳目一新，最大限度地消除了建筑物室内外的感觉差别。

3. 杆（索）式玻璃幕墙

支撑结构是不锈钢拉杆或拉索，玻璃由金属紧固件和金属连接件与拉杆或拉索连接。在此类玻璃幕墙的结构中，充分体现了机械加工的精度。每个构件十分细巧精致，本身就构成了一种结构形式美。

点式玻璃幕墙是一门新兴技术，它体现的是建筑物内外的互动和融合，改变了过去用玻璃来表现窗户、幕墙、天顶的做法。强调的是玻璃的透明性。透过玻璃，人们可以清晰地看到支撑玻璃幕墙的整个结构系统，将单纯的支撑结构系统转化为可视性、观赏性和表现性。由于点式玻璃幕墙表现方法奇特，尽管它诞生时间不长，但应用都十分广泛。

点式玻璃幕墙的特点表现为：

一是通透性好：玻璃面板仅通过几个点连接到支撑结构上，几乎无遮挡，通透性最佳。

二是灵活性好：在金属紧固件和金属连接件的设计中，为减少或消除玻璃板孔边的应力集中，使玻璃板与连接件处于铰接状态，使得玻璃板上的每个连接点都可以自由转动，并且还允许有少量的平动，用于弥补安装施工过程中的偏差。所以点式玻璃幕墙的玻璃一般不会产生安装应力，并且能顺应支撑结构受荷载作用后产生的变形，使玻璃不产生过度的应力集中。同时，采用点式玻璃幕墙技术可以最大限度地满足建筑造型需要。

三是安全性好：由于点式玻璃幕墙所用全部为钢化玻璃，属于安全玻璃，并且使用金属紧固件与金属连接件与支撑结构相连接，耐候密封胶只起密封作用，不承受荷载，即使玻璃意外破坏，钢化玻璃裂成碎片，形成所谓的“玻璃雨”，不会出现整块玻璃坠落严重伤人事故。

四是工艺感好：点式玻璃幕墙的支撑结构有多种形式，支撑结构构件加工精细，具有良好的工艺感和艺术感。

五是环保节能：点式玻璃幕墙的最大特点是通透性好。因此，在玻璃的选用上多选择无尘污染的白玻、超白玻和低辐射玻璃等，尤其是使用中空玻璃，节能效果更为显著。

在城市建筑物较为普遍使用玻璃幕墙的同时，还必须注意玻璃幕墙的安全性问题。据统计，我国现有玻璃幕墙接近2亿m^2，占全世界的85%。然而行业的混乱，产品质量鱼目混珠，监管不力，导致幕墙玻璃坠落伤人事故时有发生。同时，玻璃幕墙造成的城市光污染也越来越严重，这些问题必须引起设计和施工单位的高度重视。

第五章　建筑装饰涂料

涂敷于物体表面能干结成膜，具有防护、装饰、防锈、防腐、防水或其他特殊功能的物质称为涂料。早期的涂料采用的主要原料是天然树脂的干性、半干性油，如松香、生漆、虫蛟、亚麻子油、桐油、豆油等，因此在很长一段时间，涂料被称为油漆。由这类涂料在物体表面形成的涂膜，称为漆膜。

将天然油漆用作建筑物表面装饰，在我国已有几千年的历史。由于天然树脂和油料的资源有限，因此作为建筑涂料的发展，一直受到限制。自1950年代以来，随着石油化工的发展，各种合成树脂和溶剂、助剂的相继出现，并大规模地生产，作为涂敷于建筑物表面的装饰材料，再也不是仅靠天然树脂和油脂了。60年代以后，相继研制出以人工合成树脂和各种人工合成有机稀释剂为主。甚至以水为稀释剂的乳液型涂膜材料。油漆这一使用了几千年的词已不能代表其确切的含义，故改称为“涂料”，但人们习惯上仍将溶剂型涂料称作油漆，而把乳液型涂料称为乳胶漆。此处所指的“漆”已和传统的漆有了很大的不同。

涂料的用途很广，不仅仅限于建筑领域。我们把用于建筑领域的涂料称为建筑涂料。

建筑涂料在国外是涂料中产量最大的品种，主要产于经济发达的美国、日本和西欧。美国建筑用涂料占涂料总消费量的50%，日本建筑涂料占30%，中国占24%。美国生产的建筑涂料中，62%为水乳型，38%为溶剂型。美国80%的建筑物外墙用各种优雅和调和的彩色涂料装饰，住宅小区的别墅基本上以涂料饰面为主，一幢建筑物常用1～3种色彩的涂料，室内常用单色涂料。

日本的建筑涂料主要用于建筑物内外墙、顶棚、地面，还包括门窗、走廊、楼梯扶手、水箱、屋面防水等建筑物所有的附属金属构件和木质件。

国外建筑涂料品种繁多，包括有机的水性涂料、溶剂性涂料和无机涂料。就有机涂料的成膜物质而言，油脂涂料、天然树脂涂料、酚醛树脂涂料、沥青涂料等为低档涂料。醇酸、氨基、硝基、过氯乙烯树脂、聚酯、环氧丙烯酸树脂、聚氨酯、有机硅、橡胶等树脂类型的涂料即合成树脂涂料为高档涂料。国外发达国家和地区合成树脂涂料的比例在90%。

日本的建筑涂料不仅质量高，而且种类多。外墙涂料主要有属平滑涂装型的无光泽漆、厚质丙烯酸乳液涂料；有光泽的氯乙烯树脂涂料、环氧树脂涂料、丙烯酸树脂涂料、双组分聚氨酯涂料、有机硅丙烯酸橡胶涂料、含氟树脂涂料、仿瓷涂装型的高弹性丙烯酸橡胶涂料、水性环氧树脂涂料、丙烯酸乳胶涂料等。内墙涂料主要有丙烯酸乳胶涂料、弹性丙烯酸乳胶涂料、氯乙烯树脂涂料、环氧树脂涂料等。地面涂料主要有双组分环氧树脂漆、厚质涂料、双组分聚氨酯厚质树脂弹性涂料、丙烯酸树脂涂料、弹性氯乙烯树脂和环氧树脂涂料。日本的建筑涂料以苯乙烯—丙烯酸、醋酸乙烯—丙烯酸树脂为主，外墙重视单层、复层弹性涂料，内墙重视喷塑、多彩涂料。

美国的建筑涂料以成膜物质分类，主要由丙烯酸系列、聚醋酸乙烯系列构成，也有少量的环氧树脂和聚氨酯涂料。外墙涂料中丙烯酸系列树脂涂料占65%，内墙涂料中聚醋酸乙烯系列约占85%。

欧洲各国建筑涂料也多以丙烯酸类树脂为主。

国外近年来还致力于发展新型、功能型、环保型建筑涂料，如耐候性涂料，粉末涂料，防火涂料，防水涂料，防虫、防霉涂料，防锈、防腐蚀涂料，芳香型涂料，高固体分涂料，辐射固化涂料等等，并十分重视减少涂料中的有机挥发物（VOC）。表5-1为国外对涂料的要求及发展方向，体现了发达国家执行1980年颁布的《国际环境保护法》，实现涂料发展"无公害（无污染）、省资源、省能源"的目标。

对涂料的要求及发展方向　　　　**表5-1**

用户要求	发展方向		用户要求	发展方向	
地球环境保护	VOC规划 排水废物处理	资源保护 无公害化	卫生、健康思考	耐毒性 低飞散性 防菌性 防虫性	吸音性 低臭化 隔声性 调湿性
安全性的提高	耐火、防火性 防落性 防滑性 吸收电波	新消防法 非危险品化 导电性 防止结冰	省能源	绝热性能 自动机械化 工程化	蓄热性 轻量化 速干化
维持资产价值	高耐候性 防水性 底材保护性 耐生藻性 耐杀伤性	低污染化 耐药品性 防蚊性 耐酸雨性	舒适性	自然思考 真货思考 广色域化 芳香性	高美术造型 无臭化 好触感性 非结露

第一节　涂料的组成

涂料的组成可分为主要成膜物质、次要成膜物质、稀释剂和助剂四类。

一、主要成膜物质

涂料的主要成膜物质包括基料、胶粘剂和固化剂。它的作用是将涂料中的其他组分，粘结在一起，并能牢固地附着在基层表面，形成连续均匀、坚韧的保护膜。主要成膜物质的性质，对形成涂膜的坚韧性、耐磨性、耐候性以及化学稳定性等，起着决定性作用。涂膜的干燥方式，是常温干燥或是固化剂固化干燥等，也是由主要成膜物质决定的。主要成膜物质应具有较好的耐碱性；能常温固化成膜；较好的耐火性；良好的耐候性以及要求材料来源广、资源丰富、价格便宜等特点。

目前我国建筑涂料所用的成膜物质主要以合成树脂为主。如：聚乙烯醇系缩聚物；聚醋酸乙烯及其共聚物；丙烯酸酯及其共聚物；氯乙烯—偏氯乙烯共聚物；环氧树脂；聚氨酯树脂；氯磺化聚乙烯等。此外，还有氯化橡胶、水玻璃、硅溶等无机胶结材料。

二、次要成膜物质

被称为涂料的次要成膜物质是指涂料中所用的颜料和填料。它们也是构成涂膜的组成部分，并以微细粉状均匀地分散于涂料介质中，赋予涂膜以色彩、质感，使涂膜具有一定的遮盖力，减少收缩，还能增加膜层的机械强度，防止紫外线的穿透作用，提高涂膜的抗老化性、耐候性。次要成膜物质不能离开主要成膜物质而单独组成涂膜。

1. 颜料

颜料在涂料中除赋予涂膜以色彩外，还使涂膜具有一定的遮盖力及提高膜层机械强度、减少收缩、提高抗老化性等作用。常用的颜料应具有以下特点：

(1)应具有良好的耐碱性。因为建筑物墙面和地面多为水泥混凝土材料,属碱性物质。

(2)具有较好的耐候性。因为建筑涂料常与大气接触,直接受到阳光、氧气与热的作用,因此,应具有抗老化及耐候性要求。

(3)资源丰富、价格便宜。

(4)无放射性污染,安全可靠。

建筑涂料中常用的颜料有无机颜料如红丹(Pb_3O_4)、锌铬黄($ZnCrO_4$)、氧化铁红(Fe_2O_3)和铝粉等,也有用有机颜料(人工合成的有机染料)。

颜料的品种很多,按产源可分为人造颜料和天然颜料;按其作用可分为着色颜料、防锈颜料和体质颜料(即填料)。

着色颜料的颜色有红、黄、白、蓝、黑、金属光泽以及中间色等。常用的品种见表 5-2。

常用的着色颜料　表 5-2

颜料颜色	化学组成	品种
黄色颜料	有机颜料	铅铬黄($PbCrO_4$)、铁黄[$FeO(OH)\cdot nH_2O$]
	无机染料	耐晒黄、联苯胺黄等
红色颜料	有机颜料	铁红(Fe_2O_3)、银朱(HgS)
	有机染料	甲苯胺红、立索尔红等
蓝色颜料	无机颜料	铁蓝、钴蓝($C_0O\cdot Al_2O_3$)、群青
	有机染料	酞菁蓝[$Fe(NH_4)Fe(CN)_5$]等
黑色颜料	无机颜料	碳黑(C)、石黑(C)、铁黑(Fe_3O_4)等
	有机染料	苯胺黑等
绿色颜料	无机颜料	铬绿、锌绿等
	有无染料	酞菁绿等
白色颜料	无机颜料	钛白粉(TiO_2)、氯化锌(ZnO)、立德粉($ZnO+BaSo_4$)
金属颜料		铝粉(A1)、铜粉(Cu)等

2. 填料

填料的主要作用在于改善涂料的涂膜性能,降低生产成本。填料主要是一些碱土金属盐,硅酸盐和镁、铝的金属盐和重晶石粉($CaSO_4$)、轻质碳酸钙($CaCO_3$)、重碳酸钙、滑石粉($3MgO\cdot 4SiO_2\cdot H_2O$)、凹凸棒黏土、硅灰石粉($CaSiO_3$)、膨润土、云母粉($K_2O\cdot A1_2O_3\cdot 6SiO_2\cdot H_2O$)、瓷土($A1_2O_3\cdot 2SiO_2\cdot 2H_2O$)、石英石粉或砂等,多为白色粉末状的天然材料或工业副产品。

三、溶　剂

溶剂又称稀释剂,也是溶剂性涂料的一个重要组成部分。溶剂是一种能溶解油料、树脂,又易于挥发,能使树脂成膜的有机物质。它将油料、树脂稀释并能把颜料和填料均匀分散,调节涂料的黏度,使涂料便于涂刷、喷涂,在基体材料表面形成连续薄层。溶剂还可增加涂料的渗透力,改善涂料与基材的粘结能力,节约涂料用量等。

常用的溶剂有松香水、酒精、200 号溶剂汽油、苯、丙醇等,这些有机溶剂都容易挥发有机物质,对人体有一定影响。对乳胶型涂料,是借助具有表面活性的乳化剂,以水为稀释剂,而不采用有机溶剂。

四、辅助材料

有了上述主要成膜物质和次要成膜物质中的颜料和填料以及溶剂，就构成了涂料，但为了改善涂料的性能，诸如涂膜的干燥时间、柔韧性、抗氧化、抗紫外线作用、耐老化性能等，还常在涂料中加入一些辅助材料。辅助材料又称助剂，它们的掺量很少，但种类很多，且作用显著，是改善涂料使用性能不可忽视的重要方面。常用的辅助材料有：增塑剂、催干剂、固化剂、抗氧剂、紫外线吸收剂、防霉剂、乳化剂以及特种涂料中的阻燃剂、防虫剂、芳香剂等。

第二节　涂料的分类和命名

一、涂料的分类（GB/T 2705—2003）

（一）涂料用途分类

此种分类是以涂料产品的用途为主线，并辅以主要成膜物质，将涂料产品划分为建筑涂料、工业涂料、通用涂料及辅助材料。具体分类详见表5-3。

（二）按涂料的成膜物质分类

此分类除建筑涂料外，主要以涂料产品的主要成膜物质为主线，并适当辅以产品用途，将涂料产品分为建筑涂料、其他涂料及辅助材料。具体分类详见表5-3、表5-4、表5-5。

涂料的分类方法一　　表5-3

主要产品类型			主要成膜物类型
建筑涂料	墙面涂料	合成树脂乳液内墙涂料 合成树脂乳液外墙涂料 溶剂型外墙涂料 其他墙面涂料	丙烯酸酯类及其改性共聚乳液；醋酸乙烯及其改性共聚乳液；聚氨酯、氟碳等树脂；无机粘合剂等
	防水涂料	溶剂型树脂防水涂料 聚合物乳液防水涂料 其他防水涂料	EVA，丙烯酸酯类乳液；聚氨酯、沥青、PVC泥或油膏、聚丁二烯等树脂
	地坪涂料	水泥基等非木质地面用涂料	聚氨酯、环氧等树脂
	功能性建筑涂料	防火涂料 防霉（藻）涂料 保温隔热涂料 其他功能性建筑涂料	聚氨酯、环氧、丙烯酸酯类、乙烯类、氟碳等树脂
工业涂料	汽车涂料（含摩托车涂料）	汽车底漆（电泳漆） 汽车中涂料 汽车罩光漆 汽车修补漆 其他汽车专用漆	丙烯酸酯类、聚酯、聚氨酯、醇酸、环氧、氨基、硝基、PVC等树脂
	木器涂料	溶剂型木器涂料 水性木器涂料 光固化木器涂料 其他木器涂料	聚氨酯、丙烯酸酯类、醇酸、硝基、氨基、酚醛、虫胶等树脂
	铁路、公路涂料	铁路车辆涂料 道路标志涂料 其他铁路、公路设施涂料	丙烯酸酯类、聚氨酯、环氧、醇酸、乙烯类等树脂

续表

主要产品类型			主要成膜物类型
工业涂料	轻工涂料	自行车涂料 家用电器涂料 仪器、仪表涂料 塑料涂料 纸张涂料 其他轻工专用涂料	聚氨酯、聚酯、醇酸、丙烯酸酯类、环氧、酚醛、氨酸、乙烯类等树脂
	船舶涂料	船壳及上层建筑物漆 船底防锈漆 船底防污漆 水线漆 甲板漆 其他船舶漆	聚氨酯、醇酸、丙烯酸酯类、环氧、乙烯类、酚醛、氯化橡胶、沥青等树脂
	防腐涂料	桥梁涂料 集装箱涂料 专用埋地管道及设施涂料 耐高温涂料 其他防腐涂料	聚氨酯、丙烯酸酯类、环氧、醇酸、酚醛、氯化橡胶、乙烯类、沥青、有机硅、氟碳等树脂
	其他专用涂料	卷材涂料 绝缘涂料 机床、农机、工程机械等涂料 航空涂料 军用器械涂料 电子元器件涂料 以上未涂盖的其他专用涂料	聚酯、聚氨酯、环氧、丙烯酸酯类、醇酸、乙烯类、氨酸、在机硅、氟碳、酚醛、硝酸等树脂
通用涂料及辅助材料	调合漆 清漆 磁漆 底漆 腻子 稀释剂 防潮剂 催干剂 脱漆剂 固化剂 其他通用涂料及辅助材料	以上未涵盖的无明确应用。	油脂;天然树脂、酚醛、沥青、醇酸等树脂

注:主要成膜物类型中树脂类型包括水性,溶剂型、无溶剂型、固体粉末。

涂料的分类方法二　　表5-4

主要成膜物类型		主要产品类型
油脂漆类	天然植物油、动物油(脂)、合成油等	清油、厚漆、调合漆、防锈漆、其他油脂漆
天然树脂漆类	松香、虫胶、乳酪素、动物胶及其衍生物等	清漆、调合漆、磁漆、底漆、绝缘漆、生漆、其他天然树脂漆
酚醛树脂[a]漆类	酚醛树脂、改性酚醛树脂等	清漆、调合漆、磁漆、底漆、绝缘漆、船舶漆、防锈漆、耐热漆、黑板漆、防腐漆、其他酚醛树脂漆
沥青漆类	天然沥青、(煤)焦油沥青、石油沥青等	清漆、磁漆、底漆、绝缘漆、防污漆、船舶漆、耐酸漆、防腐漆、锅炉漆、其他沥青漆
醇酸树脂漆类	甘油醇酸树脂、季戊四醇醇酸树脂、其他醇类的醇酸树脂、改性醇酸树脂等	清漆、调合漆、磁漆、底漆、绝缘漆、船舶漆、防锈漆、汽车漆、木器漆、其他醇酸树脂漆

续表

主要成膜物类型		主要产品类型
氨基树脂漆类	三聚氰胺甲醛树脂、脲(甲)醛树脂及其改性树脂等	清漆、磁漆、绝缘漆、美术漆、闪光漆、汽车漆、其他氨基树脂漆
硝基漆类	硝基纤维素(酯)等	清漆、磁漆、铅笔漆、木器漆、汽车修补漆、其他硝基漆
过氯乙烯树脂漆类	过氯乙烯树脂等	清漆、磁漆、机床漆、防腐漆、可剥漆、胶液、其他过氯乙烯树脂漆
烯类树脂漆类	聚二乙烯乙炔树脂、聚多烯树脂、氯乙烯醋酸乙烯共聚物、聚乙烯醇缩醛树脂、聚苯乙烯树脂、含氟树脂、氯化聚丙烯树脂、石油树脂等	聚乙烯醇缩醛树脂漆、氯化聚烯烃树脂漆、其他烯类树脂漆
丙烯酸酯类树脂漆类	热塑性丙烯酸酯类树脂、热固性丙烯酸酯类树脂等	清漆、透明漆、磁漆、汽车漆、工程机械漆、摩托车漆、家电漆、塑料漆、标志漆、电泳漆、乳胶漆、木器漆、汽车修补漆、粉末涂料、船舶漆、绝缘漆、其他丙烯酸酯类树脂漆
聚酯树脂漆类	饱和聚酯树脂、不饱和聚酯树脂等	粉末涂料、卷材涂料、木器漆、防锈漆、绝缘漆、其他聚酯树脂漆
环氧树脂漆类	环氧树脂、环氧酯、改性环氧树脂等	底漆、电泳漆、光固化漆、船舶漆、绝缘漆、画线漆、罐头漆、粉末涂料、其他环氧树脂漆
聚氨酯树脂漆类	聚氨(基甲酸)酯树脂等	清漆、磁漆、木器漆、汽车漆、防腐漆、飞机蒙皮漆、车皮漆、船舶漆、绝缘漆、其他聚氨酯树脂漆
元素有机漆类	有机硅、氟碳树脂等	耐热漆、绝缘漆、电阻漆、防腐漆、其他元素有机漆
橡胶漆类	氯化橡胶、环化橡胶、氯丁橡胶、氯化氯丁橡胶、丁苯橡胶、氯磺化聚乙烯橡胶等	清漆、磁漆、底漆、船舶漆、防腐漆、防火漆、画线漆、可剥漆、其他橡胶漆
其他成膜物类涂料	无机高分子材料、聚酰亚胺树脂、二甲苯树脂等以上未包括的主要成膜材料	

注：主要成膜物类型中树脂类型包括水性、溶剂型、无溶剂型、固体粉末等。
a 包括直接来自天然资源的物质及其经过加工处理后的。

涂料产品的辅助材料　　表 5-5

主　要　品　种	
稀释剂 防潮剂 催干剂	脱漆剂 固化剂 其他辅助材料

二、涂料的命名(GB/T 2705—2003)

(一)命名原则

涂料的全名一般是由颜色或颜料名称加上成膜物质名称，再加上基本名称(特性或专业用途)而组成。对于不含颜料的清漆，其全名一般是由成膜物质名称加上基本名称组成。

(二)颜色名称

颜色名称通常由红、黄、蓝、白、黑、绿、紫、棕、灰等颜色，有时再加上深、中、浅(淡)等词构成。若颜料对漆膜性能起显著作用，则可用颜料的名称代替颜色的名称，例如铁红、锌黄、红丹等。

（三）成膜物质名称

涂料命名中成膜物质名称可适当简化，例如聚氨基甲酸酯可简化为聚氨酯；环氧树脂可简化为环氧；硝酸纤维素（酯）可简化为硝基等。漆基中含有多种成膜物质时，选取起主要作用的一种成膜物质命名。必要时也可以选取两种或三种成膜物质命名，主要成膜物质在前，次要成膜物质在后，例如红环氧硝基磁漆。成膜物质可参考表5-4。

（四）涂料的基本名称

涂料的基本名称表示涂料的基本品种、特性和专业用途。例如清漆、磁漆、底漆、锤纹漆、罐头漆、甲板漆、汽车修补漆等。涂料的基本名称详见表5-6。

除上述命名要素外，在成膜物质名称和基本名称之间，必要时可插入适当词语来标明专业用途和特性等，例如白硝基球台磁漆、绿硝基外用磁漆、红过氯乙烯静电磁漆等。

需烘烤干燥的漆，名称中（成膜物质名称和基本名称之间）应有"烘干"字样，例如银灰氨基烘干磁漆、铁红环氧聚酯酚醛烘干绝缘漆。如名称中无"烘干"字样，则表明该漆是自然干燥，或自然干燥、烘烤干燥均可。

凡双（多）组分的涂料，在名称后应增加"（双组分）"或"（多组分）"等字样，例如聚氨酯木器漆（双组分）。

涂料的基本名称　　表5-6

基　本　名　称	基　本　名　称
清油	铅笔漆
清漆	罐头漆
厚漆	木器漆
调合漆	家用电器涂料
磁漆	自行车涂料
粉末涂料	玩具涂料
底漆	塑料涂料
腻子	（浸渍）绝缘漆
木漆	（覆盖）绝缘漆
电泳漆	抗弧（磁）漆、互感器漆
乳胶漆	（粘合）绝缘漆
水溶（性）漆	漆包线漆
透明漆	硅钢片漆
斑纹漆、裂纹漆、桔纹漆	电容器漆
锤纹漆	电阻漆、电位器漆
皱纹漆	半导体漆
金属漆、闪光漆	电缆漆
防污漆	可剥漆
水线漆	卷材涂料
甲板漆、甲板防滑漆	光固化涂料
船壳漆	保温隔热涂料
船底防锈漆	机床漆
饮水舱漆	工程机械用漆
油舱漆	农机用漆

续表

基　本　名　称	基　本　名　称
压载舱漆	发电、输配电设备用漆
化学品舱漆	内墙涂料
车间(预涂)底漆	外墙涂料
耐酸漆、耐碱漆	防水涂料
防腐漆	地板漆、地坪漆
防锈漆	锅炉漆
耐油漆	烟囱漆
耐水漆	黑板漆
防火涂料	标志漆、路标漆、马路画线漆
防霉(藻)涂料	汽车底漆、汽车中涂料、汽车面漆、汽车罩光漆
耐热(高温)涂料	汽车修补漆
示湿涂料	集装箱涂料
涂布漆	铁路车辆涂料
桥梁漆、输电塔漆及其他(大型露天)钢结构漆	胶液
航空、航天用漆	其他未列出的基本名称

第三节　内墙涂料

内墙涂料亦可作为顶棚涂料,它的主要功能是装饰和保护内墙墙面及顶棚,使其整洁美观。内墙涂料应具有以下特点:

(1)色彩丰富、细腻、协调。内墙涂料的色彩一般应浅淡、明亮。由于居住者对色调的喜爱程度不同,因此要求色彩品种丰富,质地平滑、细腻、色调柔和。

(2)耐碱、耐水性好,且不易粉化。由于墙面多带有碱性,室内湿度也较大,同时为保持内墙洁净,有时需要洗刷,为此必须有一定的耐水、耐洗刷性。而内墙涂料的脱粉,更是给居住者带来极大的不快。

(3)良好的透气性和吸湿排湿性。否则,常因温度变化而结露。

(4)涂刷施工方便。可手工作业,也可机械喷涂。为保持室内的装饰效果,内墙可能需要多次粉刷翻修。因此,要求涂料施工方便,重涂性好。

一、聚醋酸乙烯乳液内墙涂料

它是以聚醋酸乙烯乳液为主要成膜物质,加入适量的填料、少量的颜料及其他助剂经加工而成的水乳型涂料。具有无味、无毒、不燃、易于施工、干燥快、透气性好、附着力强、耐水性好、色泽鲜艳等特点,是一种中档的内墙装饰涂料。

二、乙-丙有光乳胶漆

乙-丙有光乳胶漆是以聚醋酸乙烯与丙烯酸酯共聚乳液为主要成膜物质,掺入适量的填料、少量的颜料及助剂,经过研磨,分散后配制成半光或有光的内墙涂料,用于建筑内墙装饰。其耐碱性、耐水性、耐久性都优于聚醋酸乙烯乳胶漆,并具有光泽,是一种中高档的内墙装饰材料。

三、苯-丙乳胶漆内墙涂料

苯-丙乳胶漆涂料是由苯乙烯、甲基丙烯酸等三元共聚乳液为主要成膜物质，掺入适量的填料、少量的颜料，经研磨、分散后配制而成的一种各色无光内墙涂料，用于内墙装饰。其耐碱、耐水、耐擦洗及耐久性均优于上述各类涂料，是一种高档内墙涂料。该涂料也可用于外墙装饰。表5-7列出了苯-丙乳胶漆涂料的主要技术性能。

苯-丙乳胶漆型涂料主要技术性能　　　　**表5-7**

项　　目	技　术　指　标
黏度（涂4—黏度计，25℃）（s）	20
光泽（%）不大于	10
固含量（%）不小于	51±2
遮盖力（g/m^2）不小于	白色及浅色：130；其他色：110
最低成膜温度（℃）	>3
冻融循环（-15℃～15℃，5次）	通过，无变化
耐水性（96h）	无变化
耐擦洗性	可耐擦洗2000次以上

四、多彩内墙涂料

多彩内墙涂料又称为多彩花纹内墙涂料，是一种较为新颖的内墙涂料。最初是上海汇丽化学建材总厂1988年从日本关西涂料公司引进生产线及技术的。

1. 多彩涂料的特点

（1）涂层色泽优雅、富有立体感、装饰效果好。

（2）涂膜的耐久性好。

（3）涂膜质地较厚，具有弹性，类似壁纸，整体性好。

（4）耐油、耐水、耐腐、耐洗刷。适用于建筑物内墙和顶棚水泥混凝土、砂浆、石膏板、木材、钢、铝等多种基面。

2. 多彩涂料的组成

按其介质可分为水包油型和油包水型两种。其中水包油型的储存稳定性最好，在国内外应用很广泛。因此，多彩涂料属于水包油型。涂料又分为磁漆相和水相两部分。磁漆相由硝化棉（硝化纤维素）、马来酸树脂及颜料组成。水相由甲基纤维素和水组成。将不同颜色的磁漆相分散在水相中，互相掺混而不相容，外观呈不同颜色的色滴。该涂料喷到墙面上以后，能形成两种以上色泽的多彩涂膜。即一次喷涂可获得多彩的涂膜。

3. 多彩涂料的配制原理

将带色的溶剂型树脂涂料慢慢地掺入到水相中，同时在不断搅拌下，使其分散成细小的溶剂型油漆涂料滴，形成不同颜色油滴的水分散混合悬浊液，即为多彩涂料。

4. 涂层的构造与操作

多彩涂料的涂层由底层、中层、面层涂料复合而成。底层涂料是溶剂型油漆涂料，可用刷涂、滚涂或喷涂等方法操作。操作时视基层及气温情况，可加10%左右的稀释剂。底层涂料主要起封底作用，2h后可刷中层覆盖。中层是水乳性涂料，可用刷、滚、喷涂等施工方法。操作时可加15%～20%的水稀释，涂刷1～2遍，涂布时间为4h。

面层是水乳型多彩涂料，固体含量高，要求用专用喷枪喷涂，一般一遍成活。喷涂某一部位时需将另外部位遮盖起来。面层的喷涂不能掺任何稀释剂。施工气温宜在10℃

上下,气温过低,面层涂料稠度增加,可将容器放在50～60℃温水中加温。喷枪操作时,喷嘴应距墙面30～40cm,角度为90°,从垂直于墙沿水平方向喷涂,喷枪压力稳定在25～30N/cm^2 为宜。面层实干时间一般为24h左右。

五、多彩立体涂料

多彩立体涂料也称幻彩涂料或万彩壁涂料,它是一种色彩丰富、性能好、质感强、施工容易、无污染、无接缝的一种高档室内涂料,不但防潮,而且吸声,更无剥落现象,使用时如弄脏墙面,只需用同一品种重新涂上便洁净如新,装饰效果十分理想,是前几年市场上流行的多彩花纹涂料的更新换代产品。

多彩立体涂料属纤维质水溶性涂料,其主要成分是水溶性乳胶和人造纤维或天然纤维。产品具有无毒、无味、无接缝、不起皮等优点,具有良好的抗冻性,可降低施工温度。

涂料的色彩可按设计要求现场调配,并可任意套色,能呈现出变化无穷的装饰效果与质感。

本类产品可在混凝土、砂浆抹面、石膏板、TK板、玻璃、金属等基层上进行喷涂装饰。不但适用于室内墙面和顶棚,还可用于家具、木器及一些工艺装饰。用作内墙和顶棚涂料时,处理好底层和中层后,使用特别喷枪及小型空气压缩机,便于喷涂成型花纹。

北京市建材制品总厂生产的JJ—968幻彩内墙涂料的主要技术指标见表5-8,四川飞龙新型建材科研所研制的闪光丝绸幻彩涂料技术指标见表5-9。

施工采用的方法(以JJ—968型涂料为例)有滚涂法、刮板法和喷涂法,可参考产品说明书施工作业。

JJ—968幻彩装饰涂料技术指标　　表5-8

项目＼品种	底涂料C	中涂料A	面涂料E,ES
容器中状态	无沉淀物	无沉淀物	无沉淀物
干燥时间(h,20℃)	表干1～2,全干8～12	表干1,全干12	表干1～2,全干8～12
遮盖力(g/m^2)	—	160～180	160
低温稳定性	不凝聚、不结块、不分离	不凝聚、不结块、不分离	不凝聚、不结块、不分离
耐水性(96h)	不起泡、不掉粉、不剥落	不起泡、不掉粉、不剥落	不起泡、不掉粉、不剥落
耐碱性(48h)	不起泡、不掉粉、不剥落	不起泡、不掉粉、不剥落	不起泡、不掉粉、不剥落
耐洗刷性(100次)	不掉粉、不剥落	不掉粉、不剥落	不掉粉、不剥落
耐冻融循环性(10次)	无粉化、不起鼓、不剥落	无粉化、不起鼓、不剥落	无粉化、不起鼓、不剥落
返黏性,GB 1762—80	—	—	一级

闪光丝绸幻彩涂料技术指标　　表5-9

项目	检验指标	检验结果	项目	检验指标	检验结果
容器中状态	搅拌后呈均匀状态,无结块	合格	耐水性96h	不起泡、不掉粉、允许轻微失光和变色	合格
施工性能	喷涂无困难	合格	耐碱性(饱和Ca(OH)$_2$溶液),48h	不起泡、不掉粉、允许轻微失光和变色	合格
不挥发物含量,不小于	19%	合格	耐洗刷性,次,不小于	300	1000
实干时间(h)不大于	24	合格	综合判定	所测定项目全部合格	
涂膜外观	与样本相比无明显差别	合格	备注	依据的标准、规范JG/T 3003—93	

六、内墙粉末涂料

以水溶性树脂或有机胶粘剂为基料，配以适量的填料、颜料及助剂，经研磨混料加工而成。

这种产品的最大特点是以粉末状固体供货，具有使用方便，不起壳、不掉粉、价格便宜等优点，可用于一般的内墙装饰。

施工时需将固体粉末状涂料与水按 1：3～3.5（重量比）的比例调配成乳状液涂料。调配时先用适量的冷水浸润均匀，然后再用适量的沸水冲入，机械快速搅拌，并保持温度不低于 85℃，约 1h，使其树脂充分溶化，分散均匀。2～3h 后即可进行施工涂刷或滚涂、喷涂。

基层需事先清理干净，做到平整、无尘土、无油腻。

常用内墙及顶棚涂料的特点及用途见表 5-10。

七、石膏涂料

（一）石膏涂料的制备

石膏涂料是用优质的建筑石膏粉及 95 乳化剂配制而成。配制涂料料浆比例为 95 乳化剂：石膏粉 =1：0.8～2.0 之间，以满足不同的装饰要求。根据装饰设计要求，可以在料浆中加入不同颜色的水溶性酸性颜料。

配制石膏粉料时，将石膏粉倒入乳化剂之中均匀调制，均不可倒施。

罩光剂和乳化剂混合后可获得罩光用料。配比为乳化剂：罩光剂 =1：0.5～1.0。

常用内墙及顶棚涂料的特点及用途　　表 5-10

名　称	主要成分及性能特点	适用范围及施工注意事项
LT-1 有光乳胶涂料	主要成分为苯乙烯、丙烯酸酯，本产品无臭、无着火危险，施工性能好，能在潮湿表面施工，保光性和耐久性较好	用于混凝土、灰泥、木质基面。刷、喷施工均可。使用时严禁掺入油料和有机溶剂。最低施工温度 8℃，相对湿度 ≤85%
SJ 内墙滚花涂料	主要成分为苯乙烯、丙烯酸酯，其性能为：耐水性 2000h，耐碱性 1500h，耐刷洗性 >1000 次	适用于内墙面滚花装饰。要求基层平整度较好，小孔凹凸部位应用砂浆或腻子批嵌平整
JQ-831、JQ-841 耐擦洗内墙涂料	主要成分为丙烯酸乳胶液。本产品无毒、无味、耐酸、不燃、保色。耐水性 500h，耐擦洗性 100～250 次	适用于内墙装饰或家具着色。可采用刷、喷施工。可用板等基层。喷、刷、滚施工均可。不宜用铁桶盛装，最低施工温度 10℃
τ-τ 乳胶彩色内墙涂料	主要成分为聚乙烯醇。本产品无毒、无味、涂膜坚硬，平整光滑，耐水性 168h，遮盖力 <300g/m²	用于水泥砂浆、石灰砂浆、混凝土、石膏板、石棉水泥板等基层。喷、刷、滚施工均可，不宜用铁桶盛装，最低施工温度 10℃
τ-丙内墙涂料	主要成分为醋酸乙烯、丙烯酸酯。本产品具有耐久、保色、无毒、不燃、外观细腻等特点	可采用喷、滚、刷施工方法，适用于内墙面装饰，可用水稀释，一般一遍成活。最低施工温度为 15℃，表干时间 30min，实干时间 24h
803 内墙涂料	主要成分为聚乙烯醇缩甲醛，产品无毒、无臭、涂膜表面光洁。耐水性 24h，耐擦洗性 100 次，遮盖力 <300g/m²	用于水泥墙面、新旧石灰墙面，采用刷涂施工，不可加水或其他涂料。最低施工温度 10℃，表干时间 30min，实干时间 2h
彩色滚花涂料	主要成分为聚乙烯醇。产品无毒、无味、质感好，有墙布和壁纸的装饰效果，耐水性：48h，耐碱性：48h，耐擦洗：200 次	可在 106 内墙涂料上进行滚花及弹涂装饰

续表

名称	主要成分及性能特点	适用范围及施工注意事项
膨胀珍珠岩喷浆涂料	主要成分为聚乙烯醇、聚醋酸乙烯。该涂料的质感好，类似小拉毛，可拼花，喷出彩色图案	适用于顶棚板、木材、水泥砂浆等基层，采用喷涂施工。避免长期置于铁桶内，也不宜长期暴露于空气中，最低施工温度5℃
206内墙涂料	主要成分为氯乙烯、偏氯乙烯。产品无毒、无味、耐水、耐碱、耐化学性能。对各种气体、蒸汽等只有极低的透过性	适用于内墙面。可在稍潮湿的基层上施工。本涂料分两组分，配比为：色浆：氯-偏清漆 =4：1
过氯乙烯内墙涂料	主要成分为过氯乙烯树脂。属溶剂型涂料，具有较好的防水、耐老化性	适用于内墙面，有刺激性气味，不宜喷涂施工
水性无机高分子平面状涂料	主要成分为硅溶胶。产品外观平滑无光，具有消光装饰作用。耐水性：96h，耐碱性：48h，耐洗刷性：300次	适用于厨房、卫生间、走廊。喷涂施工，最低施工温度5℃
乳胶漆内墙涂料	主要成分为高分子粘结剂、合成乳液，产品无刺激性气味。耐水性：24h，耐洗刷：200次	适用于新旧石灰、水泥基层，刷、滚施工均可，最低成膜温度：0℃，表干时间2h，实干时间6h

（二）石膏涂料的性能与特点

由武汉楚星石膏科技有限公司研制开发的ZS-3型石膏涂料，具有任意着色，呈布纹型、平面型、弹涂型及石材型饰面，适用于弹涂枪或喷涂枪机械施工，饰面层具有亚光，表面柔和、高雅、高硬度、耐磨、耐擦洗、防火、隔热、隔声等功能，被消费者誉为节能型绿色环保涂料。产品主要性能指标见表5-11。

ZS-3型石膏涂料主要技术性能 **表5-11**

项目	技术指标
细度	用孔径0.125mm筛筛余量≤3%
标准稠度	灰水比≥60%
初凝悬浮时间	≥6h
硬度	8H
附着力	≥15N/cm^2
恒重抗折强度	≥7.0MPa
恒重抗压强度	≥25MPa
高温阻燃性	1000℃不燃
吸收电磁波(300～400Hz)	12%～20%/cm
导热系数	≤0.1W/m·K
分泌物	H_2O少许
耐水性	干燥后水中浸泡10d，无起泡、脱落和皱皮
耐洗刷性	≥1000次
隔声值	30dB/cm

该公司还生产ZS系列和其他系列的石膏涂料。石膏涂料适用于公共建筑和民用住宅室内墙面、顶棚，并适用于任何墙体和顶棚的表面装饰。

（三）施工要求

1. 施工工具

弹涂枪、喷涂枪、刮板、毛刷滚筒、调浆筒、搅拌器、40目滤网等。

2. 施工工艺

下列四种工艺，不论新、旧墙体，表面一定要清理干净。从点补、满刮、滚涂、喷涂、弹涂，每做完一道工序必须彻底干燥后方可再做下道工序，否则会破坏色泽、强度和最终装饰效果。注明打磨的地方一定要用砂纸打磨。

(1)乳胶漆类平面型

墙面处理干净。点补、满刮、磨平，再用所需色料滚涂，随即用刮板收复平整，磨平后滚涂同样色料，刮板收复平整，最后磨平、罩光。

(2)石材类型

墙面处理干净。点补、满刮、磨平，用较稠色料滚涂，待硬固后用刮板将峰头轻轻压平、磨平后能显复色。用第三种色料滚涂随即用刮板收平，磨平后隐示三色后罩光。

(3)毛面类型

墙面处理干净。点补、满刮、厚度小于1.5mm，磨平。用喷涂法喷上所需的色料，干燥后罩光。毛面的形体粗细靠料浆的稀稠度控制。如饰面毛面要显示粗粒状形体，则料浆稠度要大；而显示细粒状形体毛面时则用较稀的料浆。

(4)塑化弹涂型

墙面处理干净。点补、磨平、用喷塑枪均匀地喷涂一遍，待涂层干燥后再用弹涂枪均匀地弹涂出颗粒状。颗粒大小靠料浆稠度控制，大颗粒用稠料浆，小颗粒用稀料浆。涂层干燥后罩光。如果涂层要显示复色，可分别在喷、弹的料浆中加入不同的颜色。

八、仿瓷涂料

仿瓷涂料以多种高分子化合物为基料，配以各种助剂、颜料和无机填料，经过加工而制成的一种光泽涂层。因其涂层有仿瓷效果，故称仿瓷涂料或瓷釉涂料。

仿瓷涂料涂膜具有耐磨、耐沸水、耐化学品、耐冲击、耐老化及硬度高的特点，涂层丰满细腻坚硬、光亮、酷似陶瓷、搪瓷。仿瓷涂料一般为双组分，使用方便，可在常温下自然干燥。

仿瓷涂料应用面广泛。可在水泥面、金属面、塑料面、木料等固体表面进行刷涂与喷涂。可用于公共建筑内墙、住宅的内墙、厨房、卫生间、浴室等处，还可用于电器、机械及家具外表装饰的防腐。

仿瓷涂料的品种及技术性能见表5-12。

仿瓷涂料的品种及技术性能　　表5-12

名　称	说明和特点	技术性能		生产单位
		项　目	指　标	
193瓷釉涂料	以环氧—聚氨酯为基料，配以各种助剂经加工而成。193瓷釉涂料是由底漆和面漆组成，面漆又分T型面漆和H型面漆。色调有白、淡蓝、淡绿、淡黄、粉红等	细度(μm)底漆 T型面漆 H型面漆 固体含量(%) 遮盖力(g/m^2) 附着力(划圈法，级) 耐沸水性(煮沸1h) 漆膜硬度 耐磨性(磨耗，g) T型面漆 H型面漆	≤50 ≤30 ≤30 60~65 ≤130 1 无变化 ≥0.6 ≤0.003 ≤0.002	上海汇丽集团公司
高性能液体仿瓷涂料	是多种高分子化合物为基料配制成的涂料，瓷液分A、B组分，适用于水泥、石灰、木材、铁质、玻璃、塑料、纸制品等为基面的物件上喷刷，颜色可按用户要求任意选择	干燥时间(h)表干 实干 附着力(化圈法) 光泽度(%) 硬度(摆杆硬度计) 细度(μm) 耐磨性(g) 耐酸碱性(25%溶液) 耐污染性(30次) 温差试验(5次)	3 48 1~2级 ≥100 0.7 ≤30 ≤0.0003 24g无变化 白度下降10% -30℃~+100℃ 不开裂	北京振利高新技术公司

九、发光涂料

发光涂料是在夜间发光的一种涂料。一般有蓄光性发光和自发性发光两类。

蓄光性发光涂料是由成膜物质、填充剂和荧光颜料等组成。蓄光性发光涂料之所以能在夜间发光，是因为其中含有荧光颜料的缘故。当荧光颜料（主要是硫化锌等无机颜料）的分子受到光的照射后被激活、释放能量，夜间或白天都可发光，明显可见。

自发性发光涂料除了蓄光性发光涂料的组成外，还掺入了极少量的放射性元素。当荧光颜料的蓄光消失后，因放射性物质放出的射线刺激，涂料会继续发光。自发性发光涂料加入的放射性元素可以是镭或钍，它们能放射出 α 射线。

表 5-13 为发光涂料的性能及用途

发光涂料的性能及用途　　表 5-13

名　称	性能特点	适用范围	生产单位
M-45、M-46 定向反光标志	具有耐候、耐油、透明、抗老化等特点	适用于桥梁、隧道、机场、工厂、剧院、礼堂的太平门标志、广告招牌以及交通指示牌、门窗把手、钥匙孔、电灯开关	上海振华造漆厂
发光涂料	该涂料不采用荧光物质和放射性物质，该涂料在日光灯或其他灯光下照射 2min 熄灯后，能在黑暗中自行发光 3h 以上	适用于水、陆、空交通标志、城市建筑和美术装潢	江苏武进江南新型发光材料厂
发光涂料	涂料无任何放射性元素及有毒物质，无环境污染，吸收各种可见光后在暗处可持续发光 12h 以上	适用于宾馆、舞厅、夜总会、家庭美化装饰。有蓝、绿、黄、红各种颜色	大连市高新技术商业应用研究所

近年来，国内在发光涂料的基础上，进一步开发出了梦幻发光涂料。西安立大高科技国际有限公司与日本 Sinoohi 公司共同推出的国际最新型的梦幻发光涂料，是以可溶性基底漆、水基底漆、屏幕印刷墨、丙烯酸乳胶、丙烯酸等几十种物质为原料，经过 10 多道工序和特殊工艺制成的一种复合光涂料。

在建筑物的墙壁、物品、服装等的表面，用特殊的气笔和这种涂料，画出你心中所需要的画面，在普通光线（自然光、阳光）照射下，看不出被涂的画面。但在特殊光源的照射下，则会放射出犹如梦幻般的柔和色彩，展现出栩栩如生的画面。因此，该涂料一问世，就以其梦幻的色彩、全新的感觉、超时空的技术、广阔的应用领域，开创了建筑装饰行业的新的市场。

梦幻发光涂料具有附着力强、防热、防溶、耐光、抗腐蚀等优点，户外使用寿命达 3 年以上。产品分为油漆、油墨两大类。颜色有红、橙、黄、绿、青、蓝、紫、粉等 8 种基本颜色，用这种基本色，可根据消费者的实际需要，随时调出消费者所要求的色彩。可选用喷涂、印刷、笔绘等方法作画。

产品适用于宾馆、歌舞厅、剧院、户外广告、标志、大型户外装饰、商业橱窗、服装、展览会等场所。室内使用寿命达 10 年以上。

十、防火涂料

防火涂料是用于可燃基材表面，能降低被涂材料表面的可燃性，阻滞火灾迅速蔓延，用以提高被涂材料耐火极限的一种涂料。通常有饰面防火涂料、电缆防火涂料、钢结构防火涂料、预应力混凝土楼板防火涂料等。

十一、其他新型内墙涂料

近年来，随着涂料技术的发展，一些仿天然材料的涂料和绿色环保涂料，以及具有其他特殊功能的内墙涂料不断出现,开创了建筑涂料研究和应用的新时代。

(一)天然真石漆

天然真石漆是石艺集团有限公司开发研制的专利产品(中国发明专利号:92113056.2),具有阻燃、防水、环保三大特点。该产品是以天然石材为原料,经特殊工艺加工而成的高级水溶性涂料,以防潮底漆和防水保护膜为配套产品,在室内外装修、工艺美术、城市雕塑上有广泛的使用前景。

使用天然真石漆除具有阻燃、防水、环保三大特点外,还能使装饰墙体典雅高贵、立体感强,与顶棚和PS雕花构件搭配使用,颇具欧式格调。使用本产品后的饰面仿天然岩石效果逼真,且施工简单,价格适中。

基层可以是水泥混凝土、水泥砂浆、石膏板、木板、玻璃、泡沫、胶合板等材料。

生产这类产品的有北京建材制品总厂、广东中山市水榄环美涂料厂、台湾省铃鹿化工股份有限公司等企业。表5-14为北京建材制品厂仿石涂料的技术性能。

JR-950三彩仿石涂料的技术性能　　**表5-14**

项　目	指　标	项　目	指　标
容器中状态	无硬结,搅拌后呈均匀状态	耐洗刷性(次)	>1000
集料沉降性	<10	粘结强度(MPa)	>0.69
干燥时间(h)	表干时间<4,实干时间48	抗冻性(次)	10次冻融循环,涂层无裂纹、起泡、剥落、允许有轻微失光和变色
耐水性(240h)	涂层无开裂、起泡、剥落、允许有轻微失光和变色		
耐碱性(240h)	涂层无开裂、起泡、剥落、允许有轻微失光和变色	人工老化性(500h)	涂层无裂纹、起泡、剥落、粉化

仿石涂料的施工要求:

1)基层要求坚实、平整、含水率<10%,pH值<9,要清除基层表面油污、浮灰及疏松物。

2)用毛刷或毛滚上防潮底漆一道,底漆用量为250g/m^2。

3)待底漆干燥后,将仿石涂料搅拌均匀后装入专用喷枪喷涂施工,喷涂压力为0.4~0.8MPa,喷枪距离墙面0.4~0.6m,喷涂量凹凸感强5~7kg/m^2,一般质感3~5kg/m^2。

4)喷涂厚度因气温及空气湿度而异,需要仿石涂料干燥后,经过24~96h方可罩光。

5)将专用罩光剂的甲乙组分按1:0.2混合搅拌均匀,再根据饰面要求的光泽加稀释剂0.4~0.6搅匀,停止10min后,将罩光剂倒入涂料喷枪,均匀喷于已干燥的仿石涂料面层上,喷涂压力在0.3~0.4MPa。罩光利用量一般在100g/m^2左右。

(二)迪诺瓦(Dinova)系列高级内墙乳胶漆

上海迪诺瓦有限公司是由中国高利集团股份有限公司与德国迪诺瓦有限公司共同投资1.32亿元,在上海浦东兴办的生产环保型内外墙水性涂料及装饰性砂浆的大型企业。该企业生产的迪诺瓦乳胶漆1994年曾获"第一届中国国际建筑装饰材料博览会"金奖,1995年被上海绿色建材展示促销中心推荐为绿色建材产品。

1. SDN-200高级丝光内墙乳胶漆

SDN-200高级丝光内墙乳胶漆是室内装饰环保型绿色产品,无毒、无臭、表面柔滑平整、具丝绸光泽,有很好的遮盖力、填充力和基层的粘结力。涂膜不易开裂、剥落和粉化。兼具抗水渗透、抗毛细裂、耐污、耐洗刷等优点,其耐洗刷性符合德国SSGDIN53778标准。抗碱性和透气性均好,用量涂刷两遍约为250ml/m^2(视基面情况变化)。特别适合于家庭室内装饰和卫生要求高且用洗涤剂清洁的墙面，如医院、诊所、食品车间、宾馆餐饮等公共场所。

2. SDN-211 亚光内墙乳胶漆

SDN-211 亚光内墙乳胶漆是另一种环保绿色产品，无毒、无味、涂层平整，亚光柔和，具有较强的遮盖力和填充性，与基层粘结牢固，透气性好，适用于室内墙面和顶棚装饰。产品耐洗刷性能符合德国 WMDIN 53778 标准，主要技术指标见表 5-15。

SDN-211 亚光内墙乳胶漆技术指标　　表 5-15

项　目	指　标	项　目	指　标
外观	浆状、无硬块、无沉淀，搅拌后至均匀状态	耐洗刷性(次)	>1000
固体含量(%)	59.5～60.5	耐碱性(48h)	不起泡、不剥落、无变色
密度(g/cm^3)	1.55～1.57	耐水性(96h)	不起泡、不剥落、无变色
遮盖力(g/cm^2)	140	透水汽性(m)	0.1

3. SDN-210 高级亚光内墙乳胶漆

同属室内装饰环保型绿色产品，无毒无味，涂层质感细腻、亚光柔和，符合现代装饰美学要求。产品具有很好的遮盖力和填充力，粘结牢固，不易剥落，透气性好，耐洗刷。耐洗刷性符合德国 SMDIN 53778 标准。涂刷两遍用量约为 $250ml/m^2$。

4. 迪诺瓦系列高级内墙乳胶漆施工方法

可采用刷、漆、喷漆工艺，用高压无空气喷涂时推荐用 0.2mm 筛孔径。施工时环境和墙面温度不得低于 5℃，施工前涂料用水稀释并搅拌均匀。对于重涂墙面，涂刷一遍最多加入 5% 的水稀释；对于新涂墙面，根据底层的吸水性，中涂最多加入 15% 的水稀释，面涂最多加 10% 的水稀释；如属于喷涂作业，稀释用水控制在 10% 左右。

涂料用量：对于重涂层，单层至少 $130ml/m^2$；对于新涂层，细质底面至少 $200ml/m^2$，中细质底面至少 $250ml/m^2$。

基层性质及底面处理：基层应牢固、坚实、干燥、清洁、无浮灰、无油迹。表面的洞孔、裂缝和不平整处在用底涂前应先用腻子抹平、干透。对于牢固、干燥、清洁且吸水性弱的基层，可以不进行底涂处理。对于新抹的砂浆表面，要求经过 2～3 周彻底通风干燥，然后用 Dinogrund 高浓缩型底面处理剂(迪诺瓦配套产品)以 1∶4 加水稀释后进行底涂。对于起粉、酥松、吸水性强的基面必须用 Dinogrund 高级缩型底面处理剂以 1∶4 加水稀释后涂刷其表面。对于严重起粉、酥松的基层可用 Tiefgrund 高渗透型底面处理剂(迪诺瓦配套产品)，不加水稀释涂刷于表面。对于石膏制品、纸面石膏板类基层，用 Tiefgrund 高渗透型底面处理剂打底，让其充分吸收。对于无承载能力的旧涂层，先用机械方法或腐蚀剂去除，然后洗净、干燥；对于粘结牢固且不粉化的旧水性涂层，可直接涂乳胶漆，不需底涂处理。木板、夹板、胶合板、纤维板等基层，先洗净表面，打磨平整，再用迪诺瓦油性底面处理剂打底。

(三)北京建材制品总厂乳胶漆系列

1. JJ-960 丙烯酸弹性防水涂料

丙烯酸弹性防水涂料是引进国外先进技术，选用进口自交联型纯丙烯酸乳液、多种配套助剂及钛白颜料精加工而成的弹性乳胶漆。其漆膜具有“即时复原”的弹性和优良的伸长率，使涂层不因砂浆而破裂或皱起。

（1）特点

JJ-960 丙烯酸弹性防水涂料具有如下特点：

1）具有抗紫外线的性能，从而具有优越的耐久性；

2）有永久的韧性，从而能抵抗开裂；

3）有较强的抗沾污性，外观洁净；

4）在广泛的温度范围内都能保持其优良的伸长率，使基材已有或要发生的开裂得到遏制，从而防止水和 CO_2 的穿透，并起到良好的装饰作用；

5）具有呼吸功能，可防止潮气在墙壁和屋顶内集聚；

6）具有良好的抗化学腐蚀性，可保护基层材料免遭腐蚀；

7）对各种基材具有较强的附着力；

8）抗风吹雨淋；

9）水性产品，无毒，施工方便，清洗容易。

（2）性能指标

JJ-960 丙烯酸防水性涂料主要技术性能指标见表 5-16。

JJ-960 丙烯酸防水性涂料主要技术性能指标　　表 5-16

编　号	测试项目		指　　标
1	固体含量（%）		60±5
2	干燥时间（h）	表干	≤4
		实干	≤24
3	抗积尘性		优
4	伸长率（%）	-10℃	250~330
		0℃	250~338
		25℃	350~525
		40℃	390~690

编　号	测　试　项　目		指　　标
5	抗张强度（kgf/mm^2）	-10℃	0.6~1.57
		0℃	0.3~0.97
		25℃	0.3~0.45
		40℃	0.17~0.32
6	抗裂纹桥连性（B 值）		>20
7	抗 CO_2 扩散系数（μ 值）		4.0~4.3E05
8	抗水蒸气扩散性（μ 值）		1375~1685

（3）施工方法

1）墙面属新砂浆面：施工前应使砂浆层固化 28d，冲洗以除尽游离的砂子和水泥，冲洗干净并风干后涂刷专用的水性砂浆封闭剂。

2）墙面属旧砂浆层：洗去所有松散附着的涂层、尘土、霉斑以及其他污垢，用专用弹性水泥浆填塞所有宽度超过 1.5mm 的旧裂缝，自然养护 24h，涂刷专用的水性砂浆封闭剂。

3）墙壁的施工：涂刷专用水性砂浆封闭剂 4h 后即可涂刷面层防水涂料，涂布量 $0.5kg/m^2$，干燥 24h 后再涂第二道，第二道涂布量相同。

4）屋顶的施工：涂刷水性封闭剂 4h 后涂面层涂料，涂布量 $0.5kg/m^2$，待涂层未干时铺玻璃纤维布，接着涂第二层面层涂料，涂布量仍然为 $0.5kg/m^2$，24h 后涂第三层面层涂料，涂布量 $0.3kg/m^2$。

2. JM-952 高档内墙用丝面乳胶漆

（1）特点

JM-952 高档内墙用丝面乳胶漆漆面色泽淡雅、柔滑如丝、附着力强、坚固耐久、防霉菌、耐水、耐碱、玷污后易用水擦洗、具有高雅的丝质光泽。

（2）性能指标

JM-952 高档内墙用丝面乳胶漆的主要性能指标列入表 5-17 中。

JM-952 丝面乳胶漆技术性能　　**表 5-17**

测试项目	技术指标	检测结果
容器中状态	经搅拌无结块沉淀和絮凝现象	经搅拌无结块沉淀和絮凝现象
低温稳定性	不凝聚、不结块、不分离	不凝聚、不结块、不分离
遮盖力(g/m^2)	不大于 250	118
颜色及外观	表面平整、符合色差范围	表面平整、符合色差范围
干燥时间(h)	不大于 2	2
耐洗刷性(次)	不小于 300	5000 次无露底
耐碱性(96h)	不起泡、不掉粉、允许有轻微失光、变色	不起泡、不掉粉、无失光、变色
耐水性(96h)	不起泡、不掉粉、允许有轻微失光、变色	不起泡、不掉粉、无失光、变色
固体含量(%)	不小于 45	56.7

使用时与配套生产的耐水腻子、封底涂料配合使用，使用比例为，耐水腻子：封底涂料：丝面乳胶漆 =1：0.1：0.15(重量比)。

(3)施工要点

1)墙面要求平整、坚实、含水率 <10%，pH 值 <9，除去油污、浮灰。需刮腻子的墙面，将配套产品 LG-940 耐水腻子满批一遍。

2)用砂纸将刮痕打磨平整，清除浮灰。

3)未刮耐水腻子的墙面，需用配套产品封底涂料 BT-09-C 滚涂一遍。

4)将丝面漆搅拌均匀，用清水调至宜刷程度，均匀涂刷两道，每道间隔 2h。

5)施工温度不得低于 8℃。

3. JM-953 超级雅面乳胶漆

(1)特点

JM-953 超级雅面乳胶漆是北京市建材制品总厂生产的又一种高档内外墙装饰涂料，产品具有涂膜柔滑雅致、耐水、耐碱、防霉菌、遮盖力强等特点，适用于室内外墙面、顶棚、水泥纤维板、石膏板等的装饰。

(2)性能指标

JM-953 乳胶漆主要技术指标如表 5-18 所示。

JM-953 雅面乳胶漆主要技术性能　　**表 5-18**

项　目	测试结果	项　目	测试结果
容器中状态	无硬块、搅拌后呈均匀状态	耐洗刷性(次)	1000 洗刷不露底
固体含量(%)	56.8	耐碱性(48h)	不起泡、不掉粉、无明显变色
低温稳定性	不凝聚、不结块、不分离	耐水性(96h)	不起泡、不掉粉、无明显变色
遮盖力(g/m^2)	120	耐冻融性(10 次)	无粉化、不起鼓、不开裂、不剥落
颜色及外观	表面平整、符合色差范围	耐沾污性(5 次)(%)	15.4
干燥时间(h)	1	耐人工老化性(250h)	不起泡、不剥落、无开裂、粉化 0 级、变色 I 级

(3)施工要点

1)墙面必须坚实平整，含水率 <10%，pH 值 <9。

2)清除墙面灰污、油渍。

3)涂刷配套用封底涂料 BT-090C 一道，干燥 2h。

4)施工前将涂料搅拌均匀，用毛滚或毛刷施工两道，两道之间间隔 2h。

5)使用前用清水稀释调均匀,加水量以不流挂为宜。

6)施工温度8℃。

7)封底涂料用量;雅面漆用量1∶16。

(四)美国夫洛瓦(FOREVER)系列乳胶漆

夫洛瓦系列乳胶漆是美国都朗发展有限公司生产的高级涂料。有透明腻子、透明底漆、木器封底漆、有色底漆、清面漆、亚光漆、有色透明漆、彩色面漆、方便型透明漆、单、双组分地板漆等聚酯漆系列,此外还有珠光型、丝绸型、水晶型高级乳漆等产品。

施工注意事项如下:

(1)表面(基面)处理与打磨

1)先用腻子将墙面批平并用砂纸打磨平滑。

2)施工的墙面必须干燥。新房墙面应干燥至水分小于8%时施工效果最佳。

3)旧墙面施工前应铲除疏松、起层、裂纹、粉化部分,并清扫干净。霉菌滋生的墙壁须用漂白粉溶液清洗霉菌后,再用清水冲洗干净,干燥后再涂刷。

4)为使漆膜耐久、保色,不受墙体碱性物质的侵蚀,应用配套系列产品"夫洛瓦"97号封固底漆打底。

5)对于完整的旧墙面,要用细砂纸打磨平滑。

(2)施工方法

1)施工前将选好的色素按要求倒入桶中充分搅匀,并在施工前做一小样,确定无色差后再施工。

2)根据需要加入适量清水稀释,切忌大量加水,以免使涂层成膜困难及降低涂层光泽、遮盖力及耐久性。

3)先用刷涂或滚涂法涂封固底漆一道,再用刷涂或滚涂法涂面漆两道即可。

4)在涂刷过程中如出现气泡,应按原涂刷方向回刷,使气泡消失。

(3)注意事项

1)不能与聚酯油漆同时同地施工,一般最好先涂聚氨酯,等到彻底干燥后(2d后)再涂乳胶漆。如先涂乳胶漆应待彻底干燥后(7d/25℃)才能使用其他油漆。

2)应贮存在阴凉、干爽的地方,不可置于0℃以下。

3)温度在5℃以下一般应停止施工,尤其是背向太阳的阴暗面。0℃以下严禁施工。

4)如用于外墙,施工结束12h内遇雨,应尽可能遮挡,以免涂层被雨水冲"花"。

5)施工时避免沾染皮肤及吸入过量油漆喷雾,如沾染上皮肤,应用肥皂和温水冲洗干净。

(五)负离子内墙涂料

采用最新负离子发生技术,能够持续释放对人体有益的负离子,如同置身于大森林。负离子除有益健康外,还能有效去除室内各种有害气体,尤其是对新装修家庭室内环境中的游离甲醛有明显解除作用。此外,负离子内墙涂料耐擦洗性好,防霉抗藻,能长时间保持墙面亮丽本色。

(六)调湿涂料

这种涂料是以吸水树脂为主要成膜物质,配以各种特殊粉料制成的一种功能涂料,具有特殊的调湿功能,在室内空气过于干燥时能释放出水分,保持一定湿度。

(七)灭虫涂料

这是一种可代替驱虫药的涂料,具有5年以上的灭虫效果。对蟑螂、苍蝇、蚊子、臭虫等灭虫效果很好。同时,具有良好的装饰性。

(八)多乐士墙面漆

多乐士墙面漆是近年来我国消费者比较喜爱的一种内墙涂料。多乐士是ICI(世界油漆集团)旗下最高档的油漆品牌。在我国主要有墙面漆和木器漆两大类。

1. 多乐士抗裂净味墙面漆

采用超级渗透工艺,形成的优异弹性漆膜具有更强的收缩性,能够有效地预防和修补细微裂纹。即使墙体内出现细微裂纹,表面漆膜丝毫不会受到影响,保持墙面持久靓丽。采用创新净味技术,充分过滤有害物质,产品气味清新,健康环保。

2. 多乐士金装5合1超低VOC净味墙面漆

VOC是挥发性有机化合物的英文缩写。通常是指在常温下,沸点50~260℃的各种有机化合物。VOC按其化学结构,可进一步分为:烷类、芳烃类、酯类、醛类及其他。目前已鉴定出的有300多种。最常见的有苯、甲苯、二甲苯、苯乙烯、三氯乙烯、三氯甲烷、三氯乙烷、二异氰酸酯(TDI)、二异氰甲苯酯等。甲醛也是挥发性有机化合物,但甲醛易溶于水,与其他挥发性有机化合物有所不同。

多乐士金装5合1超低VOC净味墙面漆是五大功能结合突破净味配方,产品更加环保,气味更加清新,具有高效覆盖细微裂纹、更耐擦洗、防霉和持久靓丽五大功能。

3. 多乐士抗甲醛5合1墙面漆

是一种具有甲醛净化功能的5合1超高档墙面漆。除了兼顾多乐士5合1系列已有的功能外,特别采用了创新微孔净化技术,有效分解了空气中的甲醛,在保持漆膜优质表面的同时显著降低室内空气中的甲醛含量。

4. 多乐士5合1墙面漆

能有效修补及预防细微裂纹。特别是产品中添加CNR弹性粒子后,显著提高了漆膜的柔韧性和弹性,可以更有效地修补和预防细微裂纹。

5. 多乐士竹炭清新居全效墙面漆

采用微孔净化技术,产品具有超低VOC含量(20g/L),有效分解室内空气中甲醛,耐擦洗性良好。

(九)立邦漆

立邦是世界著名的涂料制造商,成立于1883年,已有100多年历史,是世界上最早的涂料公司之一。1992年进入中国的立邦涂料,近年来在全球涂料厂家的排名中一直名列前茅,是国内涂料行业的领导者。立邦涂料之所以受到消费者喜爱,是因为立邦始终将环保理念贯穿于所有的研发、制造环节,以此来保障产品的环保指标。早在1997年10月,中国预防医学科学院曾进行过权威毒理试验,认定Vinlex S5000、Matex M600、丝得利、三合一等四种立邦漆属于实际无毒级。2000年6月,立邦漆再次接受中国预防医学科学院环境监测所产品毒理试验,送检产品有梦幻千色、Matex M600、Vintex S5000、丝得利、三合一等6种。检测认定立邦漆属于实际无毒级。

2003年,立邦漆在涂料行业成为首批获得国家强制性产品认证(3C)的企业,2004~2005年,立邦漆获得"绿色建材产品认证"称号。

市场上深受消费者喜爱的涂料品牌有:多乐士Dulux(英国品牌)、立邦漆(日本品牌)、华润Huarun(中国品牌)、飞扬Feiyang(中国品牌)、美涂士Maydos(中国品牌)、嘉宝莉Carpoly(中国品牌)、嘉丽士漆Calusy(中国品牌)、紫荆花Bauhinia(中国品牌)、大宝漆Taibo(中国品牌)、三棵树Skshu(中国品牌)等。此外,红苹果、沙漠绿洲等也是消费者比较喜爱的产品。

第四节　外墙涂料

外墙涂料是用于涂刷建筑外立面，所以最重要的一项指标就是抗紫外线照射，要求达到长期照射不变色。外墙涂料还要求具有良好的抗水性能，要求有自涤性。漆膜要求硬而平整，脏污一冲就掉。外墙涂料还要求具有良好的防开裂性能，自身能修补细微裂纹。外墙涂料能用于内墙涂刷是因为它具有抗水性能。而内墙涂料不具备抗紫外线照射的性能，因此不能把内墙涂料当外墙涂料用。

外墙涂料由高弹性丙烯酸乳液、钛白粉助剂等制成。外墙涂料除了具有常规高级外墙乳胶漆的高性能之外，更具极好的弹性，故能赋予涂层的连续装饰性和防水功能。由于采用了新技术，故涂层具有卓越的抗沾污性、呼吸能力和附着力。

外墙涂料种类很多，可以分为强力抗酸碱外墙涂料、有机硅自洁抗水外墙涂料、纯丙烯酸弹性外墙涂料、有机硅自洁弹性外墙涂料、高级丙烯酸外墙涂料、氟碳涂料、环保外墙乳胶漆及丙烯酸油性面漆等。

低碳艺术漆是利用植物材料制漆，将天然麦秸秆、原生竹纤维等引入涂料行业，是绿色环保的新产品。

外墙涂料直接暴露在大自然，经受风、雨、冰霜、日晒的侵袭，故要求涂料具有耐水、保色、耐污染、耐老化以及良好的附着力；同时还要求具有抗冻性好、成膜温度低的特点。

外墙涂料按装饰质感分为四类：

1. 薄质外墙涂料：质感细腻、用料较省，也可用于内墙装饰，包括平面涂料、沙壁状、云母状涂料。

2. 复层花纹涂料：花纹呈凹凸状，富有立体感。

3. 彩砂涂料：用染色石英砂、瓷粒云母粉为主要原料，色彩绚丽多姿。

4. 厚质涂料：可喷、可涂、可滚、可拉毛，也能作出不同质感花纹。

消费者比较喜爱的外墙涂料品种有嘉丽士漆、沙漠绿洲、汇克涂料、红苹果漆、好思家、立邦外墙漆、美涂士、嘉柏丽、广东樱花、田园风光低碳艺术漆等。

第五节　地面涂料

地面涂料的主要功能是装饰与保护室内地面，使其清洁美观。地面涂料应具有如下特点：

（1）涂料的耐磨性好。耐磨性是地面涂料的主要性能之一，因此应有足够的耐磨性。

（2）具有良好的耐碱性。地面涂料主要是涂刷在楼面板的水泥砂浆基面上，需要有良好的耐碱性及与地面水泥砂浆的粘结力。

（3）良好的耐水性是地面涂料的另一主要特性。为了保持地面清洁，需要经常用水擦洗，因此，地面涂料必须具有良好的耐水性。

（4）良好的抗冲击性。地面容易受重物撞击，要求地面涂料的涂层在受到重物冲击时，不易开裂或脱落，只允许出现轻微的凹痕。

（5）施工方便、重涂容易。地面涂料的主要技术性能见表5-19，常用地面涂料的特点、用途见表5-20。

地面涂料的主要技术性能　　　　表 5-19

项　　目	技　术　指　标	项　　目	技　术　指　标
涂层的颜色及外观	符合标准样板及色差范围,涂膜平整	耐热性	不起泡、不开裂
粘结强度(PMa)	>2	抗冲击性(N·cm)	>400
耐水性(96h)	无异常	耐日用化学品玷污性	良好
耐洗刷性(次)	>1000	耐灼烧性	不起泡、不变形、不变色
耐磨性 g/1000r	<0.6		

常用地面涂料的特点及用途　　　　表 5-20

涂 料 名 称	主要成分及性能特点	适用范围及施工注意事项
多功能聚氨酯弹性彩色地面涂料	主要成分为聚氨酯,本品耐油、耐水,耐一般酸、碱腐蚀,有弹性,不因基层发生微裂缝而导致涂膜开裂	适用于旅游建筑,机械工业厂房、纺织化工、电子仪表及文化体育建筑地面,一般采用刷涂施工
BS707	主要成分为苯乙烯、丙烯酸酯。本品为厚质涂料,能施工成各种图案,耐水,耐老化,耐一般酸、碱及化学药品	用于新旧水泥砂浆地面,刮漆施工,最低施工温度 5℃。表干:2h;实干:8h
505 地面涂料	主要成分为聚醋酸乙烯。本品粘结力强,并具有一定的耐酸、碱性。耐水性:96h 无变化	用于木质、水泥地面。施工时可以做成各种图案。一般三遍成活,最低施工温度 5℃
RD-01 地坪涂料	主要成分为氯乙烯、偏氯乙烯。本产品自流平性较好,耐磨性较好。耐水性:96h 无变化。遮盖力:150g/m^2	用于室内地坪。基层要求平整、干净。最低施工温度:10℃;表干时间 2h;实干时间 24h
DJQ-1 地面漆	主要成分为尼龙树脂。本产品具有一定弹性、无毒、耐水、耐磨、不耐酸碱。人工老化试验:1000h 无变化	适用于新旧水泥地面,刷涂施工。施工时周围不能有明火,表干时间 2h;实干时间 24h

第六节　大力发展绿色环保涂料

绿色涂料即环保型涂料,其主要特征是无毒、无污染,这是世界涂料业发展的必然趋势。1999 年我国就提出应重点发展无毒、低污染、耐老化、保温性能好、装饰性能好的内外墙高档涂料。2002 年 7 月 1 日,国家颁布了室内装饰材料十项强制性标准,设立了中国环境标志产品认证机构。强制性标准中严格规定了产品中有害物质限量,把的是市场准入关,环境标志走的是绿色推荐路,市场准入标准限值当然低于绿色推荐标准的限值,但都是推进中国产品尽快适应加入 WTO 后如何与国际接轨的有力手段,更是应对绿色贸易技术壁垒的武器。从这个意义上来讲,发展绿色涂料及其他装饰材料,意义十分深远。

在我国颁布的室内装饰装修材料强制性执行标准中,涂料就占有四项,即《室内装饰装修材料内墙涂料中有害物质限量》(GB 18582—2008)、《室内装饰装修材料溶剂型木器涂料中有害物质限量》(GB 18581—2009)、《室内装饰装修材料水性木器涂料中有害物质限量》(GB/T 24410—2009)和《建筑用外墙涂料中有害物质限量》(GB 24408—2009)。根据国家涂料质量监督检验中心受国家质量监督检验检疫总局的委托,近年来先后对中高档建筑涂料、水溶性内墙涂料、合成树脂乳液内墙涂料多次监督抽查的结果来看,我国各地生产的建筑涂料按强制性标准和环境标志要求还有不小的差距。

国内绿色内墙涂料发展中存在的问题主要表现为:检测机构五花八门,认证制度不规范，环保标志混乱；广大用户缺乏环境保护意识，缺乏选择绿色环保型涂料的基本知识；生产企业、销售商家环保意识不足，甚至对消费者极不负责，生产和销售假冒伪劣产品；绿色建材开发、研制、检测、评价资金不足等等。

大力发展绿色涂料，任重道远。

近年来，我国已有部分涂料生产厂家利用纳米技术、纳米半导体光催化技术等先进的技术手段来生产建筑涂料，并取得了良好的应用效果。如深圳尊业纳米材料有限公司生产的纳米涂料，已在深圳、武汉等地使用；青岛益群亚美新型涂料有限公司应用纳米 Tio_2 光催化技术生产的新型涂料，利用自然光即可催化分解细菌和污染物，具有高催化活性、良好的化学稳定性和热稳定性，无二次污染，无毒无刺激，是一种值得大力推广的绿色涂料。上海市建筑科学研究院研究认为，健康型内墙涂料的研制和生产时，关键是涂料的各种成分要严格控制有害物质含量，例如在成膜物质中控制挥发性有机化合物含量（VOC）、挥发性有机化合物残留浓度、涂料生物毒性指数（TIP）、透气性等环保指标；在颜料和填料中控制汞等重金属含量；助剂中控制甲醛等有害物质含量。同时在涂料的生产过程中，还需注意生产设备和容器、管道等的清洗和杀菌。

无机抗菌剂、抗菌涂料的研究开发近年来取得了可喜进展。中国建筑科学研究院研制开发了一种无机抗菌剂，并在保定投入生产，具有抗菌、抗霉、无味、耐久性好等特点。武汉理工大学采用溶胶——凝胶法研制成功 Ag 系、Ag-Zn 系、Ag-Qu 系及 Ag-Zn-Qu系无机抗菌剂，并应用于丙烯酸涂料中，制成了抗菌性优良的抗菌性能的涂料。

发展绿色涂料，主要方向是：

1. 高固体分涂料

目前国外高固体分涂料的研发重点是低温或常温固化型和官能团反应型快固化且耐酸碱、耐擦伤性好的高固体分涂料。

2. 水性涂料

涂料的水性化，是21世纪的发展方向。目前，主要有四种类型，即：水溶性涂料、水溶胶涂料、水乳胶涂料和粉末水性涂料。开发高质量、外观精美、无毒无害的涂料是水性涂料的发展方向，其中涉及颜料分散技术和多元化技术、水性化涂料的制造技术等。

3. 粉末涂料

粉末涂料的发展方向主要有：低温固化和快速固化粉末涂料；外观装饰性好的粉末涂料；薄层粉末涂料；适用于高层建筑、桥梁、高速公路等领域的氟树脂粉末涂料。此外，还有低光泽粉末涂料、透明粉末涂料、预涂型粉末涂料等。

4. 辐射固化涂料

目前用于建筑行业的有不饱和聚酯、聚酯丙烯酸、环氧丙烯酸酯、聚氨酯丙烯酸酯、聚醚丙烯酸酯等自由基光固化或紫外线固化涂料。今后将重点开发经济型的新型常光固化涂料。

涂料中有害物质限量详见本书附录。

第七节　油漆涂料

油漆是室内装饰中常用的一种涂料，用于涂敷在家具、木制品和木地板的表面，使材料得以保护，表面光滑、美观，经久耐用。油漆表面有哑光和光亮之分，消费者可根据需求而选择。

一、天然漆

天然漆又称大漆，有生漆和熟漆之分。天然漆是漆树上取得的液汁，经部分脱水并过滤而得的黄色黏稠液体。天然漆具有漆膜坚硬、富有光泽、耐久、耐磨、耐油、耐水、耐腐蚀、绝缘、耐热(≤250℃)、与基材表面结合力强等优点；缺点是黏度大，不易施工(尤其是生漆)，漆膜色深、性脆、不耐阳光直射、抗强氧化剂和抗碱性能差，漆酚有毒，容易产生皮肤过敏。生漆不用催干剂可直接作涂料使用。生漆经加工即成熟漆，或经改性后制成各种精制漆。精制漆有广漆和推光漆等品种，具有漆膜坚硬、耐水、耐热、耐久、耐腐蚀等良好性能。

天然漆主要用于木器家具、工艺美术品及某些建筑构件等。现在城市中不大常用，在山区农村还有部分农民使用。

二、调和漆

调和漆是在熟干性油中加入颜料、溶剂、催干剂等调和而成的一种涂料，是比较常用的一种油漆。调和漆质地均匀，稀稠适度，漆膜耐蚀、耐晒、经久不裂，遮盖力强，耐久性好，施工方便。调和漆的颜色根据所掺颜料的颜色而变，主要有白、绿、蓝、黄、红等。适用于室内外钢材、木材等材料表面装饰。常用的有油性调和漆和磁性调和漆等品种。

三、树脂漆

树脂漆又称清漆，系将树脂溶于溶剂中，加入适量催干剂而成。常用的树脂有醇酸树脂、聚氨酯树脂、酚醛树脂、环氧树脂等。树脂漆通常不掺颜料，涂刷于材料表面，溶剂挥发后干结成透明的光亮薄膜，能显示出基材原有的花纹，更显立体感。近年来国内外市场又开发出了哑光树脂漆，也呈良好的装饰效果。

树脂漆分单组分和双组分。单组分树脂漆就是由树脂和溶剂组成，双组分树脂漆还要加上固化剂等辅料。如上海申真涂料总厂生产的“SJ 型水晶地板漆”，就是一种双组分的聚氨酯清漆，甲组分为固化剂，乙组分为树脂，按甲组分：乙组分=1：2 的比例配方而成。

树脂漆多用于木制家具、木地板、室内门窗、隔断的涂刷，不宜外用。使用时可喷可涂。

四、磁漆(瓷漆)

磁漆系在清漆基础上加入无机颜料而成。因漆膜光亮、坚硬，酷似瓷(磁)器，故称磁漆。磁漆色泽丰富、附着力强，适用于室内装修和家具，也可用于室外钢材和木材表面。

喷漆是清漆或磁漆的一个品种，因采用喷涂法而得名。常用喷漆由硝化纤维、树脂、溶剂，或掺颜料配制而成。喷漆漆膜坚硬，附着力强，富有光泽，耐酸、耐热性能好，是木制家具、金属装修材料的常用涂料。

油漆中也含有挥发性有机化合物(VOC)、苯、甲苯、二甲苯、游离甲苯二异氰酸酯、重金属物质等对人体和环境有害成分，国家标准 GB 18581—2001《室内装饰装修材料溶剂型木器涂料中有害物质限量》(见本书附录)对有害物质的检测和限量作了规定。使用油漆涂料时，一是要注意施工安全，要安全操作，打开门窗通风，防止中毒；二是装修后的房屋和油漆后的地板、家具等要尽量通风，使室内油漆涂料中有害物质含量达到国家规定的限量以下；三是选购油漆涂料时，尽量选用环保型产品，并注意索取产品质量检测报告。

第八节　建筑涂料选用时注意事项

建筑涂料在建筑装饰工程中是一种常见的装饰材料，无论是大型公共建筑装饰还是居民家庭装饰都少不了。如今市场上建筑涂料的品种繁多，且质量参差不齐，价格幅度波动大，面对这种现象，消费者如何去选购呢？

一、健康环保放在首要地位

建筑涂料中含有对人体健康有害的挥发性有机化合物，对人体有感官刺激、黏膜刺激及毒性，某些有机化合物可能致癌。因此，国家强制性标准规定了建筑内墙涂料和木器漆中有害物质的限量。消费者在选购时，必须详细查看产品包装及说明书，查看有害物质限量是否符合国家标准要求。比如，挥发性有机化合物 VOC 含量应≤120g/L，甲醛含量应≤100mg/kg，重金属含量铅（Pb）≤90mg/kg、镉（Cd）≤75mg/kg、铬（Cr）≤60mg/kg、汞（Hg）≤60mg/kg。此外，产品外包装上是否有国家权威部门颁发的环保认证标记，产品是否有刺鼻异味等，都是消费者在选购时要认真注意的。

二、在经济能力允许时，尽可能选购知名品牌

内墙涂料中，国外产、国产和中外合资的品牌比较多，选择余地也比较大，建议消费者选购时，如经济条件允许，尽可能选择国内外知名品牌。如多乐士、立邦、红苹果、沙漠绿洲、华润、嘉宝莉、美涂士、三棵树、紫荆花等品牌。选购时辨别真伪，防止买到假货。

三、看涂料的性能指标

建筑涂料的性能指标主要有遮盖力、耐擦洗次数、抗裂性、防霉抗菌性能、装饰性等。某些特殊功能的涂料还要求有防火、防水、保温、防虫蛀、发光等性能。消费者选购时要认真查阅产品说明书、出厂检验报告，观察涂刷的样品。

四、选择正规的销售渠道

建议消费者选购时选择正规的销售渠道。首先是选购正规的品牌，其次选择正规的厂家。目前涂料市场以次充好，蒙骗消费者的事情经常发生，消费者往往容易上当受骗，经济损失是一方面，一旦购买了劣质涂料用于家庭装饰后，对身体和心理的健康影响将伴随终身。

五、充分借助媒体和网络资源

各种消费品的宣传、媒体和网络都不甘落后。特别是互联网高速发展，已进入信息时代的今天，消费者选购建筑装饰材料之前不妨通过网络了解装饰材料产品的性能、标准、市场排名、消费者喜爱程度、生产厂家的基本情况、价格等等，多看多比，做到心中有数，不至于挑选时看花了眼，上当受骗。

六、不同的装饰部位选用性能各异的建筑涂料

建筑物室内各部位的装饰，除了装饰性外，各部位不同的特点建议选用性能各异的涂料。如厨房、卫生间宜选用防水、耐污渍及耐擦洗的涂料；环境比较潮湿的场所宜选用防霉功能较佳的涂料；家中有小孩宜选用容易擦洗的内墙涂料、有防火需求的场所宜选用防火涂料等。至于涂料的颜色选择根据消费者的喜好和室内装饰设计风格来选择。

第六章　地板类装饰材料

地板类装饰材料包括竹地板、木地板、复合地板、塑料地板、活动地板及其他地板等。用地板类材料装饰地面，华贵高雅，脚感舒适，是当前家庭装饰较为流行的手法。

第一节　竹　地　板

竹地板是采用中上等材料，经严格选材、制材、漂白、硫化、脱水、防虫、防腐等工序加工处理，又经高温、高压下热固胶合而成，产品具有耐磨、防潮、防燃，铺设后不开裂、不扭曲、不发胀、不变形等特点，外观呈现自然竹纹，色泽高雅美观，顺乎人们崇尚回归大自然的心理，是20世纪90年代兴起的室内地面装饰材料。

我国竹材料资源丰富。竹材是节木、代木的理想材料。毛竹的抗拉强度为203MPa，是杉木的2.48倍；抗压强度为79MPa，是杉木的2倍；抗剪强度为161MPa，是杉木的2.2倍。此外，毛竹的生长周期短、硬度、抗水性都优于杉木。发展竹质地板有利于节约木材，也有利于地方经济的振兴。

竹地板除具有上述功能及特点外，还具有保温隔热，富有弹性，表面漆膜耐磨性好，经久耐用的特点。竹地板还能弥补木地板易损变形的缺陷，是高级宾馆、写字楼、现代家庭装饰的新型材料。

一、竹地板的生产与分类

1. 竹材层压板

竹材层压板具有硬度大、强度高、弹性好、耐磨蚀、抗虫蛀等优点，可用作房屋楼地板、建筑模板、火车车厢底板、家具、包装材料等。板厚一般为10～35mm。

竹材层压板生产工艺流程如图6-1所示。

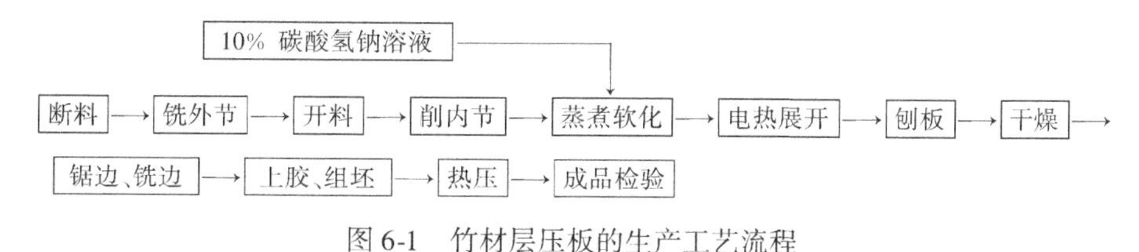

图6-1　竹材层压板的生产工艺流程

2. 竹材贴面板

竹材贴面板是一种高级装饰材料，可用作地板、护墙板，还可以制造家具。

竹材贴面板一般厚度为0.1～0.2mm，含水率为8%～10%，采用高精度的旋切机加工而成。生产工艺流程如图6-2所示。

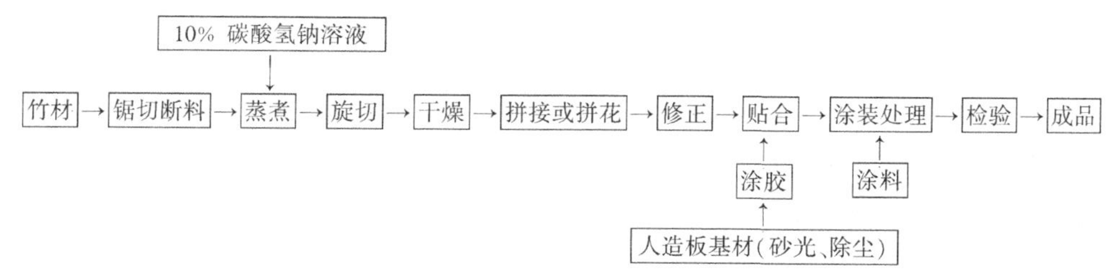

图6-2　竹材贴面板的生产工艺流程

竹材单板可拼接成整幅竹板，亦可采用拼花方式。被装饰的基材应进行砂光除尘处理，含水率控制在10%左右。竹材单板与基材的连接可采用脲醛树脂或乳白胶。使用脲醛树脂的施胶量为400～500g/m^2，胶粘温度为115～120℃，粘贴压力为0.6～0.8MPa；使用乳白胶时可在室温状态冷压贴合。

对竹材进行漂白、染色处理后，板材的饰面效果更佳。

3. 竹材碎料板

竹材碎料板是利用竹材和竹材加工过程中的废料，经刨片、再碎、施胶、热压、固结等工艺处理而成的人造板。这种板具有较高的静曲强度和抗水性，可用于建筑物内隔墙、地板、顶棚、建筑模板、门芯板及活动用房等，还可用于家具制造和包装材料。竹材碎料板的生产工艺流程见图6-3。

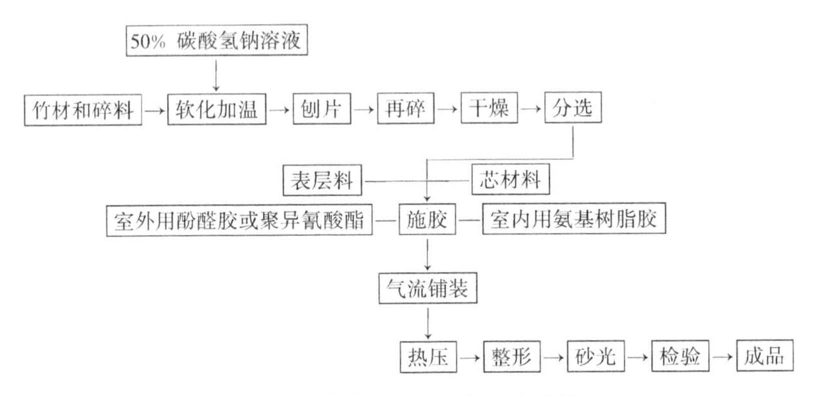

图6-3　竹材碎料板生产工艺流程

4. 重竹地板

重竹地板俗称竹丝板，是竹地板的一种。它是在一般竹地板的基础上进一步完善，使其更加美观实用。这种木地板的选材比一般的木地板选材更加精细，一般选用本地四年以上的竹龄优质毛竹（或其他具有类似材性的竹种）做原料，经选材、蒸煮、烘干、热压等一系列工艺生产面成。

重竹地板又分为热压重竹地板和冷压重竹地板。冷压是将合适的竹丝烘干成较低的含水率后浸胶，然后再干燥、装模、施压组坯、加罐后放至恒温空间内热固化。坯板固化成型后破切，进行水分平衡，这样就完成了坯板，然后涂刷油漆就成为产品。热压工艺是将竹材烘干、浸胶、干燥后直接平铺施压、加热和固化一次完成。坯料成型后破切，进行水分平衡，完成坯板后涂刷油漆就成为产品。

冷压重竹地板由于固化时间长，面板色差较小，破切工艺简单。缺点是由于采用装模加热固化，加热过程中模具也会受热膨胀，板边沿的密度往往达不到预想的要求，容易瘫边，造成板的密度不均匀，从而产生板面上漆后出现开裂、跳丝、变形等不良现象。

热压重竹地板改进了冷压板的某些不足，施压、加热和固化一次完成。坯料成型过程是在几千吨的压力下完成加热固化的，因此板密度均匀，不易产生瘫边和跳丝。缺点是密度相对冷压板要高，破切难度较大，耗材成本相对要高。由于加热固化时间较短，色差相对冷压板要大很多。

重竹地板密度高，比普通竹地板更耐磨，而且平整光滑，不蛀虫，不变形，色泽高雅，纹理清晰，具有良好的装饰性和实用性。

二、竹地板的性能与规格

在中华人民共和国林业行业标准（LY/T 1573—2000）的基础上，国家质监总局和国家标准化委员会共同制定了竹地板的国家标准，即 GB/T 20240—2006。根据此标准，竹地板的技术性能指标较 LY/T 1573—2000 有了相应变化。

（一）竹地板的分类

1. 按结构分

按结构可分为多层胶合竹地板和单层侧拼竹地板。

2. 按表面有无涂饰分

可分为涂饰竹地板和未涂饰竹地板。

3. 按表面颜色分

可分为本色竹地板、漂白竹地板、炭化竹地板。

（二）技术要求

1. 等级

按质量将竹地板分为优等品、一等品、合格品三个等级。

2. 规格尺寸及允许偏差（表 6-1）

规格尺寸及允许偏差、拼装偏差　　**表 6-1**

项　目	单　位	规格尺寸	允许偏差
面层净长 l	mm	900、915、920、950	公称长度 l 与每个测量值 l 之差的绝对值≤0.50mm
面层净宽 w	mm	90、92、95、100	公称宽度 w 与平均宽度 w 之差的绝对值≤0.15mm，宽度最大值 w_{max} 与最小值 w_{min} 之差≤0.20mm
厚度 t	mm	9、12、15、18	公称厚度 t 与平均厚度 t 之差的绝对值≤0.30mm，厚度最大值 t_{max} 与最小值 t_{min} 之差≤0.20mm
垂直度 q	mm		q_{max} ≤0.15
边缘直度 s	mm/m		s_{max} ≤0.20
翘曲度 f	%		宽度方向 f_w ≤0.20 长度方向 f_l ≤0.50
拼装高差 h	mm		拼装高差平均值 h≤0.15 拼装高差最大值 h_{max} ≤0.20
拼装离缝 O	mm		拼装离缝平均值 O≤0.15 拼装离缝最大值 O_{max} ≤0.20

3. 外观质量要求

竹地板的外观质量要求见表 6-2。

竹地板外观质量要求　　**表 6-2**

项	目	优等品	一等品	合格品
未刨部分和刨痕	表、侧面	不允许		轻微
	背面	不允许	允许	
榫舌残缺	残缺长度	不允许	≤全长的 10%	≤全长的 20%
	残缺宽度	不允许	≤榫舌宽度的 40%	
腐朽		不允许		
色差	表面	不明显	轻微	允许
	背面	允许		

续表

项目		优等品	一等品	合格品
裂纹	表、侧面	不允许		允许1条 宽度≤0.20mm 长度≤200mm
	背面	腻子修补后允许		
虫孔		不允许		
波纹		不允许		不明显
缺棱		不允许		
拼接离缝	表、侧面	不允许		
	背面	允许		
污染		不允许		≤板面积的5%（累计）
霉变		不允许		不明显
鼓泡（ϕ≤0.5mm）		不允许	每块板不超过3个	每块板不超过5个
针孔（ϕ≤0.5mm）		不允许	每块板不超过3个	每块板不超过5个
皱皮		不允许		≤板面积的5%
漏漆		不允许		
粒子		不允许		轻微
胀边		不允许		轻微

注1：不明显——正常视力在自然光下，距竹地板0.4m肉眼观察不易辨别。
2：轻微——正常视力在自然光下，距竹地板0.4m肉眼观察不显著。
3：鼓泡、针孔、皱皮、粒子、胀边为涂饰竹地板检测项目。

4. 理化性能指标

竹地板理化性能指标应符合表6-3的要求。

竹地板理化性能指标　　**表6-3**

项目		单位	指标值
含水率		%	6.0～15.0
静曲强度	厚度≤15mm	MPa	≥80.0
	厚度>15mm		≥75.0
浸渍剥离试验		mm	任一胶层的累计剥离长度≤25
表面漆膜耐磨性	磨耗转速	r	磨100转后表面留有漆膜
	磨耗值	g/100r	≤0.15
表面漆膜耐污染性			无污染痕迹
表面漆膜附着力			不低于3级
甲醛释放量		mg/L	≤1.5
表面抗冲击性能		mm	压痕直径≤10，无裂纹

目前市场上比较受消费者欢迎的竹地板品种有升达、春红、竹木堂、九木堂、大庄、山友、艺竹、贵竹、亚普、井泰、鑫华昌、永裕、百嘉等。

图6-4（文前彩图）为原色和上色竹地板，图6-5（文前彩图）为原色竹地板铺地实例。

第二节 木 地 板

一、树木的分类与木地板材种

(一)树木的分类

树木分针叶树和阔叶树两大类。

1. 针叶树

针叶树树干通直高大,易得大材,其纹理顺直,材质均匀,木质较软而易于加工,故又称为软木材。针叶树材强度较高,表观密度和胀缩变形比较小,耐腐蚀性较强,为建筑工程中的主要用材,广泛用作承重构件和制作模板、门窗等。常用的树种有松、杉、柏等。

2. 阔叶树

阔叶树多数树种的树干通直部分较短,材质坚硬,较难加工,故又称为硬木材。阔叶树材一般表观密度较大,强度高,胀缩和翘曲变形大,易开裂,在建筑中常用作尺寸较小的装修和装饰等构件。对于具有美丽天然纹理的树种,特别适于作室内装修、家具及胶合板等。常用的树种有水曲柳、榆木、柞木等。

制作木地板用的树种,普通条木地板(单层)常选用松、杉等软木树材,硬木条板多选用水曲柳、柞木、枫木、柚木、榆木等硬质树材。

(二)制作木地板的主要材种

近年来,随着我国对林木的保护政策,制造木地板的树木材种已逐步从国外引进,目前在木地板市场上常见的有东南亚材种和南美材种的实木地板。下面以市场资料分别介绍如下:

1. 东南亚材种

(1)商业材名称:大甘巴豆 Kempas。

树种科属名称:豆科 苏木亚科 甘巴豆属。

树木及分布:大乔木,高达30~55m,直径可达3~4m;分布于马来西亚、印度尼西亚、文莱。

木材特征:木材散孔;芯材粉红色至砖红色,久则转呈橘红色,并具窄的黄褐色条纹;边芯材区别明显;边材白色或浅黄色。

生长年轮不明显,纹理交错,结构粗糙、均匀。

木材有光泽,无特殊气味。

材性:木材重至甚重,基本密度为0.71g/cm^3,气干密度为0.85g/cm^3(马来西亚材);质地坚硬;干缩小,干缩率生材至气干径向为2%,弦向3%;强度高至甚高;在温带使用木材耐腐;不抗白蚁,易受粉蠹虫危害;因木材硬,加工较困难,锯解时需较大动力;木材刨切性能良好,旋切性能欠佳;砂光、打蜡、染色均好;钉钉性能尚好,但需先打孔以防劈裂;木材微酸性,有腐蚀金属的倾向;有脆心材发生。

评价:价廉物美,久则变成深紫红色。

(2)商业材名称:角香茶茱萸 Daru-daru。

树种科属名称:茶茱萸科 香茶茱萸属。

树木及分布:乔木,直径可达0.6m;产自沙捞越,婆罗洲,马来半岛,散生在高低不平的沿海地带。

木材特征:木材散孔,芯材黄褐色,边芯材区别略明显,边材浅黄褐色。

生长年轮不明显,纹理交错,结构细而均匀。

木材具光泽;新切面具香气。

材性:木材重,基本密度为0.80g/cm³,气干密度为0.93g/cm³(马来西亚材);强度高至甚高;木材很耐腐;锯解性能中等;刨容易,刨面光滑;旋切、打孔容易,切面良好。

评价:易裂、易缩,不适宜在干燥地区使用;价格居高,无利可图。

(3)商业材名称:巴劳　Balau,Bangkirai。

树种科属名称:龙脑香科　婆罗双属。

树木及分布:分布于缅甸、泰国、马来西亚、苏门答腊。

木材特征:木材散孔;芯材黄褐色,新伐时色黄或灰褐色或带红(非桃红色);边芯材区别略明显;边材色浅。

生长年轮不明显,有时介以不明显的浅色纤维带;纹理交错;结构细而均匀。

木材光泽弱;无特殊气味。

材性:木材重,基本密度为0.80g/cm³,气干密度为0.96g/cm³(马来西亚材);天然气干很慢;有端裂,劈裂,略有面裂和变色;干缩小,干缩率生材至气干径向1.8%,弦向3.7%;质地坚硬,强度甚高;木材极耐腐,但边材容易受粉蠹虫危害,防腐处理极难;木材解锯易至难,刨切易至难,刨面光滑;钉钉时易破裂,最好预先打孔。

评价:虫蚊针孔多,难应付;价格适宜,材质稳定性好。

(4)商业材名称:康巴豆　Tualang。

树种科属名称:豆科　苏木亚科　甘巴豆属

树木及分布:大乔木,高达50~80m或以上,直径可达1.2~2m;分布于泰国、马来西亚西部、菲律宾西部巴拉望岛及婆罗洲等地。

木材特征:木材散孔;芯材暗红色,久则转呈巧克力褐色;边芯材区别明显;边材灰白或黄褐色,常带粉红色条纹。

生长年轮不明显;纹理交错或波浪形;结构粗,略均匀。

木材具光泽;无特殊气味。

材性:木材重,基本密度为0.73g/m³,气干密度为0.88g/m³(马来西亚材);干缩甚小,干缩率生材至气干径向1.5%,弦向1.7%;强度高;干燥时应谨慎,否则会发生劈裂和翘曲;木材极耐腐,但易受白蚁侵害;锯不难,刨容易,刨面光滑;油漆和染色亦佳,遇铁时易呈黑色,应使用专门钉子以防腐蚀。

评价:质好性稳,变成深色后极漂亮,产量少。

(5)商业材名称:克然吉　Keranji。

树种科属名称:豆科　苏木亚科　摘亚木属。

树木及分布:乔木,主干高达18m,直径可达0.5m;主产于印度尼西亚、马来西亚等地。

木材特征:木材散孔;芯材新伐时为浅金黄褐色,久之则转深,为褐色或红褐色;边芯材区别明显;边材新伐时为白色,久在大气中变为浅黄色。

生长年轮不明显。纹理交错或波浪形;结构细至中,略均匀。

木材光泽强;无特殊气味。

材性:木材重至甚重,基本密度为0.79g/m³,气干密度为0.915g/cm³(马来西亚材);干缩小,干缩率生材至气干径向2.3%,弦向3.7%;木材硬至甚硬,强度很高;木材干燥慢,干燥时有开裂倾向;耐腐;锯稍困难;木材旋切性能良好,胶粘性能尚可。

评价:质好性稳,强度、硬度十分理想;视觉效果舒适,耐用耐看。

(6)商业材名称:菠萝格(木宝)　Merbau。

树种科属名称:豆科　苏木亚科　印茄属。

树木及分布:大乔木,树高可达45m,直径1.5m或以上;分布于菲律宾、泰国、缅甸南部、马来西亚、印度尼西亚、新几内亚、所罗门、斐济和萨摩群岛等地。

木材特征:木材散孔;芯材褐色至暗红褐色,纹理交错,通常具深浅相间条纹;边芯材区别明显;边材白色或浅黄色。

结构一般,均匀。

木材有光泽,无特殊气味。

材性:木材重或中至重,基本密度为0.68g/m^3,气干密度为0.80g/cm^3(马来西亚材)。干缩小,干缩率生材至气干径向0.9% ~3.1%,弦向1.6% ~4.1%;强度高至甚高;干燥性能良好,干燥速度慢;木材耐腐,能抗白蚁危害,但在潮湿条件下,易受菌害,防腐处理很困难;木材锯、刨加工困难;车旋性能良好;钉钉时易劈裂;油漆和染色性能良好。

评价:材性稳定,世界各地普遍喜用,价适中。

(7)商业材名称:坤甸铁樟(南洋乌林)　Ulin,Belian。

树种科属名称:樟科　铁木属。

树木及分布:乔木,枝下高可达15m,直径达1.2m;分布于马来西亚、印度尼西亚及菲律宾。

木材特征:木材散孔。芯材黄褐色至红褐色,久置大气中转呈黑色;边芯材区别明显。边材黄褐色至红褐色。

生长年轮不明显或略见;纹理直或略斜;结构细至中,略均匀。

木材具光泽;新切面似具柠檬味。

材性:木材甚重,气干密度为1.198g/cm^3(印度尼西亚材);很硬,干缩很大,干缩率生材至炉干径向4.2%,弦向8.3%;强度甚高;木材干燥慢,有劈裂和面裂的倾向;木材耐腐性强,抗虫能力强,能抗白蚁;加工后板面光滑;钉钉不易,最好先打孔以防劈裂;胶粘较难。

评价:易裂,易渗油,怕风寒,不怕浸水潮湿。印尼为国木,马来西亚禁止出口。

(8)商业材名称:油仔木　Keruing。

树种科属名称:龙脑香科　龙脑香属。

树木及分布:大乔木,树高可达35m,直径达1.4m;分布于马来西亚、印度、缅甸、泰国、苏门答腊、婆罗洲及菲律宾。

木材特性:木材散孔,芯材灰红褐色至红褐色,边芯材区别略明显,边材巧克力色至浅灰褐色。

生长年轮通常不明显,有时年轮间介以深色纤维带;纹理通常直;结构略粗,略均匀。

木材光泽弱;常有树脂气味。

材性:重量中至略重,基本密度为0.66%,气干密度为0.80g/cm^3(马来西亚材);木材略硬至硬;干缩甚大,干缩率生材至炉干径向7.0%,弦向12.9%;强度中至强;木材气干稍慢,干燥时,常略有中度杯弯、弓弯、扭曲和端裂等缺陷发生;木材不耐腐,但防腐处理容易,并极少受到钻木虫和粉蠹虫危害;横断比顺锯容易,生材较难锯切,刨面光滑;钻孔容易;着色容易;胶粘性略难。

评价:分有油和无油两种。无油可用于室内地板,其他只能用来做货柜地板。施工时要敲紧,以防渗油和收缩。

(9)商业材名称:柚木　Teak。

树种科属名称:马鞭草科　柚木属。

树木及分布:乔木,树高可达35~45m,直径0.9~2.5m;材身不规则,常有沟;原产缅甸、印度、泰国和爪哇。

木材特征:木材环孔至半环孔;芯材黄褐色、褐色,久置则呈暗褐色;边芯材区别明显;边材浅黄色。

生长年轮明显;纹理直或略交错;结构中至粗,不均匀。

木材具光泽,无特殊气味。

材性:重量中等,基本密度为0.54g/cm^3,气干密度为0.625g/cm^3(马来西亚材);干缩小,干缩率从生材至气干径向2.2%,弦向4.0%;强度低至中;木材干燥性能良好,干后尺寸稳定;很耐腐,木材浸注不易;锯、刨一般较易;胶粘、油漆、上蜡性能良好;握钉力亦佳。

评价:至高无上、闻名于世的好木材,不怕风吹雨打,不胀,微渗油,微缩,施工时应拼紧。

(10)商业材名称:品格度(木荚豆)　Pyinkado(缅),Cam xe(柬、泰、越)。

树种科属名称:豆科　含羞草亚科　木荚豆属。

树木及分布:落叶大乔木,树高可达30~40m,直径0.8~1.2m;分布缅甸、柬埔寨、泰国、老挝和印度等。

木材特征:木材散孔;芯材红褐色,具较深色的带状条纹;边芯材区别明显;边材浅红白色。

生长年轮明显,纹理不规则交错,结构细而均匀。

木材具光泽,无特殊气味。

材性:木材甚重,气干密度为1.05~1.13g/cm^3;质地坚硬;体积干缩率为11%~12%;强度甚高;木材干燥相当困难,窑干需要慢速处理,否则会产生端裂和面裂;木材很耐腐,芯材能抗白蚁危害;木材加工困难,锯解最好在生材时进行;加工后表面光滑;钉钉和胶粘均困难。

评价:干燥困难,易开裂。其他色、材、性均可。

(11)商业材名称:普奈　Punah。

树种科属名称:四籽树科　四籽树属。

树木及分布:大乔木,树高可达40m,直径0.7~1.2m;分布马来西亚和印尼。

木材特征:木材散孔;芯材黄褐色,常带粉红色条纹,有蜡质感;边芯材区别不明显;边材浅黄白色(干草黄色)。

生长年轮通常不明显;纹理直或略斜;结构中等,均匀。

木材具光泽;生材有不愉快的气味,干后无特殊气味。

材性:木材重,基本密度为0.63g/cm^3,气干密度为0.785g/cm^3(马来西亚材);干缩甚大,干缩率从生材至气干径向6.1%,弦向10.7%;强度中至高。

木材耐腐;刨、锯容易,但切面需砂光或用腻子才光滑;钉钉时有劈裂倾向,握钉力良好。

评价:价廉;色浅,易夹杂青蓝斑;素板很漂亮。

2. 南美材种

(1)商业材名称:巴福芸木　Guatambu。

树种科属名称:芸香科　类药芸香属。

树木及分布:中至大乔木,树高8~30m,直径0.3~0.5m,树干通直;分布于巴西的阔叶混交林中。

木材特征:木材散孔;芯材黄色或黄棕色,可见略深色条纹;边芯材区别不明显;边材色略浅。

生长年轮不明显;纹理直;结构细,均匀。

木材略具光泽;无特殊气味。

材性:木材重,气干密度为 0.91 ~ 1.01g/cm^3(巴西材);干缩中至大,干缩率径向 3.1% ~5.1%,弦向 5.1% ~8.1%,体积 16.8%;木材气干困难,易开裂,但无较大翘曲;加工容易,可旋切出光滑表面,具极好的抛光性。

评价:色浅,久之变成金黄色,显得十分美观耐看;价格适中;若水浸则易胀发霉,施工时应留空隙。

(2)商业材名称:铁苏木　Garapa。

树种科属名称:豆科　苏木亚科　铁苏木属。

树木及分布:大乔木,树高可达 30m,直径 1.2m;主要分布于阿根廷、巴西、委内瑞拉及秘鲁。

木材特征:木材散孔。芯材黄褐色,久置于大气中略变深;边芯材区别明显;边材近白色。

生长年轮不明显;纹理直至波纹状;结构细,均匀。

木材具光泽;无特殊气味。

材性:木材重,气干密度为 0.83g/cm^3(巴西材);干缩甚大,干缩率径向 4.4%,弦向 8.5%,体积 14.0%;强度高;木材耐腐;加工容易,切面光滑。

评价:浅金黄色,材性稳定,硬度适中,适候性好。

(3)商业材名称:香脂木豆　Red Incienso。

树种科属名称:豆科　蝶形花亚科　香脂豆属。

树木及分布:乔木,树高可达 20m,直径 0.5 ~0.8m;分布于巴西、秘鲁、委内瑞拉、阿根廷等地;普遍生长在热带雨林;树木产生的天然树脂“Balsam”用作医药和香料。

木材特征:木材散孔;芯材红褐色至紫红褐色,具浅色条纹;边芯材区别明显;边材近白色。

生长年轮不明显。纹理交错。结构甚细而均匀。

木材光泽强;略具香味。

材性:木材重,基本密度为 0.78g/cm^3(秘鲁材),气干密度为 0.95g/cm^3(巴西材);干缩中等,干缩率径向 4.0%,弦向 6.7%,体积 11%(巴西材);强度高;木材耐腐,抗蚁性强,能抗菌、虫危害,防腐蚀处理性能差;加工略困难,但切面很光滑;因纹理交错,刨时宜小心;着色性能差。

评价:材少价昂,色泽颇受人喜欢,畅销于世,供应量紧俏;有微渗油,施工时应拼紧。

(4)商业材名称:伊贝　Ipe。

树种科属名称:紫葳科。

树木及分布:大乔木,树高 27m,直径 0.4m;分布于墨西哥、巴西、哥伦比亚、玻利维亚、秘鲁、巴拉圭、委内瑞拉、圭亚那和苏里南;可生长在多种生态环境,从山脊、山坡到河流两岸及低矮山地雨林,常形成小群落的纯林。

木材特征:木材散孔;芯材浅或深橄榄色,常具浅或深色条纹;边芯材区别略明显。

边材灰黄色或灰褐色。

生长年轮略明显;纹理直或交错;结构细至略粗,均匀;木材有油腻感。

木材略具光泽或光泽弱；无特殊气味。

材性：木材甚重，气干密度为1.02～1.14g/cm³（巴西材）；干缩甚大，干缩率径向大于5.1%，弦向大于8.1%（巴西材）；强度高；木材干燥容易、迅速，略有翘曲、开裂和表面硬化，应采用慢速干燥；木材较耐腐，抗白蚁，芯材防腐剂难浸注；由于木材重、硬，加工较困难；打腻子或加填充剂后，染色和抛光性能良好；钉钉和拧螺丝需预先打孔；干燥后木材尺寸稳定性好。

评价：材质重、硬，材性稳定，不易胀，风吹易细裂，色多；价格合适。

（5）商业材名称：拉帕乔　Lapacho。

树种科属名称：豆科　蝶形花亚科　杂花豆属。

树木及分布：乔木，产自巴西。

木材特征：木材散孔；芯材黄褐色，具深浅相间的条纹；边材色浅。

生长年轮略见，纹理直，结构甚细。

木材具光泽，无特殊气味。

材性：木材甚重，气干密度为0.99g/cm³；干缩甚大，干缩率径向4.0%，弦向8.0%，体积14.4%；木材强度高，耐腐，能抗白蚁危害。

评价：材质重，色偏绿，材性稳定，不胀不缩，不易裂，实为好材。

（6）商业材名称：香核果木　Quinilla。

树种科属名称：核果树科　核果树属。

树木及分布：大乔木，树高可达27～37m，直径0.5～0.7m，粗者可达1.2m，树干通直，圆柱形。分布于圭亚那、秘鲁、委内瑞拉、哥伦比亚和巴西的亚马逊流域，是圭亚那沼泽林的主要树种，在砂质土壤中生长最好，在苏里南主要分布在稀疏草原林中。

木材特征：木材散孔，芯材浅红褐色至红褐色，边芯材区别略明显，边材浅褐色。

生长年轮不明显，纹理直至交错。结构略粗。

木材光泽中等；无特殊气味。

材性：木材甚重，基本密度为0.81g/cm³，气干密度为0.95g/cm³（圭亚那材）；干缩甚大，干缩率径向5.7%，弦向9.5%，体积17.6%（圭亚那材）；强度高；木材气干迅速，略有轻度面裂、端裂及翘曲；极抗白腐菌，略抗褐腐菌侵蚀，干燥木材能抗白蚁危害，防腐剂难浸注；木材加工困难，如遇纹理交错，刨切时有碎片脱落。

评价：俗称秘鲁苏亚红檀，材性好，纤维细，不易胀，色适宜。易受欢迎。量有限，供不应求。

（7）商业材名称：弹性铁线子　Macaranduba，Cerezo。

树种科属名称：山榄科　铁线子属。

树木及分布：分布于巴西。

木材特征：芯材红褐色至紫色，均匀。边芯材区别明显。边材色浅。

纹理直。结构略粗，均匀。

木材略具光泽；无特殊气味。

材性：木材重，气干密度为1.05g/cm³，干缩大，干缩率径向6.1%，弦向10.1%，体积17.6%。强度高。

评价：木材材性良好，色泽均匀，量较大，价格适中，受欢迎。

（8）商业材名称：柯鲁派　Curupay　（黑胡桃）。

树种科属名称：豆科　含羞草亚科　阿那豆属。

树木及分布：大乔木，树高可达24m，直径0.9m，主干直。在阿根廷分布广，而在巴西和巴拉圭分布于亚热带和干旱林中。

木材特征：木材散孔；芯材浅褐至粉红褐色，几乎总是具黑色带状条纹；边材黄褐色或浅粉色。

生长年轮略明显；纹理不规则或交错；结构细，均匀。

木材具光泽，无特殊气味。

材性：木材甚重，气干密度为 1.05g/cm³（巴西材）；干缩大至甚大，干缩率径向 4.9%，弦向 8.1%，体积 13.9%（巴西材）；强度高；木材干燥慢，几无翘曲发生；但窑干有面裂和劈裂倾向；耐腐性强，防腐剂浸注困难；由于木材硬、重，加工困难。

评价：黑线纹，层次感强，质地细密，容易搭配当今深色装潢格调。

(9) 商业材名称：帕拉芸香　Pau Mulato。

树种科属名称：芸香科　帕拉芸香属。

树木及分布：大乔木，树高可达 25 ~ 30m，最高达 40m，直径 0.4 ~ 0.8m；分布在秘鲁和巴西亚马逊地区的林地上坡，或低海拔无水浸泡的地区。

木材特征：木材散孔；芯材柠檬黄或金黄色；边芯材区别不明显；边材黄白色。

生长年轮不明显；纹理直，不规则或交错；结构细，均匀。

木材光泽强；无特殊气味。

材性：木材重，基本密度为 0.70g/m³，气干密度为 0.87g/cm³（巴西材）；干缩大，干缩率径向 6.0%，弦向 6.7%，体积 12.8%（巴西材）；强度中至大；木材干燥较容易，需小心，开裂性大，扭曲性小；略抗白蚁、腐朽菌，不抗害虫。木材加工困难，加工性好；胶合性好；钉钉需预先打孔；易染色；抛光性好。

评价：浅色系中少有的性能稳定材种，色调均匀，价位适中。

此外，原产于南美的番龙眼（黑金檀）、山榄木（黄檀）、红柚香檀也是实木地板的上好原料。

二、木材的特性及装饰效果

使用木材作为地面、墙面装饰装修材料已有几千年历史。但由于木材具有独特的优良性能，至今人们仍然把它作为一种常用的装饰材料，尤其是高级木料则成为装饰行业和家具行业中的佼佼者。

1. 木材的特性

(1) 木材质轻，但强度高。表观密度一般为 550kg/m³ 左右，但其顺纹抗拉强度和抗弯强度均在 100MPa 左右，因此木材比强度高，属轻质高强材料，具有很高的实用价值。

(2) 木材的弹性和韧性好，能承受较大的冲击荷载和振动作用。

(3) 木材的导热系数小。木材为多孔结构的材料，其孔隙率可达 50%，一般木材的导热系数为 0.30W/(m·K) 左右，具有良好的保温隔热性能。

(4) 含水率较高。木材的含水量包括三种水分，即自由水、吸附水和结合水。自由水是存在于木材细胞腔和细胞间隙中的水分，吸附水是被吸附在细胞壁内细纤维之间的水分。自由水的变化只与木材的表观密度、保存性、燃烧性、干燥性等有关，而吸附水的变化是影响木材强度和胀缩变形的主要因素。结合水即为木材中的化合水，它在常温下不变化，对木材性质无影响。

当木材中无自由水，而细胞壁内吸附水达到饱和时，此时木材的含水率称为纤维饱和点。木材的纤维饱和点随树种而异，一般介于 25% ~ 35%，取平均值为 30%。纤维饱和点是木材物理力学性能发生变化的转折点。

木材中所含的水分随环境温度和湿度的变化而改变。当木材长时间处在相对稳定的温度和湿度环境中时，含水量最终会达到与周围环境湿度相平衡，此时的含水率称为木材的平衡含水率。图 6-6 为木材在不同温度和温度环境条件下的平衡含水率，它是木材进行干燥的重要条件。

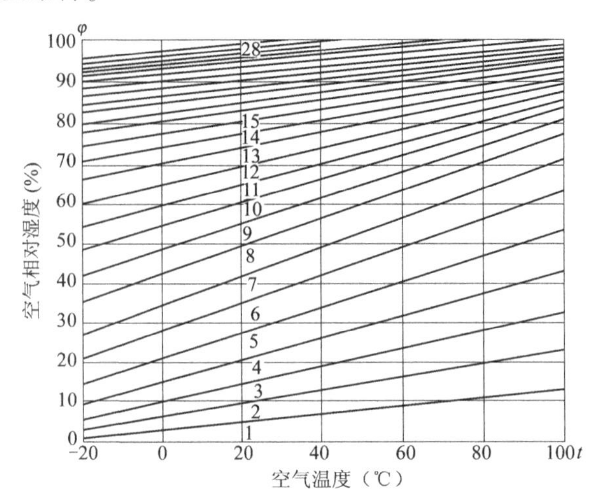

图 6-6　木材平衡含水率与空气相对湿度和温度的关系

我国北方木材的平衡含水率为 12% 左右，南方约为 18%，长江流域一带约为 15%。

木材的干缩与湿胀、强度随含水率的变化关系分别见图 6-7 和图 6-8。测定木材强度时，一般规定以含水率 15%（称为木材的标准含水率）时的强度值作为标准，其他含水率时所测得的强度值，应按下述经验公式换算成标准含水率时的强度值。

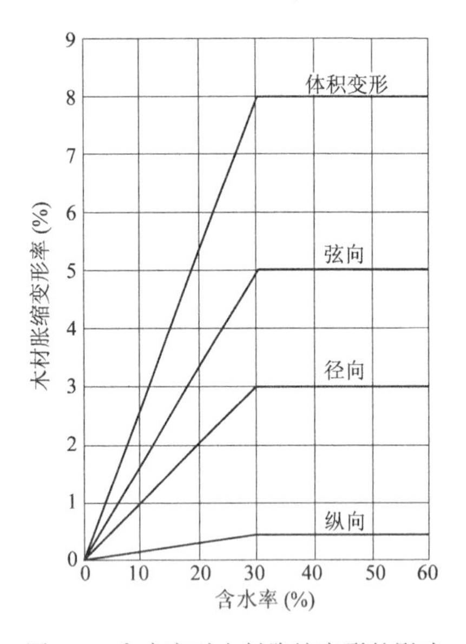

图 6-7　含水率对木材胀缩变形的影响

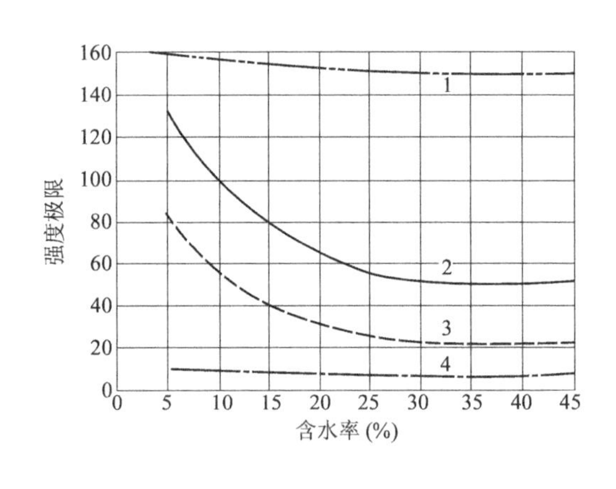

图 6-8　含水率对木材强度的影响

$$\sigma_{15} = \sigma_{w}[1 + a(w - 15)]$$

式中　σ_{15}——含水率为 15% 时的木材强度；

σ_{w}——含水率为 W% 时的实测木材强度；

w——试验时木材的含水率；

a——木材含水率校正系数（顺纹抗压时所有树种均为 0.05；顺纹抗拉时阔叶树为 0.015，针叶树为 0；抗弯时所有树种均为 0.04；顺纹抗剪时所有树种均为 0.03）。

(5)防火性能。木材为易燃材料,通常情况下不防火。但经过特殊加工处理后可提高防火性能。软质木材比硬质木材更易燃烧。

(6)装饰性能好。木材具有美丽的天然纹理,用作室内装饰和制作家具,给人以自然高雅的感觉。

(7)具有较好的耐久性。只要一直保持通风干燥,就不会腐朽破坏。当然,使用和保养不当时也常常会发生胀缩变形、开裂、腐朽等。

(8)可加工性好。木材可方便地进行锯、砍、凿、钻、刨、雕等加工,既可用手工加工作业,也可在自动化生产线上流水作业成各种木制品,而且安装施工方便。

2. 木材的装饰效果

木材历来就是一种广泛用于建筑物室内装饰装修的材料。可制作成地板、护墙板、踢脚板、顶棚、门、窗和各种壁柜及家具。它给人们以自然美的享受。用原木(不加工或粗加工)装饰更能唤起人们回归大自然的意欲。

木材的主要物理力学性能见表6-4。

常用树种的木材主要物理力学性能　　表6-4

树种名称	产地	气干表观密度(kg/m^3)	干缩系数		顺纹抗压强度(MPa)	顺纹抗拉强度(MPa)	抗弯强度(MPa)	顺纹抗剪强度(MPa)	
			径　向	弦　向				径　向	弦　向
针叶树:									
杉　木	湖南	371	0.123	0.277	38.8	77.2	63.8	4.2	4.9
	四川	416	0.136	0.286	39.1	93.5	68.4	5.0	5.9
红　松	东北	440	0.122	0.321	32.8	98.1	65.3	6.3	6.9
马尾松	安徽	533	0.140	0.270	41.9	99.0	80.7	7.3	7.1
落叶松	东北	641	0.168	0.398	55.7	129.9	109.4	8.5	6.8
鱼鳞云杉	东北	451	0.171	0.349	42.4	100.9	75.1	6.2	6.5
冷　杉	四川	433	0.174	0.341	38.8	97.3	70.0	5.0	5.5
阔叶树:									
柞　栎	东北	766	0.190	0.316	55.6	155.4	124.0	11.8	12.9
麻　栎	安徽	930	0.210	0.389	52.1	155.4	128.6	15.9	18.0
水曲柳	东北	686	0.197	0.353	52.5	138.1	118.6	11.3	10.5
椰　榆	浙江	818	—	—	49.1	149.4	103.8	16.4	18.4

三、实木地板

实木地板属于天然材料,具有合成材料无可替代的优点,无毒无味,脚感舒适,冬暖夏凉。同时它也存在硬木资源消耗量大、铺设安装工程量大,不易维护以及地板宽度方向随相对湿度变化而产生较大尺寸变化等不足。然而,由于实木地板的天然性、健康性以及装饰效果等因素,实木地板仍然作为家庭装饰或其他公共建筑部分地面装饰的首选材料之一。

1. 实木地板的分类

根据GB/T 15036—2009《实木地板》要求,将实木地板进行如下分类:

(1)按形状分类

可分为榫接实木地板、平接实木地板、仿古实木地板。

(2)按表面有无涂饰分类

可分为涂饰实木地板和未涂饰实木地板。

(3)按表面涂饰类型分类

可分为漆饰实木地板和油饰实木地板。

2. 实木地板技术要求(GB/T 15036—2009)

(1)实木地板等级分类

根据实木地板的外观质量、理化性成分为优等品、一等品和合格品。

(2)实木地板规格尺寸与偏差

实木地板规格尺寸应符合表6-5的要求

实木地板的规格尺寸(mm)　　**表6-5**

长　度	宽　度	厚　度	榫舌宽度
≥250	≤40	≥8	≥3

其他尺寸的实木地板可根据供需双方协议执行。

名　称	表　面			背　面
	优等品	一等品	合格品	
死　节	不许有	直径≤3mm，板长度≤500mm，≤3个；板长度>500mm，≤5个	直径≤5mm，个数不限	直径≤20mm，个数不限
蛀　孔	不许有	直径≤0.5mm，≤5个	直径≤2mm，≤5个	不限
树脂囊	不许有	不许有	长度≤5mm；宽度≤1mm ≤2条	不限
髓　斑	不许有	不限	不限	不限
腐　朽	不许有	不许有	不许有	初腐面积≤20%，不剥落，也不能捻成粉末
缺　棱	不许有	不许有	不许有	长度≤地板长度的30%，宽度≤地板宽度的20%
裂　纹	不许有	宽度≤0.15mm，长度≤地板长度的2%		不限
加工波纹	不许有	不　明　显		不限
榫舌残缺	不许有	残榫长度≤地板长度的15%，且残榫宽度≥榫舌宽度的2/3		
漆膜划痕	不许有	不　明　显		—
漆膜鼓泡	不许有	不　许　有		—
漏　漆	不许有	不　许　有		—
漆膜上针孔	不许有	直径≤0.5mm，≤3个		—
漆膜皱皮	不许有	不　许　有		—
漆膜粒子	地板长度≤500mm，≤2个；地板长度>500mm，≤4个；倒角上的漆膜粒子不计	地板长度≤500mm，≤4个；地板长度>500mm，≤6个		—

仿古实木地板的活节、死节、蛀孔、加工波纹不作要求。

实木地板的尺寸偏差应符合表6-6的要求。

尺寸偏差(mm)　　表6-6

名　称	偏　差
长　度	长度与每个测量值之差绝对值≤1
宽　度	宽度与每个测量值之差绝对值≤0.30,宽度最大值与最小值之差≤0.30
厚　度	公称厚度与每个测量值之差绝对值≤0.30,厚度最大值与最小值之差≤0.40
槽最大高度和榫最大厚度之差	0.10～0.40

实木地板的长度和宽度不包括榫舌的长度和宽度。

表面凹凸不平的仿古实木地板的厚度差不作要求。

(3)形状位置偏差

实木地板的形状位置偏差应符合表6-7的要求。

形状位置偏差　　表6-7

名　称	偏　差
翘曲度	宽度方向凸翘曲度≤0.20%,宽度方向凹翘曲度≤0.15% 长度方向凸翘曲度≤1.00%,长度方向凹翘曲度≤0.50%
拼装离缝	最大值≤0.40mm
拼装高度差	最大值≤0.30mm

仿古实木地板拼装高度差不作要求。

(4)外观质量

实木地板的外观质量应符合表6-8的要求。

外观质量要求　　表6-8

名　称	表　面			背　面
	优等品	一等品	合格品	
活　节	直径≤10mm,板长度≤500mm,≤5个;板长度>500mm,≤10个	10mm<直径≤25mm,板长度≤500mm,≤5个;板长度>500mm,≤10个	直径≤25mm,个数不限	尺寸与个数不限

(5)物理性能指标

实木地板的物理性能指标应符合表6-9的要求。

物理性能指标　　表6-9

名　称	单　位	优等品	一等品	合格品
含水率	%	7.0≤含水率≤我国各使用地区木材的平衡含水率		
漆膜表面耐磨	g/100r	≤0.08,且漆膜未磨透	≤0.10,且漆膜未磨透	≤0.15,且漆膜未磨透
漆膜附着力	级	≤1	≤2	≤3
漆膜硬度	—	≥2H	≥1H	

3. 实木地板的铺设

(1)地板应在施工后期铺设,不得交叉施工。铺设后应尽快打磨和涂装,以免弄脏地板或受潮变形。

(2)地板铺设前宜拆包堆放在铺设现场1～2天,使其适应环境,以免铺设后出现胀缩变形。

(3)铺设应做好防潮措施,尤其是底层等较潮湿的场合。防潮措施有涂防潮漆、铺防潮膜、使用铺垫宝等。

(4)龙骨应平整牢固,切忌用水泥加固,最好用膨胀螺栓、美固钉等。

(5)龙骨应选用握钉力较强的落叶松、柳安等木材。龙骨或毛地板的含水率应接近地板的含水率。龙骨间距不宜太大,一般不超过30cm。地板两端应落实在龙骨上,不得空搁,且每根龙骨上都必须钉上钉子,不得使用水性胶水。

(6)地板不宜铺得太紧,四周应留足够的伸缩缝(0.5~1.2cm),且不宜超宽铺设,如遇较宽的场合应分隔切断,再压铜条过渡。

(7)地板和厅、卫生间、厨房间等石质地面交接外应有彻底的隔离防潮措施。

(8)地板色差不可避免,如对色差有较高要求,可预先分拣,采取逐步过渡的方法,以减少视觉上的突变感。

(9)使用中忌用水冲洗,避免长时间的日晒和空调连续直吹,窗口处防止雨林,避免硬物碰撞摩擦。为保护地板,在漆面上可以打蜡(从保护地板的角度看,打蜡比涂漆效果更好)。

4. 实木地板的保养

实木地板铺设完毕后,最好及时打蜡。平时使用时每3个月打蜡一次即可,经常打蜡可保持地板的光亮度,延长地板使用寿命。

尽量避免木地板与大量水接触。避免用酸性、碱性液体擦拭,市场上销售的地板净可用于掺水擦拭。

避免尖锐器物划伤地板表面,不要在地板上扔烟头或放置温度过高的东西,避免烫坏地板甚至引起火灾。

地板上如有灰层、砂粒、坚果皮壳等坚硬物体要尽快打扫干净,避免脚踩踏时划伤地板漆面。

地板在使用过程中,若发现个别地板起壳或脱落,应及时揭取起地板,铲取旧胶或灰末,涂上新胶压实。

5. 实木地板的选购

选购实木地板主要看加工精度、基材缺陷、表面油漆质量、含水率等。加工精度要达到国家标准;基材缺陷值要求边缘平直、无毛刺、裂纹、虫眼等;表面油漆质量要求淋漆平整、无鼓泡、漏漆、褶皱等。具体挑选时可用卡尺在中间和两边测量是否一致,再用5~8块板拼合起来,观察拼合后是否合缝、平齐、有无高低差距和长短差距。实木地板的含水率是最关键的指标,要求在7%~13%之间。含水率过高和过低都会使木地板铺设完成后由于环境温度变化而引起翘曲或开裂。

关于木地板的含水率,一般消费者购买时只看产品说明书,但正规厂家在销售点会配备有含水率测定仪。选购时先用含水率测定展台或展厅中木地板的含水率,然后再测定未开包装的同品种、同规格的木地板含水率,两者相关若≤±2%,且不超过国家规定范围,则认为合格。

市场上实木地板品种繁多,以次充好的现象时有发生,消费者如不小心买到了劣质水货产品,要在当地工商、质监部门及消费者权益保护机构去投诉,用法律捍卫自己的权益。

比较受消费者喜爱的实木地板品牌有圣象、大自然、升达、菲林格尔、安信、生活家、吉象、久盛、方圆、永吉、富林等等。

四、实木复合地板

实木复合地板是由不同树种的板材交错层压而成,克服了实木地板单向同性的缺点。产品干缩湿胀率小，具有较好的尺寸稳定性，并保留了实木地板的自然木纹和舒适的脚感。实木复合地板不是市场上误导消费者说的所谓的“复合地板”。该“复合地板”为强化木地板，本节稍后还要专门介绍。实木复合地板兼具实木地板的美观性与强化木地板的稳定性，是一种新型的地面装饰材料。

实木复合地板分为多层实木复合地板和三层实木复合地板。三层实木复合地板由三层实木单板交错层压而成，其表面层多为名贵优质长年生阔叶硬木，材种多用柞木、桦木、水曲柳、绿柄桑、缅茄木、菠萝格、柚木等。但由于柞木其无比的纹理特点和性价比成为最受欢迎的树种。芯层由普通软杂规格木板条组成，树种多用松木、杨木等。底层为旋切单板，树种多用杨木、桦木和松木。三层结构板用胶层压而成。多层实木复合板则是以多层胶合板为基材，以规格硬木薄片镶拼板或单板为面板层压而成。

实木复合地板表层为优质珍贵木材，不但保留了实木地板优美自然的木纹，而且大量节约了珍贵的木材资源。板面大多喷涂数遍优质涂料（油漆），不仅有较理想的硬度、耐磨性、抗刮性，而且阻燃、光滑、便于清洗。芯层大多采用可以轮番砍伐的速生树种，也可采用廉价的小径材料或各种硬、软杂材，而且不必过分考虑木材的各种缺陷，成本大为降低。其弹性、保温性能不亚于实木地板。为此在欧美国家已成为家庭装饰的主流地板。

1. 实木复合地板分类

根据 GB/T 18103—2000《实木复合地板》，将实木复合地板进行如下分类：

（1）按面层材料分

分为实木拼板作为面层的实木复合地板和单板作为面层的实木复合地板。

（2）按结构分

分为三层结构实木复合地板和以胶合板为基材的实木复合地板。

（3）按表面有无涂饰分

分为涂饰实木复合地板和未涂饰实木复合地板。

（4）按甲醛释放量分

分为 A 类实木复合地板（甲醛释放量≤9mg/100g）和 B 类实木复合地板（甲醛释放量 >9 ~ 40mg/100g）。

2. 实木复合地板的技术要求

（1）分等

根据产品的外观质量、理化性能分为优等品、一等品和合格品。

（2）实木复合地板各层的技术要求

a. 三层结构实木复合地板

面层常用树种：水曲柳、桦木、山毛榉、栎木、榉木、枫木、楸木、樱桃木等。同一块地板表层树种应一致。

面层由板条组成。板条规格常为宽度 50、60、70mm，厚度 3.5、4.0mm。

面层外观质量应符合表 6-11 的要求。

芯层常用树种：杨木、松木、泡桐、杉木、桦木等。芯层由板条组成。板条常用厚度 8mm、9mm。同一块地板芯层用相同树种或材性相近的树种。芯层条之间的缝隙不能大于 5mm。

底层单板树种：杨木、松木、桦木等。底层单板常见厚度规格为 2.0mm。底层单板的外观质量应符合表 6-11 的要求。

b. 以胶合板为基材的实木复合地板

面层通常为装饰单板。树种通常为水曲柳、桦木、山毛榉、栎木、榉木、枫木、楸木、樱桃木等。面层单板厚度为 0.3mm、1.0mm、1.2mm。面层外观质量应符合表 6-10 的要求。

基材所用的胶合板不低于 GB/T 9846 和 GB/T 13009 中二等品的技术要求。基材要进行严格挑选和必要的加工，不能留有影响饰面质量的缺陷。

(3)外观质量要求

各等级实木复合地板的外观质量应符合表 6-10 的要求。

实木复合地板外观质量要求　　　　**表 6-10**

名称	项目	表面			背面
		优等品	一等品	合格品	
死节	最大单个长径,mm	不允许	2	4	50
孔洞(含虫孔)	最大单个长径,mm	不允许		2,需修补	15
浅色皮夹	最大单个长度,mm	不允许	20	30	不限
	最大单个宽度,mm		2	4	
深色皮夹	最大单个长度,mm	不允许		15	不限
	最大单个宽度,mm			2	
树脂囊和树脂道	最大单个长度,mm	不允许		5,且最大单个宽度小于1	不限
腐朽	——	不允许			*
变色	不超过板面积,%	不允许	5,板面色泽要协调	20,板面色泽要大致协调	不限
裂缝	——	不允许			不限
拼接离缝 横	最大单个宽度,mm	0.1	0.2	0.5	不限
	最大单个长度不超过板长,%	5	10	20	
拼接离缝 纵	最大单个宽度,mm	0.1	0.2	0.5	
叠层	——	不允许			不限
鼓泡、分层	——	不允许			不允许
凹陷、压痕、鼓包	——	不允许	不明显	不明显	不限
补条、补片	——	不允许			不限
毛刺沟痕	——	不允许			不限
透胶、板面污染	不超过板面积,%	不允许		1	不限
砂透	——	不允许			不限
波纹	——	不允许		不明显	——
刀痕、划痕	——	不允许			不限
边、角缺损	——	不允许			**
漆膜鼓包	$\phi \leq 0.5$mm	不允许	每块板不超过3个		——
针孔	$\phi \leq 0.5$mm	不允许	每块板不超过3个		——
皱皮	不超过板面积,%	不允许		5	——
粒子	——	不允许		不明显	——
漏漆	——	不允许			——

注：* —允许有初腐，但不剥落，也不能捻成粉末。
** —长边缺损不超过板长的 30%，且不超过 5mm；短边缺损不超过板宽的 20%，且宽不超过 5mm。

注：凡在外观质量检验环境条件下，不能清晰地观察到缺陷都为不明显。

(4)规格尺寸和尺寸偏差

二层结构实木复合地板的幅面尺寸见表 6-11。

三层结构实木复合地板幅面尺寸(mm)　　表 6-11

长　　度	宽　　度
2100	180、189、205
2200	180、189、205

(1)胶合板为基材的实木复合地板幅面尺寸见表 6-12。

胶合板为基材的实木复合地板幅面尺寸(mm)　　表 6-12

长　　度	宽　　度
2200	189、225
1818	180、225、303

三层结构实木复合地板厚度为 14mm、15mm;以胶合板为基材的实木复合地板厚度为 8mm、12mm、15mm。

实木复合地板的尺寸偏差应符合表 6-13 的要求。

实木复合地板的尺寸偏差　　表 6-13

项　　目	要　　求
厚度偏差	公称厚度 t_n 与平均厚度 t_a 之差绝对值≤0.5mm; 厚度最大值 t_{max} 与最小值 t_{min} 之差≤0.5mm。
面层净长偏差	公称长度 l_n≤1500mm 时,l_n 与每个测量量 l_m 之差绝对值≤1.0mm; 公称长度 l_n>1500 时,与每个测量值 l_m 之差绝对值≤2.0mm。
面层净宽偏差	公称宽度 w_n 与平均宽度 w_a 之差绝对值≤0.1mm;宽度最大值 w_{max} 与最小值 w_{min} 之差≤0.2mm。
直角度	q_{max}≤0.2mm
边缘不直度	s_{max}≤0.3mm/m
翘曲度	宽度方向凸翘曲度 f_w≤0.20%;宽度方向凹翘曲度 f_w≤0.15% 长度方向凸翘曲度 f_L≤1.00%;长度方向凹翘曲度 f_L≤0.50%
拼装离缝	拼装离缝平均值 o_a≤0.15mm; 拼装离缝最大值 o_{max}≤0.20mm
安装高度差	拼装高度差平均值 h_a≤0.10mm; 拼装高度差最大值 h_{max}≤0.15mm

(2)实木复合地板理化性能指标

实木复合地板理化性能指标见表 6-14。

实木复合地板理化性能指标　　表 6-14

检验项目	单　位	优　等　品	一　等　品	合　格　品
浸渍剥离	——	每一边的任一胶层开胶的累计长度不超过该胶层长度的 1/3(3mm以下不计)		
静曲强度	MPa	≥30		
弹性模量	MPa	≥4000		
含水率	%	5—14		
漆膜附着力	——	割痕及割痕交叉处允许有少量断续剥落		
表面耐磨	g/100r	≤0.08,且漆膜未磨透		≤0.15,且漆膜未磨透
表面耐污染	——	无污染痕迹		
甲醛释放量	mg/100g	A 类:≤9;B 类>9~40		

3. 实木复合地板的安装

“三分地板,七分安装”。现在许多地板生产厂家或地板销售商的售后服务就包含了包安装的内容。购买再好的地板,如果安装不好,苦恼将伴随消费者很长时间。下面就以实木复合地板安装的悬浮式铺装为例,介绍实木复合地板安装注意事项。

(1)安装前准备工作

1)保证地面不潮湿,不开裂、不起砂、不脱层,保持干净。

2)周围环境设有白蚁。

3)施工现场没有其他交叉施工作业,保证木地板最后铺设。

4)厨房、卫生间、暖气水管等做好防水工作,保证无渗漏。

5)门和门套必须预留相应的高度,以保证地板的安装,否则需要锯门及门套。

6)测量地面平整度,平整度不达标需重新找平。

7)房间隐蔽工程标准清晰。

(2)用户与施工人员需沟通事项

1)确定地板是横铺还是竖铺。

2)如果是地暖安装环境,安装地板时水泥地面的含水率不能超过10%。地面严禁剔凿、钉钉、打洞等。

3)告知施工人员哪些铺设的地方有预埋管线,以防毁损。

(3)安装地板

1)安装环境温度应控制在10℃以上,相对湿度在40%～80%之间。

2)地面需干净,以无灰尘和颗粒为标准。

3)用电铅(锤)沿墙边开踢脚线木楔孔,墙壁上钻孔高度要一致,不得破坏墙壁内的管线,并将木楔钉入墙内固定好。

4)铺设防潮薄膜。铺设0.2mm厚的PE防潮薄膜,需铺设平直,接缝处重叠300mm,用60mm宽的胶带密封,压实。墙边上引30～50mm,但需低于踢脚线高度。

5)铺设地垫。地垫厚度不低于2mm(以3mm厚度为宜),安装时地垫间不能重叠,接口处用60mm的宽胶带密封,压实。地垫需铺设平直,墙边上引30～50mm,低于踢脚线高度。

6)预铺分选。铺装前将地板包装全部拆开,对地板进行预铺分选,按深、浅颜色分开,和客户沟通铺装方案。包装箱端头标有红色小圆点的,表明内装有短板,铺装时首先使用,短板使用完后再用长板。

7)地板铺装时,脚不要直接踩踢在地板上,可用包装箱或其他物品垫在地板上。铺装时保持地板板面洁净,防止砂粒其他物件划伤地面。

8)从左向右铺装地板,母槽靠墙,加入专用垫块。预留8～12mm伸缩缝。

9)测量出第一排地板尾端所需地板长度,在保证伸缩缝的前提下首先使用短板。

10)将锯下的不小于300mm长度的地板作为前两排地板的排头,相邻的两排地板短接缝之间不小于300mm。

11)连续铺装宽度方向不得超过6m,长度方向不超过12m。超过部分需要采用过渡连接,连接部位预留8～12mm伸缩缝隙。相邻房间门口需用T形扣条隔断。

12)地板铺装需要拼紧,敲击时加垫块,切不可直接敲击地板边,造成边部崩漆。

13)地板与房间内任意固定物均需预留伸缩缝。在水管周围的地板应在周边点胶4～5处。

14)地板铺装要求接缝适中。在环境湿度较大的地区,地板铺装的缝隙控制在0.4mm±0.1mm,用塞尺测量。在秋、冬季干燥环境下,地板缝隙可自然拼紧。无明显高低差,无明显划痕。

15)铺装前要先确定扣条的安装位置。扣条与门套垂直,确保扣条稳固不得有响声。

16)每排最后一片及房间最后一排地板须用回力钩拉紧。

17)安装踢脚线前,将伸缩缝中的边角料及杂物清理干净。

18)安装踢脚线,接缝严密,高度一致,固定牢固。

19)房间清理干净,请用户验收。

4. 实用复合地板选购时注意事项

(1)多层实木复合地板表层实木不能太薄,而且表面油漆最好是选择UV漆等耐磨油漆。

(2)选购时多拿几块地板在地面拼装,观察其平整度以及尺寸的精确度。有的地板,由于加工尺寸不准,拼接后缝隙大小不一,非常难看,而且日后安装使用后容易变形。

(3)测量实木复合地板槽口尺寸是否为国家标准规定的3.5~4mm。

(4)观察商品外观质量。质量较好的产品通常外观表面光泽均匀、花纹清晰美观,表面无裂纹、叠层、补条、补片、漏漆、鼓泡、砂透、划痕、毛刺沟痕等。还要看是否有腐朽、死节、虫孔等缺陷。

(5)注意产品的外包装。质量较好的产品包装标识规范完整,还要注意所选购产品是否适合地暖使用,并要求供货方在购买合同中注明。

(6)无论选用何种品牌的实木复合地板,都要看产品说明书、产品条形码、品牌商标、地板型号、耐磨转数、环保等级等。还要注意产品售后服务等环节。

(7)可能的话,随意锯开一块地板,看中间层夹的是否为劣质材料。同时,通过锯开的断面闻一下,是否有刺鼻的异味。无论是锯开或不锯开,地板如有刺鼻的异味,说明地板甲醛含量超标,千万不要贪便宜购买。

(8)消费者一定要到正规厂家的销售点或正规的渠道选购。

(9)目前市场上比较受消费者欢迎的实木复合地板品牌有圣象、生活家、德尔、安信、大自然、菲林格尔、北美枫情、肯帝亚、书香门地、富林、升达、宜华等等。

五、强化地板

强化地板也称浸渍纸层压木质地板,不同于实木复合地板,在概念上消费者容易与实木复合地板混淆。强化地板由耐磨层、装饰层、高密度基材层、平衡(防潮)层组成。强化地板有时也称为叠压地板、强化复合地板。

强化地板是以一层或多层专用纸浸渍热固性氨基树脂,铺装在刨花板、高密度纤维板等人造板基材表层,背面加平衡层,正面加耐磨层,经热压成型的地板。强化地板具有耐磨、款式丰富、抗冲击、抗变形、耐污染、阻燃、防潮、环保、不褪色、安装简便、便于打理、可用于地暖等特点、广泛用于大型公共建筑、会议室、商场、咖啡厅及家庭地面装饰。

1. 强化地板分类

根据GB/T 18102—2007《浸渍纸层压木质地板》的要求,将强化地板分类如下:

(1)按用途分

分为商用级浸渍纸层压木质地板、家用Ⅰ级浸渍纸层压木质地板、家用Ⅱ级浸渍纸层压木质地板。

(2)按地板基材分

分为以刨花板为基材的浸渍纸层压木质地板和以高密度纤维板为基材的浸渍纸层压木质地板。

(3)按装饰层分

分为单层浸渍装饰纸层压木质地板和热固性树脂浸渍纸高压装饰层积板层压木质

地板。

(4)按表面的膜压形状分

分为浮雕浸渍纸层压木质地板和光面浸渍纸层压木质地板。

(5)按表面耐磨等级分

分为商用级,≥9000 转,家用Ⅰ级,≥6000 转;家用Ⅱ级,≥4000 转。

(6)按甲醛释放量分

分为 E_0 级浸渍纸层压木质地板和 E_1 级浸渍纸层压木质地板。

2. 强化地板技术要求(GB/T 18102—2007)

(1)分等

根据产品外观质量、理化性能分为优等品和合格品。

(2)规格尺寸及偏差

浸渍纸层压木质地板的幅面尺寸为(600~2430)mm×(60~600)mm;厚度为 6~15mm;榫舌宽度应≥3mm。经供需双方协商可以生产其他规格的浸渍纸层压木质地板。浸渍纸层压木质地板的尺寸偏差应符合表 6-15 规定。

浸渍纸层压木质地板尺寸偏差　　表 6-15

项　　目	要　　求
厚度偏差	公称厚度 t_n 与平均厚度 t_a 之差绝对值≤0.5mm; 厚度最大值 t_{max} 与最小值 t_{min} 之差≤0.5mm
面层净长偏差	公称长度 l_n≤1500mm 时,l_n 与每个测量值 l_m 之差绝对值≤1.0mm; 公称长度 l_n>1500mm 时,l_n 与每个测量值 l_m 之差绝对值≤2.0mm
面层净宽偏差	公称宽度 w_n 与平均宽度 w_a 之差绝对值≤0.10mm; 宽度最大值 w_{max} 与最小值 w_{min} 之差≤0.2mm
直角度	q_{max}≤0.20mm
边缘直度	s_{max}≤0.30mm/m
翘曲度	宽度方向凸翘曲度 f_w≤0.20%;宽度方向凹翘曲度 f_w≤0.15% 长度方向凸翘曲度 f_L≤1.00%;长度方向凹翘曲度 f_L≤0.50%
拼装离缝	拼装离缝平均值 o_a≤0.15mm; 拼装离缝最大值 o_{max}≤0.20mm
拼装高度差	拼装高度差平均值 h_a≤0.10mm; 拼装高度差最大值 h_{max}≤0.15mm

注:表中要求是指拆包检验的质量要求。

(3)外观质量

各等级外观质量应符合表 6-16 要求。

浸渍纸层压木质地板外观质量要求　　表 6-16

缺陷名称	正面		背面
	优等品	合格品	
干、湿花	不允许	总面积不超过板面的 3%	允许
表面划痕	不允许		不允许露出基材
表面压痕	不允许		
透底	不允许		
光泽不均	不允许	总面积不超过板面的 3%	允许
污斑	不允许	≤10mm²,允许 1 个/块	允许

续表

缺陷名称	正面		背面
	优等品	合格品	
鼓　泡	不允许		≤$10mm^2$,允许1个/块
鼓　包	不允许		≤$10mm^2$,允许1个/块
纸张撕裂	不允许		≤100mm,允许1处/块
局部缺纸	不允许		≤$20mm^2$,允许1处/块
崩　边	允许,但不影响装饰效果		允许
颜色不匹配	明显的不允许		允许
表面龟裂	不允许		
分　层	不允许		
榫舌及边角缺损	不允许		

注:干花——也叫白花,是产品表面存在的不透明白色花斑;
湿花——也称水迹,是产品表面存在的雾状痕迹;
透底——由于装饰胶膜纸覆盖能力不够造成基材在板面上显现的缺陷;
崩边——产品在齐边等加工过程中,造成装饰面板边锯齿状缺陷;
鼓泡——产品表面内含气体引起的异常凸起;
鼓包——产品表面内含固体实物引起的异常凸起;
分层——基材自身、胶膜纸自身或胶膜纸与基材之间的分离现象;
色裂——由于树脂在热压过程中固化过度或表面层与基材膨胀收缩不同,而引起产品表面不规则裂纹;
颜色不匹配——某一图案的颜色与给定图案颜色视觉上的不相同。

(4)理化性能

浸渍纸层压木质地板的理化性能应符合表6-17的要求。

浸渍纸层压木质地板理化性能　　表6-17

检验项目	单位	指标
静曲强度	MPa	≥35.0
内结合强度	MPa	≥1.0
含水率	%	3.0~10.0
密度	kg/m^3	≥0.85
吸水厚度膨胀率	%	≤18
表面胶合强度	MPa	≥1.0
表面耐冷热循环	—	无龟裂、无起泡
表面耐划痕	—	4.0N表面装饰花纹未划破
尺寸稳定性	mm	≤0.9
表面耐磨	转	商用级≥9000;家用Ⅰ级≥6000,家用Ⅱ级≥4000
表面耐香烟灼烧	—	无黑斑、裂纹和鼓泡
表面耐干热	—	无龟裂、无鼓泡
表面耐污染腐蚀	—	无污染、无腐蚀
表面耐龟裂	—	用6倍放大镜观察,表面无裂纹
抗冲击	mm	≤10.0
甲醛释放量	mg/L	E_0级≤0.5;E_1级≤1.5
耐光色牢度	级	≥灰度卡4级

3. 强化地板的铺设

铺设强化地板与铺设实木复合地板方法基本相同。

4. 强化地板选购注意事项

选购强化地板时，除按 GB/T 18102—2007 规定的指标外，特别要注意应该选购正常厂家具有环保认证的健康产品。因为强化地板是用热固性树脂热压胶合而成，树脂中含有甲醛，国家标准规定了强化地板的甲醛释放量 E_0 级≤0.5mg/L，E_1≤1.5mg/L。但一些生产厂家生产的劣质产品的甲醛含量会大大超过国家标准，这就给消费者选购使用带来了极大隐患和危害。为此，选择环保产品是第一要务。其次，要认真观察产品的包装、说明书、产品检验报告等，一定要是权威部门出具的产品检验报告。最好选用有环保认证或国家免检产品。

目前市场上比较流行也受消费者喜爱的强化地板品牌有圣象、生活家、德尔、肯帝亚、菲林格尔、莱茵阳光、扬子、升达、柏高、宏耐、欧陆亚、宝力、康都、拜尔、圣卡等。

强化地板既有原木地板的天然质感，又有大理石、地砖坚硬耐磨的特点，是两者优点的结合，且安装方便，容易清洁，无需上漆打蜡，弄脏后可用湿抹布擦洗干净即可。强化地板还具有良好的阻燃性能，扩大了其使用范围，同时，也可用于地暖铺设。

从健康环保起见，除购买时选用甲醛含量符合国家标准的产品外，铺设地板后房间要注意开门开窗通风，建议装修后 1～2 个月后再搬进新居。室内还可放置一些花、草等绿色植物，有助于减少室内因装饰产生的有害气体。图 6-9（文前彩图）、图 6-10（文前彩图）为强化复合地板装饰实例。

六、曲线木地板

通常的实木地板都是长条形，而武汉连城实业股份有限公司开发的曲线木地板都是曲线形，如图 6-11。曲线木地板由于充分考虑了木材本身的材性，较好地解决了木地板受潮后起拱变形的固有弊端，而且槽与榫之间的咬合力大大高于条形木地板，产品一推向市场就深受消费者的喜爱。已获多项发明：如《镶嵌式木制地板》（专利号：ZL 96 216193.4）、《镶嵌式曲线木地板条》（专利号：ZL 97 209597.7）、《镶嵌式几何图形拼花地板》（专利号：ZL 98 242109.5）等，产品获得过“中国 97 武汉室内装饰展览会”金奖、“第六届中国专利新技术新产品博览会金奖、第七届中国专利新技术新产品博览会”特别金奖、“第八届中国专利新技术新产品博览会”特别奖金，1999 年被评为国家级火炬计划新产品，获中国建筑业协会《工程建设新技术新产品》推荐证书。

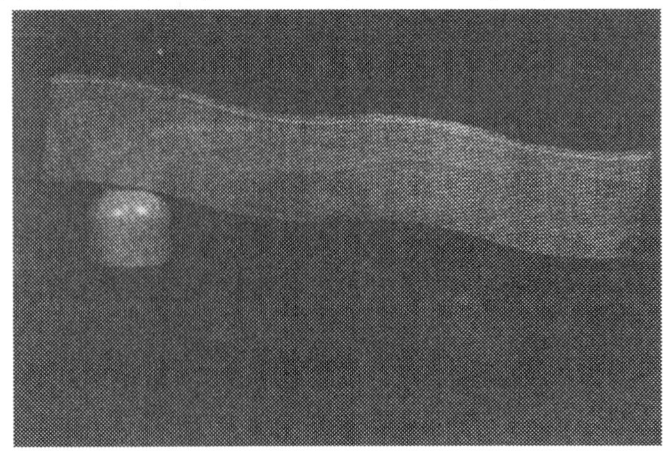

图 6-11 曲线木地板

专利产品：超王曲线实木地板

专利号：ZL 96 216193.4

七、软木地板

软木,作为一种天然材料,具有保温性与柔软性;在功能方面,具有弹性、隔热性。此外,软木还是一种吸声性和耐久性均佳的材料,吸水率接近于零,厨房、卫生间的地板均可使用软木装饰。这是由于软木的细胞结构呈蜂窝状,中间密封空气占70%,因而具有上述特性。软木地板是将软木颗粒用现代工艺技术压制成规格片块,表面有透明的树脂耐磨层(一般生产厂家保证产品有10年耐磨年限),下面有PVC防潮层,这是一种优良的天然复合地板。这种地板具有软木的优良特性,自然、美观、防滑、耐磨、抗污、防潮、有弹性、脚感舒适。此外,软木地板还具有抗静电、耐压、保温、吸声、阻燃功能,是一种理想的地面装饰材料。

软木地板有长条形和方块形两种,长条形规格为900mm×150mm,方块形规格为300mm×300mm,能相互拼花,亦可切割出任何几何图案。

软木除用来制造地板外,还可用来制造墙面装饰材料,即软木贴墙板。软木贴墙板完全是天然软木的纹理,有不同的自然图案,切割容易、弯曲不裂。冷、暖兼顾的色调给人以亲切、宁静的感受。表面磨绒处理,手感十分舒适。软木贴墙板有块材,规格为600mm×300mm;也有宽48cm,长8~10m的卷材。

图6-12为软木地板图案,图6-13(文前彩图)为软木地板和软木墙板装饰实例。

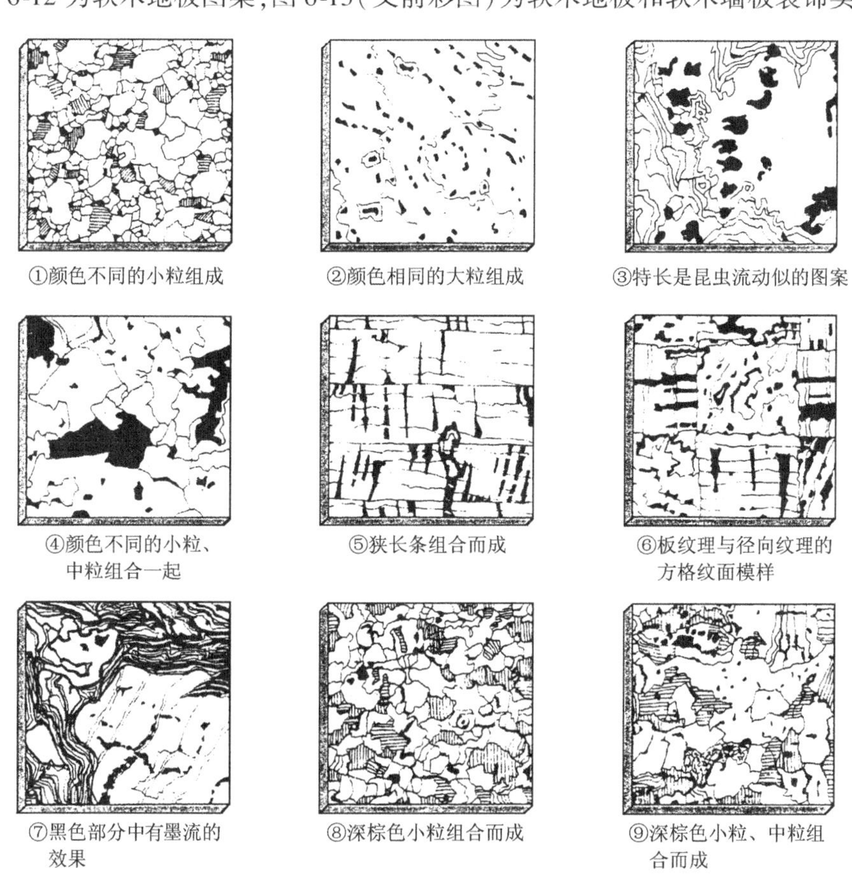

图6-12　各种软木地板图案

软木地板铺贴方法简便易行,需要注意的是铺贴用的胶水一般是软木地板配套使用的胶水。铺贴完后,用布和酒精抹去被挤压出来的已干的胶水,尽量不要在铺贴后的24h内使用软木地板和48h内清洁地板。

软木地板在使用时应注意清洁和保养。实现清洁与保养所需的只是吸尘及使用温和清洁剂。此外，软木地板生产商更有一系列的产品，帮助用户保持地板清洁，历久如新。

清洁时一定要使用软木地板生产商推荐的光亮剂、清洁剂和去渍剂，切勿使用含有氨和 pH 值大于 8 的清洁剂。在房间门口铺设地垫或地毡，防止砂石带入弄损地板。所有家具脚应包裹保护绒或棉花、软布、橡胶等，以防损坏地板。在清洁门口时，要及时清除地垫或地毡上的沙、石，以防被带入损坏地板。

软木墙面的铺贴方法与软木地板铺贴相似。

第三节　塑料地板

塑料地板的种类很多，按形状可分为块状和卷状。块状塑料地板可以拼成各种不同的图案；卷状塑料地板具有施工效率高的优点。按塑料地板的材性可分为硬质、半硬质和软质三种。硬质塑料地板使用效果较差，目前已很少生产；半硬质塑料地板价格较低，耐热性和尺寸稳定性较好；软质塑料地板铺覆好，具有较好的弹性，并有一定的保温吸声作用。一般块状地板半硬质和软质两种均有，而卷材地板只有软质一种。目前各国生产的塑料地板绝大部分为聚氯乙烯地板，即 PVC 地板。从结构上，可分为单层、双层和三层地板。双层地板又包括双层同质复合地板、双层异质复合地板；三层塑料地板又包括三层同质复合地板，一、三层同质、二层异质复合地板，三层异质复合地板，多层塑料地板等。从花色上来区分，可分为单色、单底色大理石花纹、单底色印花、木纹等品种。

在一些发达国家，塑料地板仍然走俏，如美国的家居地面装饰中，除化纤地毯外，用得较多的地面铺贴材料要数塑料地板了。究其原因：一是品种、图案多样，如仿木纹、仿天然石材的纹理，其质感可以达到以假乱真，能满足人们崇尚大自然的装饰要求；二是材性好，如耐磨性、耐水性、耐腐蚀性等能满足使用要求；三是脚感舒适，特别是弹性卷材塑料地板，具有一定的柔软性，步行其上脚感舒适，不易疲劳，解决了某些传统建筑材料冷、硬、灰的缺陷，与木质地板相比，隔声且易清洁。与陶瓷地面砖相比，不打滑，且冬季无冰冷感觉；四是可实现规模自动化生产，生产效率高，产品质量稳定，成本低，维修更新方便；五是价格比较低廉，施工方便。

塑料地板除 PVC 地板外，还有氯乙烯-醋酸乙烯塑料地板、聚乙烯塑料地板、聚丙烯塑料地板等品种。适用于公共建筑、实验室、住宅等各种建筑的室内地面铺设。图 6-14（文前彩图）为德国产塑料地板样品。

一、聚氯乙烯卷材地板

聚氯乙烯卷材地板（简称 PVC 卷材地板）的现行国家标准为《聚氯乙烯卷材地板》GB/T 11982—2005。

PVC 卷材地板，分为两种类型。第一种类型是带基材的 PVC 卷材地板，第二种类型是有基材有背涂层的 PVC 卷材地板。国家标准 GB/T 11982—2005 中对带基材的 PVC 地板规定如下。

1. 范围

本标准规定了带基材的 PVC 卷材地板的术语和定义、分类和标记、技术要求、试验方法、检验规则、标志、包装、运输和贮存。适用于以聚氯乙烯树脂为主要原料，加入适当助剂，在片状连续基材上，经涂敷工艺生产的卷材地板。

2. 术语和定义

带基材的卷材地板是指带有基材、中间层和表面耐磨层的多层片状地面或楼面铺设材料。

3. 分类和标记

(1)分类和代号

按中间层的结构分为带基材的发泡PVC卷材地板(代号FB)和带基材的致密PVC卷材地板(代号CB_0)。

按耐磨等级分为通用型(代号G)和耐用型(代号H_a)。

(2)标记

PVC卷材地板标记顺序为:产品名称、结构分类、耐磨性级别、总厚度、宽度和长度、标准号。如,总厚度1.5mm,宽度2m,长度15m的通用型发泡卷材地板标记为:聚氯乙烯卷材地板FB-G 1.5×2000×15000—GB/T 11982.1—2005。

4. 技术要求

(1)外观

产品外观不允许表面有裂纹、断裂、分层,允许轻微的折皱、气泡、漏印、缺膜、套印偏差、色差、污染不明显,允许图案轻微变形。

(2)尺寸允许偏差

长度、宽度不小于公称长度、宽度,厚度偏差单个值正负0.2mm,平均值+0.18mm、-0.15mm。

(3)物理性能

单位面积质量公称值±13% ~10%;纵横向加热尺寸变化≤0.40%;加热翘曲≤8mm;色牢度≥3级;纵横向抗剥离力平均值≥50N/50mm,单个值≥40N/50mm;残余凹陷通用型地板≤0.35mm,耐用型≤0.20mm;耐磨性通用型地板≥1500转,耐磨性耐用型地板≥5000转。

(4)有害物质限量

PVC地板中有害物质限量应符合GB/T 18586的相关规定。

二、半硬质聚氯乙烯块状地板

半硬质聚氯乙烯块状地板国家标准(GB/T 4085—2005)简介:

1. 范围

本标准规定了半硬质聚氯乙烯块状地板的术语和定义、分类和标记、技术要求、试验方法、检验规则、标志、包装、运输和贮存。

2. 术语和定义

(1)同质地板:是指整个厚度由一层或多层相同成分、颜色和图案组成的地板。

(2)复合地板:是由耐磨层和其他不同成分的材质层组成的地板。

3. 分类和标记

(1)分类和代号

按结构分为同质地板(代号为*HT*)和复合地板(代号为*CT*)。

按施工工艺分为拼接型(代号为*M*)和焊接型(代号为*W*)。

按耐磨性分为通用型(代号为*G*)和耐用型(代号为H_A)。

(2)产品标记

地板标记顺序为:产品名称、结构分类、施工工艺、耐磨性级别、规格尺寸、标准号。如尺寸为(300×300×1.0)mm的通用型焊接聚氯乙烯块状同质地板标记为:聚氯乙烯块状地板 HT-W-G(300×300×1.0)mm—GB/T 4085—2005。

4. 技术要求

(1)外观

产品外观不允许有裂纹、断裂、分层、纹痕、色调不匀、光泽不均、凹凸不平等。

(2)尺寸允许偏差

边长的平均值与公称值的允许偏差为 ±0.13%，单个边长值与边长平均值的允许偏差为 ±0.5mm；厚度平均值与公称值的允许偏差为 $^{+0.13\text{mm}}_{-0.10\text{mm}}$，单个厚度与厚度平均值的允许偏差为 ±0.15mm。

(3)有害物质限量

半硬质块状 PVC 地板中有害物质限量应符合国家标准 GB/T 18586 要求。

(4)物理性能

半硬质块状 PVC 地板的物理性能应符合国家标准要求。

三、半硬质聚氯乙烯块状地板用胶粘剂

目前铺设半硬质 PVC 块状地板尚无国家标准，现行的是国家建材行业标准 JC/T 550—2008。

1. PVC 块状地板胶粘剂分类

(1)按粘料分类

分为乙酸乙烯系——以乙酸乙烯树脂为粘料，加入其他添加剂，又分为乳液型和溶剂型两种；乙烯共聚系——以乙烯和乙酸乙烯共聚物为粘料，加入其他添加剂，又分为乳液型和溶剂型两种；合成胶乳系——以合成胶乳为粘料，加入其他添加剂；环氧树脂系——以环氧树脂为粘料，加入其他添加剂。

(2)按用途分类

分为 *A* 型普通用胶粘剂，粘贴后用于不受水影响的场所；*B* 型耐水用胶粘剂，用于受水影响的场所。

2. PVC 块状地板用胶粘剂代号

乙酸乙烯系乳液型，代号 VA1；乙酸乙烯系溶剂型，代号 VA2。

乙烯共聚系乳液型，代号 EC1；乙烯共聚系溶剂型，代号 EC2。

合成胶乳系代号 SL，环氧树脂系代号 ER。

3. 有害物质限量要求

按国家强制性执行标准 GB 18583—2001《胶粘剂中有害物质限量》要求执行，见本书附录 12。

四、塑料地板选购注意事项

(一)根据地面装饰需求选购

根据公共场所或家居装饰的需求来选购产品。塑料地板有半硬质块状地板，有软质的卷材地板，还有具有弹性的卷材地板可供选择。塑料地板铺地成本小于木地板、竹地板及复合地板。

半硬质块状塑料地板颜色有单色或拉花品种，厚度≥1.5mm，属于低档地板，对家庭经济条件有限的消费者可考虑选用。它可以解决水泥地面冷、硬、潮、灰、响的缺点，使室内环境得到一定程度的美化。

软质卷材地板厚度一般为0.8mm，比较单薄，铺设地面后解决不了冷、硬、响的问题，而且强度低，使用一段时间后会发生起鼓、边角破裂及表面花纹磨损严重等问题，一般很少生产此类产品。

弹性卷材地板较好地解决了水泥地面冷、硬、潮、灰、响的缺点。如常州建筑塑料厂生产的“丽宝第”弹性卷材，能生产出自然逼真的仿木纹、仿石纹、纺织物纹的图案，通过六色印花机可以印制出绚丽的色彩，产品装饰效果好，脚感也舒适。这种产品用不燃塑料制造，不易引起火灾，选择收缩率小于1‰的增强玻璃纤维毡作基材，耐磨层采用特殊配方，从而其舒展性、防卷翘性、抗收缩性、防水防霉性、耐磨性、阻燃性等与市场上以无纺布、纸或再生塑料作基材，表面又不耐磨的塑料地板相比，质量和性能要优越得多。

（二）选购塑料地板时注意环保

塑料地板中无论是树脂原料，还是助剂，或多或少会含有一些有机化合物的挥发物和可溶性重金属。室内环境中如超过一定深度，会对人体健康造成伤害。为此，国家强制性执行标准《聚氯乙烯卷材地板中有害物质限量》GB 18586—2001对此专门作出规定。具体要求参考本书附录10。消费者选购时要注意产品包装和产品说明书上的环保认证标志或权威部门的检测报告。无论是卷材还是块状地板，都不能有刺鼻的异味和可溶性金属含量超标等。

（三）选正规厂家的正规产品

塑料地板不能有裂纹、破裂、严重翘曲变形、脱胶、大面积色差、严重起泡等缺陷。否则，既影响美观，又不经用，耗费消费者的时间和金钱，最好选择正规厂家的品牌产品。目前市场上比较受消费者喜爱的塑料地板有LG地板（1947年始于韩国）、阿姆斯壮地板（1860年始于美国）、洁福地板（1937年始于法国）、博尼尔（美国博尼尔集团）、得嘉（1872年始于法国）、韩华（1952年始于韩国）、诺拉（1949年始于德国）、保丽（1915年始于英国）、金鼠（江苏省著名商标）、丽宝第（江苏省著名商标）等。

五、塑料地板的使用保养

使用塑料地板要注意保养，否则会降低使用寿命。通常应注意以下几点：

（1）新铺贴的塑料地面24h内不要上去走动，7～10d内应保持室内温湿度的稳定、通风，防止温度急剧变化和过堂风劲吹。

（2）定期上地板蜡，一般1～2个月上蜡一次。

（3）避免大量的水（水拖），特别是热水，碱水与塑料地面接触。

（4）尖锐锋利的金属工具应避免直接碰触塑料地板，以免损坏其表面。

（5）地板上玷污的墨水、食物、油迹等应先擦去脏物，然后用稀的肥皂水擦洗痕迹，或用少量溶剂（汽油）轻轻擦拭，便可消除痕迹。

（6）不要在塑料地板上放置60℃以上的物体及踩灭烟蒂，以免引起地板的变形和焦痕。

（7）在荷载集中部位，如家具脚，最好垫一些面积大于家具脚1～2倍的垫块，防止应力集中而引起地板变形甚至破损。

（8）夏季防止阳光直射，避免局部褪色。

（9）严重破损的地板应及时更换。家庭如用塑料地板装饰地面，最好备用少量地板以供更换。地板存放时应平放，不能立放，始终保持其平整。如发现铺贴的地方有脱胶，在脱胶部位清除杂物、粉尘后，用地板胶重新粘贴，保养24h后即可使用。

第四节　其他地板

一、橡胶地板

橡胶地板是以合成橡胶为主要原料,添加各种辅助材料,经特殊加工而成的一种铺地材料。具有耐磨、抗震、耐油、抗静电、耐老化、阻燃、易清洗、施工方便、使用寿命长等特点,适用于宾馆、饭店、商场、机场、地铁、车站、通讯中心、邮电大楼、展览大厅、体育场馆、实验室、图书馆、写字间、会议厅的地面和游艇、轮船内部板面以及客房、卫生间、盥洗室、阳台等场所。橡胶地板规格尺寸多以300mm×300mm、350mm×350mm、400mm×400mm、500mm×500mm、600mm×600mm等,厚度10mm~50mm不等,也可根据供需双方协议生产其他规格尺寸的地板。颜色有红、黄、绿、米色、紫色、黑色、蓝色、橙色等多种。

橡胶地板的品质要求如下:

1. 有害物质限量

按GB 18586—2001标准要求,橡胶地板中聚乙烯单体限量≤5mg/kg,挥发物的限量≤10g/m^2,可溶重金属≤20mg/m^2。

2. 防火要求

按GB 8624—2006规定,铺地材料均应达到Bf1-s1,t1级。

3. 拉伸强度

按GB/T 528—2009规定,拉伸强度应≥8.2Mpa。

4. 残余凹陷

按GB/T 4085—2005要求,应≤0.25mm。

5. 防滑

橡胶地板防滑等级为$R9$~$R11$。

6. 抗静电

按GB/T 1410—2006标准执行。

二、活动地板

活动地板又称装配式地板。它是由各种规格型号和材质的面板块、桁条、可调支架等组合拼装而成。按抗静电功能分:有不防静电板(普通活动地板)、普通抗静电板和特殊抗静电板;按面板块材质分:有木质地板、复合地板、铝合金地板、全钢地板、铝合金复合石棉塑料贴面地板、铝合金复合聚酯树脂抗静电贴面地板、平压刨花板复合三聚氰胺甲醛贴面地板(叠压复合地板)、镀锌钢板复合抗静电贴面地板等等。活动地板下面与基层形成的空间可敷设电缆、各种管道、电器、空调系统等。

活动地板具有重量轻、强度高、表面平整、尺寸稳定、面层质感良好、装饰性好、抗静电、耐老化、耐污染、防火阻燃等多种优良性能,适用于各类计算机房、通讯中心、控制中心、电化教室、电视发射塔、实验室等场所。

活动地板用配套金属支架型号、规格见表6-18,抗静电活动地板的技术性能见表6-19。

活动地板用配套金属支架型号、规格　　表 6-18

型　号	地板高度(mm)	可调范围(mm)	备　注
A	200	±20	螺杆长度 140mm
B	360	±20	螺杆长度 300mm

抗静电活动地板技术性能　　表 6-19

项　目	普通抗静电地板	特殊抗静电地板	项　目	普通抗静电地板	特殊抗静电地板
表面电阻率(Ω)	$10^8 \sim 10^9$	$10^6 \sim 10^7$	放电时间常数(s)	2.65×10^{-4}	3.54×10^{-7}
体积电阻率(Ω·cm)	$10^6 \sim 10^7$	$10^4 \sim 10^6$	电荷半衰期(s)	1.95×10^{-7}	2.0×10^{-7}

抗静电活动地板的安装与维护事项如下：

(1)安装房间地面要平整，墙体下部 50cm 的墙面与地面要成直角。安装支架至所需高度，调节支架高度时使用旋转螺栓为宜，以保证螺栓两头丝杆进深均等。桁条放在支架上，用水平尺校正，然后放上地板。支架底座一般用 6101 环氧树脂粘结，也可在基础地坪上预埋螺钉，用螺丝固定。

(2)如房间不是 600mm × 600mm 的模数，用户可预先提供房间尺寸，以便生产厂家按需加工。

(3)使用活动地板应避免重物在地板上拖拉，接触面不应太小，必要时可用木板垫衬。重物引起的集中荷载超过 300kg 时，在受力点应用支架加强。

(4)在地板上作业，不能穿带有金属钉的鞋子，更不能用锐器、硬物件在地板表面划擦及敲击。

(5)为保证地面清洁，可涂上地板蜡，局部玷污可用汽油、酒精或肥皂水、去污粉等擦洗，日常清洁使用吸尘器。

三、石英地板

石英地板是本章前述 PVC 地板中加入大量精细的天然石英微粒，使地板的颜色和表面条纹不易被磨损。由于天然石英微粒与 PVC 粒的混合物中天然石英微粒占 70%，故称为石英地板。也有文献将其归入 PVC 地板一类。

(一)石英地板分类

从结构上可分为多层复合型、同质透心型和半同质体型。

从形态上可分为卷材和片材两种。卷材每卷长度为 7.5m、15m、20m、25m，宽度通常为 1～2m，厚度 1.6mm～3.2mm。片材规格有 300mm × 300mm、600mm × 600mm，厚度 1.6mm、2.0mm、2.5mm、3.0mm。

从耐磨程度上分为通用型和耐用型两种。一般的装饰场所用通用型，人流密度较大的场所如候机大厅、大型商场、车站、学校等选用耐用型。

(二)石英地板的特征

1. 绿色环保

由于地板中 70% 的成分是天然石英砂，比单纯的 PVC 地板要环保。

2. 超轻超薄

石英地板的厚度通常为 3mm 以内，每 m^2 重量仅为 2～3kg，不到普通材料的十分之一，在高层建筑中能减轻楼体承重，不会过于降低层高，因此在铺地装饰上有着一定的优势。

3. 超强耐磨

由于天然石英颗粒的耐磨性好，因此石英地板的耐磨性高于 PVC 地板。

4. 具有较好的弹性和抗冲击性

石英地板具有质地较软的特点，因此弹性较好，脚感较为舒适。同时石英地板具有较好的抗冲击性能，在重物冲击下的较好地弹性恢复。

5. 优良的防滑性能

石英地板表面地耐磨层除耐磨外，还具有特殊的防滑功能。在遇水情况下，踩踏在石英地板上脚感更涩，更不易滑倒。因此，与机场、医院、学校、幼儿园最适合选用石英地板。

6. 防火阻燃

质量合格的石英地板防火等级可达到 B_1 级。B_1 级为除天然石材外最高的防火级别。

7. 防噪吸音

石英地板具有一定的吸音防噪功能。其吸音可达 20dB。在影剧院、图书馆、医院病房等需要安静的地方，地面可选用石英地板进行铺设。

8. 铺设快捷简便

无论是卷材还是块材石英地板，安装十分方便。不用水泥砂浆，地面条件较好的用专用环保地板胶粘贴，24 小时后就可以使用。

四、塑木地板

塑木地板也称木塑地板，是一种主要由木材（木纤维素、植物纤维素）为基础材料与热塑性高分子材料（PE 塑料）及助剂等，混合均后再经模具设备加热挤出成型而得，是一种绿色环保材料，兼具木材和塑料的性能与特征。塑木地板可用于园林景观、内外墙装饰、地面、护栏、花池、凉亭等。

塑木地板具有与木材相同的加工性能，可钉、可钻、可切割、可粘接。表面光滑细腻，无需砂光上漆。与木地板相比，塑木地板的稳定性好，很少产生裂缝和翘曲变形，无木材节疤、斜纹；加入着色剂后，可制成色彩绚丽的各种制品。

此外，塑木地板根据用户需求可制成多种规格尺寸。产品具有防火、防水、防腐蚀、防虫蛀、耐酸碱、无污染等优良性能，维护成本低。

第七章　地毯与挂毯

第一节　地　　毯

地毯是地面装饰中的高中档材料，有着悠久的发展历史，也是一种世界通用的地面装饰材料。最早是以动物毛为原材料编织而成。以后逐渐发展到采用棉、麻、丝和化学纤维作为制造地毯的原料。

地毯不仅具有隔热、保温、吸声、吸尘、挡风及弹性好等特点，还具有典雅、高贵、华丽、美观、悦目的装饰效果，所以经久不衰，广泛用于宾馆、会议大厅、会议室、会客室和家庭地面装饰。

一、地毯的品种及分类

现代地毯通常按其图案、材质、编制工艺及规格尺寸进行分类。

（一）按图案类型分

1. "京式"地毯

为北京式传统地毯，它有主调图案，图案工整对称，色调典雅，且具有独特的寓意及象征性。

2. 美术式地毯

突出美术图案，给人以繁花似锦的感觉。

3. 仿古式地毯

以古代的古纹图案、风景、花鸟为题材，表现出古朴典雅的情调。

4. 彩花式地毯

以黑色做主调，配以小花图案，浮现百花齐放的情趣。

5. 素凸式地毯

色调较为淡雅，图案为单色凸花织成，纹样剪片后清晰美观。

（二）按材质分类

1. 羊毛地毯

羊毛地毯即纯毛地毯，采用粗绵羊毛编织而成，具有弹性大、拉力强、光泽好的优点，装饰效果极佳，是深受人们喜爱的一种高级装饰材料。

2. 混纺地毯

混纺地毯是以羊毛纤维和合成纤维按比例混纺后编织而成的地毯。由于掺入了合成纤维，可显著改善地毯的耐磨性能。如在羊毛纤维中加入 20% 的尼龙纤维，地毯的耐磨性可提高 5 倍，且装饰性不降低，价格低于羊毛地毯。

3. 化纤地毯

化纤地毯采用合成纤维制作的面料制成。常用的合成纤维有丙纶、腈纶、锦纶、涤纶等，其外观和触感酷似羊毛，耐磨而较富有弹性，为目前用量最大的中、低档地毯。

4. 塑料地毯

塑料地毯是采用 PVC 树脂、增塑剂等多种辅助材料，经均匀混炼、塑制而成的一种新型轻质地毯，它质地柔软、色彩绚丽、自熄不燃、污染后可用水洗、经久耐用，为一般公共建筑和住宅的地面铺装材料。这种地毯也称之为地垫。

5. 剑麻地毯

这种地毯采用植物纤维剑麻（西沙尔麻）为原料，经纺纱、编织、涂胶、硫化等工序加工而成。产品分染色和素色两类，有斜纹、螺纹、鱼骨纹、帆布平纹、半巴拿纹、多米诺纹等多种花色。产品具有耐酸碱、耐磨、无静电等特点，但弹性较差，手感十分粗糙，可用于人流较大的公共场所地面装饰及家庭地面装饰。

（三）按编织工艺分类

1. 手工编织地毯

手工编织专用于羊毛地毯。它采用双经双纬，通过人工打结栽绒（称波斯扣或8字扣），将绒毛层与基底一起织做而成，做工精细、质地高雅、图案多彩多姿，是地毯中的高档产品。手工编织地毯工效低、成本高、价格昂贵，一般为高级宾馆的装饰材料。

2. 簇绒地毯

簇绒地毯又称栽绒地毯。这种编织工艺是目前各国生产化纤地毯普遍采用的编织方式。它是通过带有一排往复式穿针的纺机，把毛纺纱穿入第一层基底（初级背衬织布），并在其面上将毛纺纱穿插成毛圈而背面拉紧，然后在初级背衬的背面刷一层胶，使之固定，于是就织成了厚实的圈绒地毯。若再用锋利的刀片横切割毛圈顶部，并经修剪，则成为平绒地毯，也称为割绒地毯或切绒地毯。

圈绒的高度一般为5～10mm，平绒绒毛的高度为7～10mm。同时，毯绒纤维密度大，因而弹性好，脚感舒适，且在毯面上可印染各种图案花纹。

3. 无纺地毯

无纺地毯是指无经纬编织的短毛地毯，也是生产化纤地毯的方法之一。它是将绒毛线用特殊的钩针扎刺在用合成纤维构成的网布底衬上，然后在其背面涂上胶层，使之粘牢，故其又有针刺地毯、针扎地毯或粘合地毯之称。这种地毯因生产工艺简单，故成本低廉，弹性和耐久性均较差。为提高其强度和弹性，可在毯底加缝或粘贴一层麻布底衬，也可加贴一层海绵底衬。

无纺生产方式不仅用于化纤地毯生产，也可用于羊毛地毯生产，近年来我国就用此方法生产出了纯羊毛无纺地毯。

上述各种加工工艺生产的地毯的构造见图7-1。

（四）按规格尺寸分类

1. 块状地毯

纯羊毛地毯多为方形及长方形块状地毯，其通用规格尺寸从610mm×610mm～3660mm×6710mm计56种，另外还有异型地毯，如三角形、圆形、椭圆形地毯。地毯的厚度视质量等级有所不同。纯毛块状地毯还可成套供应，每套由若干块形状和规格不同的地毯组成。花式方块地毯是由花色各不相同的500mm×500mm的方块地毯组成一箱，铺设时根据装饰设计要求任意搭配使用。

2. 卷材地毯

机织的化纤地毯通常加工成宽幅的成卷包装的地毯，其幅宽有1～4m等多种，每卷长度为20～25m不等。铺设成卷的整幅地毯，适合于大空间的场所，家庭居室也可使用，但损坏后不易更换。

此外，还可根据使用场所不同将地毯分为轻度家用级、中度家用级或轻度专业使用级、一般家用或中度专业使用级、重度家用或一般专业使用级、重度专业使用级、豪华级等六类。

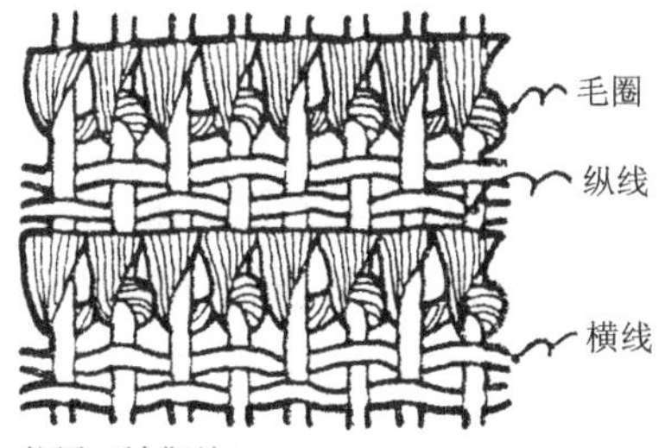

缎通（波斯结）

以经线与纬线编织而成基布，再用手工在其上编织毛圈。以中国的缎通为代表，波斯结缎通，土耳其毛毯等是有名的

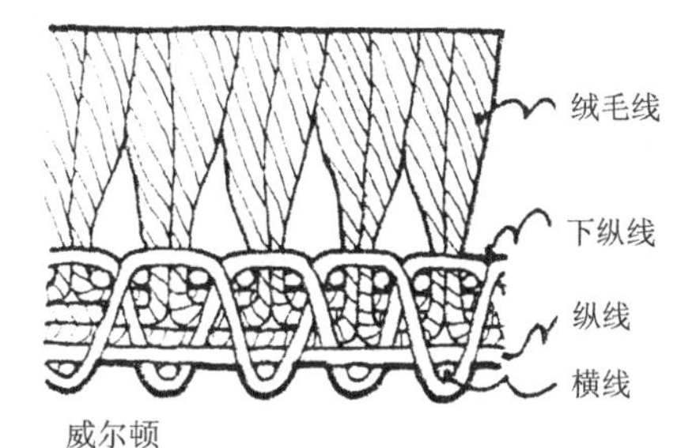

威尔顿

是一种机械编织，以经线与纬线编织成基布的同时，织入绒毛线而成的。可以使用 2~6 种色彩线

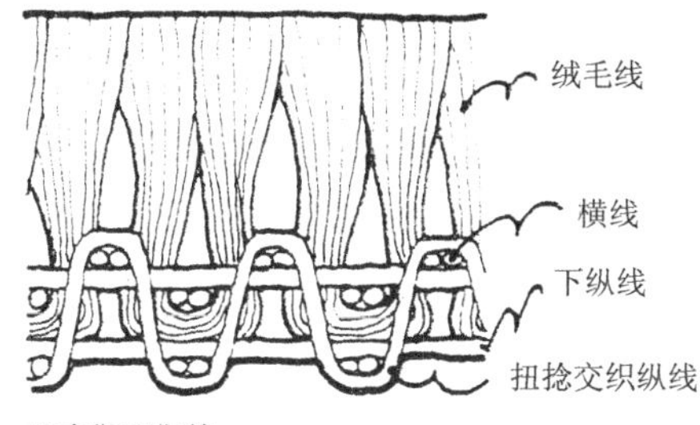

阿克斯明斯特

通过提花织机编织而成。编织色彩可达 30 种颜色，其特点是具有绘画图案

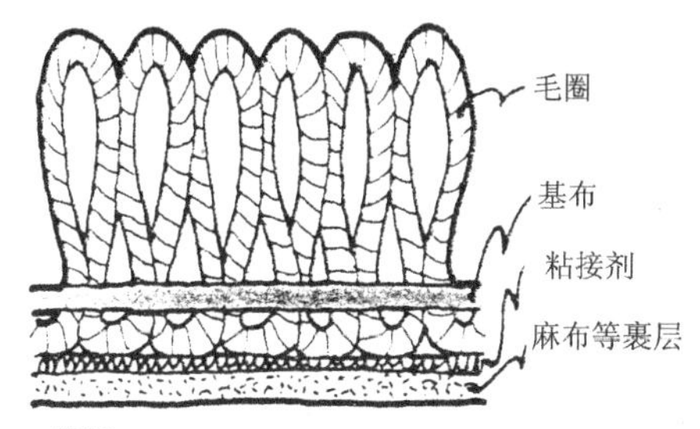

簇绒

在基布上针入绒毛线而成的一种制造方法。可大量、快速且便宜地生产地毯

图 7-1　地毯的构造示意

二、纯毛地毯

纯毛地毯也称羊毛地毯，分为手工编织、机织和无纺织三种。手工编织为传统的编织方式，机织和无纺织为近代发展起来的编织方式。

（一）纯毛地毯的特性与应用

1. 手工编织的纯毛地毯

手工编织的纯毛地毯是采用优质绵羊毛纺纱，用现代染色技术染成最牢固的绚丽颜色，经精湛的手工技巧织成瑰丽的图案，再以专用机械平整毯面或剪凹花地周边，最后用化学方法洗出丝光。手工编织地毯在我国新疆、内蒙古、青海、宁夏等地已有悠久的生产历史。国外如伊朗、印度、巴基斯坦、土耳其、澳大利亚等也有生产。

手工编织的纯毛地毯是自上而下垒织栽绒打结而制成的，每垒织打结完一层称一道。一般以“道”的数量来决定地毯的栽绒密度。道数越多，栽绒密度越大，地毯质量越好，价格也就越昂贵。地毯的档次与道数成正比关系。通常家用地毯为 90 ~ 150 道。高级装修工程用的地毯为 400 道地毯，即每平方英尺内有 400 对经线，相当于每平方英尺有 16 万个手工打结。

手工编织地毯具有图案优美、色泽鲜艳、质地厚实、富有弹性、柔软舒适、经久耐用的优点，自古以来一直是一种高档铺地材料。

2. 机织纯毛地毯

机织纯毛地毯具有毯面平整、光泽好、富有弹性、脚感舒适、抗磨耐用等特点，其性能与手工纯毛地毯相似，但价格远低于手工地毯。回弹性、抗静电、抗老化、耐燃性等都优于化纤地毯。

机织纯毛地毯最适合用于宾馆、饭店的客房、楼梯、楼道、宴会厅、酒吧间、会客室及家庭地面装饰。图 7-2(文前彩图)为德国产纯毛地毯样品,图 7-3(文前彩图)为机织纯毛地毯样品,图 7-4(文前彩图)为纯毛地毯铺地实例。

3. 纯毛无纺织地毯

纯毛无纺织地毯是指羊毛未经纺织直接编织而成的一种新型地毯。这种地毯是湖北省沙市无纺织厂于 1976 年首创生产,产品质量优良、价格适中、具有色泽丰富、消声抑尘、铺置方便及按地形需要任意裁剪的特点。

(二)国产纯毛地毯的主要规格与性能

国产纯毛毯的主要规格与性能见表 7-1。

国产纯毛毯的主要规格与性能　　表 7-1

品　名	规　格　(mm)	性　能　特　点	生产厂家
羊毛满铺地毯电针绣枪地毯艺术壁挂(工美牌)	有各种规格	以优质羊毛加工而成。电针绣枪地毯可仿制传统手工地毯图案,古色古香,现代图案富有时代气息。艺术壁挂图案粗犷朴实,风格多样,价格仅为手工编织壁挂的 1/5 ~ 1/10	北京市地毯二厂
90 道手工打结地毯素式羊毛地毯高道数艺术挂毯	610 × 910 ~ 3050 × 4270 等各种规格	以优质羊毛加工而成,图案华丽、柔软舒适、牢固耐用	上海地毯总厂
90 道手工栽绒地毯、提花地毯、艺术壁挂(风船牌)	有各种规格	以优质西宁羊毛加工而成。图案有北京式、美术式、彩花式、素凸式、东方式及古典式。古典式的图案分青铜、画像、蔓草、花鸟、锦绣五大类	天津地毯工业公司
90 道羊毛地毯 120 道羊毛艺术挂毯	厚度:6 ~ 15 宽度:按要求加工 长度:按要求加工	用上等纯羊毛手工编织而成。经化学处理,防潮、防蛀,吸声,图案美观,柔软耐用	武汉地毯厂
手工栽绒地毯(飞天牌)	2140 × 3660 ~ 610 × 910 等各种规格	以上等羊毛加工而成。产品有北京式、美术式、彩花式、素凸式、敦煌式、仿古式等等。产品手感好,色牢度好,富有弹性	兰州地毯总厂
纯羊毛机织地毯	有各种规格	以西宁羊毛加工而成。产品平整光洁。毛丛挺拔、质地坚固、花式多样、防潮、隔声、保暖、吸尘、无静电、弹性好等	青海地毯二厂
90 道手工打结地毯 140 道精艺地毯机织满铺羊毛地毯(工艺挂毯)(海马牌)	幅宽 4m 及其他各种规格	以优质羊毛加工而成。图案花式多样,产品手感好、脚感好、舒适高雅、防潮、吸声、保温、吸尘等	山东威海海马地毯集团公司
仿手工羊毛地毯(雏凤牌)	各种规格	以优质羊毛加工而成。款式新颖、图案精美、色泽雅致、富丽堂皇、经久耐用	浙江美术地毯厂
纯羊毛手工地毯机织羊毛地毯(松鹤牌)(钱江牌)	各种规格	以国产优质羊毛和新西兰羊毛加工而成。具有弹性好、抗静电、保暖、吸声、防潮等特点	杭州地毯厂
80 道机拉洗羊毛地毯 90 道机拉洗羊毛地毯	有各种规格	以优质羊毛加工而成。产品具有图案美观、色彩鲜艳、弹性好、隔声、吸潮等功能	内蒙古赤峰市长城地毯厂
羊毛圈绒威尔顿地毯 羊毛开绒威尔顿地毯 羊毛双面提花地毯	绒高:4.5、6、8、10 品种:素色、提花	以优质羊毛,采用比利时、英国和德国等先进生产设备加工而成。产品主要用于航空上。航空地毯全面符合国际防火、防烟、抗静电和防虫蛀等标准。分别获中国民航局制造人资格和美国联邦航空局 FAR Part25 品质认证	北京航空工艺地毯有限公司
纯毛无纺地毯(金蝶牌)	条形: 幅宽:2m 长:4 ~ 30m 方形:500 × 500 厚:6 常用规格: 1400 × 2000 2000 × 2500 2000 × 3000	日晒牢度:≥6 级 摩擦牢固:干磨≥2 级 湿磨≥3 级 断裂强度: 经向≥650N/5cm 纬向≥700N/5cm 剥离强度:40N/4cm 颜色可供选择种类多	湖北沙市无纺地毯厂

三、化纤地毯

化纤地毯又名合成纤维地毯，是采用化学合成纤维做面料，再以背衬材料复合加工制作而成。按所用的化学纤维不同，分为丙纶地毯、腈纶地毯、锦纶地毯、涤纶地毯及印染地毯等。

化纤地毯是从传统的羊毛地毯发展而来的，虽然羊毛堪称纤维之王，但它的价格高，资源也有限，还有易受虫蛀、霉变的缺点。化纤地毯虽有易燃、易老化等缺点，但经适当处理可以得到与羊毛地毯接近的耐燃、防污、耐老化等性能。加上它的价格远低于羊毛地毯，化纤资源丰富，因此化纤地毯在工业发达国家发展很快，已成为重要的地面装饰材料。

(一)化纤地毯的特点

(1)具有优良的装饰性。其色彩绚丽、图案多样、质感丰富、主体感强，给人以温暖、舒适、宁静、柔和的感受。

(2)能调节室内环境。化纤地毯由于有较好的弹性，步行时柔软轻快。此外还具有较好的吸声性和绝热性，能保持环境的安静和温暖。

(3)耐污及藏污性较好。化纤地毯主要对于尘土砂粒等固体污染物有很好的藏污性。对液体污染物，特别是有色液体，较易玷污和着色，使用时要注意。受到污染时可用市售的地毯清洗剂进行清洗。

(4)耐倒伏性较好，即回弹性较好。一般地毯面层纤维的倒伏性主要取决于纤维的高质、密度及性质，密度高的手工编制地毯耐倒伏性好；而密度小的绒头较高的簇绒地毯则倒伏性差。

(5)耐磨性较好。这是由于化纤的耐磨性比羊毛好，所以化纤地毯的使用寿命长。

(6)耐燃性差。加入阻燃剂后，可以收到自熄或阻燃的效果。

(7)易产生静电。由于化纤地毯有摩擦产生静电及放电特性，所以极易吸收灰尘，放电时对某些场合易造成危害，一般采用加抗静电剂的方法处理。

(二)化纤地毯的构造

化纤地毯由面层、防松层和背衬三部分组成：

1. 面层

化纤地毯的面层是以聚丙烯纤维(丙纶)、聚丙烯腈纤维(腈纶)、聚酯纤维(涤纶)、尼龙纤维(锦纶)等化学纤维为原料，采用机织和簇绒等方法加工而成。化纤地毯的面层纤维密度较大，毯面平整性好，但工序较多，织造速度不及簇绒法快，故成本较高。面层的绒毛可以是长绒、中长绒、短绒、起圈绒、卷曲绒、高低圈绒、平绒圈绒组合等多种。一般多采用中长绒制作的面层，因其绒毛不易脱落和起球，使用寿命长。另外，纤维的粗细也会直接影响地毯的弹性与脚感。

2. 防松涂层

防松涂层是指涂刷于面层织物背面初级背衬上的涂层。这种涂层材料是以氯乙烯—偏氯乙烯共聚乳液的基料，掺入增塑剂、增稠剂以及填料等配制而成的一种水溶性涂料。将其涂于面层织物前后，可以增加地毯绒面纤维在初级背衬的固着牢度，使之不易脱落。同时，待涂层经热风干燥成膜后，当用胶粘剂粘贴次级背衬时，还能起到防止胶粘剂渗透到绒面层而使面层发硬结壳的作用。

3. 背衬

化纤地毯的背衬材料通常用麻布，采用胶结力很强的丁苯乳胶、天然乳胶等水溶性乳胶作胶粘剂，将麻布与已经过防松涂层处理的初级背衬相粘合，以形成次级背衬，然后经加热、加压、烘干等工序，即成为卷材成品。次级背衬不仅保护了面层织物背面的针码，增强了地毯背面的耐磨性，同时也加强了地毯的厚实程度，使人有步履轻松之感。

(三)化纤地毯的品种

化纤地毯的品种很多,按其加工方法不同,主要有以下几种:

1. 簇绒地毯

簇绒地毯是由毯面纤维、初级背衬、防松涂层和次级背衬四部分组成的一种有麻布背衬的圈绒地毯。它的成本较高,每平方米的纤维用量较高,因而有较好的弹性,脚感舒适。目前,簇绒地毯是国内外化纤地毯中产量最多的一种化纤地毯。

2. 针刺地毯

针刺地毯缺少弹性,脚感较硬,造价低廉,是一种低档的化纤地毯。

3. 机织地毯

机织地毯具有非常美丽和复杂的花纹图案,采用不同的织造工艺还能生产出不同表面质感的地毯。此外,它的毯面纤维密度较大,毯面平整性好,但机织速度不如簇绒法快,工序较多,成本较高。

4. 印染地毯

印染地毯一般是在簇绒地毯上印染各种花纹图案,使地毯表面的图案绚丽多姿。它的价格要比机织或编织地毯低得多,但其印花图案的耐久性不及机织或编织地毯。

化纤地毯按其外形尺寸,可分为卷材地毯和块状地毯两种。卷材的宽度可为1~4m,每卷长20~25m不等,因此有的卷材用在房间内是整体的,可以没有拼缝,给施工带来许多方便。块状地毯也称方块地毯或地毯砖,国际上流行的规格尺寸为500mm×500mm、450mm×450mm、750mm×750mm、1000mm×1000mm等。也有异型地毯,如三角形、圆形、椭圆形等。卷材和块状地毯各有利弊。与卷材塑料地板和块状塑料地板的情况相似。块状的好处是局部损坏容易更换,不利之处是接缝多,地面铺设整体性不强,易翘角踢坏,卷材地板则相反。图7-5(文前彩图)为北京燕山石化公司生产的化纤地毯样品,图7-6为法国塑美化纤方块地毯图案。

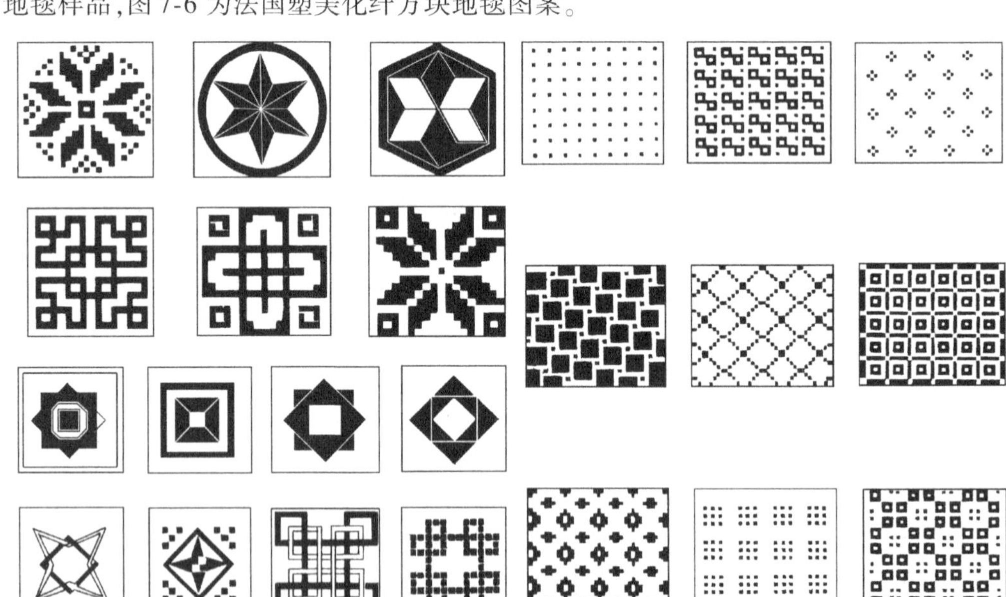

图7-6　塑美(Sommer)化纤方块地毯图案

(四)化纤地毯的技术性能要求

1. 剥离强度

用一定的仪器设备,在规定速度下,将50mm宽的化纤地毯试样,使其面层与背衬剥离至50mm长时所需的最大力，称为剥离强度。化纤簇绒地毯要求剥离强度≥25N。我国上海产机织和簇绒丙纶、腈纶地毯，无论干、湿状态，其剥离强度均在35N以上。

2. 绒毛粘合力

绒毛粘合力是指地毯绒毛固着于背衬上的牢固度。化纤簇绒地毯的粘合力以簇绒拔出力来表示，要求平绒毯簇绒拔出力≥12N，圈绒毯簇绒拔出力≥20N。上海产簇绒丙纶（麻布背衬）地毯，粘合力达到63.7N，高于日本同类产品51.5N的指标。

3. 耐磨性

地毯的耐磨性是耐久性的重要指标，通常是以地毯在固定压力下，磨至露出背衬所需要的耐磨次数来表示。耐磨次数越多，地毯的耐磨性就越好。我国上海产机织丙纶、腈纶化纤地毯，当绒毛长为6～10mm时，其耐磨次数达5000～10000次，达到国际同类产品的水平。机织化纤地毯的耐磨性优于机织羊毛地毯（2500次）。

4. 弹性

弹性是反映地毯受压力后，其厚度产生压缩变形的程度以及压力消除后恢复到原始状态的程度。地毯的弹性好，脚感就特别舒适。地毯的弹性一般用动态荷载下（规定次数下周期性外加荷载撞击后）地毯厚度减少值，以及中等静荷载后地毯厚度减少值来表示。例如，绒毛厚度为7mm的簇绒化纤地毯，要求其动荷载下厚度减少值为：平绒毯≤3.5mm，圈绒毯≤2.2mm；静荷载下厚度减少值分别要求≤3mm与≤2mm。化纤地毯的弹性一般不如羊毛地毯。

5. 抗静电性

静电性是指地毯带电和放电的性能。如果化纤未经抗静电处理，其导电性差，织成的地毯静电大，易吸尘，清扫困难。为此，在生产合成纤维时，常掺入一定量的抗静电剂，同时还采用增加导电性处理等措施，以提高化纤地毯的抗静电能力。

化纤地毯静电的大小，通常以其表面电阻和静电压来表示。目前，我国化纤地毯的静电值都还较大，需要继续改善其抗静电性能。

6. 抗老化性

化纤制品属于有机高分子化合物，都有一个如何防止老化的问题。化纤地毯使用时间一长，毯面化学纤维老化降解，导致地毯性能指标降低，受撞击和摩擦时会产生粉末现象。生产化纤时要加入适量的抗老化剂，以延缓化纤地毯的老化时间。

抗老化是一项综合指标，通常是地毯经一定时间的紫外线照射后，综合其耐磨次数、弹性及色泽变化来评定。

7. 耐燃性

化学纤维本身并不耐燃。生产化纤时加入一定量的阻燃剂，使织成的化纤地毯具有自熄性和阻燃性。在化纤地毯燃烧12分钟内，其燃烧面积直径不大于17.96mm时，则认为耐燃性合格。

8. 抗菌性

作为地面覆盖材料，地毯易遭虫、菌等侵蚀而引起霉变或蛀坏，因此，生产地毯时要进行防霉、防菌处理。通常规定，凡能经受8种常见霉菌和5种常见细菌的侵蚀而不长菌和霉变时，地毯抗菌性合格。化纤地毯的抗菌性优于羊毛地毯。

（五）质量标准

簇绒地毯的内在质量标准和外观质量要求分别列入表7-2和表7-3中。按标准规定，簇绒地毯按其技术要求评定等级，其技术要求有内在质量要求和外观质量要求两个方面。按内在质量要求评定为合格品和不合格品两类，全部达到技术指标为合格，当有一项达不到要求即为不合格品，并不再进行外观质量评定。簇绒化纤地毯的最终等级是在内在质量各项指标全部达标的情况下，以外观质量所定的等级作为该产品的等级。按外观质量评定分优等品、一级品、合格品三个等级，评等以其中最低的一项疵点的品等评定。

通常可按表 7-4 的规定来评定化纤地毯的性能。

簇绒地毯内在质量标准　　　表 7-2

<table>
<tr><th rowspan="2">序号</th><th rowspan="2">项　　目</th><th rowspan="2">单　　位</th><th colspan="3">技　术　指　标</th></tr>
<tr><th colspan="2">平　割　绒</th><th>平　圈　绒</th></tr>
<tr><td>1</td><td>动态负荷下厚度减少（绒高 7mm）</td><td>mm</td><td colspan="2">≤3.5</td><td>≤2.2</td></tr>
<tr><td>2</td><td>中等静负载后厚度减少</td><td>mm</td><td colspan="2">≤3</td><td>≤2</td></tr>
<tr><td>3</td><td>簇绒拔出力</td><td>N</td><td colspan="2">≥12</td><td>≥20</td></tr>
<tr><td>4</td><td>绒头单位质量</td><td>g/m^2</td><td colspan="2">≥375</td><td>≥250</td></tr>
<tr><td>5</td><td>耐光色牢度（氙孤）</td><td>级</td><td colspan="3">≥4</td></tr>
<tr><td rowspan="2">6</td><td rowspan="2">耐摩擦色牢度（干摩擦）</td><td rowspan="2">级</td><td>纵向</td><td colspan="2" rowspan="2">≥3～4</td></tr>
<tr><td>横向</td></tr>
<tr><td>7</td><td>耐燃性（水平法）</td><td>mm</td><td colspan="3">试样中心至损毁边缘的最大距离≤75</td></tr>
<tr><td rowspan="3">8</td><td rowspan="3">尺寸偏差</td><td rowspan="3">%</td><td>宽度</td><td colspan="2">在幅宽的 ±0.5 以内</td></tr>
<tr><td rowspan="2">长度</td><td>卷状</td><td>卷长不小于公称尺寸</td></tr>
<tr><td>块状</td><td>在长度的 ±0.5 以内</td></tr>
<tr><td rowspan="2">9</td><td rowspan="2">背衬剥离强力</td><td rowspan="2">N</td><td>纵向</td><td colspan="2" rowspan="2">≥25</td></tr>
<tr><td>横向</td></tr>
</table>

簇绒地毯外观质量评定规定　　　表 7-3

序号	外　观　疵　点	优等品	一等品	合格品	序号	外　观　疵　点	优等品	一等品	合格品
1	破损（破洞、撕裂、割伤）	不允许	不允许	不允许	6	纵、横向条痕	不明显	不明显	较明显
2	污渍（油污、色渍、胶渍）	无	不明显	不明显	7	色　条	不明显	较明显	较明显
3	毯面折皱	不允许	不允许	不允许	8	毯边不平等	无	不明显	较明显
4	修补痕迹	不明显	不明显	较明显	9	渗胶过量	无	不明显	较明显
5	脱衬（背衬粘结不良）	无	不明显	不明显					

化纤地毯的性能指标　　　表 7-4

<table>
<tr><th colspan="3">性　能　指　标</th><th colspan="2">簇绒法丙纶</th><th>簇绒法腈纶</th><th>机织法丙纶</th><th colspan="3">机织法腈纶</th></tr>
<tr><td rowspan="3">剥离强度（横向）</td><td colspan="2">干（MPa）</td><td colspan="2">0.11</td><td>0.112</td><td>0.118</td><td colspan="3">0.107</td></tr>
<tr><td colspan="2">$湿_1$（MPa）</td><td colspan="2">>0.07</td><td>>0.07</td><td>>0.07</td><td colspan="3">>0.07</td></tr>
<tr><td colspan="2">$湿_2$（MPa）</td><td colspan="2">>0.1</td><td>>0.1</td><td>>0.1</td><td colspan="3">>0.1</td></tr>
<tr><td colspan="3" rowspan="3">粘合力（N）</td><td>无背衬</td><td>5.6</td><td></td><td></td><td colspan="3"></td></tr>
<tr><td>麻布背衬</td><td>63.7</td><td></td><td></td><td colspan="3"></td></tr>
<tr><td colspan="2">丙、腈纶（丙纶扁丝初级背衬麻布次级背衬）</td><td>49.0</td><td></td><td colspan="3"></td></tr>
<tr><td rowspan="2">耐磨性</td><td colspan="2">绒毛高度（mm）</td><td colspan="2" rowspan="2">丙、腈纶</td><td>7</td><td>10</td><td>10</td><td>8</td><td>6</td></tr>
<tr><td colspan="2">耐磨次数（次）</td><td>5800</td><td>>10000</td><td>7000</td><td>6400</td><td>6000</td></tr>
<tr><td rowspan="4">回弹性</td><td rowspan="4">厚度损失百分率（%）</td><td>500 次碰撞后</td><td colspan="2">37</td><td>23</td><td>37</td><td colspan="3">23</td></tr>
<tr><td>1000 次碰撞后</td><td colspan="2">43</td><td>25</td><td>43</td><td colspan="3">25</td></tr>
<tr><td>1500 次碰撞后</td><td colspan="2">43</td><td>27</td><td>43</td><td colspan="3">57</td></tr>
<tr><td>2000 次碰撞后</td><td colspan="2">44</td><td>26</td><td>44</td><td colspan="3">26</td></tr>
</table>

续表

性能指标			簇绒法丙纶	簇绒法腈纶	机织法丙纶	机织法腈纶
表面电阻及静电压	麻布背衬	表面电阻(Ω)	5.8×10^{11}	5.45×10^{2}	5.8×10^{11}	5.45×10^{2}
		静电压(V)	+60	+16 +4	+60	+16 +4
	丙、腈纶麻布背衬	表面电阻(Ω)	8.5×10^{9}		8.5×10^{9}	
		静电压(V)	−15		−15	
光照老化后耐磨次数	紫外光照时间(h)		0 / 100 / 312 / 500		0 / 100 / 312 / 500	
	毛高(mm)		8		8	
	耐磨次数(次)		3400 / 3155 / 2852 / 2632		3400 / 3155 / 2852 / 2632	
光照老化后碰撞厚度损失	厚度损失百分率(%)		紫外光照时间(h)		紫外光照时间(h)	
			0 / 100 / 312 / 500		0 / 100 / 312 / 500	
		500 次碰撞后	32 / 28 / 38 / 29		32 / 28 / 38 / 29	
		1000 次碰撞后	36 / 31 / 43 / 35		36 / 31 / 43 / 35	
		1500 次碰撞后	39 / 36 / 45 / 38		39 / 36 / 45 / 38	
		2000 次碰撞后	41 / 27 / 47 / 41		41 / 27 / 47 / 41	
耐热性	燃烧时间(s)		626		143	108
	燃烧面积及形状		直径 3.6cm 之圆		直径 2.4cm 之圆	直径 3cm × 2cm 之椭圆

纯羊毛地毯、混纺地毯和化纤地毯现行的国家标准请读者参考 GB/T 14252—2008《机织地毯》、GB/T 11746—2008《簇绒地毯》和我国轻工行业标准 QB/T 2755—2005《拼块地毯》。

四、其他类地毯

1. 橡胶绒地毯

橡胶绒地毯是以天然橡胶与合成橡胶配以各种补强剂、促进剂、防老剂、软化剂、着色剂、经混炼、压片、复合、硫化成型加工而成。产品具有色泽鲜艳、柔软舒适、弹性好、耐磨、耐老化、防滑性能好、使用寿命长、防水、防潮、耐腐蚀、清洁方便等特点，适用于卫生间、浴室、防空洞、地下室、游泳池、餐厅、客房、会议室及火车走道、轮船、汽车等。用各种绝缘材料做成的橡胶地毯，特别适用于计算机中心、电化教学场所、电视台、配电房等。以绿色材料制成的橡胶绒地毯，被誉为绿色的"橡胶草坪"，适用于照相馆、摄影棚、体育场、排演厅及室内需装饰草坪之处。

橡胶海绵地毯衬垫是以橡胶为主要原料，添加一些化工原料，经特殊加工制成的一种地毯衬垫材料，具有防潮、绝缘、防霉、防虫蛀、耐腐蚀和富有弹性等特点，适用于地毯的衬垫材料，提高弹性和脚感舒适度以及隔声保温效果，也起防潮和保护地毯的作用。

2. 组合地毯

组合地毯也称块状地毯，通常是以高性能化学纤维为面层材料，底层是柔软且富有弹性、不吸水、防滑的 EVA 材料复合而成，在欧洲、美国、日本等国发展很快。组合地毯具有尺寸稳定，利用自重，不需任何固定方式，可以平铺在室内外地面，运输方便，易洗涤除尘等优点。组合地毯一般加工成各种色彩的 500×500mm 尺寸。铺设时若改变其排列方式，就可拼成各种图案，装饰效果好。

产品还具有抗静电及阻燃、防潮等特点，适用于宾馆、酒店、办公室、学校、图书馆、医院、展示厅、会议室、高尔夫球练习场、游乐场及住宅等处的铺设。

3. 天然植物类地毯

以棉、麻、草等天然纤维材料，纯手工或机械工艺进行编织而成的地毯。这种地毯具有自然、亲切、美观的艺术效果，使人具有返朴归真的感觉。

五、地毯的选用、铺设与保养

1. 地毯的选用

（1）首先要根据建筑物室内环境设计要求，家具配置，墙面顶棚装饰色彩等具体情况来选择地毯的颜色和花纹图案。一般红色或金黄色的地毯，能使房间显得富丽堂皇；米色和驼色则显得比较淡雅；深色则显得比较庄重。通常会客室宜选择色彩较暗、花纹图案较大的地毯，卧室则宜选择花型小，色泽比较明快的地毯

（2）挑选地毯时，还要注意地毯的内在质量和外观质量。外观质量是观其颜色是否均匀，花型是否正确，毯面是否平整，有无破损，以及毯背粘合是否牢固等。内在质量主要看织造是否整齐，有无断经、断纬等缺陷。

（3）从交通量和负荷的需要来选择地毯。对人流密度大，负荷重的地方，应选择耐磨、耐压、耐污染性能较好的地毯。

（4）市场上受消费者喜爱的地毯品牌有山花、海马、华德、东升、华源、藏羊、红叶、龙禧、开利-天目湖、富兴等。知名的国际品牌有意大利米兰地毯、荷兰 ARTE ESPINA 地毯、意大利罗马地毯、英国伊丽莎白地毯、法国巴黎地毯、法国卢浮宫地毯、德国“懒人”地毯等。

2. 地毯的铺设

（1）清理地面，去除油污、垃圾、落地灰浆，补平缝、洗净、风干。

（2）计算地毯面积时，可在铺设时直接按房间大小计算用料尺寸。如遇室内有突出的地方，可在地毯上用粉笔画线剪裁，然后，留下边缘细心切割。

（3）地毯铺法

分不固定式与固定式两种，按铺设的面积，分满铺与局部铺。

（4）需要经常将地毯卷起或搬动的场所，宜铺不固定式地毯。将地毯裁边粘结拼成一整片，直接摊铺于地上，不与地面粘贴，四周沿墙角修齐。

（5）对不需要卷起，而要求在受外力推动下地毯不致隆起的场所，如走廊、前厅处可采用固定式铺法。将地毯裁边粘贴拼缝于一整片，四周与房间地面用胶粘剂或带有朝天小钩的木卡条（倒刺板）将地毯背面与地面固定。

（6）采用固定式，在地毯铺设前，先把胶或倒刺在地面四周安放好，然后先铺地毯橡胶（底垫），地毯由一端展开随打开随铺。地毯摊平后，使用脚蹬张紧器把地毯向纵横方向伸展，由地毯中心绒呈“V”字形向外拉开张紧固定，使地毯保持平整，然后用扁铲将地毯四周砸牢。

（7）在门框下的地面处应用铝压条把地毯压住。

（8）地面应在室内其他装饰工程全部完工后铺设地毯。地毯铺完后应用吸尘器清扫干净。

3. 楼梯处地毯的铺设

楼梯处铺设的地毯也分为带胶垫和不带胶垫两种。其铺设方法如下：

（1）带胶垫者，先将胶垫用地板木条分别钉在楼梯阴角两边固定。

（2）将事先裁剪好的地毯用角铁钉在每级压板与踏板所形成的转角的胶垫上。由于整条角铁都有突起的抓钉，从而使整条地毯被抓住。

(3)地毯应从楼梯的最高一级铺起,将始端翻起,在顶级的踢板上钉住,然后用扁铲将地毯压在第一级角铁的抓钉上,使地毯拉紧包住楼梯,顺踢板而下,在楼梯阴角处用扁铲将地毯压进阴角,并使地板木条上的抓钉抓牢地毯,然后再铺设第二个梯级,固定角铁。如此一直连续铺下去,到最后一个梯级的踢板为止。

如果选用的地毯带有海绵衬底,可用地毯胶粘剂代替固定角铁,将胶粘剂涂抹在踢板与踏板面上粘贴地毯。注意铺设时以绒毛的走向向下为准。在楼梯阴角处用扁铲压实,地板木条上都有突起的抓钉抓牢地毯。在每级踢板与踏板转角处用不锈钢螺钉拧紧铝角防滑条,使其稳固。

也可以如此铺设:先在梯级的阴角两边距离端部100~150mm处,各自安装一个铜质或不锈钢的地毯压条固定座,待地毯铺设好后,将地毯压条套入两端固定座上,压住每楼级地毯以防下滑。

铺设楼梯地毯时,计算铺毯长度,测量每级楼梯的高度与宽度,将高与宽相加乘以楼梯的级数,再加上450~500mm的富余数,备存于挪动、移位及常年受磨损的位置。在梯级的阴角钉地板木条时,应留有15mm的间隙,以便将拉紧后的地毯用扁铲压入阴角间隙里,让地板木条上的抓钉抓牢地毯。

4. 地毯的日常保养

无论何种地毯,日常都得注意保养。羊毛地毯以动物纤维为原料,必须保持干燥、防潮、防霉、防蛀,使用一段时间后要放在太阳下晒一晒,用掸子或吸尘器吸去灰尘,切不可往墙上或树干上甩打,以避免地毯的经纬线断裂而破损。收藏时应放些樟脑丸。化纤地毯虽不怕蛀,但沾上污物应及时清除。污迹清洗方法见表7-5。不论清除哪类污迹,都不宜用热水烫,宜用温水清洗,然后放到阴凉处晾干。平时还应注意保养,不要把燃着的烟头抛丢在地毯上,移动地毯也不要硬扯撕拉。因放置家具而引起地毯上出现凹痕,可用布蘸温水或以蒸汽熨斗把倾倒的纤维扶起来即可恢复原状。每日要保持地毯的清洁干燥,最好配备吸尘器。一般家庭用地毯每隔2~3天清扫吸尘一次。总之,地毯的清洁要及时,时间一长,除去污渍就更加困难。此外,使用地毯务必防潮。擦过的地板,需等干透了再铺地毯,清洗时尽量避免过湿。只要保养得当,洁净高雅的地毯将使您居室增辉。

地毯污渍去除方法 **表7-5**

污渍种类	应急方法	药品去除法
醋、酱油、饮料、番茄酱、巧克力、酒类等	以温水沾布挤干后吸取或用吸水纸吸取	中性洗涤剂泡温水清洗、用酒精擦洗、茶或咖啡可先用甘油涂在污染处,再用温水沾布轻轻叩打,最后用中性洗涤剂清洗
牛奶、冰淇淋、蛋白质类、牛油类、呕吐类	牛奶、冰淇淋可用布沾温水挤干后擦洗,牛油、蛋白质类则应用干布吸取然后再用温水擦	先用酒精或其他中性洗涤剂擦洗
鞋油、动植物油、矿物油	用纸或布擦除	先用香蕉水、酒精等溶剂擦除,再用中性洗涤剂,清洗鞋油可先用松节油擦去,再用肥皂水清洗
蓝色墨水、墨汁	用吸水纸或干布吸取	先用苯擦洗,再用中性洗涤剂加温水清洗;或用米汤涂于污染处,再用中性洗涤剂清洗
红色墨水、复印液、显影液	用吸水纸或干布吸取	用酒精清洗、或用热肥皂水清洗
专用墨水、油墨等	用吸水纸或干布吸收	先用酒精、香蕉水等溶剂清除,再用中性洗涤剂清洗

第二节　挂　　毯

挂毯又名壁毯，是一种供人们欣赏的室内墙挂艺术品，故又称艺术壁挂。挂毯要求图案花色精美，常用纯羊毛、蚕丝、麻布等手工或机械编织而成。近年来，用混纺纤维或化学纤维编织的挂毯与日俱增。

挂毯虽然也是一种艺术壁挂，但与壁画相比较，有着独特的艺术装饰效果。特别是一幅质地纯正、图案精美的羊毛挂毯与一、二幅壁画组成的墙画，相互辉映，相得益彰，更富有艺术感染力。古今中外，高档挂毯历来就是高贵的馈赠品，如联合国大厦休息厅就装点着我国赠送的一幅 6m×6m“万里长城”的巨幅挂毯，既体现了中华民族灿烂的文化历史，也代表着我国挂毯编织精湛的工艺水平。

挂毯的图案题材十分丰富。中华民族五千年的文明历史，改革开放的巨大成就，祖国的名山大川等等都可作为挂毯图案的设计内容。挂毯图案设计的另一个重要方面是取材于优秀的绘画名作，包括国画、油画、水彩画以及现代派名画佳作。优秀的中外建筑造型也可用挂毯来表现。图 7-7（文前彩图）为山东威海海马集团公司生产的高级羊毛挂毯“九龙闹海”（局部）。

采用挂毯装点室内墙壁，不仅产生高雅的艺术美感，同时还可增添室内安逸平和的气氛。在高级宾馆、会客大厅、会议大厅、家庭居室内随处可见挂毯艺术的魅力。

第八章　壁纸与贴墙布

壁纸与贴墙布是现代室内装饰材料的重要组成部分,用它们装饰墙壁,不仅起到美化室内的装饰作用,还可以提高建筑物的某些功能,如防火、防臭、防霉、吸声、隔声等。

第一节　壁　　纸

壁纸又称墙纸,是一种用于墙壁的装饰材料。壁纸的发源地在欧洲,如今在北欧国家最为普及,环保及品质最好。其次是东南亚国家,如日本、韩国壁纸的使用普及率高达90%。无论从生产技术、工艺,还是从使用上来说,与其他建筑装饰材料相比,壁纸的环保性能都是比较好的。现代新型装饰壁纸的主要原料都选用树皮、化工合成的纸浆,非常天然。这样生产出来的壁纸在使用时就不会或较少散发对人体健康有害的物质。

目前市场上环保型、健康型的壁纸以进口品牌居多,如英国、德国、意大利、法国、西班牙、日本、韩国的产品在北京市场占有率达70%左右,一些中外合资企业的壁纸产品质量也达到了世界卫生组织规定的标准。

壁纸和其他装饰材料一样,随着社会经济文化的发展而不断发展变化。不同时期壁纸的使用是当地经济社会发展水平、新型材料学、流行消费心理综合因素的体现。早在我国唐朝时期,就有人在纸张上绘图装饰墙面。18世纪中叶,英国人莫利斯开始大批量生产印刷壁纸,即有了现代意义上的壁纸。随着世界经济文化的不断发展,壁纸也先后经历了纸、纸上涂画、发泡纸、印花纸、对版压花纸、特殊工艺纸的发展变化过程。

最初的壁纸是在纸上绘制、印刷各种图案而成,有一定的装饰效果,但也仅限于王室宫廷等高级场所做局部装饰用,很难进入百姓家庭。真正大面积随其他装饰材料进入居家生活,还是在20世纪80年代初开始。

整个20世纪80年代,是发泡壁纸的盛行时期。发泡是指在壁纸的原材料中添加发泡剂,在生产过程中辅以高温,使得发泡剂完成类似“发酵”的过程。为此生产出来的壁纸会有凹凸感,手感柔软。此类壁纸的优点是立体感强;缺点是不耐磨,容易刮伤,易受污染。当前,发泡壁纸已逐步被淘汰。

到了20世纪80年代末期,发现了发泡壁纸的替代品——胶面壁纸。这种壁纸不发泡,因此质地较硬,极大地改善了发泡壁纸的缺点。胶面壁纸防水,防潮,耐磨,印花精美,压纹质感好,可任意在壁纸上表现各种色彩和图案,在色彩表现力、实用性方面开创了壁纸发展的新局面。目前,胶面壁纸在全世界的使用率占到70%左右。

胶面壁纸推出之初,质感表现出光泽的丝光壁纸受到广泛欢迎。到了后期,无光泽的哑光壁纸(布感壁纸)逐渐引领潮流。20世纪90年代末至21世纪初,布纹感的壁纸开始流行。近年来,随着人类文明的进步,低碳、绿色、环保等概念深入人心,绿色环保、回归自然的壁纸产品是市场上的主导产品,也是消费者最喜爱、最放心的产品。

一、壁纸的分类

壁纸的种类很多,按材料可分为五大类:

(1)纸基壁纸。这是发展最早的品种,在纸面上印花、压花。其特点是透气性好,价格便宜。但不耐水,不能擦洗,易破裂,不易施工,现代建筑装饰中已很少采用。

(2)织物壁纸。这是用丝、毛、棉、麻等纤维织成的壁纸,给人一种柔和、舒适的感觉,另一方面由于是用天然动植物纤维加工而成,有一种回归大自然的感觉,是环保型绿色壁纸。但价格偏高,不易清扫。

(3)天然材料面壁纸。用草、麻、木材、树叶、草席等制成的壁纸,极具返朴归真的自然风格,生活气息浓厚,也是环保型绿色壁纸。

(4)金属壁纸。这是在基层上涂布金属膜制成的壁纸,给人以金碧辉煌之感,适合于气氛热烈的场合。

(5)塑料壁纸。塑料壁纸采用压延或涂布工艺生产,是应用最为广泛的壁纸。塑料壁纸又可分为发泡塑料壁纸、非发泡塑料壁纸及特种塑料壁纸。图 8-1 列出了塑料壁纸的主要类型和品种。

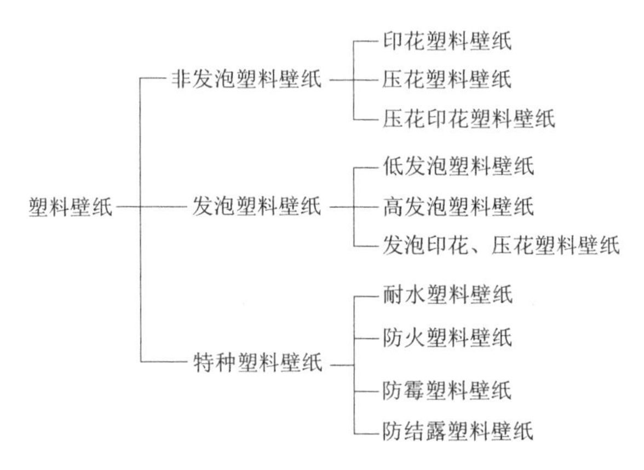

图 8-1　塑料壁纸的主要类型和品种

特种塑料壁纸主要有耐水、防火、防霉、防结露等品种。耐水壁纸是用玻璃纤维毡作基材的壁纸,适合卫生间、浴室等墙面装饰。防霉壁纸是在 PVC 树脂中加入防霉剂,防霉效果很好,适合在潮湿部位使用。防结露壁纸的树脂层上带有许多细小的微孔,可防止结露,即使产生结露现象,也只会整体潮湿,而不会在墙面上形成水滴。防火壁纸则一般用石棉纸作基材,并在树脂料布料中掺有阻燃剂,使壁纸具有一定的防火性能,适用于防火要求较高的建筑物和木制板面的装饰。芳香壁纸是在壁纸加工过程中掺入香料,使壁纸在使用过程中散发出淡淡芳香,在厕所等部位使用有除臭功能。

此外,还有一些特殊塑料壁纸。例如,将 PVC 树脂制成粒状碎屑,撒布在纸基上,经加热,树脂熔融粘结,制成粒状碎屑塑料壁纸,表现出一种雄浑的质感,在日本、韩国使用此类壁纸较多。表面彩砂壁纸是在基材上撒布彩色砂粒,再喷涂胶粘剂,制成表面具有砂粒毛面的壁纸,一般用作走廊、门厅等局部装饰。

二、塑料壁纸

(一)塑料壁纸的生产工艺

塑料壁纸的生产一般可分为两步。第一步是在纸基材(或其他基材)上复合一层塑料。复合的方法有压延贴塑法和涂布法。第一步得到的只是半成品;第二步将半成品经印花或压花等方法加工,得到成品。

涂布法是在 PVC 糊状树脂内加入增塑剂、稳定剂、颜料、填充料等配制成糊状涂料,用涂布机均匀涂布在纸基上,再经热烘塑化而成。压延贴塑法是在 PVC 树脂中,加入增塑剂、稳定剂、颜料和填充料等经高速捏和、密炼、双辊混炼、四辊压延成薄膜，再与纸基复合而成。

生产发泡塑料壁纸一般采用涂塑→印刷→涂塑表面层→发泡生产工艺。这种工艺还可生产发泡地板卷材。耐水、防火壁纸等品种主要是基层材料和涂塑材料不同，在普通壁纸和发泡壁纸的生产线上均可生产。

1. 半成品的生产工艺

(1)压延贴塑法

压延贴塑法的技术和设备并不复杂，其中关键设备压延机组的特点是单驱动，附带复合辊，并有边位调节装置，生产工艺如图 8-2 所示。

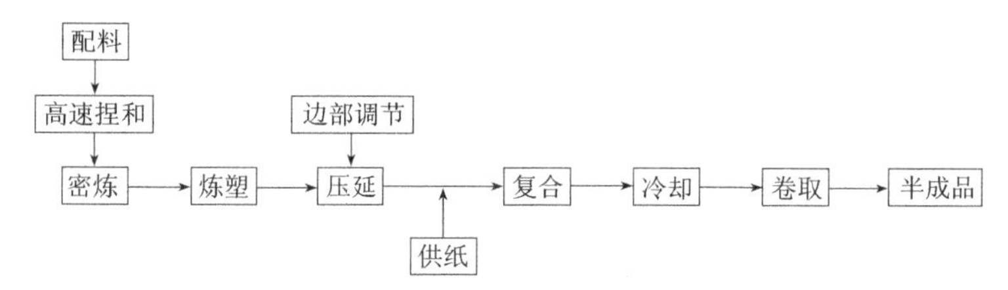

图 8-2　贴塑法壁纸半成品生产工艺流程

(2)PVC 糊涂塑法

该法系用 PVC 糊涂布于纸基上，再进行高温塑化。由于采用 PVC 糊，涂层较厚，压花后的立体感与贴塑壁纸相近。用此法还能生产高发泡的粗面壁纸。该方法设备简单，投资较贴塑法省，但生产速度不如贴塑法。

PVC 糊涂塑法的工艺与涂塑法人造革生产相近，主要设备包括 PVC 糊配制机械和涂塑复合机。

涂塑复合机由松卷、涂布、复合、塑化烘道、收卷等 12 道主要机构组成。该涂塑机装有可调换的压平辊或轧花辊，用轧花辊在涂塑的同时可以轧制单色压花壁纸。图 8-3 为 PVC 糊涂塑法生产工艺流程，图 8-4 为涂塑复合机工艺流程。

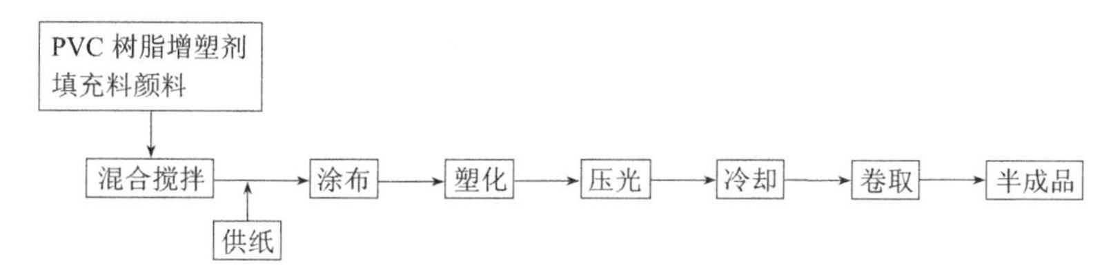

图 8-3　PVC 糊涂塑法生产工艺流程图

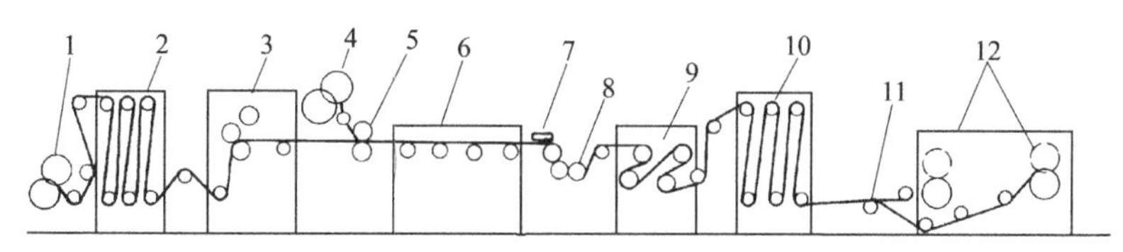

图 8-4　涂塑复合机工艺流程图

1—基纸双松卷；2—辊筒调节存料架；3—逆向三辊涂塑机；4—复合材料松卷；
5—复合辊；6—塑化烘道；7—红外线加热器；8—轧花辊或轧光辊；9—冷却辊；
10—辊筒调节存料架；11—中心切开及切边装置；12—双收卷

2. 半成品的加工

(1)印花

塑料印花的技术和设备在我国已较为成熟，在包装、装饰薄膜方面已普遍采用。印刷油墨一般自行配制，印刷机通常为凹版轮转塑料印花机。

印花辊的制造通过设计、照相、制板、镀铜、镀铬而成。花辊花纹腐蚀的深度一般为8～15dmm，可模仿木纹、石材等对实物直接照相制版。

印花壁纸如果是规则图案，粘贴时上下左右必须对齐，因此印花机应能保证边缘的图案上下完全一致，否则无法对花。

(2)压花

塑料壁纸的压花一种是无规则的，如在印有木纹的壁纸上压上木丝纹路；另一种是有规则的，如纺织锦缎的花纹等。压花后的壁纸有立体感，有闪光花纹。光泽是通过压花花纹几种不同斜网角度而产生的。这种壁纸具有特殊的装饰效果。图8-5为日本高桥公司单元压花机示意图。

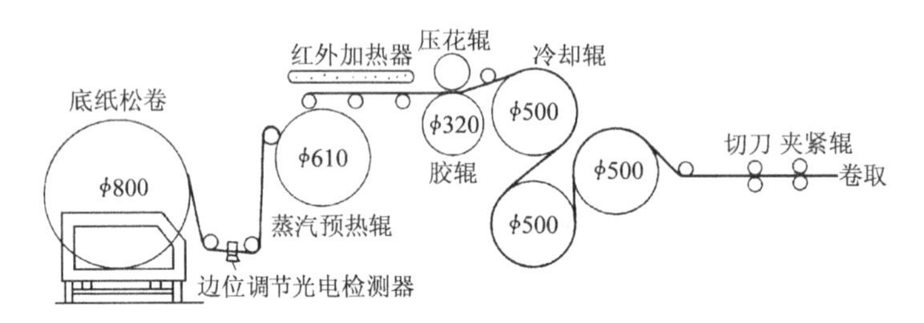

图8-5　塑料壁纸压花机示意图

(3)压花印花

即在壁纸压花的同时印花，也称沟底压花。其设备与单元压花机类似，只是在压花辊旁有一组上墨辊，将油墨转移到压花辊上。

(4)发泡压花

在生产半成品塑料壁纸时配方中加入发泡剂，用PVC糊涂塑法可直接在涂布机烘箱内发泡，用压延贴塑法则需专用的发泡压花机先发泡再压花处理。图8-6为日本高桥公司发泡压花机示意图。

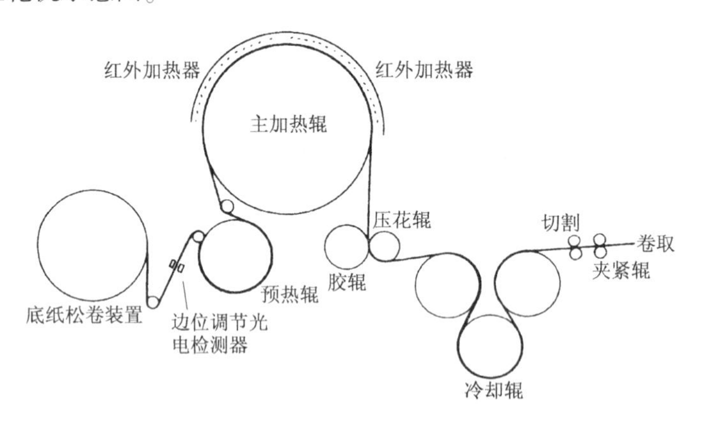

图8-6　发泡压花机示意图

(二)塑料壁纸的品种及性能

1. 品种

从国外的发展来看，壁纸已有100多年的历史并经久不衰。近几年发达国家的壁纸生产规模越来越大，人均消费水平是我国的几十倍。日本的成田、德国的若希、英国的皇冠等壁纸厂家，均拥有5条以上的生产线，生产能力为1.5～2亿m^2。据统计，1993年全球壁纸消费量大约为11亿卷(每卷5.3m^2)，其中平面壁纸占18%(近2亿卷）、发泡壁纸占21%（大约2.2亿卷）、直接印刷壁纸占35%（约3.76亿卷）、层合壁纸占26%（约3.2亿卷）。德国、英国、法国、俄罗斯、日本、韩国均为世界上壁纸消费大国。美国壁纸和墙布年消费量在5亿 m^2 以上。美国超级市场上壁纸、墙布的花色品种很多，类别主要有纸质壁纸、塑料壁纸、纺织纤维壁纸等，其中仍以塑料壁纸的花色品种为最多，规格通常是宽530mm，长10m，面积为5.24 m^2 为一卷。近年来美国时兴边界壁纸（又称腰线壁纸），边界壁纸印有豪华建筑、体育明星、动物、花草、植物、车船、飞机等图案，多用于儿童居室和居室腰线的装饰，增添活泼的气氛，规格为171mm × 4570mm一卷。

我国壁纸的生产和应用大致经过几个过程。1986年前主要是凹版印刷，挥发性油墨的压延法壁纸；1986年至1992年主要流行发泡壁纸，尤以引进荷兰施托克公司生产线为代表，后来逐渐出现仿制设备；1992年以后逐渐出现胶印压花、同步压花产品，近几年一直畅销不衰。

目前国内市场上进口壁纸品种较多，如法国产"巴黎风情"、"巴黎风情法兰绒系列"；意大利产"佛罗伦萨"、"罗马假期"、"童话世界"、"马可波罗"；英国产"金色王朝"、"皇家墙纸"；荷兰产"欧雅墙纸"；新西兰产"丽都"等壁纸产品。我国比较著名的壁纸品牌有江苏泰兴的"郁金香"、广东的"玉兰"、福建的"合欢花"、上海的"华美"、深圳的"阿里山"系列、台湾的"梦幻家"、"红鹤"等。

图8-7（见文前彩页）为塑料壁纸贴墙装饰效果图。

2. 技术性能

（1）塑料壁纸的规格

塑料壁纸有幅宽530～600mm，长10～12m，每卷面积为5～6 m^2 的窄幅小卷；幅宽760～900mm，长25～50m，每卷面积为20～45 m^2 的中幅中卷；幅宽920～1200mm，长50m，每卷面积46～90 m^2 的宽幅大卷。

小卷壁纸是生产最多的一种规格，它施工方便，选购灵活，尤其适用于一般家庭室内装饰选用。中卷、大卷面积大，施工效率高，适合于大面积公共建筑的粘贴装饰。

（2）塑料壁纸的质量标准

塑料壁纸即PVC壁纸质量标准按照《聚氯乙烯壁纸》（GB 8945—88）执行。这种以纸为基材，以聚氯乙烯（PVC）塑料为面层，经压延或涂布以及印刷、轧花或发泡而制成的聚氯乙烯壁纸应符合下列要求。

1）尺寸规格：成品壁纸的宽度为530±5mm或900～1000±10mm。幅宽530mm的成品壁纸每卷长度为10m，幅宽900～1000mm的成品壁纸每卷长度为50m。其他规格尺寸由供需双方协商或以标准尺寸的倍数供应。

10m/卷的成品壁纸每卷为一段。50m/卷的成品壁纸每卷的段数及其段长应符合表8-1的规定。

PVC壁纸每卷段长（摘自GB 8945—88） **表8-1**

级　别	每卷段数（不少于）	最小段长（不小于）
优等品	2段	10m
一等品	3段	3m
合格品	6段	3m

2）外观质量：PVC壁纸的外观质量应符合表8-2要求。

PVC 壁纸外观质量要求(摘自 GB 8945—88)　　**表 8-2**

名称＼等级	优等品	一等品	合格品
色差	不允许有	不允许有明显差异	允许有差异,但不影响使用
伤痕和折皱	不允许有	不允许有	允许基纸有明显折印,但壁纸表面不许有死折
气泡	不允许有	不允许有	不允许有影响外观的气泡
套印精度	偏差不大于 0.7mm	偏差不大于 1mm	偏差不大于 2mm
露底	不允许有	不允许有	允许有 2mm 的露底,但不允许密集
漏印	不允许有	不允许有	不允许有影响外观的漏印
污染点	不允许有	不允许有目视明显的污染点	允许有目视明显的污染点,但不允许密集

3)物理性能:PVC 塑料壁纸的主要物理性能见表 8-3。在物理性能中,可洗性是指壁纸粘贴后的使用期内可洗涤的性能。这是对壁纸用在有污染和湿度较高地方的要求。

PVC 壁纸的物理性能(摘自 GB 8945—88)　　**表 8-3**

项目			指标			项目		指标		
			优等品	一等品	合格品			优等品	一等品	合格品
褪色性(级)			>4	≥4	≥3	遮蔽性试验(级)		4	3	3
耐摩擦色牢度试验(级)	干摩擦	纵向	>4	≥4	≥3	湿润拉伸负荷(N/15mm)	纵向	>2	≥2	≥2
		横向					横向			
	湿摩擦	纵向	>4	≥4	≥3	粘结剂可拭性(注)	横向	可	可	可
		横向								

注:可拭性是指粘贴壁纸的胶粘剂附在壁纸的正面,在胶粘剂未干时,应有可能用湿布或海绵拭去,而不留下明显痕迹。

可洗性按使用要求分可洗、特别可洗和可刷洗三个使用等级,其性能应符合表 8-4 要求。

PVC 壁纸可洗性要求(摘自 GB 8945—88)　　**表 8-4**

使用等级	指标
可洗	30 次无外观上的损伤和变化
特别可洗	100 次无外观上的损伤和变化
可刷洗	40 次无外观上的损伤和变化

3. 国产塑料壁纸品种、规格、性能及生产厂家

(三)塑料壁纸的铺贴

铺贴壁纸又称裱糊壁纸,由于国内外建筑装饰材料推陈出新速度快,使得裱糊装饰得到迅速发展。在欧、美一些国家的住宅建筑,有 80% ~85% 采用纸基壁纸作为墙面装饰材料,这类墙纸表面耐火、耐水擦洗、防霉、有良好的透气性,能在基本干燥而尚未干透的基层上铺贴,墙体基层中的水分能向外蒸发,不致引起壁纸开胶、起泡、变色等。另一种是玻璃纤维贴墙布,也可耐水擦洗,遇火自熄不会出现明火燃烧现象。

1. 铺贴壁纸所用材料

(1)壁纸

壁纸如前介绍,其品种、花色繁多,颜色、花纹丰富多彩,从装饰表面效果来看,有仿

锦缎的，静电植绒的，印花、压花、发泡及各种布纹形式。从基层的材料来看，有塑料的、纸基的、布基的、石棉纤维及玻璃纤维的等等。有些壁纸背面预先涂好压敏胶，可以直接往墙面铺贴。

(2)胶粘剂

铺贴壁纸所用的胶粘剂，有壁纸胶(或移墙纸胶)、聚醋酸乙烯酯乳胶、聚乙烯醇缩甲醛胶(即108胶)。后者价格较便宜，为采用最多的一种胶粘剂。

1)壁纸胶是配制好的半成品，使用时需加入一定数量的水(市售产品附有使用说明书，一般加水按重量百分比为1∶10)即可调合使用，成本较高。

2)聚醋酸乙烯酯乳胶一般用于裱糊玻璃纤维贴墙布，粘结强度较高，成本也较高。其配合比(按重量比)为：

聚醋酸乙烯酯乳液　　60%

羧甲基纤维素(2.5%溶液)　　40%

3)聚乙烯醇缩甲醛胶(108胶)，一般用于裱糊纸基塑料壁纸的胶粘剂。其配合比(按重量比)为：

聚乙烯醇缩甲醛胶(缩甲醛含量45%)　　100%

羧甲基纤维素(水溶液浓度为4%)　　30%

水(按施工情况需要可增减)　　50%～90%

4)108胶加乳液加水胶粘剂

108胶∶乳液∶水＝10∶2∶5(乳液加30%羧甲基纤维素。纤维素∶水＝1∶60)

选择胶粘剂，要注意南北地区温度、湿度的差异。如同样采用聚乙烯醇缩甲醛胶(108胶)，在北京地区使用粘结质量良好，而在南方广州地区使用，从表面质量对比，有些工程却有明显差异，有变色、咬色和长霉现象。这与地区气候潮湿，基层抹的石灰青砂浆，含有硫酸根等咬色有关，因此，要根据地区情况选择胶粘剂，保证工程质量。

(3)基层涂料

裱糊基层涂料分为油性和水性两种：

1)油性涂料用于基层面封油，其配方(重量比)为：

酚醛清漆∶松节油＝1∶3，或酚醛清漆加酚醛清漆稀释料配比为1∶1～2。

2)水性涂料配方(重量比)用于抹灰墙面时为：

108胶∶水∶羧甲基纤维素＝1∶1∶0.2

用于油面墙面时为：

108胶∶水＝1∶1.5加20%羧甲基纤维素

乳胶漆∶水＝1∶5

(4)腻子

基层如有局部麻面，需用腻子修补刮平，必须使用有一定强度的腻子，如聚醋酸乙烯乳液滑石粉腻子及石膏油腻子，其具体配方如下：

1)乳液腻子配方(重量比)：

滑石粉　　100%

聚醋酸乙烯乳液　　8%～10%

羧甲基纤维素　　2%～3%

或羧甲基纤维素(10%溶液)　　20%～30%

2)胶油腻子配方：

菜胶∶福粉∶石膏∶熟桐油＝75g(干)∶1000g∶100g∶50g

2. 施工程序（见图 8-8）

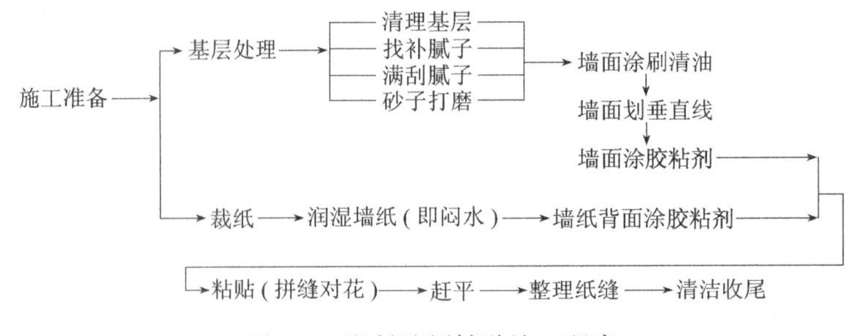

图 8-8　塑料壁纸铺贴施工程序

3. 施工做法

（1）施工准备

施工前的准备，包括施工操作技术质量要求交底工作。材料准备：壁纸、胶粘剂、腻子、清油和砂纸等。工具准备：铁抹子、钢皮刮板、二米直尺、钢卷尺、裁纸刀、裁纸台板以及软布、毛巾和毛刷等。

（2）基层处理

贴壁纸基层处理好坏，直接关系到墙面装饰效果。同时，要求基层必须干燥，如果不干燥，贴完壁纸的墙面会因返潮而引起壁纸变黄、发霉等。如基层是砂浆抹灰，要求平整光洁，无砂粒及凹凸现象；如基层是纸面石膏板或埃特板，则要求表面平整，板缝处理严密，不显接茬，钉帽必须深入板面，钉眼用油性腻子补平，不能外露，以免引起锈蚀；如基层是混凝土大板墙面，一般比较平整，只需用腻子批刮打磨平即可。如果是旧墙面改造工程，基层处理比较复杂，对原抹灰层的空鼓、脱落、孔洞等均需用砂浆修补，清除浮松面层，待修补平整后，用胶油腻子满刮一、二次，再用 $1\frac{1}{2}$ 砂纸磨平整。

（3）墙面涂刷清油

待基层处理干燥后，基层表面满涂清油一遍，做到薄且均匀。目的是防止基层吸水太快，引起胶粘剂脱水，影响墙纸与墙壁之间的粘结效果。另外，有些工程基层满刮一、二次油性腻子后用砂纸磨平，不再涂刷清油。

（4）待裱糊墙面画线

为了使裱糊的墙纸平整、美观，纸幅必须垂直，在距离墙的阴角 100mm 处画好垂直线，以此为基准裱糊第一张墙纸。从第二张开始先上后下对缝裱糊。裱糊时应经常校对、调整，保持纸幅垂直，阴角拼缝宜留在暗面处。

（5）湿润壁纸

根据墙面实际尺寸统筹考虑裁切壁纸，并将裁好的壁纸编号，按顺序粘贴，裁切时一般上端预留 5cm。在墙纸上墙之前应先刷清水一道，闷水 3～5min，再刷胶粘剂一遍，静置 10min 后再上墙。同时，在墙面基层刷一遍粘结剂，壁纸即可开始裱糊。如果有些壁纸背面带有胶粘剂，裱糊时不需在墙纸背面另刷胶粘剂，闷水之后即可粘贴。基层涂刷胶粘剂的宽度，宜比上墙壁纸约宽 30mm，涂刷胶粘剂要薄而均匀，不可漏刷，不宜过厚。在基层表面涂刷胶粘剂，应根据裱糊壁纸的宽度，涂刷一段，裱糊一张。

（6）粘贴壁纸

粘贴时，纸幅必须垂直，先对花，对纹拼缝，不显接茬，上端齐线，不留余量；然后用薄铁片刮板及棉丝由上而下赶压，由拼缝开始，向外向下顺序压平，压实，将多余粘结剂顺刮板操作方向挤出纸边，挤出的胶粘剂要及时用湿毛巾（软布）抹净，以清洁平整为准。幅面较长的壁纸，涂刷胶粘剂后宜采用蛇形折叠放置。

（7）清洁收尾

壁纸表面的胶水和斑污，应及时揩擦干净。裱糊后要仔细检查拼缝，不能有"张嘴"翘角、翘边现象。壁纸裱糊要求基层平整、光洁、干净，粘贴壁纸花纹图案完整，纵横连贯一致，色泽均匀一致，无空鼓、气泡、皱褶、翘边、污痕等缺陷。表面平整，粘结紧密，无离缝及搭缝现象，与顶棚、挂镜线、踢脚线等交接处粘结应顺直。为求得上述效果，施工时要求按下述做法：

1）所用的壁纸需检查颜色、花纹是否均匀一致，裁切墙纸时要统筹安排，按照粘贴顺序编号。主要墙面应用整幅壁纸，不足幅宽的窄幅，应用于不明显的部位。

2）不需拼花的壁纸两幅间重叠20mm，然后用直钢尺在重叠处从上而下一刀切断，避免重割二刀，切去余纸后粘贴牢固密实即可。带花纹的墙纸，需要对花，两幅墙纸以花纹重叠对花为准，切去重叠部分拼花粘牢。阳角处不允许留拼接缝，应做包角压实。阴角拼缝宜留在暗面。如遇纸面出现气泡或胶粘剂聚集产生鼓泡时，可用裁刀在泡面切开，放出空气并挤出多余的胶粘剂，再刮平压实。如遇纸面有气泡而纸下无胶的情况，可用医用注射器向纸下注入适量稀的聚乙烯醇缩甲醛胶（108胶）再压实刮平。墙纸接缝如因干缩露有白茬，可用乳胶漆调色补茬。

4. 注意事项

1）裱糊壁纸的房间要注意通风，但在施工过程中和干燥前防止穿堂风劲吹，影响工程质量。

2）为防止壁纸在使用过程中发生碰、蹭而使壁纸开裂，在阳角转角处不留拼缝。注意包角花型与阳角直线的关系，保持垂直。

3）胶粘剂宜在塑料桶内存放，不宜贮存在金属器皿中，以防止腐蚀金属而使胶变色变质。

4）注意成品保护，多工种交叉施工作业的部位，应将壁纸粘贴工作安排在最后，以减少碰撞、污染而造成返工损失。

5）注意一般裱糊壁纸上端在挂镜线处收头。纸端用剪刀刃背一类工具压实。下端在踢脚线处收头，先用剪刀刃背压实，划出折印，再扯开按折印剪去余量，重新贴实。纸幅需上下拼接时，先裱上段，后裱下段。

6）混凝土、水泥砂浆和水泥石灰砂浆墙面不干、含水率大于8%的，不能裱糊壁纸。

5. 质量要求

1）壁纸面层不得有气泡、空鼓、翘边、皱褶和污渍，表面颜色一致，斜视时无胶迹。表面平整度和阴、阳角垂直度允许偏差2mm，立面垂直允许偏差3mm（用2m长靠尺和2m长托线板检查）。阴阳角方正允许偏差2mm（用方尺和楔形塞尺检查）。

2）具有纹理质感，不应有压光起光。

3）拼花拼缝吻合，各幅拼缝严密，壁纸搭接应顺光，距离墙面1.5m处正视，不显拼缝。

4）上下不缺纸，不得有漏贴、补贴和脱层等缺陷。

三、其他类壁纸

内墙壁纸除塑料壁纸外，近年来又研制开发出了一些新型壁纸，如织物壁纸、软木壁纸、蛭石壁纸、植绒壁纸、金属壁纸及一些具有特殊功能的壁纸。

（一）织物壁纸

织物壁纸又称自然纤维壁纸，它是用棉、麻、丝、毛、草等天然纤维制成各种色泽、花式和粗细不一的纱线，经特殊工艺处理和巧妙的艺术编织而成的装饰材料。

这类壁纸由于具有无毒、无味、吸湿、透气、光线柔和、古朴典雅的特点，符合人们崇尚大自然的心理，深受人们喜爱，近年来有了较快的发展。我国吉林通化市通化茂祥壁纸有限公司于1993年从德国引进了粗纤维壁纸生产线，并已建成投产。北京和山东等地也从国外引进了以天然丝线、棉线为主要原料的纱线贴合壁纸生产线。

（二）丝绸壁纸、金纱壁纸

丝绸壁纸、金纱壁纸是近年我国新开发的一种新型高档装饰材料。它是以丝绸或金纱为主要原料，经特殊生产工艺加工而成，具有防潮、吸声、易清洁、耐擦洗、无毒、无味、豪华典雅等特点，适用于宾馆、饭店、办公楼和家庭的内墙和顶棚装饰，也可用于轿车及皮箱内壁装饰。

（三）植绒壁纸

植绒壁纸是在原纸上用高压静电植绒方法制成的一种装饰材料，它以绒毛为面料，外观高雅华贵、富丽堂皇、色泽柔和，还具有阻燃、吸声、不透水、手感滑爽等特点，适用于宾馆客房、会议室、家庭卧室、音乐厅、酒吧等处内墙装饰。

（四）金属壁纸

金属壁纸系采用经彩色印刷的铝箔与防水基层纸复合而成的一种新型装饰材料，具有金碧辉煌、庄重华贵、图案清晰、表面光洁、耐水耐磨、不发斑、不发霉、不变色等特点，适用于宾馆、饭店、商场等建筑的客厅、门面、包柱等处装饰，也可用于家庭室内装饰。

（五）蛭石壁纸

蛭石壁纸是集装饰性和功能性于一体的一种新型墙面装饰材料，它是由颗粒状的蛭石为面层材料，和纸、无纺布、玻璃纤维毡等基材复合而成。这种新型壁纸产于20世纪80年代初，1982年由日本富士矿业公司首创，产品除满足日本国内需求外，还远销法国、德国、荷兰、奥地利、美国等国家。目前，日本仍然是世界上蛭石壁纸最主要的生产国。

中国新型建材工业杭州设计研究院成功研究出蛭石壁纸，并在浙江省磐安墙纸厂生产，产品质量达到了日本同类产品的水平。

蛭石壁纸表面色彩斑斓，有淡绿、深绿、黄铜、青铜、银灰、金黄等色调，并闪烁着珍珠光泽，既表现出原始的粗犷，又富有现代的典雅，同时还具有保温、隔热、吸声、吸湿等性能，适用于宾馆、饭店、商场、办公楼及家庭内墙面、顶棚装饰。

（六）软木壁纸

软木壁纸以天然软木为主要原料，经特殊工艺加工而成。产品具有天然软木的质感，无反光、无毒、无味、无臭、吸声、保温，有良好的弹性和可压缩性。产品在潮湿条件下使用无凝结水，具有耐水、耐油、耐稀酸、耐皂液和易于清洗等优点。适用于北方寒冷气候地区的宾馆、饭店、商场室内装饰。

我国的安林产化学工厂生产915mm×610mm×0.8～3.0mm规格的软木壁纸，产品质量达到国际标准ISO 4714规定。

（七）薄木壁纸

薄木壁纸是利用珍贵木材经蒸煮、刨切、化学软化以及复合等工艺制成的一种墙面装饰材料。

产品具有天然珍贵木材的基本结构、花纹和色彩；薄木壁纸的弯曲半径小于3mm，所以施工方便，尤其在异型墙面、顶棚、阴阳角及柱面上使用其优越性更加明显；在生产过程中经过处理，产品无毒、无腐蚀、无静电作用；用薄木壁纸与人造板配合装修，比用纯木材装修节约大量木材；产品耐水、耐磨、透气性好、遮盖性好。适用于公共建筑及家庭居室的高档装修。

（八）石英纤维壁纸

石英纤维壁纸以天然石英砂为主要原料，加工制成柔软的纤维后织成的白色粗网格状的壁纸。这种壁纸贴在墙壁后，只作为基底材料，然后根据室内装饰设计的要求在其面层喷上各种色漆和图案，形成色彩与纹理相结合的装饰效果。石英壁纸有防水、不腐蚀、无毒、无味、抗冲击、使用寿命长等特点。

（九）硅藻土壁纸

硅藻土表面有无数细孔，可吸附、分解空气中的异味，具有调湿、除臭、隔热、防细菌生长等功能。其单体的吸湿量可达 $78g/m^2$。由于硅藻土的物理吸附作用和添加剂的氧化分解作用可以有效去除室内环境中的游离甲醛、苯、氨、VOC 等有害物质，宠物体臭及吸烟、生活垃圾等所产生的异味，所以硅藻土壁纸较受消费者喜爱。

（十）纯纸壁纸

纯纸壁纸主要由草、树皮及新型天然加强木浆（含 10% 木纤维素）等加工成为基材，经印花后压花而成。纯纸壁纸绿色环保，自然亲切，不易翘边起泡，无异味，透气性好，是欧洲国家指定的儿童房间专用型壁纸。尤其是现代新型加强木浆壁纸更有耐擦洗，防静电，不吸尘等特点。

（十一）和纸壁纸

采用天然的葛、藤、绢、丝、麻、稻草根部、椰丝等复合天然色彩的宣纸与纸基混合制成。它是一种兼具古朴、自然、清俗雅脱、环保、防水、防污染、防火等性能的壁纸，价格比较贵，在日本有着悠久的使用历史。

（十二）无纺纸壁纸

以纯无纺纸为基材，表面采用水性油墨印刷后涂上特殊材料，经专门工艺加工而成。无纺纸壁纸具有吸音、透气、散潮湿、不变形等优点，同时还具有自然、古朴、粗犷的大自然之美，富有浓郁的田园气息，给人以置身于大自然原野的感受。这种直接印刷的无纺纸壁纸，不含 PVC，透气性好，霉菌不易生长，易于铺贴。

（十三）发光、蓄光壁纸

在加工过程中于壁纸的表面添加特殊的发光材料，或使用吸光印墨，白天吸收光能，夜晚发光。如在壁纸表面有不同的色彩和图案，晚上则可显现灿烂多姿的美妙画卷。它在通常光源照射下 5 分钟后关灯，其发光时间可持续 15 ~ 20 分钟。在紫外线照射下能持续发光。适合用于家庭背景、博物馆、水族馆、各种娱乐场所、宴会厅等。

（十四）针刺棉底功能性壁布

这是壁纸家族中最新推出的壁布。它是由优质棉花经纳米功能助剂充分浸泡、搅拌后，再经过甩干、烘干、开松、梳理等多道工序，聚合了阻燃、隔热、保温、隔音、吸音、抗菌、防腐、防油、防水、防霉、防尘、防污、防静电等众多性能，最后由针刺机加工成有牢度、平整，棉纤维相互缠结成布状的针刺棉，再以其作背基材料，复合同样经纳米功能助剂处理，聚合了上述各种性能的纺织面料加工而成。

（十五）液体壁纸

液体壁纸采用高分子聚合物与珠光颜料及多种配套助剂精制而成。它无毒无味、绿色环保、有极强的耐水性和耐强碱性、不褪色、不起皮、不开裂、经久耐用。

液体壁纸属于水性涂料，也称壁纸漆。顾名思义就是装饰效果像壁纸一样的漆，是传统涂料与壁纸产品相结合而成的新产品，且兼容两者优点。

近年来，液体壁纸开始在国内流行，受到众多消费者的喜爱，成为墙面装饰的最新产品。之所以液体壁纸成为新型装饰材料的宠儿，是因为其通过各类特殊工具和技法配合不同的上色工艺，使墙面产生各种质感纹理和明暗过渡的装饰效果，把墙身涂料从人工合成的平滑型时代带入天然环保型凹凸涂料的全新时代，满足了消费者多样化的装饰要求。

当代市场上比较常见的液体壁纸有浮雕大师壁纸漆、立体印花壁纸漆、肌理壁纸漆、植绒壁纸漆、感温变色壁纸漆、感光变色壁纸漆、长效感香壁纸漆、负离子液体壁纸漆等。

第二节　贴　墙　布

贴墙布是用天然纤维或人造纤维织成的布为基料，表面涂以树脂，并印刷上图案色彩而制成。它也可用无纺成型方法制成。贴墙布图案美观，色彩绚丽多姿，富有弹性，手感舒适，是一种使用广泛的墙面装饰材料。

贴墙布也称墙布。它和壁纸的区别在于壁纸的基底是纸基，而贴墙布的基底是布基。两者表面的压花、涂层是完全一样的，消费者不要将它们混淆起来。

贴墙布所用的天然纤维包括毛、棉、麻、丝及其他植物纤维等；人造纤维包括粘胶纤维、醋酸纤维、三酸纤维、聚丙烯腈纤维、变性聚丙烯腈纤维、锦纶、聚酯纤维、聚丙烯纤维、玻璃纤维、矿棉纤维及非纺织纤维等。

一、玻璃纤维印花贴墙布

玻璃纤维印花贴墙布简称玻纤印花墙布，是以中碱玻璃纤维织成的布为基材，表面涂以耐磨树脂，并印上彩色图案而制成。玻纤布本身具有布纹质感，经套色印花后，装饰效果好，色彩绚丽多姿，花色繁多，在室内使用不褪色，不老化，特别是具有较好的防火性能和防水性能，耐湿性强，可用皂水洗刷，价格低廉、施工简便。

玻纤印花贴墙布主要品种、规格、技术性能见表 8-5。玻纤印花贴墙布适用于宾馆、饭店、会议大厅、餐厅、工厂净化车间、居室等内墙装饰，尤其适用于卫生间、浴室等墙面装饰。但如果保护不当，使用时表面树脂层一旦磨损后，将会散落出少量玻璃纤维，皮肤接触后会产生刺激感觉，如皮肤发红、发痒等。

玻纤印花墙布品种、规格、技术性能　　**表 8-5**

产品名称	规格				技术性能				
	厚（mm）	宽（mm）	长（m/匹）	单位质量（g/m²）	日晒牢度（级）	刷洗牢度（级）	摩擦牢度（级）	断裂强力（N）	
								经向	纬向
玻纤印花贴墙布	0.17～0.20	840～880	50	190～200	5～6	4～5	3～4	≥700	≥600
	0.17	850～900	50	170～200				≥600	
	0.20	880	50	200	4～6	4（干洗）	4～5	≥500	
	0.17	860～880	50	180	5	3	4	≥450	≥400
	0.17～0.20	900	50	170～200					
	0.17～0.20	840～880	50	170～200					

此外，在运输和贮存过程中，玻纤印花墙布应横向平放，切勿立放，以免损伤两侧布边。

二、无纺贴墙布

无纺贴墙布是采用天然棉、麻纤维或涤、腈等合成纤维，通过无纺成型、上树脂、印花等工序制作而成。产品有棉、麻、涤纶、腈纶无纺贴墙布等。

无纺贴墙布图案多样、典雅、色彩鲜艳、挺括，富有弹性和透气性，可擦洗而不褪色，对皮肤无刺激作用，装饰效果十分理想。涤纶棉无纺墙布，除具有麻质无纺墙布的所有特性外，还具有质地细腻、光滑等特点，是高档装饰材料。表 8-6 为无纺墙布（同样也适用于化纤墙布）的外观质量要求，表 8-7 为无纺墙布和化纤墙布主要物理性能指标，表 8-8 为无纺墙布主要品种、规格、性能。

无纺墙布、化纤墙布外观质量 **表 8-6**

疵点名称	一等品	二等品	备注	疵点名称	一等品	二等品	备注
同批内色差	4 级	3～4 级	同一色（300m）内	边疵	1.5cm 以内	3cm 以内	
右中左色差	4～5 级	4 级	指相对范围	豁边	1cm 以内三处	2cm 以内 6 处	
前后色差	4 级	3～4 级	指同卷内	破洞	不透露胶面	轻微影响胶面	透露胶面为次品
深浅不匀	轻微	明显	严重时为次品	色条色泽	不影响外观	轻微影响外观	明显影响为次品
折皱	不影响外观	轻微影响外观	明显影响外观为次品	油污水渍	不影响外观	轻微影响外观	明显影响为次品
花纹不符	轻微影响	明显影响	严重影响为次品	破边	1cm 以内	2cm 以内	
花纹印偏	1.5cm 以内	3cm 以内		幅宽	同卷内不超过 ±1.5cm	同卷内不超过 ±2cm	

无纺墙布、化纤墙布主要物理性能指标 **表 8-7**

项目名称	单位	指标	附注
密度	g/m^2	115	
厚度	mm	0.35	
断裂强度	N/(5×20cm)	纵向 770，横向 490	
断裂伸长率	%	纵向 3，横向 8	
冲击强度	N	347	Y631 型织物破裂试验机
耐磨			Y552 型圆盘式织物耐磨机
静电效应	静电值（V） 半衰期（s）	184 1	感应式静电仪，室温 19±1℃ 相对湿度（50±2）%，放电电压 5000V
色泽牢度	单洗褪色（级） 皂洗褪色（级） 干摩擦（级） 湿摩擦（级） 刷洗（级） 日晒（级）	3～4 4～6 4～5 4 3～4 7	

无纺贴墙布主要品种、规格、性能 表 8-8

产品名称	规格	技术性能
涤纶无纺墙布	厚度:0.12~0.18mm 宽度:850~900mm 单位质量:75g/m²	强度:平均值为2.0MPa 粘贴牢度(白胶或化学糨糊粘贴): ①混合砂浆墙面:5.5N/25mm ②油漆墙面:3.5N/25mm
麻无纺墙布	厚度:0.12~0.18mm 宽度:850~900mm 单位质量:100g/m²	强度:平均值为1.4MPa 粘贴牢度(白胶或化学糨糊粘贴): ①混合砂浆墙面:2N/25mm ②油漆墙面:1.5N/25mm
无纺印花涂塑墙布	厚度:0.8~1.0mm 宽度:920mm 长度:50m/卷 每箱4卷,共200m	强度:2.0MPa 耐磨牢度:3~4级 胶粘剂:聚醋酸乙烯乳液

三、化纤贴墙布

化纤贴墙布是以人造化学纤维织成的布(单纶或多纶)为基材,经一定处理后印花而成。化纤种类繁多,性质各异,通常用的纤维有粘胶纤维、醋酸纤维、聚丙烯纤维、聚丙烯腈纤维、锦纶纤维、聚酯纤维等。所谓"多纶"是指多种化纤与棉纱混纺制成的贴墙布。

化纤装饰贴墙布具有无毒、无味、透气、防潮、耐磨、无分层等优点。适用于各级宾馆、旅店、办公室、会议室和居民住宅等室内墙面装饰。化纤装饰布的外观质量和物理性能的规格及技术性能指标见表8-9。图8-9(见文前彩图)为化纤装饰贴墙布花纹图案效果。

化纤贴墙布规格及技术性能 表 8-9

产品名称	规格	技术性能	生产厂家
化纤装饰布	厚度:0.15~0.18mm 宽度:820~840mm 长度:50m/卷		天津市第十六塑料厂
"多纶"粘涤棉贴墙布	厚度:0.32mm 长度:50m/卷 单位质量:8.5kg/卷 胶粘剂:配套使用"DL"香味胶水胶粘剂	日晒牢度:黄绿色类4~5级 红棕色类2~3级 摩擦牢度:干3级,湿2~3级 拉断强度: 经向300~400N/(5×20cm) 纬向290~400N/(5×20cm) 耐老化性:3~5年	上海市第十印刷厂

四、棉纺贴墙布

棉纺装饰墙布是用纯棉平布经过处理、印花、涂布耐磨树脂制作而成。其特点是墙布强度大、静电小、蠕变性小、无光、吸声、无毒、无味、对施工人员和用户均无害、花型美观、色彩绚丽,适用于宾馆、饭店、写字楼等公共建筑和居室墙面装饰,可用在水泥砂浆墙面、混凝土墙面、石灰浆墙面及石膏板、胶合板、纤维板、石棉水泥板等墙面的粘贴或浮挂。表8-10为棉纺装饰墙布的有关规格及技术性能指标。

棉纺装饰墙布的规格及技术性能 表 8-10

产品名称	规格	技术性能	生产厂家
棉纺装饰墙布	厚度:0.35mm	拉断强度(纵向):770N/(5×20cm) 断裂伸长度:纵向3%,横向8% 耐磨性:5000次 静电效应:静电值184V,半衰期1s 日晒牢度:7级 刷洗牢度:3~4级 湿摩擦:4级	北京印染厂

布艺装饰是近几年十分流行的一种装饰风格,所用的装饰材料以各种图案和色彩的棉纺装饰布为主。装饰布除用作贴墙装饰材料外,还可用于制作室内沙发、窗帘、床罩、台布等。布艺装饰的可变性大,装饰空间广阔。比如将家居客厅沙发、椅面和窗帘,卧室床罩等家具用同一花色图案的布艺装饰,整体协调效果突出;再如冬季布艺装饰可采用暖色调,而到炎热的夏季则可换成冷色调,使人感到宁静、凉爽,而且更换这些装饰布十分简便。如有情致,一年四季中均可选用不同色调,不同图案的装饰布来不断变换上述家具和部位装饰,使人常年都有新鲜感。

布艺装饰在国外比较流行,我国一些大城市居民家庭也开始尝试。

五、高级内墙面装饰织物

近年来,室内装饰兴起了一种软包装热,即在墙面、柱面等处用锦缎、丝绒、呢料等高级织物进行装饰,具有极美的装饰效果。

锦缎是一种丝织品,它具有纹理细腻、柔软绚丽、古朴精致、高雅华贵等特点,用作高级建筑室内墙面浮挂装饰,在我国已有悠久的历史。在现代高级建筑中,可用于室内墙面和柱面等处裱糊。锦缎价格远高于一般贴墙布,柔软且变形,施工要求高,不耐水、受潮容易霉变,防火性能差,使用时应予以注意。

丝绒色彩华丽,质感厚实温暖,格调高雅,可用作室内窗帘、软隔断或浮挂。

粗毛呢料或仿毛化纤织物及麻类织物,质感粗实厚重,具有温暖感,吸声性能好,还能从纹理上显示出古朴、厚实的特色,适用于公共建筑中厅堂柱面等处裱糊装饰。

此外,皮革、人造革作墙面装饰具有柔软、消声、温暖、耐磨的特点,尤其是真羊皮墙面装饰更是高雅华贵。不过由于价格太高,往往是采用仿羊皮纹理的人造革来进行装饰。

为满足室内环保及消防需要,近年来国外一些装饰材料不断涌入国内,奥地利海吉牌石英贴墙布就是一例。这种产品原材料取材于石英,采用特殊的拉丝工艺,将其拉制成柔软纤细的石英丝,再织成精美的壁布,广泛用于公共建筑和家庭。

六、多功能墙布

多功能墙布由针刺棉复合经纳米功能助剂处理的墙布面料构成。针刺棉是由优质棉花经纳米功能助剂充分浸泡、搅拌后,再经过甩干、烘干、开松、梳理等多道工序,聚合了阻燃、隔热、吸音、抗菌、防霉、防腐、防水、防油、防污、防静电等诸多功能,最后由针刺机加工成有牢度、平整、棉纤维相互缠结成布状的多功能墙布专用的背基材料。将针刺棉与同样经过纳米功能助剂处理的布复合,就成为多功能墙布。

多功能墙布具有阻燃、隔热、吸音、抗菌、防霉、防腐、防水、防污、防静电等功能。多功能墙布幅度可以制为2.8m,可以在室内一面墙上无缝铺贴。

七、无缝墙布

无缝墙布是近几年来国内开发的一款新的墙布产品。它是根据室内墙面的高度设计的，可以按室内墙面的周长整体铺贴的墙布。一般幅宽为2.7m～3.1m的墙布都称为无缝墙布。所谓无缝即整体施工，可以根据居室周长定剪裁，墙布幅宽大于或等于房间高度，一个房间用一块墙布铺贴，无需拼接。

无缝墙布由于采用无缝铺贴，立体感强，装饰整体效果突出。此时，无缝墙布由于没用拼缝，所以具有不易翘边、起泡、容易更换、可用水清洗等优点。无缝墙布根据加工工艺和特殊处理的基料和面料，可具有阻燃、保温节能、隔声吸音、防霉、抗菌、防水、防油、防污、防尘、防静电等功能。上述各功能墙布就是无缝墙布的一种。

八、贴墙布施工方法

（一）主要施工操作工序

主要施工操作工序列入表8-11，供参考。

贴墙布施工操作工序　　表8-11

项　　次	工　序　名　称	抹灰混凝土面	石膏板面	木　板　面
1	清扫基层，填补缝隙，磨砂纸	+	+	+
2	楼缝处糊条		+	+
3	找补腻子，磨砂纸		+	+
4	满刮腻子，磨平	+		
5	用1：1的108胶水溶液湿润	+		
6	基层涂刷胶粘剂	+	+	+
7	裱糊	+	+	+
8	擦净挤出的胶水	+	+	+
9	清理修整	+	+	+

注："+"表示应进行的工作。

（二）基层处理

裱糊玻璃纤维贴墙布和无纺墙布，基层处理与裱糊塑料壁纸基本相同。但因玻璃纤维贴墙布和无纺贴墙布盖底力稍差，如基层表面颜色较深时，应满刮石膏腻子，或在胶粘剂中掺入适当白色涂料，如白色乳胶等。相邻部位的基层颜色较深时，更应该注意颜色的一致性，以免裱糊后色泽有差异，影响装饰效果。如果裱糊锦缎，应保证基层平整，彻底干燥，以防裱糊后发霉。

（三）施工操作方法

1. 裁剪

裱糊前，应弹线找规矩。然后量好墙面需要粘贴的长度，并适当放长10～15cm。再根据贴墙布的花色图案，按其整数倍裁剪，以便花型拼接。裁剪场所要清洁，用剪刀剪成段，裁剪顺直，然后卷起，横放于盒内，切勿直立，以防碰毛布边，还要防止污染。

2. 刷胶

裱糊玻璃纤维贴墙布和无纺贴墙布时，胶粘剂应随配使用，以当天施工用量为限。羧甲基纤维素应先用水溶解，经10h左右用细眼纱过滤，除去杂质，再与其他材料调配，搅拌均匀。胶液稀稠程度以便于施工操作为度。

玻璃纤维贴墙布和无纺贴墙布的基材分别是玻璃纤维和合成纤维等，无吸水膨胀的特点，贴墙布无需预先湿水，可以直接往基层上（墙布不刷胶）刷胶裱糊。刷胶时力求均匀，稀稠适度。裱糊玻璃纤维贴墙布用胶量一般为0.12kg/m²（抹灰墙面），同样墙面贴无纺墙布用胶量为0.15kg/m²。

由于锦缎柔软，极易变形，裱糊时，先在锦缎背面衬糊一层宣纸，使锦缎挺括，易于操作。胶粘剂宜用108胶或金虎牌胶水以及其他墙布胶粘剂。

3. 裱糊

基层刷胶后，将剪裁好成卷的墙布，自上而下严格按对花要求渐渐放下（注意上边留出50mm左右），然后用湿毛巾将墙布抹平贴实，再用活动剪刀割去上下多余布料。对于阴阳角、线脚以及偏斜过多的地方，可以开裁拼接，或进行叠接，对花要求可略放宽，但切忌将贴墙布横向硬拉，以致整块墙布歪斜甚至脱落，影响裱糊质量。

由于墙角与地面不一定垂直，因此裱糊时不能以墙角为准，要严格按弹线或吊线法保证第一条墙布与地面垂直，然后逐条裱糊。

其他裱糊操作方法与注意事项和裱糊壁纸相同。

（四）无缝墙布的施工方法

（1）铺贴前应检查墙面，需干净平整，墙面无松动脱落。

（2）选择好贴墙布用的专有工具。

（3）先在墙面上滚刷墙基膜，并按比例调制好无缝墙布胶（2kg胶分次共加入2.5kg水。第一次不加水，充分搅拌均匀。第二次开始加水0.5kg，搅拌均匀。第三次加水0.5kg，搅拌均匀。第四次加剩余的水，搅拌均匀即可。一桶胶水可粘贴25～30m²）。

（4）基膜干后从墙壁的某阴角开始滚刷墙布胶，一般按滚刷一面墙（上下滚刷均匀）后开始贴墙布。

（5）将墙布顺墙面放直，上边高度和墙面高度一致，下端用物品将整卷墙布垫齐在踢脚线上端。

（6）将墙布滚展开用专用刮板将墙布刮贴在墙面上。顺序是由里至边，待墙布上下贴齐后再按顺序继续进行铺贴。

（7）如阴角直，不用剪裁可继续进行上述滚展施工。如阴角不直，可在阴角处进行搭接剪裁。

（8）如两人合作施工则速度更快，可量出阳角到阴角的长度，略留余地将墙布裁剪好后两人两头拉直从上至下，从里至外刮贴。

（9）用干净的湿毛巾擦拭去多余的胶浆。

（10）整个房间铺贴完毕后要全面检查，发现有气泡、鼓泡等问题随时处理，可用家用蒸汽熨斗烫压即可解决。

九、贴墙布的选择

目前，市场上比较受消费者喜爱的贴墙布品种有德国产圣象牌、广东产玉兰牌、上海产欧雅牌、江苏产爱舍牌、美国产布鲁斯牌、国产柔然牌、北京产雅帝牌、国产摩曼牌、国产天丽牌、北京产格莱美牌等。

无缝墙布则有江苏产爱舍牌、上海产欧雅牌、广东产玉兰牌、北京产格莱美牌、广西产美高威迈牌、国产瑞宝牌、国产柔然牌、北京产特普丽牌、上海产欣旺牌等。

消费者可根据自己的装饰需求选购花色、图案及不同价位的墙布。最好选择正规厂家生产的品牌。选购时，要仔细查看产品包装、说明书、权威部门的质量检验报告，闻一闻产品有无异味。最好选择价位适中、花色图案比较满意、环保型的墙布。

第九章　木质饰面材料

在本书第六章中，已介绍过木材的基本性质及各种木地板。在现代各类装饰工程中，木质饰面材料使用量大面广。木质饰面材料由于具有优良的天然纹理及质感，用于室内墙面和制作家具，有良好的装饰效果。

用木材装饰室内墙面、制作家具、做地板龙骨和吊顶龙骨，主要有方木和板材两大类，此外还有专门用于装饰镶边的各种半圆木、木线条等。木质板材又可分为薄木装饰板和合成木装饰板。薄木装饰板主要是由原木加工而成，经干燥处理选材用于装饰工程中；人工合成木装饰板主要是由木材加工过程中和农作物的下脚料及边角条料，经过机械处理，生产出的人造板材。

第一节　木装饰板

木装饰板是由各种原木加工而成用于墙面的装饰材料。由于不同树种、不同纹理，其装饰效果差异很大。木装饰板具有质轻、富有弹性、绝缘、抗震、纹理美观、加工方便，并有一定强度等特点，在建筑上用于门窗、模板、屋顶板、壁板、壁柜、木结构房屋等处。

能用于制作木装饰板的树木品种很多，如柚木、枫木、水曲柳、白松、红松、鱼鳞松、樟子松、楠木等。用这些原木所加工的薄板厚度在12～60mm不等，宽度在50～300mm之间，长度根据原木长度而定。

木装饰板在装饰施工过程中，经过装修工人锯、刨、钉、镶等工艺环节后，最后在其表面可涂刷油漆或不涂油漆。涂刷者，可保护板面，增加板面光泽和装饰效果；不涂刷者，保持了木材的本色，使人们有种接近自然，返朴归真的感觉。

选用木装饰板应注意以下方面：

1. 木材的纹理

木纹是木质制品的主要特点之一，其走向与分布对装饰效果影响很大。如果装饰了木质装饰板的墙面木材纹理分布均匀、舒展大方，一般用显木纹或半显木纹的油漆工艺；如果纹理杂乱无章，图案性又不好，多采用不显木纹的油漆工艺，即用不透明油漆将其盖住。

树种不同，其纹理的分布、走向、粗细等外观都有所不同。柚木纹理直顺、细腻；水曲柳纹理美观，走向多呈曲线，而且还具有纹理造型，构成圆形、椭圆形及不规则的封闭曲线图等。但水曲柳由于纹理图形进化幅度大，纹理造型差异也比较大，故在拼板时，有时难以取得协调。通常木材的纹理走向与分布大致有直纹、斜纹、曲线、直曲交错几种。

2. 木材的色彩

木材的色彩有深与浅的差别。这里所谓的深与浅，一般泛指发红（褐）或发白。如红松边材色白微黄，芯材黄而微红；黄花松边材色淡黄，芯材黄色；白松色白；杉木色白而香；柞木边材淡黄，芯材褐色；水曲柳淡褐色；枫木淡黄微红；桦木白色带微黄等等。

木材的色彩会影响室内空间的整体装饰效果，自然也会影响油漆的施工工艺。因此，当室内设计需要清淡的木装饰时，一般应选择浅色的木材料。如果需要暖色调，基材发红或淡黄，则应选用深色的木材。

3. 木材的缺陷判别

木材在生长过程中，或是在砍伐、运输、堆放过程中，通常会存在一些缺陷。木材构造上的变态，内部或外部的损伤以及不同形式的病态统称为木材的缺陷（或称为疵点）。木材的缺陷有的影响其力学性能，有的则影响使用效果和装饰效果。在选材作装饰用木材的常见缺陷有变色、腐朽、虫眼、裂纹、伤疤、树脂囊等。

变色：木材受菌类侵蚀时，引起颜色的改变，这种现象称为变色。变色后的木材的构造仍然完好，能够保持原有的硬度，但会影响装饰效果。最常见的变色有青皮和红斑。

腐朽：木材受到腐朽细菌侵蚀，其颜色、相对密度、吸水性、吸湿性、硬度、强度等性能均有所改变。腐朽程度可分为外部腐朽和内部腐朽（烂芯）。木材外部腐朽，去掉腐朽部分后还可使用，而烂芯的木材则不能使用。

虫眼：虫眼是树木遭受甲虫、蠹虫等蛀蚀而成。根据虫眼的形状、大小及蛀蚀的深浅，有表面虫眼、浅虫眼和深虫眼。表面虫眼对使用影响不大，浅虫眼、深虫眼会使木材全部遭受损害、影响装饰使用。

裂纹：裂纹是树木在生长期间或砍伐后，由于受到温度和湿度变化的影响，使木材纤维之间发生分离，从而形成裂纹。按裂纹的生成方向，有纵向裂纹和环向裂纹两种。裂纹对装饰影响较大，木装饰板安装后发生裂纹，这是装饰工程中最忌讳的问题。

伤疤：树木的伤疤包括外伤、夹皮等缺点。这些伤疤破坏了木材的完整性，而且伤疤的存在会引起虫蛀或菌类侵蚀，导致木材腐朽、破坏。

树脂囊：树脂囊也称油眼，是树木年轮中间充满树脂的条状槽沟。树脂囊中流出的树脂，能污染木制品的表面，因此，有油眼的部位应挖掉。

木材的缺陷在装饰工程中，有些经过处理可以不影响装饰效果，有些即使经过了处理也不能使用，在选材时要注意掌握。

4. 木板的厚度、宽度及长度

木板的几何尺寸对装饰工艺影响较大。从施工角度而言，木板的宽度适当宽一些，可减少拼板的工作量。在装饰工程中，用于墙面的多为板材，厚度一般为 12 ~ 18mm，有些工程也采用厚 19 ~ 35mm 的中板。板材的长度多为 1 ~ 8m。

第二节 方 木

方木的截面为方形，有长方形和正方形两种。方木多用来作地板龙骨、墙面龙骨、吊顶龙骨，也用作门窗及家具材料。

方木与其他木装制品一样，要求干燥，控制其含水率在 10% 以下，否则在使用过程中发生干缩变形。通常家具的柜门、房间的门窗出现关闭不严、翘曲变形的原因，多属于选用的方木含水率过大，干燥不充分而引起。

方木按加工尺寸，分小方、中方、大方和特大方四类。小方厚度 18 ~ 75mm，宽 50 ~ 120mm；中方厚度 80 ~ 100mm，宽度 80 ~ 150mm；大方厚度 120 ~ 150mm，宽度 100 ~ 240mm；特大方厚度 16 ~ 300mm，宽度 180 ~ 300mm。

方木做家具或龙骨，最好是选择杉树方木，干燥后的杉木质轻、变形小、加工容易。

第三节　胶　合　板

胶合板是用椴、桦、杨、松、水曲柳及进口原木等,经蒸煮,旋切或刨切成薄片单板,再经烘干、整理、涂胶后,将一定规格的单板配叠成规定的层数,每一层的木纹方向必须纵横交错,再经加热后制成的一种人造板材。胶合板都是由奇数层薄片组成,故称之为三合板(三夹板)、五合板(五夹板)、七合板(七夹板)、九合板(九夹板)等,十一层以上的胶合板称为多层板。

胶合板的特点是板材幅面大,易于加工;板材的纵向与横向抗拉强度和抗剪强度均匀,适应性强;板面平整,收缩性小,避免了木材的开裂、翘曲等缺陷;厚度可按需加工,木材利用率高。

胶合板由于具有上述特性,适用于建筑室内及家具装饰,也可用于船舶、汽车、火车、纺织、航空、包装等领域。

胶合板的品种和性能见表9-1,普通胶合板规格、体积、张数换算见表9-2。

胶合板的品种和性能　　　　表9-1

品　种	厚度(mm)	使用木材树种	使用胶种	性能和质量要求	用　途	备　注
普通胶合板	3、3.5、5、6、7、8、10、12	椴、桦、杨、松、水曲柳、荷、柞、楸、云杉、进口木材等	血胶、豆胶、脲醛树脂胶、酚醛树脂胶等	按林业部颁发标准	门、隔断、家具	
航空胶合板	0.8、1、1.5、2、2.5、3、4、5、6、8、10、12	椴木、桦木等	单板厚度1.0mm以下用纸质浸渍酚醛树脂胶膜。单板厚度1.0mm以上的可以用水溶性液体酚醛脂胶	在沸水中煮沸3h胶合强度不低于2MPa耐气候,抗微生物影响耐久性好,放置露天十几年不开胶	航空工程用料	
车厢胶合板	5、10、15、20、25、30	木曲柳、黄菠萝、楸木、椴木	脲醛树脂胶,水溶性酚醛树脂胶,三聚氰胺树脂	按企业标准	铁路车厢门板、墙板、间隔板和端墙板等	表板用刨切单板,芯板用旋板单板
船舶胶合板	5、7、10、12、14、16	桦　木	表板用醇溶性酚醛树脂浸渍,芯板用水溶性液体酚醛树脂	船舶板专用标准	船舶结构用	用旋切单板
梭坯板	40(毛坯)	桦　木	水溶性液体酚醛树脂	纺织用板专用标准	纺织器材	
层积板	5~10	桦　木 荷　木	醇液性酚醛树脂	企业标准	电气绝缘材料	用0.55mm旋切单板,浸胶干燥后高压成板
模压成型胶合板	5~7	各种树种	脲醛树脂胶、酚醛树脂胶	企业标准	椅子背、场谷板	
防火胶合板	按需要	各种树种	脲醛树脂或酚醛树脂胶	同普通胶合板	建筑用材	经磷酸盐等耐药物处理
防虫、防腐胶合板	按需要	各种树种	酚醛树脂胶	同普通胶合板	建筑用材	经防虫、防白蚁、防腐化等剂的处理

普通胶合板规格、体积、张数换算　　表 9-2

规格（宽×长）		每张面积（m^2）	三层		五层		七层		九层		十一层	
			厚度（mm）									
			3		5		7		10		12	
公制（mm）	英制（ft）		每张体积（m^2）	每 $1m^3$ 张数	每张体积（m^3）	每 $1m^3$ 张数	每张体积（m^3）	每 $1m^3$ 张数	每张体积（m^3）	每 $1m^3$ 张数	每张体积（m^3）	每 $1m^3$ 张数
915×915	3×3	0.8372	0.002512	398	0.004186	239	0.005861	171	0.008372	119	0.010047	100
915×1525	3×5	1.3954	0.004186	239	0.006977	143	0.009768	102	0.013957	72	0.016745	60
915×1830	3×6	1.6745	0.005023	199	0.008372	119	0.011721	85	0.016745	60	0.020004	50
915×2135	3×7	1.9535	0.005861	171	0.009768	102	0.013675	73	0.019535	51	0.023442	43
1220×1220	4×4	1.4884	0.004465	224	0.007442	134	0.010419	96	0.014884	67	0.017861	56
1220×1830	4×6	2.2326	0.006698	149	0.011163	90	0.015628	64	0.022320	45	0.026791	37
1220×2135	4×7	2.6047	0.007814	128	0.013024	77	0.018233	55	0.026047	38	0.031256	32
1220×2440	4×8	2.9768	0.008930	112	0.014884	67	0.020838	48	0.029768	34	0.035721	28
1525×1525	5×5	2.3256	0.006977	143	0.011628	86	0.013279	62	0.023256	43	0.027907	36
1525×1830	5×6	2.7907	0.008372	119	0.013954	72	0.019535	51	0.027907	36	0.033488	30

第四节　刨　花　板

刨花板又称微粒板、蔗渣板，是由木板加工过程中的刨花、锯末和一定规格的碎木作原料，加入一定量的合成树脂或其他胶法料拌和，再经铺装、入模热压、干燥而成的一种人造板材。

因为刨花板结构比较均匀，加工性能好，可以根据需要加工成大幅面板材，是制作不同规格、样式的家具较好的原材料。目前国内的板式家具和板式组合家具绝大多数是用刨花板制作的。同时，刨花板的吸音和隔音性能也很好，可钉、可锯、可上螺丝、开榫打眼，加工性能好，广泛用于家庭和公共场所装饰。

刨花板根据用途分为 *A* 类刨花板和 *B* 类刨花板。

按结构分为单层结构刨花板、三层结构刨花板、渐变结构刨花板、定向刨花板、华夫刨花板、模压刨花板等。

按制造方法分为平压刨花板、挤压刨花板。

按所使用原材料分为木材刨花板、甘蔗渣刨花板、亚麻屑刨花板、棉秆刨花板、竹材刨花板、水泥刨花板、石膏刨花板等。

按表面状况可分为：

1. 未饰面刨花板

包括砂光刨花板、未砂光刨花板。

2. 饰面刨花板

包括浸渍纸饰面刨花板、装饰层压板饰面刨花板、单板饰面刨花板、表面涂饰刨花板、PVC 饰面刨花板等。

按产品密度分为低密度刨花板（0.25～0.45g/cm^3）、中密度刨花板（0.55～0.70g/cm^3）、高密度刨花板（0.75～1.30g/cm^3）三种。通常生产多为 0.65～0.75g/cm^3 密度的刨花板。

刨花板的规格较多，厚度从 1.6mm 到 75mm 不等，以 19mm 为标准厚度。

在评定刨花板的质量时，主要考虑其密度、含水率、吸水性、厚度膨胀率、静力弯曲强度、垂直板面抗拉强度（内胶结强度）、握钉力、弹性模量和刚性模量。对特殊用途的刨花板还要考虑其电学、声学、热学、防腐、防水、阻燃等性能。

（一）刨花板分等

A 类刨花板分为优等品、一等品、二等品三个等级。

B 类刨花板只有一个等级。

（二）规格尺寸

1. 厚度

各类刨花板的公称厚度为 4、6、8、10、12、14、16、19、22、25、30mm 等。

各类刨花板任意一点的厚度偏差均不得超过表 9-3 规定。

刨花板厚度允许偏差（mm）　　表 9-3

公称厚度	A　类				B 类	
	优等品	一等品		二等品		
	砂光	未砂光	砂光	未砂光	未砂光	砂光
≤13	±0.20	+1.20 +0.30	±0.30	+1.20 0	+1.20 +0.30	±0.30
>13－20	±0.20	+1.40 +0.30	±0.30	+1.60 0	+1.40 +0.30	±0.30
>20	±0.20	+1.60 +0.30	±0.30	+2.00 0	+1.60 +0.30	±0.30

2. 幅面

各类刨花板的幅面尺寸应符合表 9-4 规定。

刨花板幅面尺寸（mm）　　表 9-4

宽　度	长　　度			
915	—	1830	—	—
1000	—	—	2000	—
1200	1220	—	—	2440

经供需双方协商，可生产其他幅面尺寸的刨花板。

长度和宽度允许偏差为 0 ~ 5mm，边缘不直度不超过 1/1000（mm/mm）。

3. 刨花板两对角线之差

刨花板两对角线之差允许值见表 9-5。

刨花板两对角线差（mm）　　表 9-5

板　长　度	允许值
≤1220	≤3
>1220 ~ 1830	≤4
>1830 ~ 2440	≤5
>2440	≤6

4. 翘曲度

刨花板翘曲度允许值应符合表 9-6 要求。

刨花板翘曲度　　表 9-6

厚度 mm	允　许　值　(%)			
	A　类			B 类
	优等品	一等品	二等品	
>10	≤0.5	≤0.5	≤1.0	≤0.5
≤10	不　测			

5. 外观质量要求

刨花板外观质量上,不允许有断痕、透裂、金属夹杂物;优等品不允许有压痕;其他等级允许有轻微的压痕。此外,胶斑、石蜡斑、油污斑等污染总数单个面积大于 40mm² 不允许有;单个面积 10 ~ 40mm²,A 类优等品、一等品不允许有,二等品允许有 2 个;B 类不允许有。漏砂 A 类优等品、一等品、B 类不允许有,A 类二等品不计。边角残损不允许有。

(三)物理力学性能

1. A 类刨花板优等品物理力学性能

静曲强度:≥16.0MPa(板公称厚度≤13mm)、≥15.0MPa(板公称厚度 >13 ~ 20mm)、≥14.0MPa(板公称厚度 >20 ~ 25mm)、≥12.0MPa(板公称厚度 >25 ~ 30mm)、≥10.0MPa(板公称厚度 >32mm);

内结合强度:≥0.40MPa(板公称厚度≤13mm)、≥0.35MPa(板公称厚度 >13 ~ 20mm)、≥0.30MPa(板公称厚度 >20 ~ 25mm)、≥0.25MPa(板公称厚度 >25 ~ 32mm)、≥0.20MPa(板公称厚度 >32mm);

表面结合强度:　≥0.90MPa;

吸水厚度膨胀率:　≤8%;

含水率:　5 ~ 11%;

游离甲醛释放量:　≤30mg/100g;

密度:　0.50 ~ 0.85g/cm³;密度偏差≤ ±5%;

垂直板面握螺钉力:　≥1100N;

平行板面握螺钉力:　≥800N。

2. A 类刨花板一等品物理力学性能

静曲强度:对应于前述优等品所示的不同的板公称厚度,静曲强度分别为 ≥16.0MPa、≥15.0MPa、≥14.0MPa、≥12.0MPa、≥10.0MPa;

内结合强度:对应于不同的板公称厚度,分别为 ≥0.40MPa、≥0.35MPa、≥0.30MPa、≥0.25MPa、≥0.20MPa;

吸水厚度膨胀率:　≤8%;

含水率:　5 ~ 11%;

游离甲醛释放量:　≤30mg/100g;

密度:　0.5 ~ 0.85g/cm³;

密度偏差:　≤ ±5.0%;

垂直板面握螺钉力:　≥1100N;

平行板面握螺钉力:　≥800N。

对消费者来说,选购刨花板最重要的是除尺寸规格及偏差外,甲醛释放量是关键一环。因为,如果选购了甲醛含量超标的刨花板,安装在室内或制作成家具,刺鼻的异味将很长时间不易挥发完。如果是作为家具的抽屉、隔板、衬板等,甲醛挥发完的时间将会更长。从健康环保角度出发,一定要选购低甲醛含量的刨花板。目前,国际上已发展到使用极低甲醛释放量的装饰材料。我国吉林森林工业股份有限公司成功研制出 EO 级刨花板，已达到世界先进水平，产品的甲醛释放量≤5mg/100g。

第五节　纤　维　板

纤维板是以植物纤维为主要原料，经过纤维分离、成型、干燥和热压等工序制成的一种人造板材。制造纤维板的原材料十分丰富，如木材采伐加工剩余物、稻草、麦秸、玉米秆、竹材、芦苇以及1～2年生的灌木、乔木等都可作为纤维板原料。通常 $3m^3$ 木材的剩余物可生产1t纤维板。1t纤维板可替代5～$7m^3$ 原木制成的板材使用(按出材率70%计算，则可替代 $3.99m^3$ 木材)。

(一)纤维板分类

1. 硬质纤维板

密度在 $0.8g/cm^3$ 以上者，称为硬质纤维板。在纤维板标准中将硬质纤维板分为三等，一等品的密度不得低于 $0.98g/cm^3$，二等品和三等品的密度不得低于 $0.8g/cm^3$。

2. 半硬质纤维板

密度为0.4～$0.8g/cm^3$ 的称为半硬质纤维板。

3. 软质纤维板

密度小于 $0.4g/cm^3$ 的称为软质纤维板。

(二)纤维板的特点

(1)各部分构造均匀，硬质和半硬质纤维板含水率都在20%以下，质地坚密，吸水性和吸湿率低，不易翘曲、开裂和变形。

(2)同一平面内各个方向的力学强度均匀。硬质纤维板强度高。

(3)纤维板无节疤、变色、腐朽、夹皮、虫眼等木材中通见的疾病，称为无疾病木材。

(4)纤维板幅面大，加工性能好，利用率高。$1m^3$ 纤维板的使用率相当于 $3m^3$ 木材。此外，纤维板表面处理方便，是进行二次加工的良好基材。

(5)原材料来源广，制造成本低。

(三)用途

纤维板用途广泛，硬质纤维板可用于建筑物的室内装饰装修、车船装修和制作家具，还大量用于制作活动房屋和包装箱。半硬质的中密度纤维板厚度10～25mm，强度大，适合于建筑装饰装修、制作家具和缝纫机台板。软质纤维板密度低、保温、吸声、绝缘性能好，适用于建筑物的吸声、保温和装饰用，并可用于电气绝缘板。各种纤维板经二次加工处理后，用途更为广泛。

(四)硬质纤维板的规格与性能

硬质纤维板的分类见表9-7、规格见表9-8、性能见表9-9、外观和尺寸允许偏差见表9-10。

硬质纤维板的分类　　表9-7

分类方式	内容
按原料分类	1. 木质纤维板：由木本纤维加工制成的纤维板 2. 非木质纤维板：由竹材和草本纤维加工制成的纤维板
按光滑面分类	1. 一面光纤维板：一面光滑，另一面有网痕的纤维板 2. 两面光纤维板：具有两面光滑的纤维板
按处理方式分类	1. 特级纤维板：指施加增强剂或浸油处理，并达到标准规定的物理力学性能指标的纤维板 2. 普通纤维板：无特殊加工处理的纤维板，按物理力学性能指标分为一、二、三3个等级
按外观分类	特级纤维板分为一、二、三3个等级 普通纤维板分为一、二、三3个等级

硬质纤维板的标准规格　　表 9-8

幅面尺寸（宽×长）（mm）	厚度（mm）	尺寸允许公差(mm)		
		长、宽度	厚度	
			3,4	5
610×1220 916×1830 915×2135 1220×1830 1220×2440 1220×3050 1000×2000	3(3.2),4,5(4.8)	±5	±0.3	±0.4

硬质纤维板的性能　　表 9-9

项目	特级	普通级		
		一等	二等	三等
密度不小于（kg/cm³）	1000	900	800	800
吸水率不大于（%）	15	20	30	35
含水率(%)	4~10	5~12	5~12	5~12
静曲强度不小于（MPa）	50.5	40.0	30.0	20.0

硬质纤维板外观和尺寸允许偏差　　表 9-10

项目			指标（特级和普通）		
			一等	二等	三等
水渍			轻微	不显著	显著
油污			不许有	不显著	显著
斑纹			不许有	不许有	轻微
粘痕			不许有	不许有	轻微
压痕			轻微	不显著	显著
鼓泡、分层、水湿、碳化、裂痕、边角松软			不许有	不许有	不许有
尺寸允许偏差（mm）	长度		±5		
	宽度		±5		
	厚度	3,4	±0.3		
		5	±0.4		

第六节　中密度纤维板

中密度纤维板是利用小径级木材、木材采伐加工剩余物或其他植物纤维为主要原料，经切片、蒸煮、纤维分离、干燥后施加脲醛树脂或其他合成树脂，再经热压后处理工序加工制成的一种人造板材，英文缩写为 MDF。中密度纤维的密度一般在 500~880kg/m³ 范围，厚度一般为 2~30mm。

中密度纤维板具有组织结构均匀、密度适中、重量轻、纤维间结合强度高，静曲强度、平面抗拉强度、弹性模量等比刨花板好，握螺钉力牢固，开槽、钻孔、截断容易，吸湿、吸潮、厚度膨胀率较低。在制造过程中加入防火、防霉、防蛀等添加剂还可制成具有特殊性能的中密度纤维板。

中密度纤维板可代替天然木材，广泛应用于家具，室内装饰、建筑等领域。在室内装饰及建筑上主要用于内门、墙板、隔断、地板、窗台板、散热器罩、踢脚板、楼梯扶手和各种装饰线条。经过特殊处理的中密度纤维板还可以当混凝土模板用。

（一）中密度纤维板分类

中密度纤维板可分为普通型、家具型和承重型三种。

普通型中密度板又分为适用于干燥条件的中密度板（MDF-GP REG）；适用于潮湿条件的中密度板（MDF-GP MR）；适用于高湿度条件的中密度板（MDF-GP HMR）；适用于室外的中密度板（MDF-GP EXT）。

家具型中密度板也分为适用于干燥条件的中密度板（MDF-FN REG）；适用于潮湿条例的中密度板（MDF-FN MR）；适用于高湿度条件的中密度板（MDF-FN HMR）；适用于室外的中密度板（MDF-FN EXT）。

承重型中密度板也分为适用于干燥条件的中密度板（MDF-LB REG）；适用于潮湿条件的中密度板（MDF-LB MR）；适用于高湿度条件的中密度板（MDF-LB HMR）；适用于室外的中密度板（MDF-LB EXT）。

（二）中密度板技术指标要求

根据 GB/T 11718—2009《中密度纤维板》的规定，现将有关技术要求介绍如下：

1. 外观质量

产品按外观质量分为优等品、合格品两个等级。其中砂光板的表面质量应符合表 9-11 要求。

砂光中密度板表面质量要求　　表 9-11

名　称	质量要求	允许范围	
		优等品	合格品
分层、鼓泡或炭化	——	不允许	
局部松软	单个面积≤2000mm²	不允许	3 个
板边缺损	宽度≤10mm	不允许	允许
油污斑点或异物	单个面积≤40mm²	不允许	1 个
压　痕	——	不允许	允许
同一张板不应有两项或以上的外观缺陷。			

2. 幅面尺寸、尺寸偏差、密度及偏差和含水率要求

（1）幅面尺寸：宽度为 1220mm（或 1830mm），长度为 2440mm。特殊幅面尺寸由供需双方协商确定。

（2）尺寸偏差、密度及偏差和含水率要求见表 9-12。

尺寸偏差、密度偏差和含水率要求　　表 9-12

性　能		单位	公称厚度范围/mm	
			≤12	>12
厚度偏差	不砂光板	mm	-0.30 ~ +1.50	-0.50 ~ ±1.70
	砂光板	mm	±0.20	±0.30
长度与宽度偏差		mm/m	±2.0	
垂直度		mm/m	<2.0	

续表

性　　能	单位	公称厚度范围/mm	
		≤12	>12
密　度	g/cm³	0.65～0.80(允许偏差为±10%)	
板内密度偏差	%	±10.0	
含水率	%	3.0～13.0	
每张砂光板内各测量点的厚度不应超过其算术平均值的±0.15mm。			

3. 物理力学性能

(1)普通型中密度纤维板(MDF-GP)性能要求

1)在干燥状态下使用的普通型中密度纤维板(MDF-GP REG)性能要求见表9-13。

干燥状态下使用的普通型中密度纤维板(MDF-GP REG)性能要求　　表9-13

性　　能	单位	公称厚度范围/mm						
		≥1.5～3.5	>3.5～6	>6～9	>9～13	>13～22	>22～34	>34
静曲强度	MPa	27.0	26.0	25.0	24.0	22.0	20.0	17.0
弹性模量	MPa	2700	2600	2500	2400	2200	1800	1800
内结合强度	MPa	0.60	0.60	0.60	0.50	0.45	0.40	0.40
吸水厚度膨胀率	%	45.0	35.0	20.0	15.0	12.0	10.0	8.0

2)在潮湿状态下使用的普通型中密度纤维板(MDF-GP MR)性能要求见表9-14。

潮湿状态下使用的普通型中密度纤维板(MDF-GP MR)性能要求　　表9-14

性　　能		单位	公称厚度范围/mm						
			≥1.5～3.5	>3.5～6	>6～9	>9～13	>13～22	>22～34	>34
静曲强度		MPa	27.0	26.0	25.0	24.0	22.0	20.0	17.0
弹性模量		MPa	2700	2600	2500	2400	2200	1800	1800
内结合强度		MPa	0.60	0.60	0.60	0.50	0.45	0.40	0.40
吸水厚度膨胀率		%	32.0	18.0	14.0	12.0	9.0	9.0	7.0
防潮性能	选项1：循环试验后内结合强度	MPa	0.35	0.30	0.30	0.25	0.20	0.15	0.10
	循环试验后吸水厚度膨胀率	%	45.0	25.0	20.0	18.0	13.0	12.0	10.0
	选项2：沸腾试验后内结合强度	MPa	0.20	0.18	0.16	0.15	0.12	0.10	0.10
	选项3：湿静曲强度(70℃热水浸泡)	MPa	8.0	7.0	7.0	6.0	5.0	4.0	4.0

3）在高湿度状态下使用的普通型中密度纤维板（MDF-GP HMR）性能要求见表9-15。

高湿度状态下使用的普通型中密度纤维板（MDF-GP HMR）性能要求　　表9-15

性　　能		单位	公称厚度范围/mm						
			≥1.5～3.5	>3.5～6	>6～9	>9～13	>13～22	>22～34	>34
静曲强度		MPa	28.0	26.0	25.0	24.0	22.0	20.0	18.0
弹性模量		MPa	2800	2600	2500	2400	2000	1800	1800
内结合强度		MPa	0.60	0.60	0.60	0.50	0.45	0.40	0.40
吸水厚度膨胀率		%	20.0	14.0	12.0	10.0	7.0	6.0	5.0
防潮性能	选项1：循环试验后内结合强度	MPa	0.40	0.35	0.35	0.30	0.25	0.20	0.18
	循环试验后吸水厚度膨胀率	%	25.0	20.0	17.0	15.0	11.0	9.0	7.0
	选项2：沸腾试验后内结合强度	MPa	0.25	0.20	0.20	0.18	0.15	0.12	0.10
	选项3：湿静曲强度（70℃热水浸泡）	MPa	12.0	10.0	9.0	8.0	8.0	7.0	7.0

（2）家具型中密度纤维板（MDF-FN）性能要求

1）在干燥状态下使用的家具型中密度纤维板（MDF-FN REG）性能要求见表9-16。

干燥状态下使用的家具型中密度纤维板（MDF-FN REG）性能要求　　表9-16

性　　能	单位	公称厚度范围/mm						
		≥1.5～3.5	>3.5～6	>6～9	>9～13	>13～22	>22～34	>34
静曲强度	MPa	30.0	28.0	27.0	26.0	24.0	23.0	21.0
弹性模量	MPa	2800	2600	2600	2500	2300	1800	1800
内结合强度	MPa	0.60	0.60	0.60	0.50	0.45	0.40	0.40
吸水厚度膨胀率	%	45.0	35.0	20.0	15.0	12.0	10.0	8.0
表面结合强度	MPa	0.60	0.60	0.60	0.60	0.90	0.90	0.90

2）在潮湿状态下使用的家具型中密度纤维板（MDF-FN MR）性能要求见表9-17。

潮湿状态下使用的家具型中密度纤维板（MDF-FN MR）性能要求　　表9-17

性　　能	单位	公称厚度范围/mm						
		≥1.5～3.5	>3.5～6	>6～9	>9～13	>13～22	>22～34	>34
静曲强度	MPa	30.0	28.0	27.0	26.0	24.0	23.0	21.0
弹性模量	MPa	2800	2600	2600	2500	2300	1800	1800
内结合强度	MPa	0.70	0.70	0.70	0.60	0.50	0.45	0.40

续表

性　能		单位	公称厚度范围/mm						
			≥1.5～3.5	>3.5～6	>6～9	>9～13	>13～22	>22～34	>34
吸水厚度膨胀率		%	32.0	18.0	14.0	12.0	9.0	9.0	7.0
表面结合强度		MPa	0.60	0.70	0.70	0.80	0.90	0.90	0.90
防潮性能	选项1：循环试验后内结合强度	MPa	0.35	0.30	0.30	0.25	0.20	0.15	0.10
	循环试验后吸水厚度膨胀率	%	45.0	25.0	20.0	18.0	13.0	12.0	10.0
	选项2：沸腾试验后内结合强度	MPa	0.20	0.18	0.16	0.15	0.12	0.10	0.08
	选项3：湿静曲强度（70℃热水浸泡）	MPa	8.0	7.0	7.0	6.0	5.0	4.0	4.0

3）在高湿度状态下使用的家具型中密度纤维板（MDF-FN HMR）性能要求见表9-18。

高湿度状态下使用的家具型中密度纤维板（MDF-FN HMR）性能要求　　表9-18

性　能		单位	公称厚度范围/mm						
			≥1.5～3.5	>3.5～6	>6～9	>9～13	>13～22	>22～34	>34
静曲强度		MPa	30.0	28.0	27.0	26.0	24.0	23.0	21.0
弹性模量		MPa	2800	2600	2600	2500	2300	1800	1800
内结合强度		MPa	0.70	0.70	0.70	0.60	0.50	0.45	0.40
吸水厚度膨胀率		%	20.0	14.0	12.0	10.0	7.0	6.0	5.0
表面结合强度		MPa	0.60	0.70	0.70	0.90	0.90	0.90	0.90
防潮性能	选项1：循环试验后内结合强度	MPa	0.40	0.35	0.35	0.30	0.25	0.20	0.18
	循环试验后吸水厚度膨胀率	%	25.0	20.0	17.0	15.0	11.0	9.0	7.0
	选项2：沸腾试验后内结合强度	MPa	0.25	0.20	0.20	0.18	0.15	0.12	0.10
	选项3：湿静曲强度（70℃热水浸泡）	MPa	14.0	12.0	12.0	12.0	10.0	9.0	8.0

4）在室外状态下使用的家具型中密度纤维板（MDF-FN EXT）性能要求见表9-19。

室外状态下使用的家具型中密度纤维板（MDF-FN EXT）性能要求　　表9-19

性　能	单位	公称厚度范围/mm						
		≥1.5~3.5	>3.5~6	>6~9	>9~13	>13~22	>22~34	>34
静曲强度	MPa	34.0	30.0	30.0	28.0	26.0	23.0	21.0
弹性模量	MPa	2800	2600	2500	2400	2000	1800	1800
内结合强度	MPa	0.70	0.70	0.70	0.65	0.60	0.55	0.50
吸水厚度膨胀率	%	15.0	12.0	10.0	7.0	5.0	4.0	4.0
防潮性能　选项1：循环试验后内结合强度	MPa	0.50	0.40	0.40	0.35	0.30	0.25	0.22
防潮性能　循环试验后吸水厚度膨胀率	%	20.0	16.0	15.0	12.0	10.0	8.0	7.0
防潮性能　选项2：沸腾试验后内结合强度	MPa	0.30	0.25	0.24	0.22	0.20	0.20	0.18
防潮性能　选项3：湿静曲强度（100℃热水浸泡）	MPa	12.0	12.0	12.0	12.0	10.0	9.0	8.0

（3）承重型中密度纤维板（MDF-LB）性能要求

1）在干燥状态下使用的承重型中密度纤维板（MDF-LB REG）性能要求见表9-20。

干燥状态下使用的承重型中密度纤维板（MDF-LB REG）性能要求　　表9-20

性　能	单位	公称厚度范围/mm						
		≥1.5~3.5	>3.5~6	>6~9	>9~13	>13~22	>22~34	>34
静曲强度	MPa	36.0	34.0	34.0	32.0	28.0	25.0	23.0
弹性模量	MPa	3100	3000	2900	2800	2500	2300	2100
内结合强度	MPa	0.75	0.70	0.70	0.70	0.60	0.55	0.55
吸水厚度膨胀率	%	45.0	35.0	20.0	15.0	12.0	10.0	8.0

2）在潮湿状态下使用的承重型中密度纤维板（MDF-LB MR）性能要求见表9-21。

潮湿状态下使用的承重型中密度纤维板（MDF-LB MR）性能要求　　表9-21

性　能	单位	公称厚度范围/mm						
		≥1.5~3.5	>3.5~6	>6~9	>9~13	>13~22	>22~34	>34
静曲强度	MPa	36.0	34.0	34.0	32.0	28.0	25.0	23.0
弹性模量	MPa	3100	3000	3000	2800	2500	2300	2100
内结合强度	MPa	0.75	0.70	0.70	0.70	0.60	0.55	0.55
吸水厚度膨胀率	%	30.0	18.0	14.0	12.0	8.0	7.0	7.0

续表

性能		单位	公称厚度范围/mm						
			≥1.5~3.5	>3.5~6	>6~9	>9~13	>13~22	>22~34	>34
防潮性能	选项1：循环试验后内结合强度	MPa	0.35	0.30	0.30	0.25	0.20	0.15	0.12
	循环试验后吸水厚度膨胀率	%	45.0	25.0	20.0	18.0	13.0	11.0	10.0
	选项2：沸腾试验后内结合强度	MPa	0.20	0.18	0.18	0.15	0.12	0.10	0.08
	选项3：湿静曲强度（70℃热水浸泡）	MPa	9.0	8.0	8.0	8.0	6.0	4.0	4.0

3）在高湿度状态下使用的承重型中密度纤维板（MDF-LB HMR）性能要求见表9-22。

高湿度状态下使用的承重型中密度纤维板（MDF-LB HMR）性能要求　　表9-22

性能		单位	公称厚度范围/mm						
			≥1.5~3.5	>3.5~6	>6~9	>9~13	>13~22	>22~34	>34
静曲强度		MPa	36.0	34.0	34.0	32.0	28.0	25.0	23.0
弹性模量		MPa	3100	3000	3000	2800	2500	2300	2100
内结合强度		MPa	0.75	0.70	0.70	0.70	0.60	0.55	0.55
吸水厚度膨胀率		%	20.0	14.0	12.0	10.0	7.0	6.0	5.0
防潮性能	选项1：循环试验后内结合强度	MPa	0.40	0.35	0.35	0.35	0.30	0.27	0.25
	循环试验后吸水厚度膨胀率	%	25.0	20.0	17.0	15.0	11.0	9.0	7.0
	选项2：沸腾试验后内结合强度	MPa	0.25	0.20	0.20	0.18	0.15	0.12	0.10
	选项3：湿静曲强度（70℃热水浸泡）	MPa	15.0	15.0	15.0	15.0	13.0	11.5	10.5

(三)甲醛释放量

(1)甲醛释放量要求见表9-23。

中密度纤维板甲醛释放限量 **表9-23**

方法	气候箱法	小型容器法	气体分析法	干燥器法	穿孔法
单位	mg/m^3	mg/m^3	$mg/(m^2 \cdot h)$	mg/L	mg/100g
限量值	0.124	—	3.5	—	8.0

注:甲醛释放量应符合气候箱法、气体分析法或穿孔法中的任一项限量值,由供需双方协商选择。

如果小型容器法或干燥器法应用于生产控制检验,则应确定其与气候箱法之间的有效相关性,即相当于气候箱法对应的限量值。

(2)室外状态下使用的家具型中密度纤维板(MDF-FN EXT),甲醛释放量由供需双方协商确定。

(四)其他性能

1)握螺钉力、含砂量、表面吸收性能和尺寸稳定性为中密度纤维板的其他性能。

2)在需方对其他性能有要求时,由供需双方协商确定其性能要求。

第七节 高密度纤维板

高密度纤维板(英文缩写为HDF)是以木质纤维素或其他植物纤维为原料,施加脲醛树脂或其他合成树脂,通过加热加压而制成的一种板材。高密度纤维板的密度通常在800kg/m^3以上,因此物理力学性能比中密度纤维极更高更好。高密度纤维板板面质地细密、平滑,在环境温、湿度变化时尺寸稳定性好,容易进行表面装饰处理。内部组织结构细密,特别是具有密实的边缘,可以加工成各种异型的边缘,可不必封边,直接涂饰,获得较好的造型效果。高密度纤维板可进行表面雕花加工和加工成各种断面的装饰线条。

高密度纤维板兼容了中密度纤维板的所有优点,广泛应用于室内外装饰装修、制作办公用品、高档家具、音响、高级轿车内饰,还可用作机房抗静电地板、护墙板、防盗门、墙板、隔板等。它又是一种很好的包装材料。近年来,高密度纤维板还直接取代高档硬木直接加工成复合地板、强化地板等。

在高密度纤维板的加工制作过程中加入阻燃剂,就可加工制作成难燃高密度纤维板。难燃高密度纤维板具有良好的物理力学性能和加工性能,可以根据需要加工成不同厚度的板材,广泛应用于制造家具、建筑业、室内装饰装修、造船、汽车等行业。难燃高密度纤维板是匀质多孔材料,其声学性能很好,是制作音箱、电视机外壳、乐器的好材料。此外,还可代替木材用于船舶、车辆、体育器材、地板、墙板、隔板等。

难燃高密度纤维板按其物理性能分为优等品、二等品和合格品。按GB/T8625—2005《建筑材料难燃性试验方法》分为不燃(*A*级)、难燃(*B*1级)、可燃(*B*2级)、易燃(*B*3级),按GB 8624—2006《建筑材料及制品燃烧性能分级》分为A1级、A2级、B级、C级、D级、E级、F级。其静曲强度、内结合力、弹性模量、板面和板边握螺钉力、密度、含水率、吸水厚度膨胀率、甲醛释放量等技术要求,参考国家相关标准规定。

第八节 模压木饰面板

模压木饰面板是以木材与合成树脂为主要原料,经高温高压成型而制成的一种人造板材。产品具有板面平滑光洁、防火、防虫、防毒、耐热、耐晒、耐寒、耐酸碱、色彩鲜艳等特点，装饰效果高雅，不变形、不褪色、可锯、可钻孔、可粘贴、安装施工方便。

模压木饰面板适用于公共建筑和民用住宅的室内装饰，用于护墙板、顶棚、窗台板、家具饰面板，以及酒吧台、展台、造型面的饰面装饰等。

模压木饰面板分为平板类和型材类。产品规格见表9-24。

模压木饰面板的产品规格　　表9-24

品　种	规　格　(mm)	面积(m^2/块)	用　途
台　板	605×5500×17～26 405×5500×17～26	3.34 2.34	窗台、卫生间台、家具台面等
平　板	600×5500×10 400×5500×10	3.4 2.3	家具面、室内装饰面
型材条板	605×5500×11.5～18 205×5500×11.5～18 145×5500×11.5～18 85×5500×11.5～18	3.4 1.2 0.85 0.45	窗楣板、墙脚板、装饰栏杆、墙身装饰条等

第九节　定向木片层压板

定向木片层压板(OBS)是用约100mm长、25mm宽、1mm厚的刨片，经干燥、表面施胶和蜡，定向排列、鱼鳞式分层垂直交叉铺装，再成型热压而成的新型高强木质结构板。具有结构紧密、表面平整、不开裂、不易变形等优点，握钉力强，加工性能好，能锯切、刨削、砂光、打眼、开榫，也可用木螺钉直接连接。

产品分不饰面的OBS板和饰面的OBS板。不饰面的OBS板所用的胶粘剂为UF脲醛树脂(室外用的OBS板则用PF酚醛树脂)。可用作墙板、花搁板、地板、板式家具、楼梯、门窗框、踏步板、复式建筑、大空间建筑中的室内承重墙板、空心面板及内框材、电视机壳体、音箱箱体等。

饰面的OBS板作高级装饰用板，板式家具和拆装式家具以及通讯部门胶合板木材的代用品。内墙、顶棚、隔板、地板、花搁装饰用板、承重受力板等。

产品规格：幅面1220mm×2440mm、1200mm×4880mm、1220mm×9760mm；厚度3、4、6、10、13、16、19、22、25和32mm等规格。

国内某企业生产的定向木片层压板性能见表9-25。

定向木片层压板性能　　表9-25

性　能	定向木片层压板	普通刨花板
密度(kg/m^3)	550	650
静曲强度：纵向(MPa) 横向(MPa)	36.5 20.9	18.0 18.0
静曲弹性模量：纵向(MPa) 横向(MPa)	5059.4 2578.0	2500～3000
平面抗拉强度(MPa)	0.37	0.35
绝干密度(t/m^3)	0.661	
握螺钉力 GB 4904—85	14.64	

第十节　其他木质装饰板

一、碎木板

碎木板是用木材加工的边角余料，经切碎、干燥、抹胶、热压而成。碎木板一般外贴纤维板或胶合板，在建筑上应用也很广泛。如隔墙、其他贴面材料的基材、家具等。碎木板既有纤维板和胶合板的特性，而与纤维板、胶合板又有所区别。比较厚的胶合板，内芯多采用碎木胶合，外贴胶合板，从而使板材变轻，各种边角余料也得到合理利用。几种碎木板规格及性能见表9-26。

几种碎木板规格及其物理性能　　表9-26

种类	产地	规格（mm）			胶种	物理性能		
		长	宽	厚		密度（kg/m^3）	吸水率不小于（%）	静曲强度（MPa）
碎木板	北京	2100	1250	12，16		600～700		
	上海	2160 2250	1150	14，17，20		550		
单层覆皮碎木板	北京			18	脲醛	600～750		
双层覆皮碎木板	北京			20	脲醛	600～750		
贴面碎木板	北京	3050	915	20	脲醛	650	25	16
	上海	1830	1220	13，17，20	脲醛	650	65	25
	成都	1900	1220	18	脲醛	650	50	25
	长春	1830 2175	915 1220	10，12，14 16，19	脲醛	550～650		16

二、木丝板

木丝板又称万利板，是将木材的下脚料用机器刨成木丝，经过化学溶液的浸透，然后拌和水泥，入模成型加压、热蒸、凝结、干燥而成。具有轻质（400～600kg/m^3）、防火、保温、隔声及吸声作用，用于建筑物的吸声及隔声处理。产品规格及性能见表9-27。

木丝板的产品规格及性能　　表9-27

规格（mm）	产品性能					生产厂家
	密度（kg/m^3）	抗弯强度（MPa）	导热系数[W/（m·K）]	含水率（%）	吸湿率（%）	
1200×600×10 2850×900×12 2850×900×14 2850×900×20	500	0.8	0.084	—	—	国内某企业

三、薄木贴面装饰板

薄木贴面装饰板是以珍贵树种（如水曲柳、楸木、黄菠萝、柞木、榉木、桦木、椴木、樟木、酸枣木、花梨木、槁木、梭罗、麻栎、绿楠、龙楠、柚木等），通过精密刨切，制得厚度为0.2～0.8mm的薄木，以胶合板、纤维板、刨花板等为基材，采用先进的胶粘工艺，经热压制成的一种高级装饰板材。

薄木按厚度分类，可分为厚薄木和微薄木。厚薄木的厚度一般大于0.5mm，多为

0.7～0.8mm；微薄木的厚度小于0.5mm，多为0.2～0.3mm。

由于世界上珍贵树种越来越少，价格越来越高，因此，薄木的厚度向着超薄方向发展。装饰用的薄木厚度最薄的只有0.1mm。欧美多用0.7～0.8mm厚度，日本多用0.2～0.3mm厚度，我国多采用0.5mm的厚度。厚度越小，对施工要求越高，对基材的平整度要求越严格。

薄木作为一种表面装饰材料，不能单独使用，只有粘贴在一定厚度和具有一定强度的基材板上，才能得到合理地利用。基材板的质量要求如下：

(1)平面抗拉强度不得小于0.29～0.39MPa，否则会产生分层剥离现象。

(2)含水率应低于8%，含水率高会影响粘结强度。

(3)表面应平整，不能粗糙不平，否则不仅影响粘结，还会造成光泽不均匀，使装饰效果大大降低。

薄木贴面装饰板具有花纹美丽、真实感和立体感很强的特点，主要用于高级建筑的室内装饰以及家具贴面等。产品规格和性能见表9-28。

装饰微薄木贴面板规格和技术性能　　**表9-28**

产品名称	规格（mm）	技术性能	生产单位
装饰微薄木贴面板	1830×915 2135×915 2135×1220 1830×1220 厚度:3～6	胶结强度(MPa):1.0 缝隙宽度(mm):<0.2 孔洞直径(mm):<2 透胶污染(%):<1 无叠层、开裂 自然开裂:不超过板面积的0.5%	北京市光华木材厂
微薄木贴面板	915×915×10～30 1000×2000×3～5	缝隙宽度(mm):<0.2 剥离系数(%):≥5 不允许有压痕、脱胶、鼓泡 不平整:最高低点/板面(长宽)<2/1000	重庆市木材综合厂

第十一节　装饰用木线条

木线条是现代装饰工程上不可缺少的装饰材料。木线条是选用质硬、结构较细、材质较好的木材，经过干燥处理后，用机械加工或手工加工而成。在室内装饰工程中，木线条主要起着固定、连接、加强装饰面的作用。因此，它的品种和质量对装饰效果有着举足轻重的影响。

室内装饰工程中木线条使用十分广泛，主要体现在以下方面：

1. 顶棚线。顶棚上不同层面的交接处的封边，顶棚上各不同材料面的对接处封口，顶棚平面上的造型线，顶棚上设备的封边等。

2. 顶棚角线。顶棚与墙面，顶棚与柱面交接处封边。

3. 墙面线。墙面上不同层次面的交接处封边，墙面上各不同材料面的对接处封口，墙裙压边，踢脚线压边，设备的封边装饰边，墙面饰面材料压线，墙面装饰造型线、造型体、装饰隔墙、屏风上的收边收口线和装饰线，以及门窗框和家具台面上的收边线装饰线等。

加了木线条的装饰工程，层次变化及立体感强，装饰效果好，克服了大面积平铺直叙的装饰弊端，尤其是通过木线条颜色的变化来加强层次感。木线条具有表面光滑、加工精细、棱边、棱角、弧面弧线挺直、轮廓分明、耐磨、耐腐性、不易变形、上色性好、粘结性好等特点，因而在室内装饰工程上应用十分广泛。

装饰木线条品种较多。从材质上分有：硬杂木线条、进口杂木线条、白木线条、白圆木线条、水曲柳木线条、红榉木线条、山樟木线条、核桃木线条、柚木线条等。从功能上分有：压边线条、柱角线条、压角线条、墙面线条、墙腰线条、上楣线条、覆盖线条、封边线条、镜框线条等。从外形上分有：半圆线条、直角线条、斜角线条(45°斜角)、指甲线条等。从款式上分有：外凸式、内凹式、凸凹结合式、嵌槽式等。木线条的规格是指最大宽度与最大高度，各种木线条长度通常为2～5m。

第十二节　木装饰板及其制品中有害物质限量

许多木装饰板是用有机胶粘剂热压成型制成，这种成型方式能有效地把多层木片或边角余料粘结成整体，使其具有较高的强度和较大的幅面，满足各种装饰工程的需求。同时，有机胶粘剂中含有甲醛等成分，当这些有害成分达到一定浓度时，对人体健康有害。尤其是当木装饰板中甲醛含量较高，装饰工程完毕后又未打开门窗通风时，对人体健康影响更大。除了用于室内装饰外，木装饰板常用来制作家具，其中甲醛等有害成分达到一定浓度时，也会对人体健康造成危害。为此，国家颁布的从2002年7月1日起强制执行的十项装饰材料标准中，就有对人造板及其制品中甲醛释放限量的木家具中有害物质限量，详见本书附录。

消费者在选用木装饰板和木制家具时，要认真比较，查阅产品的检验报告和说明书。通常现场无检测设备和条件时，可通过看、闻等简单方式，看木制品是否对眼、鼻有强烈刺激，以此初步判断其中甲醛含量高低。此外，采用木制品装饰室内后，再加上还要用油漆涂刷其表面，必须打开门窗通风，以降低室内有害物质浓度。用木装饰板制作的家具，也应经常开启家具的门、抽屉进行通风。

第十章　吊顶装饰材料

建筑物室内顶棚除了用涂料、壁纸或墙布装饰外，更多的则采用吊顶装饰。吊顶装饰是将各种龙骨（木龙骨和金属龙骨）固定在楼板上，然后在龙骨上嵌镶或平贴各种装饰板材，这种由吊顶龙骨和饰面板组成的系统称为吊顶系统。

吊顶装饰材料的选择除满足室内装饰设计的要求外，还要考虑其他功能，如吸声、防火、轻质、保温等等。

常用的吊顶龙骨有木龙骨，也有由冷轧钢板（带）、镀锌薄钢板（带）、彩色喷塑钢板（带）轧制成的轻钢龙骨以及用铝合金板材加工制成的铝合金龙骨。

常用的吊顶装饰板材除第九章介绍的各种木质装饰板及线条外，更多的是采用石膏板系列产品、矿棉板、硅钙板、铝合金板、铝塑板（室内外可采用）、各种吸声板、防火板等。

第一节　石膏板系列装饰材料

石膏（$CaSO_4 \cdot 2H_2O$）是一种储量丰富的矿产资源。我国天然石膏开采量占世界石膏开采量的80%，但绝大多数石膏是供应水泥生产企业作水泥调凝剂，大约只有5%左右的石膏用来生产建筑石膏制品。在发达国家，天然石膏开采后主要用生产建筑石膏制品，其使用量占开采量的80%左右。对于一些天然石膏资源贫乏的国家和地区，则大量利用工业生产的副产品——化学品石膏，如美国、德国、日本等国大量利用磷石膏、氟石膏、排烟脱硫石膏来制造建筑石膏制品，既克服了天然石膏资源不足的问题，又变废为宝，有利于环境保护和可持续发展。

石膏作为一种传统材料，至今仍具有强大的市场和生命力，主要是因为具有如下特点：

（1）无论是利用天然石膏或化学石膏生产建筑石膏，能耗低。生产1t建筑石膏所需要的能耗，仅相当于同样数量水泥的1/3、加气混凝土砌块的1/5、黏土砖的1/3。

（2）由建筑石膏生产建筑石膏制品，生产周期短。一般建筑石膏的初凝时间为5min，终凝时间为20～30min，一周后便完全硬化。

（3）硬化后的石膏制品孔隙率大，导热系数小，保温隔热性能好。尽管高的孔隙率会导致强度下降，但通常石膏制品在建筑上是作非承重材料使用，不会影响其使用功能。近年来生产的一种高强石膏克服了强度低的缺陷，硬化后的抗压强度可达40MPa，甚至更高。

（4）具有良好的吸声功能。当声音传至石膏制品时，声波受到石膏制品中孔隙内空气分子的摩阻作用，使声能转变为热能而被石膏制品所吸收，从而起到吸声的作用。如石膏板对频率在500～1000Hz范围内的声音，能吸收50%以上；当石膏板再采用穿孔等吸声结构时，吸声效果则进一步提高。

（5）具有良好的防火功能。遇到火灾时，石膏制品中的$CaSO_4 \cdot 2H_2O$会释放出结晶水，还要吸收热能将释放出的结晶水变成水蒸气，这样可延缓石膏制品本身的温度升高。同时，由于水蒸气在石膏制品表面形成了一层具有保护作用的水蒸气幕，可有效地阻止火焰蔓延，为人们撤离火灾现场和救火赢得宝贵时间。根据世界各国建筑材料燃烧等级分类法，石膏制品是一种难燃材料，具有良好的防火性能，广泛用于建筑物内隔墙和吊顶。

（6）具有“呼吸”功能。石膏制品用于建筑中，当室内温度较高、湿度较小时，会释放出一部分内部的水分子；而当室内湿度较大时，又会吸收空气中一部分水分，以改善室内气候，故有石膏制品能形成室内小气候之说。

（7）石膏制品本身洁白无瑕，十分美观，使用过程中不会释放出对人体有害的物质，即使发生火灾，所释放出的只是水分子而不是有毒有害的气体，因而是一种绿色装饰材料。

（8）成型容易。可制成各种复杂图案和花纹的制品，质感细腻，是一种经久不衰的室内装饰材料。除作为装饰板材外，还可做成花饰、线条、罗马柱、灯圈、壁炉等装饰品。

（9）可加工性好，安装方便。石膏制品可锯、可钉、可刨，干法作业施工，劳动强度小，施工效率高。

一、纸面石膏板

纸面石膏板通常用于室内隔墙和吊顶等处。纸面石膏板是以建筑石膏为主要原料，掺入纤维、外加剂（发泡剂、缓凝剂等）和适量轻质填料，加水拌和成料浆，浇注在进行中的纸面上，成型后再覆以上层面纸。料浆经过凝固形成芯板，经切断、烘干，使芯板与护面纸牢固地粘结在一起。

纸面石膏板具有轻质、保温隔热性能好、防火性能好、可锯、可钉、可刨、安装方便等特点。

1. 产品分类

纸面石膏板按性能分为普通纸面石膏板（代号 P）、高级普通纸面石膏板（代号 GP）、耐水纸面石膏板（代号 S）、高级耐水纸面石膏板（代号 GS）、耐火纸面石膏板（代号 H）、高级耐火纸面石膏板（代号 GH）、高级耐水耐火纸面石膏板（代号 GSH）、普通装饰纸面石膏板（代号 ZP）和防潮装饰纸面石膏板（代号 ZF）九类。普通纸面石膏板是以重磅纸为护面纸；耐水纸面石膏板采用耐水的护面纸，并在建筑石膏料浆中掺入了适量耐水外加剂制成耐水芯板；耐火纸面石膏板的芯板是在建筑石膏料浆中掺入适量耐火纤维材料后制作而成。耐火纸面石膏板的主要技术要求是在高温明火下燃烧时，能在一定时间内保持不断裂。国家标准 GB/T 9775 规定：耐火纸面石膏板遇火稳定时间应不小于 20min。

普通、耐水、耐火三类纸面石膏板，按棱边形状均有矩形（代号 J）、45°倒角形（代号 D）、楔形（代号 C）和圆形（代号 Y）四种，也可根据用户要求生产其他棱边形状的板。图 10-1 为普通纸面石膏板的四种棱边形状。

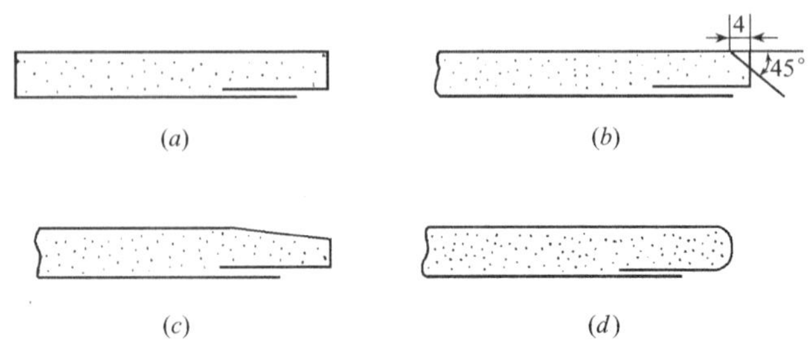

图 10-1　纸面石膏板棱边形状

（a）矩形棱边（代号 J）；（b）45°倒角棱边（代号 D）
（c）楔形棱边（代号 C）；（d）圆形棱边（代号 Y）

2. 规格尺寸

纸面石膏板的长度为1800mm、2100mm、2400mm、2700mm、3000mm、3300mm和3600mm;宽度为900mm和1200mm;厚度为9.5mm、12mm、15mm、18mm、21mm、和25mm。也可根据用户要求生产其他规格的板材。

3. 产品标记

产品标记顺序为:产品名称、代号、长度、宽度、厚度及标准号。

如:长度3000mm、宽度1200mm、厚度12mm带楔形棱边的普通纸面石膏板,标记为:

纸面石膏板 PC3000×1200×12　BG/T 9775—1999。

4. 技术要求

(1)纸面石膏板表面应平整,不得有影响使用的破损、波纹、沟槽、污痕、过烧、亏料、边部漏料和纸面脱开等缺陷。

(2)纸面石膏板的尺寸偏差应不大于表10-1的规定。

尺寸偏差 (mm)　　表10-1

项目	长度	宽度	厚度	
尺寸偏差	0	0	9.5	≥12
	-6	-5	±0.5	±0.6

(3)板材应切成矩形,两对角线长度差应不大于5mm。

(4)楔形棱边宽度为30~80mm,楔形棱边深度为0.6~1.9mm。

(5)板材的纵向断裂荷载值和横向断裂荷载值应不低于表10-2的规定,单位面积质量应不大于表10-2的规定。

断裂荷载及单位面积质量　　表10-2

板材厚度 (mm)	单位面积质量 (kg/m^2)	断裂荷载 (N)	
		纵向	横向
9.5	9.5	360	140
12.0	12.0	500	180
15.0	15.0	650	220
18.0	18.0	800	270
21.0	21.0	950	320
25.0	25.0	1100	370

(6)护面纸与石膏芯板的粘结良好。按规定方法测定时,石膏芯板应不裸露。

(7)对于耐水纸面石膏而言,其吸水率应不大于10%,其表面吸水量应不大于160g/m^2。

(8)遇火稳定性对耐火纸面石膏板而言,板材遇火稳定时间应不小于20min。

二、石膏纤维板

石膏纤维板(又称GF板或无纸石膏板)是一种以建筑石膏粉为主要原料,以各种纤维(主要是纸纤维)为增强材料的一种新型建筑石膏板材。有时在其中心层加入矿棉、膨胀珍珠岩等保温隔热材料,可加工成三层或多层板。

石膏纤维板是继纸面石膏板之后开发出的新型石膏制品,其综合性能十分优越。除具有纸面石膏板的优点外,还具有很高的抗冲击性能力,内部粘结牢固,抗压痕能力强，在防火、防潮等方面具有更好的性能，其保温隔热性能也优于纸面石膏板。由于外表省去了护面纸，其应用范围比纸面石膏板还有所扩大，产品成本等于或略高于纸面石膏板，但投资的内部回收率却大于纸面石膏板。

生产石膏纤维板的石膏原料，与纸面石膏板相同。作为增强用的纤维主要是废旧报纸、杂志加工而成。膨胀珍珠岩、氧化钙、适宜的天然淀粉等材料可作填充材料。密封剂为任何能使表面减少水分吸收而不发生化学反应的材料。

石膏纤维板的规格尺寸有三类：其中大幅尺寸供房屋预制厂用，如2500mm×(6000～7500mm)；标准尺寸供一般建筑用，如1250mm(或1200mm)；小幅尺寸供销售市场及特殊用途，如1000mm×1500mm。同时还能按用户要求生产其他规格尺寸。

石膏纤维板厚度为6～25mm。

石膏纤维板从板型上分为均质板、三层标准板、轻板及结构板、覆层板及特殊要求的板等。从应用方面来看，可作干墙板、墙衬、隔墙板、瓦片及砖的背板、预制板外包覆层、顶棚板、地板、防火及立柱、护墙板等。石膏纤维板可如木质板一样机加工，制成各种饰面板、叠层板等用于室内墙壁、顶棚、家具等。板面可制成光洁平滑或经机械加工成各种图案形状，或印刷成各种花纹，或压制成凹凸不平的花纹图案，增强板材料装饰效果。如板面为平面，可施以各类墙纸、墙布、涂料进行装饰。

一般纸面石膏板的施工安装方法也适用于石膏纤维板。如果将石膏纤维板与硅钙板、GRC板、泰柏板相比较，其无污染、可调节室内湿度、易于二次装修等性能也特别明显。

表10-3为湖北三环墙体材料有限公司生产的石膏纤维板与纸面石膏板、增强硅钙板性能比较。由于石膏纤维板目前尚无国家标准和行业标准，生产企业暂套用德国工业标准DIN执行。表10-4为石膏纤维与其他板材性能比较。

三种轻质板材产品性能对比　　**表10-3**

性　能　指　标	石膏纤维板	纸面石膏板	增强硅钙板
抗折强度(MPa)	6.0～8.0	4.0～5.0	—
抗压强度(MPa)	22～28	—	—
含水率(%)	0.3	2	10
单位面积质量(kg/m^2)	11.5～12.0	9～12	9～12
断裂荷载(N)	518	纵向353，横向176	570
吸水率(%)	3.1	防水板5～10	—
受潮挠度(mm)	5.3～7.9	防水板48～56	—
螺钉拔出力(N/mm)	75.1～86.1	—	80
表面吸水量(g)	2.5	2.0	—
耐火性能(级别)	不燃	难燃	不燃
耐火极限(min)	85	45	54
导热系数[W/(m·K)]	0.35	0.194～0.209	0.24
隔声(dB)	52	45	48
伸缩性(%)	0.07	—	0.1
可加工性	可锯、可刨、可粘	可锯、可刨、可粘	可锯、可刨、可粘
环 保 性	好	好	含石棉

石膏纤维板与其他板材性能比较　　　　表 10-4

产品性能	某公司生产的纤维石膏板		一般均质纤维石膏板	一般纸面石膏板	木质板	矿棉板	轻质纤维石膏板
	3 层标准板	均质板					
尺寸厚度	范围广	范围有限	范围有限	范围有限	大范围	小范围	范围有限
厚度公差	小	小	砂磨后小	中等	砂磨后小	大	小
密　度	中	高	高	中	低—中	很低	低
弯曲强度	中	中—高	中	中	高	很低	低—中
强度差异(横向/纵向)	低	低	高	很高(1:3)	低/高	低	低
弹性变形	最佳	最佳至刚性	最佳至刚性	中	弹性	中	中
抗冲击	12 次	高出约 30%	高出约 30%	2 次	更高	不要求	不要求
装卸搬运	中等	容易损坏	容易损坏	中等	好	好	好
板边部抗夹紧固定能力	标准尺寸					小尺寸	
	100%	125%	125%	50%	高	不可能	50%
	板边不崩坏	板边有可能损坏		可能纸板损坏	—	—	—
圆钉螺钉夹持荷载下抗剪能力	100% 不要求 榫结合	100% 不要求 榫结合	100% 不要求 榫结合	50% 不要求 榫结合	高 —	不可能 —	30% —
内部粘结	可以叠层	可以叠层	可以叠层	有限制	可以	不要求	不要求
抗压痕能力	中	中	中	低	中	不要求	不要求
抗压强度	高	高	高	低	高	不要求	不要求
湿润挠度	低	低—中	低—中	很高	高	中	低
线性变化	低	低—中	低—中	低	很高膨胀及收缩	中	低
抗水性	高(已密封)	高(已密封)	高(已密封)	特殊板高	低	非常低(浸水)	高(已密封)
浸　水	不分层、不脱层	不分层、不脱层	不分层、不脱层	可能分层	翘曲变形	翘曲变形	不分层
保　温	100%	30%	30%	70%	—	很高	高
不可燃性	不可燃	不可燃	不可燃	特殊板	可燃	不可燃	不可燃
防火等级	高	高	高	较高	低	高	高
隔　声	好	好	好	好	—	很好	好

除纸纤维外，还有一些纤维材料可用来制造石膏纤维板，同样能起到增强石膏板物理力学性能的作用，主要有石膏玻璃纤维板、石膏矿棉板和石膏植物纤维板等。

石膏玻璃纤维板是以建筑石膏为主要基料材，掺入中、低碱玻璃纤维，纤维质量为 40～80g/1000m，纤维直径 18μm，与水按比例拌和，再配以短切玻璃纤维，经过振动成型、凝结硬化、定长切割、干燥、堆垛等工序制成。其中玻璃纤维可用刨花、纸纤维代替。

石膏玻璃纤维板具有良好的防火性能，按建筑材料燃烧性能分级方法为不燃性材料。此外，由于使用玻璃纤维作增强材料，具有较好的力学性能，其抗折强度在 6MPa 以上。据报道，8mm 厚的石膏玻璃纤维板与 10mm 厚的纸面石膏板抗折强度相当。正因为如此，石膏玻璃纤维板在运输或施工搬运过程中不易断裂破坏。这种板还具有较好的耐拔钉性能，约为纸面石膏板的 3～5 倍。在施工时上钉、开榫、开槽沟等均不易开裂。

由于石膏玻璃纤维板属于无纸石膏板，不受纸板规格尺寸的限制，产品规格尺寸可灵活多样，板宽可达2500mm。使用时，减少了墙面或吊顶的拼接缝，便于安装施工。还可根据设计需要任意切裁成各种规格的板材。板厚通常可为8～25mm，也可加工成更薄或更厚一些。

石膏植物纤维板中的植物纤维源于农作物的稻草、秸秆、甘蔗及木、竹等。石膏植物纤维板具有质量轻、强度高、可加工性好，经特殊处理后防火防潮等性能优良。属于这类制品的有石膏刨花板、石膏稻草碎料板、石膏麦秸碎料板、石膏甘蔗渣碎料板、石膏竹材碎料板等。广泛用于室内隔墙和吊顶装修。

几种石膏植物纤维板的物理力学性能见表10-5，与实心黏土砖的质量比例见表10-6。

石膏植物纤维板的物理力学性能　　表10-5

板材类型	密度(g/cm^3)	含水率(%)	静曲强度(MPa)	平面抗拉强度(MPa)	弹性模量(MPa)	吸水厚度膨胀(%)	垂直握钉力(N)
石膏刨花板	1.25	1.2	8.7	0.52	2.3×10^3	1.4	1060
石膏麦秸碎料板	1.20	9±4	5.5	0.22	2.73×10^3		
石膏甘蔗渣碎料板	1.20	9±4	6.7	0.61	3.44×10^3		
石膏稻草碎料板	1.25	9±4	3.7	0.21	1.74×10^3		
石膏竹材碎料板	1.20	9±4	4.4	0.61			

石膏植物纤维板与实心黏土砖质量比例　　表10-6

材料名称	规格尺寸(mm)	相对质量比例
实心黏土砖	2400×115×53	1.00
石膏刨花板	3200×1250×(9～25)	0.67
石膏甘蔗渣碎料板	3200×1250×(9～25)	0.67
石膏麦秸碎料板	3200×1250×(9～25)	0.67
纸面石膏板	(2400～4000)×(900～1200)×(9～15)	0.50
石膏纤维板	3000×1000×(6～12)	0.61

三、其他石膏类装饰产品

(一)装饰石膏板

装饰石膏板是以建筑石膏为主要原料，掺入适量纤维增强材料和外加剂，与水一同搅拌成均匀的料浆，经浇注成型、干燥后制成的一种装饰薄板。装饰石膏板包括平板、孔板、浮雕板、防潮板(包括防潮平板、孔板、浮雕板)等品种。其中，平板、孔板和浮雕板是根据板面形状命名的。孔板除具有较好的装饰效果外，还具有一定的吸声性能，当孔为穿孔时吸声效果更为明显。防潮板有时也称为防水板，这主要是根据石膏板在特殊场合的使用功能命名的。由于石膏制品通常是不防水的，即使作了防水处理，其使用范围也只局限于空气相对湿度较高的场所。因此，对于内掺或外涂防水剂的装饰石膏板，称为防潮板比称为防水板更加确切一些。

装饰石膏板主要用于建筑物室内墙面和吊顶装饰。图10-2(文前彩图)为各种装饰石膏板。

1. 分类和规格尺寸

根据板材正面形状和防潮性能的不同，其分类代号见表10-7。

装饰石膏板的代号及分类　　表10-7

分类	普通板			防潮板		
	平板	孔板	浮雕板	平板	孔板	浮雕板
代号	P	K	D	FP	FK	FD

装饰石膏板的规格尺寸有：500mm×500mm×9mm；600mm×600mm×11mm，形状为正方形，其棱边断面形式有直角和倒角型两种。产品标记顺序为：产品名称、板材分类代号、板的边长及标准号。例如，板材规格为500mm×500mm×9mm的防潮孔板，其标记为：装饰石膏板 FK500GB 9777。

2. 技术要求

(1)外观质量：装饰石膏板正面不应有影响装饰效果的气孔、污痕、裂纹、缺角、色彩不均匀和图案不完整等缺陷。

(2)尺寸允许偏差、不平度和直角偏离度应不大于表10-8的规定。

板材尺寸允许偏差(mm)　　表10-8

项目	优等品	一等品	合格品
边长	0 -2	+1 -2	
厚度	±0.5	±1.0	
不平度	1.0	2.0	3.0
直角偏离度	1.0	2.0	3.0

(3)板材单位面积质量应不大于表10-9的规定。

单位面积质量(kg/m^2)　　表10-9

板材代号	厚度 (mm)	优等品		一等品		合格品	
		平均值	最大值	平均值	最大值	平均值	最大值
P、K	9	8.0	9.0	10.0	11.0	12.0	13.0
FP、FK	11	10.0	11.0	12.0	13.0	14.0	15.0
D、FD	9	11.0	12.0	13.0	14.0	15.0	16.0

(4)板材与水的性能：板材的含水率、防潮板的吸水率及受潮程度应不大于表10-10的规定。

板材与水的性能　　表10-10

项目	优等品		一等品		合格品	
	平均值	最大值	平均值	最大值	平均值	最大值
含水率(%)	2.0	2.5	2.5	3.0	3.0	3.5
防潮板吸水率(%)	5.0	6.0	8.0	9.0	10.0	11.0
受潮挠度(mm)	5.0	7.0	10.0	12.0	15.0	17.0

（5）板材的断裂荷载应符合表10-11的要求。

板材的断裂荷载（N）　　表10-11

板材代号	优等品		一等品		合格品	
	平均值	最大值	平均值	最大值	平均值	最大值
P、K、FP、FK	176	159	147	132	118	106
D、FD	186	168	167	150	147	132

（二）嵌装式装饰石膏板

嵌装式装饰石膏板板材背面四边加厚，并带有嵌装企口。板材正面可以为平面、带孔或带浮雕图案。

产品分为普通嵌装式装饰石膏板（代号为QP）和吸声用嵌装式装饰石膏板（代号为QS）两种。

嵌装式装饰石膏板适用于宾馆、酒店、写字楼、会议大厅、影剧院、商场等公共建筑的吊顶装饰。

1. 产品分类

（1）形状嵌装式装饰石膏板为正方形，其棱边断面形式有直角形和倒角形。

（2）规格尺寸主要规格尺寸有600mm×600mm，边厚不小于28mm；500mm×500mm，边厚不小于25mm。也可根据用户要求生产其他规格的板材。

（3）产品标记顺序为：产品名称、代号、边长和标准号。例如，边长为600mm×600mm的普通嵌装式装饰石膏板，则标记为：嵌装式装饰石膏板 QP600JC/T 800—2007。

2. 技术要求

（1）外观质量：嵌装式装饰石膏板正面不得有影响装饰效果的气孔、污痕、裂纹、缺角、色彩不均和图案不完整等缺陷。

（2）尺寸允许偏差、不平度与直角偏离度：板材边长（L）、铺设高度（H——指板材边部正面与龙骨安装面之间的垂直距离）和厚度（S）（图10-3）的允许偏差、不平度和直角偏离度应符合表10-12的规定。

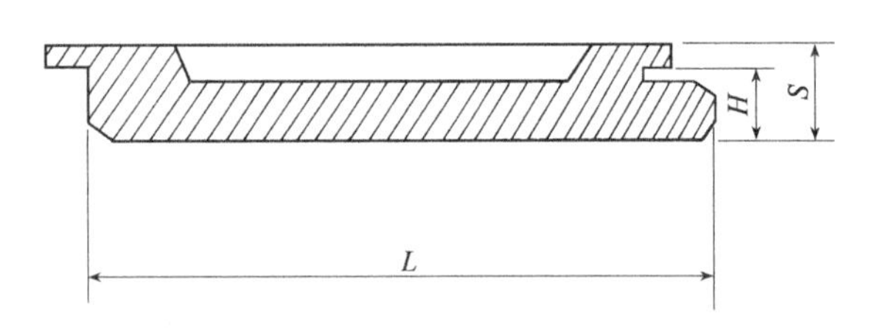

图10-3　产品构造示意图

尺寸允许偏差、不平度与直角偏离度（mm）　　表10-12

项目		技术要求
边长 L（mm）		±1.0
铺设高度 H（mm）		±1.0
边厚 S（mm）	L＝500mm	≥25
	L＝600mm	≥28
不平度（mm）		≤1.0
直角偏离度 δ（mm）		≤1.0

(3)单位面积质量:板材的单位面积质量平均值应不大于 16.0kg/m²,单块最大值应不大于 18.0kg/m²。

(4)含水率和断裂荷载应符合表 10-13 的规定。

含水率和断裂荷载　　表 10-13

项　　目	等　　级	技 术 要 求
断裂荷载(N)	平均值	≥157
	最小值	≥127
含水率(%)	平均值	≤3.0
	最大值	≤4.0

(5)对吸声板的附加要求:嵌装式吸声石膏板必须具有一定的吸声性能,125Hz、250Hz、500Hz、1000Hz、2000Hz 和 4000Hz 六个频率混响室法平均吸声系数 $\alpha_s \geq 0.3$。对于每种吸声石膏板产品必须附有贴实和采用不同构造安装的吸声频谱曲线。

穿孔率、孔洞形式和吸声材料种类由生产厂自定。

(三)吸声用穿孔石膏板

吸声用穿孔石膏板是以装饰石膏板或纸面石膏板为基础材料,由穿孔石膏板、背覆材料、吸声材料及板后空气层等组合而成的石膏板材。主要用于室内吊顶和墙体的吸声结构中。在潮湿环境中使用或对耐火性能有较高要求时,则应采用相应的防潮、耐水或耐火基板。图 10-4(文前彩图)为吸声用穿孔石膏板。

吸声用穿孔石膏板具有轻质、防火、隔声、隔热、抗震性能好,可用于调节室内湿度等特点,并有施工简便、效率高、劳动强度小,干法作业及加工性能好等特点。

1. 产品分类、规格与代号

(1)棱边形状有直角型和倒角型两种。

(2)规格尺寸边长为 500mm×500mm;600mm×600mm;厚度为 9mm 和 12mm。

(3)孔径、孔距与穿孔率见表 10-14。

孔径、孔距与穿孔率　　表 10-14

孔　径 (mm)	孔　距 (mm)	穿　孔　率　(%)	
		孔眼呈正方形排列	孔眼呈三角形排列
φ6	18 22 24	8.7 5.8 4.9	10.1 6.7 5.7
φ8	22 24	10.4 8.7	12.0 10.1
φ10	24	13.6	15.7

注:其他规格的板材可由供需双方商定,但其质量应符合《吸声用穿孔石膏板》(GB 11980—89)的要求。

(4)基板与背覆材料根据板材的基板不同和有无背覆材料,其分类及代号见表 10-15。

基板与背覆材料　　表 10-15

基 板 与 代 号	背覆材料代号	板材代号
装饰石膏板 K	W(无);Y(有)	WK;YK
纸面石膏板 C		WC;YC

(5)产品标记顺序为:产品名称、背覆材料、基材类型、边长、厚度、孔径与孔距及产品标准号。例如,吸声用穿孔石膏板,带背覆材料,边长 600mm×600mm,厚度 12mm,孔径 6mm,孔距 18mm,标记为:

吸声用穿孔石膏板 YC600×12—ϕ6—18　JC/T 803—2007。

2. 技术性能指标

(1)外观质量不应有影响使用和装饰效果的缺陷。对以纸面石膏板为基板的板材不应有破损、划伤、污痕、凹凸、纸面剥落等缺陷;对以装饰石膏为基材的板材不应有裂纹、污痕、气孔、缺角、色彩不均匀等缺陷。

穿孔应垂直于板面。棱边形状为直角形的板材,侧面应与板面成直角。

(2)尺寸允许偏差应不大于表 10-16 的规定。

(3)板材的含水率应不大于表 10-17 的规定。

(4)断裂荷载应不小于表 10-18 的规定。

(5)护面纸与石膏芯的粘结以纸面石膏板为基板的板材,护面纸与石膏芯的粘结按规定的方法测定时,不允许石膏芯裸露。

尺寸允许偏差(mm)　　表 10-16

项　　目	技术指标	项　　目	技术指标
边　　长	+1 -2	直角偏离度	≤1.2
厚　　度	±1.0	孔　　径	±0.6
不 平 度	≤2.0	孔　　距	±0.6

含水率(%)　　表 10-17

平 均 值	最 大 值
2.5	3.0

断裂荷载(N)　　表 10-18

孔径—孔距(mm)	厚　度(mm)	技　术　指　标	
		平均值	最小值
ϕ6—18 ϕ6—22 ϕ6—24	9	130	117
	12	150	135
ϕ8—22 ϕ8—24	9	90	81
	12	100	90
ϕ10—24	9	80	72
	12	90	81

(四)纸面装饰石膏板

纸面装饰石膏板是以纸面石膏板为基板,经加工使其表面有圆孔、长孔、毛毛虫等花纹图案的装饰石膏板。也可采用丝网印刷技术在纸面石膏板表面制成具有各种花色图案，或在纸面石膏板表面喷涂各种花色图案或粘贴装饰壁纸、贴墙布等。

纸面装饰石膏板具有轻质、可调节室内温度的特点，其用途与装饰石膏板相同。

纸面装饰石膏板品种、规格和性能见表 10-19。

纸面装饰石膏板的品种、规格与性能　　　　表 10-19

<table>
<tr><th rowspan="2">名　称</th><th rowspan="2">品　　种</th><th rowspan="2">规 格（mm）</th><th colspan="2">技　术　性　能</th><th rowspan="2">生产单位</th></tr>
<tr><th>项　　目</th><th>指　　标</th></tr>
<tr><td rowspan="9">纸面石膏装饰吸声板（龙牌）</td><td rowspan="2">圆孔型纸面石膏装饰吸声板</td><td rowspan="2">600×600×9、12
孔径:6
孔距:18
开孔率:8.7%
表面可喷涂或油漆各种花色</td><td>单位面积重量
（kg/cm^2）</td><td>板厚 9,12,25
<9.0，<12.0，<25.0</td><td rowspan="9">北京新型建筑材料（集团）公司</td></tr>
<tr><td>挠度（mm）
支座间距 40d
（d 为板厚）</td><td>板厚 ⊥纤维 ∥纤维
9 — —
12 ≤0.8 ≤1.0
25 — —</td></tr>
<tr><td rowspan="2">圆孔型纸面石膏装饰吸声板</td><td rowspan="2">600×600×9、12
孔径:6
孔距离:18
开孔率:8.7%
表面可喷涂或油漆各种花色</td><td>断裂强度（N）
支座间距 40d
（d 为板厚）</td><td>板厚 ⊥纤维 ∥纤维
9 ≥400 ≥150
12 ≥600 ≥180
25 ≥500 ≥180</td></tr>
<tr><td>耐火极限
（min）</td><td>纸面石膏板 5～10
防火纸面石膏板 >20</td></tr>
<tr><td rowspan="3">长孔型纸面石膏装饰吸声板</td><td rowspan="3">600×600×9、12
孔长:70
孔宽:2
孔距:13
开孔率:55%</td><td>燃烧性能</td><td>A_2 级不燃</td></tr>
<tr><td>含水率（%）</td><td><2</td></tr>
<tr><td>导热系数
[W/(m·K)]</td><td>0.190～0.209</td></tr>
<tr><td>一般纸面顶棚</td><td>900×450×9、12</td><td>隔声性能（dB）</td><td>板厚 隔声指数
9 26
12 28</td></tr>
<tr><td>防火纸面顶棚</td><td>900×450×9、12</td><td>钉入强度（MPa）</td><td>板厚 强度
9 1.0
12 2.0</td></tr>
<tr><td>纸面石膏装饰吸声板</td><td>1. 普通纸面石膏装饰板
2. 普通钻孔纸面石膏装饰吸声板
3. 塑料壁纸石膏装饰板
4. 塑料壁纸钻孔石膏吸声板
5. 涂料饰面钻孔石膏吸声板</td><td>400×400×10
500×500×10
600×800×10
900×900×10
600×1500×10
900×1500×10</td><td>抗弯强度
（MPa）
挠　度
（mm）
吸声系数
（%）
钻孔板的孔隙率
（%）
密度（kg/m^3）</td><td>纵向 50
横向 70
垂直 0.8
平衡 1.0
26～28

5～10

700～900</td><td>沈阳新型建筑材料总厂</td></tr>
</table>

（五）高强石膏装饰板

高强石膏装饰板又称机压高强石膏装饰板，它是以建筑石膏为主要原料，采用先进的工艺和科学的配方在特定的压力下强行挤压成高强度、高密度的石膏饰板。这种板的表面涂层经电子辐射固化处理后，与普通石膏板相比，机械强度提高 3 倍，表面耐磨性增加百倍以上，具有高强、轻质、保温、隔声、隔热、防水、防火、防尘、无毒等特点。适用于各种建筑室内吊顶和墙面装饰。有各种图案、色彩、平板、仿大理石板、印花板、压花板、浅浮雕板、深浮雕板等。产品规格和性能见表 10-20。

机压高强装饰石膏板的品种、规格和性能　　表 10-20

<table>
<tr><th colspan="2" rowspan="2">品　　种</th><th rowspan="2">规格(mm)</th><th colspan="2">技 术 性 能</th><th rowspan="2">生产单位</th></tr>
<tr><th>项　　目</th><th>指　　标</th></tr>
<tr><td rowspan="5">机压普通石膏装饰板</td><td>平　　板</td><td>500×500×6
600×600×6</td><td rowspan="10">硬　　度
抗压强度(N/mm²)
吸水性(浸水24h)(%)
耐水性(浸水24h)
防火极限(230℃)
断裂荷载(N)</td><td rowspan="10">0.45
54
17
表面无变化
无明火及蔓延
255</td><td rowspan="12">中外合资四川华塔建材有限公司(眉山市)</td></tr>
<tr><td>半穿孔板</td><td>500×500×6
600×600×6</td></tr>
<tr><td>浮雕板</td><td>500×500×7
600×600×7</td></tr>
<tr><td>组合花纹板</td><td>500×500×7
600×600×7</td></tr>
<tr><td>阴角线</td><td>60×60
100×100</td></tr>
<tr><td rowspan="5">机压防水石膏装饰板</td><td>平　　板</td><td>500×500×7
600×600×8</td></tr>
<tr><td>半穿孔板</td><td>500×500×7
600×600×8</td></tr>
<tr><td>浮雕板</td><td>500×500×7
600×600×8</td></tr>
<tr><td>全穿孔板</td><td>500×500×7
600×600×8</td></tr>
<tr><td>阴角线</td><td>60×60
100×100</td></tr>
<tr><td rowspan="2">仿瓷釉机压石膏装饰板</td><td>平　　板</td><td>500×500×7
600×600×8</td><td rowspan="2">涂膜外观
光泽度
硬　　度
抗压强度 N/mm²
抗弯强度 N/mm²
附着力(划格法)
吸水率(浸水24h)(%)
耐热性(85℃5h)
耐水性(浸水24h)
防火极限(230℃)</td><td rowspan="2">平整,光滑
94.3
0.56
54
3.58
不脱落
23
表面无变化
表面无变化
无明火及蔓延</td></tr>
<tr><td>半穿孔板
浮雕板
全穿孔板
阴角线</td><td>500×500×7
600×600×8
500×500×7
600×600×8
500×500×7
600×600×8
60×60
100×100</td></tr>
<tr><td rowspan="5">大型机压石膏装饰板</td><td>防水型平板</td><td>500×1000×10
600×1200×10</td><td rowspan="7"></td><td rowspan="7"></td><td rowspan="7">中外合资四川华塔建材有限公司(眉山市)</td></tr>
<tr><td>防水半穿孔板</td><td>500×1000×10
600×1200×10</td></tr>
<tr><td>防水浮雕板</td><td>500×1000×10
600×1200×10</td></tr>
<tr><td>仿瓷平板</td><td>500×1000×10
600×1200×10</td></tr>
<tr><td>仿瓷半穿孔板</td><td>500×1000×10
600×1200×10</td></tr>
<tr><td rowspan="2">机压工艺板</td><td>仿瓷浮雕板</td><td>500×1000×10
600×1200×10</td></tr>
<tr><td>工艺版画画为彩色摄影风景山水画</td><td>500×500×7
600×600×8
500×1000×10
600×1200×10
1000×1500×15</td></tr>
</table>

(六)装饰石膏板吊顶配套装饰件

无论是用纸面石膏板、石膏纤维板、装饰石膏板,还是用其他品种的石膏装饰做室内吊顶,均可采用配套装饰件。配套装饰件的品种很多,有石膏装饰线条、灯圈浮雕图饰、圆柱、方柱、角花等，并可按用户要求加工成专门产品。配套装饰件是选用优质石膏为主要原料，以玻璃纤维为增强材料，加入胶粘剂或其他添加剂，精心浇注制作而成。

图 10-5 为各种石膏配套装饰件示意图。

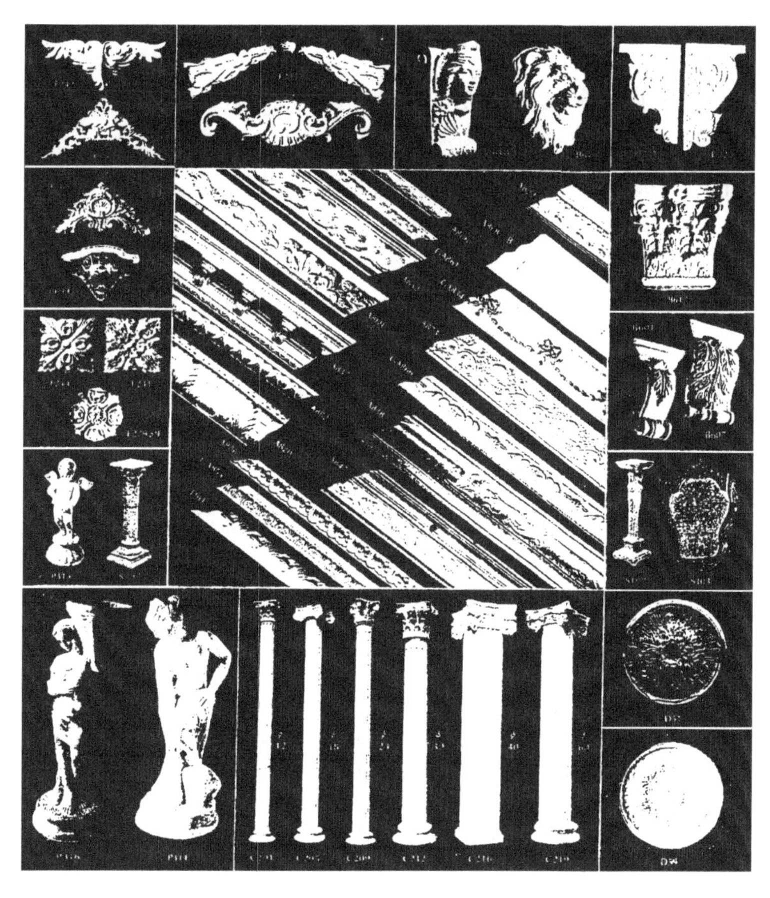

图 10-5　各种石膏配套装饰件

(七)应用技术要点

1. 安装施工

石膏装饰板的安装可根据各地的材料情况采用螺钉、平放、粘贴及暗式系列企口咬接等安装方法。

(1)螺钉、平放安装法　当采用 T 型轻钢龙骨或 T 型铝合金龙骨时，可将石膏装饰板放入由 T 型龙骨组成的各框格中，即完成了吊顶施工。当采用 U 形轻钢龙骨时，装饰石膏板可用镀锌自攻螺钉与 U 形中小龙骨固定，钉眼用石膏腻子找平，再用与板面相同的色浆修补。当采用木龙骨时，装饰石膏板可用镀锌圆钉或螺钉与木龙骨钉牢，钉眼用石膏腻子找平，再用与板面颜色相同的色浆修补。木龙骨底宽要求不小于 60mm，厚不小于 40mm，安装的螺钉宜用 20～25mm 的木螺钉。也可采用铝压条或托花修饰。

(2)粘贴安装法　在混凝土、石灰砂浆和砖石墙平整的条件下，可采用胶粘剂将装饰石膏板直接粘贴在木基层或砖墙、混凝土、砂浆等基层上。

(3)暗式系列企口咬接安装　当采用 T16-40 轻钢暗式系列龙骨安装装饰石膏板时，要注意龙骨与带企口的装饰石膏板配套。安装板材时，注意企口的互相咬接及图案的拼接。

2. 安装机具

安装龙骨时，如龙骨吊钩未作预埋，则吊钩可用射钉枪进行安装（每颗射钉可承受4kN的拉力）。安装石膏板可采用手电钻在龙骨上钻眼，然后用电动螺丝刀将装饰板用螺钉拧紧的龙骨上。

3. 注意事项

（1）装饰石膏板在运输、安装时要轻拿轻放，注意洁净。如石膏板被污染，安装后要求涂刷一次白色或其他要求色调的涂料。

（2）为防止石膏板的结构移位，安装时，板与板之间要留出一定的空隙。

（3）装饰石膏板应贴放于通风干燥的室内，防止受潮变色变形。

第二节　其他吊顶装饰材料

一、矿棉装饰吸声板

矿棉装饰吸声板又名矿棉装饰板、矿棉吸声板、矿棉板，是以矿渣棉为主要原料，加入适量粘合剂，经加压、烘干、饰面等工艺加工而成。具有轻质、吸声、防火、保温、隔热、装饰效果好等优异性能，适用于宾馆、会议大厅、写字楼、机场候机大厅、剧院、电影放映室等公共建筑吊顶装饰。图10-6（文前彩图）为矿棉装饰吸声板装饰实例。

（一）矿棉装饰吸声板的技术性能

1. 品种与规格

矿棉装饰吸声板品种通常有滚花、浮雕、立体、印刷、贴面等，规格有长方形和正方形。品种和规格尺寸分别见表10-21、表10-22。

矿棉吸声板品种分类与代号（JC 670—1997）　　表10-21

分类	普通板					防潮板				
	滚花	印刷	立体	浮雕	贴面	滚花	印刷	立体	浮雕	贴面
代号	GH	YS	LT	FD	TM	FGH	FYS	FLT	FFD	FTM

注：防潮板指可在相对湿度为90%的环境中使用的矿棉吸声板。

矿棉吸声板规格尺寸（mm）　　表10-22

长度	宽度	厚度
500，1000	500	9 12 15 18
600，1200	300，600	
1800	375	

2. 产品标记

标记顺序为：产品名称、分类代号、规格尺寸、本标准号、企业产品自编号也可列于其后。

例如，长度为500mm，宽度为500mm，厚度为15mm的普通型滚花矿渣棉装饰吸声板，可标记为：

矿渣棉装饰吸声板　GH500×500×150　JC670企业自编号。

3. 外观质量要求

矿棉吸声板的正面不应有影响装饰效果的污痕、色彩不匀、图案不完整等缺陷。产品不得有裂纹、碎片、翘曲、扭曲，不得有妨碍使用及装饰效果的缺棱缺角。

4. 尺寸允许偏差

矿棉吸声板的尺寸允许偏差见表10-23。

尺寸允许偏差(mm)　　　　表10-23

<table>
<tr><th rowspan="2">加工级别
项　目</th><th colspan="3">允　许　偏　差</th></tr>
<tr><th>精　密</th><th>一　般</th><th>半　精　密</th></tr>
<tr><td>长　度</td><td rowspan="2">±0.5</td><td rowspan="2">±2.0</td><td>±2.0</td></tr>
<tr><td>宽　度</td><td>±0.5</td></tr>
<tr><td>厚　度</td><td>±0.5</td><td colspan="2">±1.0</td></tr>
<tr><td>直角偏离度</td><td>1/1000</td><td colspan="2">5/1000</td></tr>
</table>

5. 体积密度

矿棉吸声板的体积密度应不大于500kg/m^3。

6. 含水率

矿棉吸声板的含水率应不大于3%。

7. 弯曲破坏荷载

矿棉吸声板的弯曲破坏荷载应符合表10-24的规定。

弯曲破坏荷载　　　　表10-24

厚　度　(mm)	弯曲破坏荷载(N)
9	≥40
12	≥60
15	≥90
18	≥130

8. 燃烧性能

矿棉吸声板的燃烧性能,按照GB 8625规定的方法测定,应达到B_1级;按GB 2406测定的产品,氧指数应大于50。除非另有规定,GB 8625为仲裁试验方法。要求燃烧性能达到A级的产品,由供需双方商定。

9. 降噪系数

矿棉吸声板的降噪系数应符合表10-25的规定。并根据频率分别为125、250、500、1000、2000、4000Hz时的吸声系数给出频率特性曲线,并注明试验方法。除非另有规定,混响室法为仲裁试验方法。

降　噪　系　数　　　　表10-25

<table>
<tr><th rowspan="2">类　别</th><th colspan="2">降　噪　系　数</th></tr>
<tr><th>混响室法(刚性壁)</th><th>驻波管法(后空腔50mm)</th></tr>
<tr><td>滚　花</td><td>≥0.45</td><td>≥0.25</td></tr>
<tr><td>其　余</td><td>≥0.30</td><td>≥0.15</td></tr>
</table>

降噪系数是在250、500、1000、2000Hz时测得的吸声系数的平均值,计算至小数点后两位,末位数取0或5。吸声系数是在给定的频率和条件下,吸收及透射的声能通量之比。

10. 受潮挠度

矿棉吸声板的受潮挠度应不大于3.5mm。

一些生产厂家的矿棉吸声板规格与性能见表10-26、表10-27。

北京市建材制品总厂"星牌"矿棉吸声板规格、品种与编号　　表 10-26

编　号	品　种	图　案	规　格　(mm)	开槽形式	吊　顶	m^2/箱	块/箱	kg/箱
GH-1	滚花	毛毛虫	600×300×9	不开槽	复合平贴	5.4	30	24
GH-2	滚花	毛毛虫	600×300×12	不开槽	复合平贴	3.96	22	23
GH-5	滚花	毛毛虫	600×300×15	中开槽	暗龙骨	3.24	18	24
GH-9	滚花	毛毛虫	596×596×12	不开槽	明龙骨	4.32	12	26
GH-11	滚花	毛毛虫	600×600×12	不开槽	明龙骨	4.32	12	26
GH-12	滚花	毛毛虫	1200×600×12	不开槽	明龙骨	7.2	10	41
GH-13	滚花	毛毛虫	596×596×15	四边裁口	明暗龙骨	3.6	10	26
GH-14	滚花	毛毛虫	1800×375×15	中开槽	明龙骨	5.4	8	40
GH-15	滚花	毛毛虫	1200×600×15	不开槽	暗龙骨	5.76	8	41
GH-17	滚花	毛毛虫	600×300×13	中开槽	明龙骨	3.24	18	21
GH-19	滚花	毛毛虫	596×596×15	不开槽	明龙骨	3.6	10	26
GH-25	滚花	毛毛虫	596×596×13	四边裁口	明龙骨	4.32	12	29
GH-25C	滚花	毛毛虫	606×606×13	四边裁口	明龙骨	4.41	12	29
GH-26	滚花	毛毛虫	606×606×12	不开槽	明龙骨	4.41	12	29
FD-4	浮雕	十字花	606×303×12	侧开榫	复合插贴	3.305	18	23
FD-5	浮雕	中心花	606×303×12	侧开榫	复合插贴	3.305	18	23
FD-6	浮雕	核桃纹	606×303×12	侧开榫	复合插贴	3.305	18	23
FD-6A	浮雕	核桃纹	606×303×12	中开榫	暗龙骨	3.305	18	23
FD-7	浮雕	泡泡花	606×303×12	侧开榫	复合插骨	3.305	18	23
FD-7A	浮雕	泡泡花	606×303×12	中开榫	暗龙骨	3.305	18	23
LT-1	立体	窄　条	600×300×12	不开槽	复合平贴	3.24	18	18
LT-2	立体	窄　条	600×300×12	不开槽	复合平贴	3.24	18	21
LT-4	立体	块	600×300×12	不开槽	复合平贴	3.96	22	23
LT-5	立体	块	600×300×12	不开槽	复合平贴	3.24	18	24
LT-7	立体	宽　条	600×300×12	不开槽	复合平贴	3.96	22	23
LT-8	立体	宽　条	600×300×12	不开槽	复合平贴	3.24	18	24
LT15	立体	大方块	597×597×15	不开槽	明龙骨	3.60	10	25

矿棉吸声的技术性能　　表 10-27

名　称	品　种	规　格	技术性能		生产单位
			项　目	指　标	
矿棉装饰吸声板（星牌）	滚　花	300×600×9、12、15 375×1800×15 597×1194×12 597×597×12 600×600×12 597×597×15 375×1800×15	密度(kg/m^3) 抗折强度(MPa) 吸水率(%) 含水率(%) 导热系数[W/(m·K)] 吸声率(空气层200m) 难燃性(级别)	500 以下 ≥0.73(厚 9mm) ≥0.83(厚 12mm) ≥0.78(厚 15mm) <50 <3 0.0814 0.4~0.6 难燃一级	北京市建材制品总厂
	浮　雕	303×606×12			
	印　刷	300×600×9、12			
	立　体	300×600×12 300×600×15 300×600×19			

续表

名　称	品　种	规　格	技术性能		生产单位
			项　目	指　标	
矿棉吸声板		500×500×(12～20)	密度(kg/m³) 抗弯强度(MPa) 导热系数[W/(m·K)] 吸湿率(%) 防火 吸声率	300～400 ≥0.8 0.0523 ≤2 自熄 平均0.49	太原矿渣棉制品厂
矿棉吸声板		长:500、600、1000 宽:500、600、500 厚:12、14、14	密度(kg/m³) 抗弯强度(MPa) 导热系数[W/(m·K)] 吸湿率(%) 防火 吸声系数 (驻波管法)	300～400 ≥0.8 0.0558～0.0605 ≤2 自熄 0.06～0.88	浙江省鄞州区建筑材料厂
矿棉装饰吸声板	自燃型	300×600×12 300×600×15 300×600×19	阻燃性(级别) 吸声率(NCR) 导热系数[W/(m·K)]	难燃一级 0.6～0.8 0.060	广州矿棉吸音板厂
	冰河型	300×600×15			
	米格型	300×600×15			
矿棉吸声装饰板(天地牌)	毛毛虫 立方体	尺寸:300×600 300×500 600×600 厚度:9～19	密度(kg/m³) 抗弯强度(MPa) 导热系数[W/(m·K)] 不燃性(级) 吸湿率(24h)(%) 耐热性能(150℃)	≤500 ≥0.7 ≤0.08 难燃一级 <3 平均0.4～0.6	无锡市建筑材料总厂

(二)应用技术要点

1. 安装方法

(1)复合插贴安装法　这种方法是采用轻钢龙骨或木质龙骨,将纸面石膏板用螺钉固定在龙骨上,表面要求平整一致。接缝处要求用腻子刮平。然后,在矿棉吸声板背面抹胶,涂15个点。最后,把矿棉吸声板粘贴在纸面石膏板上,同时用钉固定。

(2)明龙骨安装法　采用轻钢或铝合金龙骨,按设计要求吊好龙骨架,然后,将矿棉吸声板直接放在龙骨架上。

(3)暗龙骨安装法　采用H形轻钢或下型铝合金龙骨与龙骨插片,将龙骨按采用板的规格吊成龙骨架。将板逐一插入龙骨架中,板与板之间用龙骨插片连接。

(4)明、暗龙骨安装法　采用轻钢龙骨和铝合金龙骨,按采用板的规格吊好龙骨架,然后,将板不开槽的部位,直接放在龙骨架上。开槽部位用T形龙骨装配。

(5)复合平贴安装法　即在纸面石膏板上平贴矿棉吸声板,组成复合吊顶结构。参照复合插贴安装法,最后,在矿棉吸声板背面抹胶,表面用装饰钉固定。

2. 施工要求

(1)施工现场相对湿度要在85%以下,湿度过高不宜施工。室内要待全部土建工程完工干燥后,才可安装矿棉吸声板。

(2)矿棉吸声板不宜安装在湿度较大的环境,如浴室、厨房等处。

(3)施工中要注意吸声板背面的箭头方向和白线方向,必须保持一致,以保证花样、图案的整体性。

(4)对于具有特殊强度要求的部位(如吊挂大型吊灯),应按设计要求施工。

(5)根据房间大小及灯具布局,以施工面积中心计算吸声板的用量,以保证两侧间距相等。从一侧开始安装,以保证施工效果。

(6)安装吸声板时,需戴清洁手套,以防弄脏板面。

(7)复合粘合时,在施工72h,胶粘剂尚未固化前,不能有强烈震动。装修完毕,交付使用前的房间,要注意通风、换气。

3. 运输和保管注意事项

(1)搬运时轻装轻卸,防止一角落地。

(2)码箱高度不宜超过6层,防止跌落。

(3)运输过程中,吸声板要加盖雨布,避免淋湿。

(4)吸声板箱码放要起脊,防止下雨积水。

(5)运输绑绳与吸声板箱接触部位,要有保护措施,以防吸声板箱破损。

(6)存放保管中,注意存放在干燥、清洁的地方,有防雨水措施。

(7)吸声板包装箱,不能直接放在地面上,要有垫板或垫木,离墙距离大于40cm为宜。

二、玻璃棉装饰吸声板

玻璃棉装饰吸声板是以玻璃棉为主要原料,加入适量胶粘剂、防潮剂、防腐剂等,经加压、烘干、表面加工等工序而制成的吊顶装饰板材。表面处理通常采用贴附具有图案花纹的PVC薄膜、铝箔,由于薄膜或铝箔具有大量开口孔隙,因而具有良好的吸声效果。

产品具有轻质、吸声、防火、隔热、保温、装饰美观、施工方便等特点,适用于宾馆、大厅、影剧院、音乐厅、体育馆、会场、船舶及住宅的室内吊顶。产品规格及技术性能见表10-28。

玻璃棉装饰吸声板的产品规格及技术性能　　**表10-28**

名　称	规　格 (mm)	技术性能	
		项　目	指　标
		密度(kg/m³) 导热系数[W/(m·K)]	48 0.0333
玻璃棉装饰顶棚板	600×1200×15 600×1200×25	密度(kg/m³) 导热系数[W/(m·K)] 吸声系数	48 0.0333 0.40~0.98
玻璃棉吊顶板	1200×600	密度(kg/m³) 常温导热系数[W/(m·K)]	50~80 0.0299
半硬质玻璃棉装饰吸声板	500×500×40 500×500×50	密度(kg/m³) 吸声系数	100 0.29~0.71
玻璃棉吸声板	300×300×(10、18、20)	导热系数[W/(m·K)] 吸声系数(Hz/吸声系数)	0.047~0.064 500~4000 / 0.7
硬质玻璃棉装饰吸声板	300×400×16 400×400×16 500×500×30	密度(kg/m³) 抗折强度(MPa) 吸声系数	300 1.6 0.13~0.78

三、钙塑泡沫装饰吸声板

钙塑泡沫装饰吸声板是聚乙烯树脂加入轻质碳酸钙无机填料、发泡剂、交联剂、润滑剂、颜料等经混炼、模压、发泡而成。有一般板和加入阻燃剂的难燃板两种。表面有各种凹凸图案及穿孔图案。

产品具有轻质、吸声、耐热、耐水及施工方便等优点，适用于大会堂、电视台、广播室、影剧院、医院、工厂及商店建筑室内吊顶。

钙塑泡沫吸声板规格有 300mm × 300mm、400mm × 400mm、610mm × 610mm 等，厚度 47mm 不等。

四、木丝吸声板

木丝吸声板是以白杨木纤维为原料，以水泥为粘合剂，在高温、高压条件下制备而成。木丝吸声板的表面纹理表现出高雅质感与独特口味，可充分演绎设计师的创意和理念。产品结合了木材与水泥的特点，如木材般轻质，如水泥般坚固，具有吸声、抗冲击、防火、防潮、防雷等多种功能，可广泛用于体育场馆、影剧院、会议室、教室、图书馆等场所吊顶装饰。

五、聚酯纤维吸声板

聚酯纤维吸声板是以聚酯纤维为原料，经过热压处理而制成。聚酯纤维吸音板所组成的吸声体除了吸声系数字、吸声频率宽等优异的声学性能外，还具有良好的物理力学性能及室内性能。产品与其他多孔材料的吸声特性类似，吸声系数随频率的提高而增加，高频的吸声系数很大，其后背的留空腔以及用它构成的空间吸声体可大大提高材料的吸声性能。降噪系数大约在 0.80 ~ 1.10 左右，成为宽频带的高效吸声体。

聚酯纤维吸声板具有吸声、隔热保温特性、而且板的材质均匀坚实，富有弹性、韧性、耐磨、抗冲击、耐撕裂、不易划破、板幅大(2440mm × 1220mm × 9mm)。

聚酯纤维吸声板还具有较好的防火功能。经检测，符合 GB 8624B1 级要求。有害物质甲醛含量为 0.05mg/L，达到国家强制性执行标准 GB 18584—2001 中规定甲醛含量≤1.5mg/L的要求，环保性能好，可直接用于室内装饰工程。

聚酯纤维吸声板有 10 多种颜色可供选择。可以拼成各种图案，表面形状有平面、方块(马赛克状)、宽条、细条等。板材可弯曲成曲面形状，可使室内装饰设计更加灵活多变。

六、木质吸声板

木质吸声板又分槽木吸声板和孔木吸声板两种。

槽木吸声板是一种在密度板的正面开槽，背面穿孔的狭缝共振吸声材料。常用于墙面或吊顶装饰。

槽木吸声板的芯材选用 15mm 或 18mm 厚，密度为 720kg/m^3 的中密度板，采用木皮、三聚氰胺涂饰层作为表层，用黑色的吸声薄毡粘贴在吸声板背面。

产品具有优良的降噪吸声特点，对中、高频吸声效果尤佳。表面具有天然木质纹理，古朴自然。甲醛含量符合 GB 18584—2001 要求，防火等级按 GB 8624 确定为 B1 级。适用于影剧院、录音棚、电视电台、体育馆、大礼堂、教学楼等噪音大的场所。

如果是在密度板的正面和背面都开圆孔所制成的吸声板称为孔木吸声板，其性能和原理与槽木吸声板类似。槽木吸声板和孔木吸声板都称为木质吸声板。

七、塑料装饰扣板

塑料装饰扣板是以聚氯乙烯为主要原料，加入稳定剂、改性剂、色料等助剂，经捏合、混炼、造粒、挤出定型而成的一种吊顶装饰材料。具有色彩鲜艳、表面光洁、高雅华丽、质轻、隔声、节能保温、防水阻燃、耐腐蚀等优点，适用于酒店、写字楼、会议室和家庭住宅的吊顶装饰，尤其适用于厨房、卫生间等湿度较大的场所。

八、金属微穿孔吸声板

金属微穿孔吸声板是根据声学原理，利用各种不同穿孔率的金属板来达到消除噪声的目的。材质根据需要选择，有不锈钢板、防锈铝板、铝合金板、电化铝板、镀锌钢板等。孔型有圆孔、方孔、长圆孔、长方孔、三角孔、大小组合孔等不同的孔型，是近年来发展起来的一种降噪处理的新型装饰材料。

金属微穿孔板具有质轻、高强、耐高温、耐高压、耐腐蚀、防火、防潮、化学稳定性好、吸声、造型美观、立体感强等优点，广泛用于宾馆、会议大厅、机场候机楼、车站候车室、码头候船室、影剧院等建筑物室内吊顶装饰。

表10-29为深圳招发金属幕墙有限公司的金属微穿孔吊顶装饰板的型号，表10-30为金属微穿孔吸声板的规格、性能及生产厂家。

方块平板及针孔天花板　　　表10-29

型　　号	规格(mm)	针孔径(mm)	名　　称	厚度(mm)	备　　注
CP500-A	500×500		平板明架	0.60 0.75 0.80	均配有龙骨。明架即明龙骨，暗架即暗龙骨
CP600-A	600×600				
CH600-A	600×600	1.5,3.0,4.0,5.0	全针孔明架		
CHM600-A	600×600	3.0,4.0	花式针孔明架		
CHM500-B	500×500		平板暗架		
CHM600-B	600×600		平板暗架		
CH600-B	600×600	1.5,3.0,4.0,5.0	全针孔暗架		
CHM600-B	600×600	3.0,4.0	花式针孔暗架		
CP400-A	400×400		平板明架	0.60	
CP400-B	400×400		平板暗架		

金属微穿孔吸声板的规格、性能及生产厂家　　　表10-30

产品名称	性　能　和　特　点	规　格　(mm)	生产厂家
穿孔平面式吸声体	材质：防锈铝合金(LF21) 板厚：1mm 孔径：φ6mm，孔距10mm 降噪系数：1.16 工程使用降噪效果：4～8dB 吸声系数：(Hz/吸声系数) 厚度75mm时：125/0.13、250/1.04、500/1.18、1000/1.37、2000/1.04、4000/0.97	495×495×(50～100)	无锡市铝制品厂
穿孔块体式吸声体	材质：防锈铝合金(LF21) 板厚：1mm；孔径：φ6mm；孔距：10mm 降噪系数：2.17 工程使用降噪效果：4～8dB(A) 吸声系数：(Hz/吸声系数) 厚度75mm时：125/0.22，250/1.25，500/2.34，1000/2.63，2000/2.54，4000/2.25	650×500×100	无锡市铝制品厂
铝装饰板	采用光电制板技术，彩色阳极代表面处理工艺，图案深度5～8μm，10～12μm。颜色有铝本色、金黄色、淡蓝色等。立体感强，可制成名人字画、古董古币、湖光山色等图案，并具有耐腐蚀、耐热、耐磨损等性能	463×610×0.8 500×500×0.5 500×500×0.8 420×440×0.5 480×270×0.5 275×410×0.8 415×600×0.8	天津津翔机械厂 天津电器厂

续表

产品名称	性　能　和　特　点	规　格（mm）	生产厂家
铝合金吸声板	材质：LF21 铝板	500×500	成都市卷闸门厂
吸声吊顶墙面穿孔护面板	材质、规格、穿孔率可根据需要任选，孔型有圆孔、方孔、长圆孔、长方孔、三角孔、菱形孔、大小组合等		无锡市堰桥声控制设备厂
铝合金板式吊顶 条板类： 1. 开放式 2. 封闭式 3. 波浪式 4. 重叠式 5. 凹凸式 方块类： 1. 井式 2. 内圆式 3. 龟板式	铝合金板式吊顶具有组装灵活，施工方便、防火、耐腐蚀、自重轻、立体感强、吸声（板条进行穿孔，加盖超细玻璃棉）等特点，表面处理可根据设计要求选用氧化极、烤漆、喷砂等方法。颜色有古铜色、青铜色、茶色、金黄色、天蓝色、咖啡色等	特殊规格按需加工 （6～40）cm×200cm 50cm×50cm 60cm×60cm 187.5cm×75cm 62.5cm×62.5cm 125cm×62.5cm	常州市百丈建筑装饰器材厂
铝合金穿孔压花吸声板	材质：电化铝板 孔径：$\phi 6 \sim 8$，板厚：0.8～1mm 穿孔率：1%～5%，20%～28% 工程使用降噪效果：4～8dB	500×500 1000×1000 可按用户要求加工	上海市红旗机筛厂

九、金属装饰吊顶板

除上述金属微穿孔吸声装饰板外，还有一些只具有装饰功能的金属吊顶板，也是以铝合金板、不锈钢板、镀锌钢板等为基板，经特殊加工处理而成。

金属装饰吊顶按材质分，有铝合金吊顶板等等；按性能分，有一般装饰板和吸声装饰板；按几何形状分，有长条形、方形、圆形、异形板；按表面处理分，有阳极氧化、烤漆、复合膜等；按颜色分有铝本色、古铜色、金黄色、茶色、淡蓝色、咖啡色等。

铝合金吊顶板的长条板一般长度不超过6m，铝板厚度为0.5～1.5mm之间。小于0.5mm厚的板条，因刚度差，易变形，用得较少。大于1.5mm厚的板条，用得也较少。通常用于吊顶工程的铝合金吊顶板条宽为100mm，厚度为1mm。

铝合金吊顶板表面要经过处理，使其获得一层膜，此层膜具有装饰与防止侵蚀的双重作用。目前用得较多的是阳极氧化膜及漆膜。阳极氧化膜是将铝板经过特殊工艺，在铝材表面形成一层较厚的氧化膜层（比天然氧化膜层厚得多），然后经电解着色、封孔处理等工序，在型材表面产生一道光滑、细腻、具有良好的附着力、表面硬度及色彩的氧化膜层。有的还在阳极氧化膜层的表面再罩一道耐腐蚀的树脂漆，称之为复合膜，性能优于一般阳极氧化膜。

氧化膜的质量是铝合金吊顶板的一项重要指标，仅就氧化膜厚度而言，对于相同类型的氧化膜，膜的厚度越大，等级越高。氧化膜层厚度通常用"μm"为单位，在建筑工程上，膜层厚度一般为6～25μm。

铝合金吊顶板具有轻质、高强、通风、耐腐蚀、防潮、防火、装饰效果好、构造简单、组装灵活、施工安装方便等特点，是目前比较流行的一种吊顶装饰材料。图10-7为几种铝合金及其他金属吊顶的结构造型，表10-31为金属装饰吊顶板的规格、性能及生产厂家。

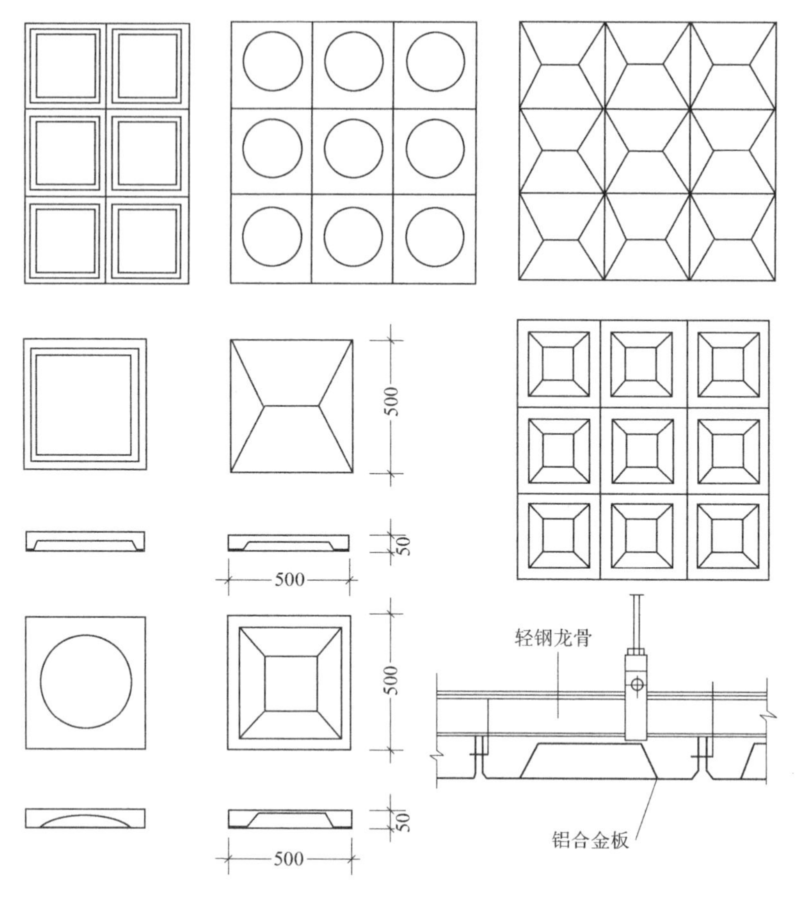

图 10-7　铝合金及其他金属吊顶结构造型

金属装饰吊顶的产品名称、规格和性能　　**表 10-31**

<table>
<tr><th>名　　称</th><th>规　格　(mm)</th><th>性　能　和　特　点</th><th>生产单位</th></tr>
<tr><td>铝合金长条形吊顶类：
开放式
封闭式
波浪式
重叠式
凹凸式</td><td>2000 ×（400 ~ 60）</td><td rowspan="3">板面处理：阳极氧化、烤漆、喷砂
颜色：铝本色、古铜色、青铜色、茶色、金黄色、天蓝色、咖啡色
板型：分穿孔型和不穿孔型，吸声板，加盖超细玻璃棉</td><td rowspan="3">常州市百丈铝合金制品厂</td></tr>
<tr><td>铝合金方形吊顶类：
井式
内圆式
龟板式</td><td>500 × 500
600 × 600
10 多种孔型花色品种，可按用户要求加玻璃棉吸声材料</td></tr>
<tr><td>铝合金格栅</td><td>100 × 100 × 45
120 × 120 × 45
150 × 150 × 50
150 × 150 × 80
180 × 180 × 80</td></tr>
<tr><td>穿孔平面式吸声体</td><td>495 × 495 ×（50 ~ 100）</td><td>材质：防锈铝合金（LF21）
板厚：1mm
孔径：ϕ6、孔距：10
降噪系数：1. 16
工程使用降噪效果：4 ~ 8dB
吸声系数：（Hz/吸声系数）
厚度 75mm：
125/0. 13、 250/1. 04、 500/1. 18、1000/1. 37、2000/1. 04、4000/0. 9</td><td>无锡市铝制品厂</td></tr>
</table>

续表

名称	规格(mm)	性能和特点	生产单位
穿孔块体式吸声体	750×500×100	材质:防锈铝合金(LF21) 板厚:1mm 孔径:φ6,孔距:10 降噪声系数:2.17 工程使用降噪效果:4~8dB(A) 吸声系数:(Hz/吸声系数) 厚度75mm: 125/0.22、250/1.25、500/2.34、1000/2.63、2000/2.54、4000/2.25	无锡市铝制品厂

十、珍珠岩装饰吸声板

珍珠岩装饰吸声板又名珍珠岩吸声板,系以膨胀珍珠岩粉及石膏、水玻璃配以其他辅料,经拌和加工,加入配筋材料压制成型,并经热处理固化而成。产品具有轻质、美观、吸声、隔热、保温等特点,可用于室内顶棚、墙面装饰。

(一)产品分类、规格

1. 普通膨胀珍珠岩装饰吸声板(以下简称普通板)

用于一般环境的吸声板,代号为PB。

2. 防潮珍珠岩装饰吸声板(以下简称防潮板)

经过特殊防水材料处理,可用于高湿度环境的吸声板,代号为FB。

3. 产品规格

产品规格为400mm×400mm、500mm×500mm、600mm×600mm;厚度15mm、17mm和20mm。其他规格可由供需双方商定。

4. 产品标记

标记顺序为:产品名称、代号、边长、厚度及标准号。

(二)产品技术性能[JC430—91(1996)]

1. 外观质量

板材的外观质量应符合表10-32的规定。

外观质量要求 **表10-32**

项目	质量要求	
	优等品、一等品	合格品
缺棱、掉角、裂缝、脱落、剥离等现象	不允许	不影响使用
正面的图案破损、夹杂物	图案清晰、无夹杂物混入	不影响使用
色差 ΔE	≤3	

2. 尺寸允许偏差

板材的尺寸允许偏差应符合表10-33的规定。

尺寸允许偏差(mm) **表10-33**

项目	优等品	一等品	合格品
边长	0 -0.3	0 -1.0	0 -1.0
厚度	±0.5	±1.0	±1.0
直角偏离度(不大于) 不平度(不大于)	0.10 0.80	0.40 1.0	0.60 2.50

3. 主要技术性能指标

技术性能指标应符合表10-34、表10-35的规定。

物理力学性能　　表10-34

板材类别	密度(kg/m³)(不大于)	吸湿率(%)(不大于)			表面吸水量(g)	断裂荷载(N)(不大于)			吸声系数 α_s(混响室法)	不燃性
		优等品	一等品	合格品		优等品	一等品	合格品		
PB	500	5	6.5	8	—	245	196	157	0.40～0.60	不　燃
FB		3.5	4	5	0.6～2.5	294	245	176	0.35～0.45	

板材热阻值　　表10-35

板材公称厚度(mm)	热阻值　($m^2 \cdot K/W$)
15	0.14～0.19
17	0.16～0.22
20	0.19～0.26

(三)珍珠岩装饰吸声板的安装、搬运及贮存

1. 安装方法

(1)直接粘贴法

本方法适用于混凝土基面、砖墙基面等，基面上必须用混合砂浆粉刷得非常平整。将建筑用胶粘剂按梅花点形涂于板的背面，然后将板粘贴于顶棚板底或墙壁之上，并用力压实。约10分钟后即可卸力，1小时后胶粘剂便可完全固化，将装饰板粘牢。在胶粘剂尚未完全固化前不要使装饰板受到振动，以免胶粘剂的粘结强度受到影响。

(2)木筋固定法

此方法适用于采用木筋的顶棚或墙壁。顶棚筋或墙筋应根据装饰板的尺寸布置，木筋表面须非常平整，板可以用3cm长左右的圆钉直接钉入木筋处，钉入时应轻轻敲打，以免装饰板受震破损。

(3)轻钢龙骨固定法

此方法与矿棉吸声装饰板施工方法相同，不再赘述。

2. 包装及运输

先用塑料袋将每块板包装起来，再用纸箱或木箱将整批板包装捆好(钉好)。每箱板不宜过多，以正方形板20块为宜。

珍珠岩装饰板属脆性材料，搬运时需轻拿轻放，不得碰撞受压，并须将两块板面对面合在一起搬运。运输车辆应有防雨防潮措施。板面须保持清洁，不得污染。

3. 贮存

珍珠岩装饰吸声板须存放在干燥的仓库内，地面须用木板垫平，然后再将装饰板立放堆垛，每垛以两层为宜。

十一、防火装饰板

现代建筑设计尤其注意防火问题，许多装饰材料在具有本质功能的同时，还具有防火功能，如前所述的石膏装饰板、防火石膏板、矿棉装饰吸声板都具有一定的防火功能。为适应现代建筑防火要求，近年来陆续开发出一些防火性能优异的装饰材料，不仅用于建筑室内墙壁、吊顶、隔断及门窗等部位，而且还应用在火车车厢及船舱的装饰。国际海事组织规定，航海远洋船只船舱都要用防火材料装饰安装。

1. SJB2无机防火顶棚板

SJB2无机防火板的主要原材料为蛭石，膨胀蛭石呈片状结构，层间充满空气，质

轻，导热系数小，熔点高，具有良好的化学稳定性，不毒不燃，不易腐蚀变质，不受虫蛀鼠咬并具有一定的力学性能，是一种理想的热、声绝缘材料。

以膨胀蛭石为骨料，引入耐高温、粘结强度高的硅酸盐无机胶粘剂，加入无机盐和氧化锌为固化剂，加入提高耐水性的调节剂，经混合、搅拌、加压成型，200℃烘干固化而成。产品的耐火极限达到一级标准，能满足各类建筑吊顶防火工程的需要。表10-36介绍了这种产品的规格及主要技术指标。

SJB2 无机防火顶棚板规格及技术指标　　表 10-36

规格(mm)	主要技术指标										
	含水率(%)	板面酸碱度(pH)值	密度(kg/m^3)	断裂荷载(kg)	抗折强度(MPa)	导热系数[W/(m·K)]	耐火极限(min)	遇火结构完整性(min)	吊顶耐火极限(min)	受湿挠度(mm)	耐候性能	吸湿率(%)
长500 宽500 厚12	2	7~8	13	40	4	0.176	34(6mm厚)	60(6mm厚)	20	0.325	25次循环无变化	≤3

这种顶棚板按GB 9978—2008标准检测，其吊顶耐火极限达到0.33h，超过建筑设计规范一级耐火标准15min的规定；经烧30min后，板材无裂缝、无翘曲、无火焰穿透，属高效能防火顶棚板。

2. 不燃平板（埃特板）

中国广州埃特尼特有限公司引进比利时“埃特尼特”集团20世纪80年代的先进设备、工艺技术生产的不燃平板，经公安部四川消防科学研究所检测，为不燃性材料。这种板材与纸面石膏板相比具有更为优异的性能，它具有不燃、防火、防潮、防虫、防鼠、隔声、隔热、耐腐蚀、强度高的特点，广泛应用于室内吊顶及建筑内、外墙、隔墙、壁板等处装饰装修。此外，不燃平板还可锯、可刨、可钉等，可方便地做成各种表面装饰，如油漆、喷涂、贴墙纸或粘其他装饰材料。表10-37为不燃平板的规格与技术性能。

埃特板规格及技术性能　　表 10-37

项目 \ 类型		110	210	240	240	140	310	410	430
规格(mm)	长×宽	2440×1220	2440×1220 3000×1220	605×605 598×598	2440×1220	2400×1220	2440×1220	2440×1220	2440×1220
	厚　度	8~18	8~12	4.5	6	4.5~10	8~18	8~12	6
质量(kg/m^2)		8.1~18.4	10~12	6.8	9.1	6.8~15	8.1~18.4	8.1~12	8.1
密度(kg/dm^3)		0.9	0.9	1.35	1.35	1.45	0.9	0.9	1.25
吸水率(%)		55	60	38	35	32	55	60	40
热膨胀[m/(m·K)]		10×10^{-6}	9×10^{-6}	8×10^{-6}	8×10^{-6}	10×10^{-6}	6×10^{-6}	5×10^{-6}	6×10^{-6}
湿膨胀(mm/m)		1.30	0.80	0.50	0.05	1.20	1.80	0.50	0.70
横向抗折强度(N/mm^2)		10	10	18	22.5	22.5	9.5	7.5	13
纵向抗折强度(N/mm^2)		7	7	12	15	15	6.5	5.5	7.5
持续抗冻性(℃)		-30	-30	-30	-30	-30	-30	-30	-30
持续抗热性(℃)		150	150	150	150	150	150	150	150
防火性能		按ISO 1182:1990检验，不燃性合格；按GB 9978—2008检验，耐火极限2h							
用　途		墙板或吊顶板		吊顶板	墙板或吊顶板				

3. TK 板

TK 板是中碱玻璃纤维短石棉低碱度水泥平板的简称。上海石棉水泥制品厂生产的 TK 板具有表面平整、轻质、高强、防火、隔声、可加工性好、饰面方便、表面可涂刷各种色彩或贴面等优点。

TK 板与轻钢龙骨配套,已用于 20 多个省市各类高层建筑、车站、码头等公共建筑及轻纺电子行业的厂房内隔墙和吊顶,尤其适用于加层。上海新客运站和北京亚运村都大量使用了 TK 板,具有极好的装饰效果。TK 板的耐火性能及隔声性能见表 10-38 及 10-39。

TK 板耐火性能　　表 10-38

试件编号	TK 板隔墙		石膏板隔墙	
	构造形式	耐火极限(h)	构造形式	耐火极限(h)
1	上层:6mmTK 板 中层:5mm×75mmTK 板非金属龙骨 下层:6mmTK 板	非燃烧体 0.48	上层:12mm 石膏板 中层:80mm 石膏板 下层:12mm 石膏板	非燃烧体 0.3
2	上层:6mmTK 板 中层:5mm×75mmTK 板金属龙骨+矿棉 20mm 下层:6mmTK 板	非燃烧体 1.05	上层:12mm 石膏板 中层:80mm 石膏板+矿棉毡 下层:12mm 石膏板	非燃烧体 0.75
3	上层:6mmTK 板×2 中层:55mm×75mmTK 板非金属龙骨 下层:6mmTK 板×2	非燃烧体 1.12	上层:12mm 石膏板 中层:80mm 石膏龙骨 12mm 石膏板×2 80mm 石膏龙骨 下层:12mm 石膏板	非燃烧体 1.05
4	上层:6mmTK 板×2 中层:55mm×75mmTK 板轻钢龙骨 下层:6mmTK 板	非燃烧体 0.38	上层:12mm 石膏板 中层:50mm×75mm 轻钢龙骨 下层:12mm 石膏板	非燃烧体 1.05

TK 板隔声性能　　表 10-39

试件编号	构造形式	隔声量(dB)	试件编号	构造形式	隔声量(dB)
1	上层:6mmTK 板 中层:50mm×75mm 轻钢龙骨 下层:6mmTK 板	41	4	上层:6mmTK 板 中层:55mm×75mmTK 板非金属龙骨 下层:6mmTK 板×2	46
2	上层:6mmTK 板 中层:55mm×75mmTK 板非金属龙骨 下层:6mmTK 板	41			
3	上层:6mmTK 板 中层:55mm×75mmTK 板非金属龙骨加石棉隔声层 20mm 下层:6mmTK 板	50	5	上层:6mmTK 板 中层:55mm×75mmTK 板非金属龙骨 下层:6mmTK 板×2	52

4. 莱特板(又称 FC 板)

莱特板采用天然植物纤维及水泥加工而成,具有强度高、防火、隔热、耐蚀、耐水、隔声等特点,具有很强的抗冲击力,且绝对不含石棉等有害成分,表面易进行各类装饰,适用于各式建筑物隔墙和吊顶之用。

莱特板产品规格、物理性能和产品鉴定认证见表10-40～表10-42。

莱特板产品规格　　**表10-40**

规　格　（mm）	偏　差　范　围　（mm）				参　考　重　量（kg/块）
	长　　度	宽　　度	厚　　度	对角线	
2400×1200×6	≤±5	≤±5	≤10%	≤7	19
2400×1200×8	≤±5	≤±5	≤10%	≤7	26
1195×595×6	≤±2	≤±1	≤10%	≤3	4.7
601×601×6	≤±1	≤10%	≤3	2.3	
595×595×6	≤±1	≤10%	≤3	2.3	
601×601×5	≤±1	≤10%	≤3	2	
595×595×5	≤±1	≤10%	≤3	2	

莱特板物理性能　　**表10-41**

检　验　项　目	单　　位	指　　标
平均抗折强度	MPa	10
抗冲击强度	kJ/m^2	2
出厂含水率	5	≤12
表观密度	g/cm^3	0.9～1.2
耐火极限（墙体）	min	90
不燃性	按GB 5464试验属于不燃材料（A级）	

莱特板产品鉴定认证内容　　**表10-42**

项　目	鉴　定　单　位	指　　标	编　　号
耐火合格	国家固定灭火系统和耐火构件质量监督检验中心	耐火极限90min	No. Q95064
消防认证	公安部上海消防科学研究所、江苏省消防局	防火等级：不燃A级	J-1-94-158 （96）苏消检字F类第107号
无害鉴定	上海市建筑科学研究院	材质不含石棉矿物鉴定	X96-05
吸声认可	上海同济大学声学研究所	声频100～5000Hz范围内，吸声系数为0.05～0.7	J-1-94-7
技术合格	国家水泥混凝土制品质量监督检验测试中心	达国际轻质板物性鉴定标准	检（委）字（94）第011号
科技成果	江苏省建筑材料工业局	评定填补国内空白	（94）苏材鉴定042号
生产厂家	江苏省吴江市吴江台荣建材有限公司		

5. 硅钙板

硅钙板又称硅酸钙板，其原料来源广泛。硅质原料可采用石英砂磨细粉、硅藻土或粉煤灰；钙质原料为生石灰、消石灰、电石泥和水泥；增强材料为石棉、纸浆等。原料经配料、制浆、成型、压蒸养护、烘干、砂光而制成板材。产品具有质轻、高强、隔声、隔热、不燃、防水等性能，可加工性好，是一种理想的室内隔墙或吊顶装饰材料，广泛用于建筑室内装饰或远洋船只隔舱板、防火门等，也可用于列车车厢装饰。经消防部门按GB 8624标准检测，产品防火性能可达A级不燃指标。

硅钙板板面可涂刷各种颜色涂料，或覆贴各种壁纸或贴墙纸，以获得完美的装饰效果。

十二、其他吊顶装饰材料

1. 纸面稻草板

纸面稻草板是以洁净、干燥的稻草为原料，经处理、热压成型、表面用树脂胶牢固粘结高强硬纸而成。产品外观规整、表面平滑、棱角分明且交成直角或倒角，具有良好的保温、隔声性能。产品强度高，质轻，刚性好，难燃，可加工性好。广泛用在宾馆、饭店、办公楼、影剧院、住宅内墙或吊顶。表10-43、表10-44为中国新型建筑材料公司大洼稻草板厂生产的“厦功牌”纸面稻草板规格及性能指标。

纸面稻草板产品规格(mm)　　表10-43

项目	规格		公差(mm)		
			优等品	一级品	合格品
厚度	58		±1.0		
宽度	1200		+1.0 -3.0		
长度	1500 2400 3000	1800 2700 3000	-1 -6	-1 -7	

纸面稻草板技术性能指标　　表10-44

项目	技术性能指标			备注
	优等品	一等品	合格品	
单位面积质量(kg/m^2)	20～25		20～26	
含水率(%)	10～15		10～17	
两对角线差(mm)	≤4		≤5	
挠度(mm)	≤3	≤4	≤5	将1200mm×2400mm板用25mm钢架支撑，中心加力1250N
破坏荷载(N)	≥6500	≥5500	≥5000	
板面不平整度(mm)	≤1.0		≤1.5	
面纸与草芯粘结	无剥离现象			
导热系数[W/(m·K)]	<0.108			
耐火极限(h)	1			

2. 塑钢雕花顶棚板

塑钢雕花顶棚板是以三合板和PVC贴面板真空贴合而成的一种新型吊顶装饰材料，具有表面光滑、硬度高、防水、防腐、防火、隔声、不变形、色泽鲜艳等特点，适用于公共建筑和家庭室内吊顶装饰。北京市锦荣塑钢浮雕有限公司生产有2100mm×900mm、2100mm×820mm、1940mm×680mm，厚度3～10mm的塑钢雕花顶棚板。

3. 铝塑板

铝塑板是以高级纯度铝片和PVC泡沫板材料，经高温、高压而制成的一种复合新型装饰材料。产品具有防火、隔声、轻质、耐酸、可弯曲、可刨钉、易清洗、耐冲击、加工性好、施工简便、不褪色、易保养等特点，可用作建筑物外墙幕墙、店面、电梯间、隔声间、壁材、包柱、柜台、家具、屏风、室内吊顶、广告招牌等处装饰。

铝塑板规格尺寸为2400mm×1220mm×3mm，也有3mm×4′×8′、3mm×4′×10′、3mm×4′×12′、3mm×4′×16′等规格。

4. 铝木复合装饰板

铝木复合装饰板是采用高纯度铝片和三合板、纤维板，经高温、高压复合成的一种新型装饰材料。产品具有防火、隔声、轻质、可刨钉、易清洗、耐冲击、加工性好、不褪色、施工方便、易保养等特点，适用于室内装饰和吊顶装饰。

产品规格与铝塑板相同。

5. 高密度聚氨酯发泡装饰件

高密度聚氨酯发泡装饰件以聚氨酯为主要材料，用先进的加工工艺模铸成型制得的一种取代石膏，性能优于木材的新型装饰线系列产品。有各种规格的浮雕花角线、腰线、墙裙线、柱头、罗马柱、柱座、灯圈等产品。花角、灯圈常用于吊顶装饰。

6. 玻璃钢顶棚板灯池

玻璃钢顶棚板灯池是仿中世纪欧洲宫廷精巧雕塑图案精心设计制作的，将顶棚板与灯池合二为一的新型中高档室内装饰材料。它是以不饱和聚酯树脂为胶粘剂，以玻璃纤维为增强材料精制而成。

玻璃钢顶棚板灯池由于采用整体制作，强度大、不变形、易安装，可直接安装各种装潢灯具。制品表面脏污后可用水或洗涤剂刷洗，长久保持图案新颖。适用于会议室、客厅、办公室、餐厅、商场购物大厅等各类建筑物室内吊顶装饰，具有很高的艺术观赏性和独特的装饰效果。

产品规格尺寸有：方形边长 900mm、1200mm、1500mm、1800mm，厚度 60 ~ 130mm 不等，矩形 1800mm × 1200mm × 120mm、2100mm × 1500mm × 110mm、2400mm × 1800mm × 130mm；圆形 ϕ1200mm。可制成花样繁多的色彩和图案。

7. 聚苯乙烯彩绘板

聚苯乙烯彩绘板以聚苯乙烯为基材，经彩绘加工而成的一种新型吊顶装饰板。具有轻质、吸声、隔热、图案精美、高雅美丽的特点，适用于各类建筑顶棚装饰。

产品主要规格有：500mm × 500mm × 3mm、600mm × 600mm × 3mm、910mm × 1830mm × 3mm、1220mm × 1830mm × 3mm。

第三节　吊顶用龙骨

龙骨（包括轻钢龙骨、铝合金龙骨和木龙骨）是吊顶装饰必不可缺的骨架材料，木龙骨使用较少，主要使用的是轻钢龙骨和铝合金龙骨。轻钢龙骨和铝合金龙骨是以冷轧镀锌薄钢板、彩色涂层钢板、铝合金板材为主要原材料，轧制成各种轻薄型材后组合安装而成的一种金属骨架。各种装饰板材通过螺钉、粘贴等方法固定在龙骨上，就形成了完整的吊顶装饰。

金属龙骨具有如下优点：

（1）自重轻。以轻钢龙骨为骨架，两侧装一层 12mm 厚的石膏板组成的墙体，每平方米质量为 25 ~ 27kg，相当于 120mm 厚砖墙质量的 1/10；为 100mm 厚加气混凝土墙质量的 1/5，隔墙用钢量每平方米约 5kg 左右。

以吊顶龙骨为骨架，与 9.5mm 厚纸面石膏板顶棚板组成的吊顶每平方米质量约为 8kg 左右，相当于抹灰吊顶质量的 1/4，龙骨用钢量约 3kg 左右。

（2）隔声性能、防火性能经试验均达到设计标准。

（3）装配化施工和干作业改善了劳动条件，降低了劳动强度，加快了施工进度，有利于装修工程的工业化。

（4）设计上按照需要可灵活布置和选用饰面材料，装饰美观。

吊顶龙骨按其承载能力，可分为上人龙骨和不上人龙骨，按其型材断面分U形龙骨和T形龙骨，按其用途可分为大龙骨（主龙骨）、中龙骨、小龙骨、边龙骨和配件。

一、U形吊顶龙骨

U形吊顶龙骨通常由主龙骨、横撑龙骨、吊挂件、接插件和挂插件等组成。根据主龙骨断面尺寸的大小，即根据龙骨的承载能力及适应吊点距离不同，通常将U形吊顶龙骨分为38、50和60三种不同系列。38系列龙骨适用于吊点距离0.9m～1.2m不上人吊顶；50系列龙骨适用于吊点距离1.5m的上人吊顶，主龙骨可承受800N的检修荷载；60系列龙骨适用于吊点距离1.5m的上人吊顶，主龙骨可承受1000N的检修荷载。上人吊顶要用10号镀锌钢丝做吊杆。横撑龙骨垂直于主龙骨放置，用挂件连接。图10-8为U形吊顶龙骨与主要配件示意图。

表10-45为北京建筑轻钢结构厂和北京新型建筑材料（集团）公司生产的U形吊顶龙骨品种及断面形式。

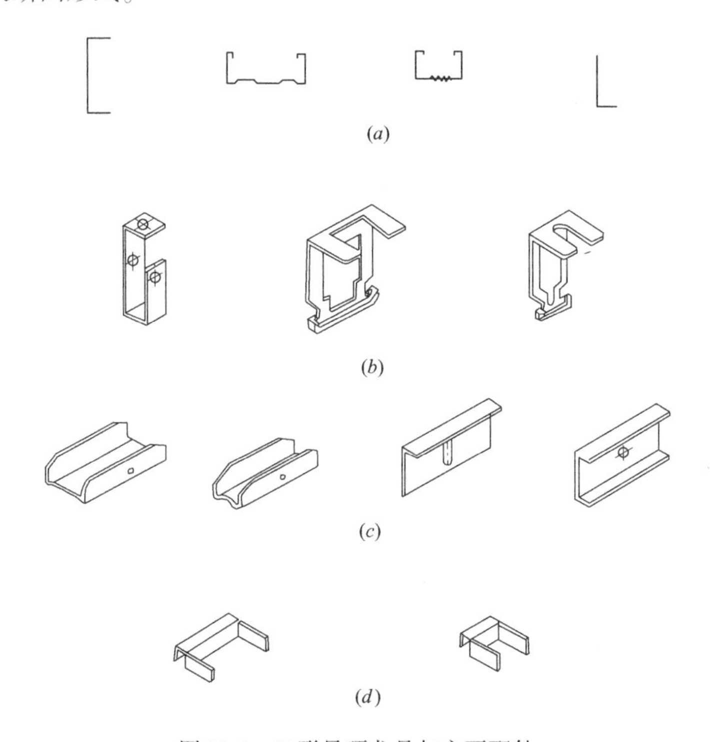

图10-8　U形吊顶龙骨与主要配件

(a)主龙骨；(b)配件（吊挂件）；(c)配件（连接件）；(d)配件（支托）

U形龙骨品种及断面形式　　**表10-45**

代号	名　称	断　面　形　式	断面尺寸 $A\times B\times t$(mm)	备　注
U_{c-50} U_{c-38} U_{c-20}	吊顶承载龙骨 吊顶承载龙骨 吊顶承载龙骨	t　B　A	50×15×1.5 38×12×1.2 20×12×1.2	承载龙骨下面安装U_{50}及U_{25}龙骨，U_{50}龙骨位于两块板的接缝外，U_{25}龙骨位于板的中央，由各个零部件连接成整体。 与U形龙骨配套还有专门配件
U_{c-60} U_{c-50} U_{25}	吊顶承载龙骨 吊　顶　龙　骨 吊　顶　龙　骨		60×30×1.5 50×20×0.5 25×20×0.5	

二、T形吊顶龙骨

T形吊顶龙骨有轻钢型的和铝合金型的两种，绝大多数是用铝合金材料制作的。此外，近几年发展起来的烤漆龙骨和不锈钢面龙骨也深受用户喜爱。铝合金T型吊顶龙骨具有的特点是：

(1)体轻，铝合金龙骨(包括零配件)质量每平方米只有1.5kg左右；

(2)吊顶龙骨与顶棚板组成600mm×600mm、500mm×500mm、450mm×450mm的方格，不需要大幅面的吊顶板材，因此各种吊顶材料都可适用，规格也比较灵活；

(3)铝合金材料经过电氧化处理，龙骨呈方格外露的部位光亮、不锈、色调柔和，使整个吊顶更加美观大方；

(4)安装方便，防火，抗震性能良好。

T形龙骨其承载主龙骨及其吊顶布置与U形龙骨吊顶相同，T形龙骨的上人或不上人龙骨中距都应小于1200mm，吊点为900～1200mm一个，中小龙骨中距为600mm。中龙骨垂直固定于大龙骨下，小龙骨垂直搭接在中龙骨的翼缘上。吊杆分别采用ϕ6、ϕ8或ϕ10钢筋。

图10-9为T形龙骨与主要配件示意图，图10-10为T形龙骨吊顶示意图。

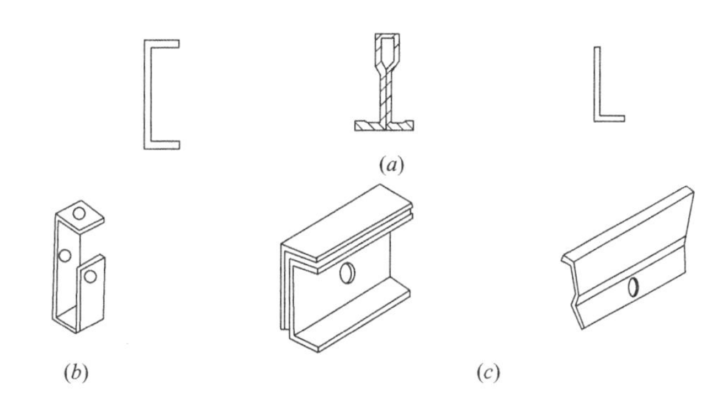

图10-9　T形龙骨与主要配件示意图

(a)主龙骨；(b)配件(吊挂件)；(c)配件(连接件)

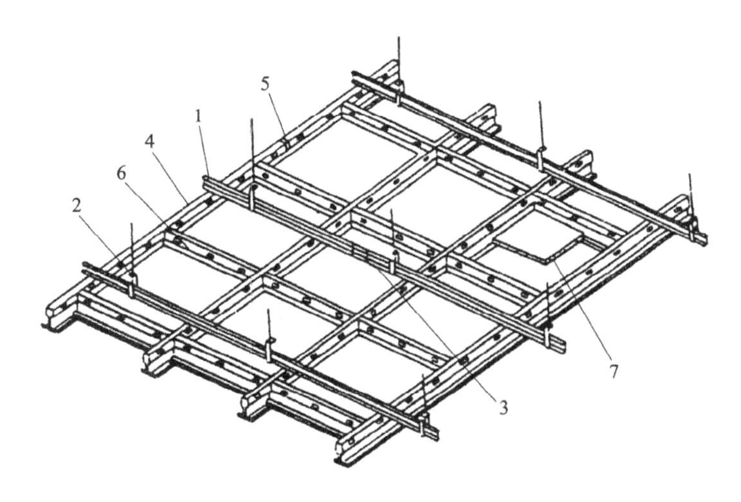

图10-10　T形龙骨吊顶示意图

1—主龙骨；2—主龙骨吊件；3—主龙骨连接件；4—龙骨；
5—龙骨连接件；6—横撑龙骨；7—吊顶板材

表 10-46 为北京轻钢结构厂和沈阳黎明机械厂生产的 T 形吊顶龙骨品种及断面结构。表 10-47 为广州金鹏实业有限公司生产的 T 形吊顶龙骨配比表。

T 形吊顶龙骨规格及断面结构　　表 10-46

零部件名称	龙骨断面规格(mm)	材质	长度	质量(kg/m)	零　配　件
大　龙　骨	1.2　15　45	钢	2.0	0.77	T 形吊顶龙骨零配件有： ①钢质大龙骨吊件 ②钢质大龙骨边接板 ③钢质大龙骨钉头螺钉 ④塑料质中龙骨接头 ⑤钢丝中龙骨吊钩 ⑥标准件螺钉
中　龙　骨	1.2　32　22	铝合金	3.0	0.21	
小　龙　骨	1.2　22　22	铝合金	3.0	0.151	
边　龙　骨	1.2　22　22	铝合金	3.0	0.151	

金鹏实业有限公司 T 形吊顶龙骨配比表(支/m²)　　表 10-47

	顶棚规格(mm)	主龙骨	副龙骨	副龙骨	边龙骨	
明架配比	400×400	0.83		6.25(0.4)	0.2	
	500×500	0.67		4(0.5)	0.2	
	600×600	0.54		2.7(0.6)	0.2	
	600×600	0.27	1.35(1.2)	1.35(0.6)	0.2	
	600×1200	0.27	1.35(1.2)		0.2	
	顶棚规格(mm)	主龙骨	铁 T	插　片	边龙骨	吊　挂
暗架配比	300×600	0.278	5.56	5.56	0.2	3
	300×1200	0.0278	2.77		0.2	3
	600×600	0.64	2.7		0.2	3

北京新型建筑材料(集团)有限公司生产的龙牌系列轻骨龙骨,技术性能及指标见表10-48,墙体龙骨产品标记与规格见表10-49,吊顶龙骨产品标记与规格见表10-50,龙骨配件见表10-51。轻钢龙骨纸面石膏板隔墙安装见图10-11,轻钢龙骨纸面石膏板吊顶竖吊(表示龙骨竖直放置)示意图见图10-12,平顶(表示龙骨水平放置)示意图见图10-13。

龙牌轻钢龙骨性能　　表10-48

项　　目	隔　墙　龙　骨		吊　顶　龙　骨	
	技术指标	备　注	技术指标	备　注
双面镀锌量	120g/m²	国际≥80g/m²	120g/m²	国标≥80g/m²
长度误差	+10、-5mm	国标+30、-10	+10、-5mm	国标+30、10
弯曲内角半径	1.25~2.25mm	GB 11981—89	1.25~2.25mm	GB 11981—89
角度偏差	±1°	国标±1°30′	±1°	国标±1°30′
平直度	侧面0.5mm/m 底面1.0mm/m	国标1.0mm/m 国标2.0mm/m	侧面1.0mm/m 底面1.0mm/m	国标2.0mm/m 国标2.0mm/m

龙牌墙体龙骨产品标记与规格(mm)　　表10-49

名称	标记	断面规格(mm)	断面	重量(kg/m)	备注	名称	标记	断面规格(mm)	断面	重量(kg/m)	备注
横龙骨	LLQ-U	U50×40×0.6		0.58		竖龙骨	LLQ-C	C50×50×0.6		0.77	a.侧面打麻点 b.可按用户要求打孔
		U75×40×0.6		0.70				C75×50×0.6		0.89	
		U75×40×1.0		1.16				C75×50×1.0		1.48	
		U100×40×0.7		0.95				C100×50×0.7		1.17	
		U100×40×1.0		1.36				C100×50×1.0		1.67	
		U150×40×0.7		1.23				C150×50×0.7		1.45	
		U150×40×1.0		1.76				C150×50×1.0		2.07	
						通贯龙骨	LLQ-U	U38×12×1.0		0.45	按设计要求搭配

注:可加工CH龙骨和减震条

龙牌吊顶龙骨产品标记与规格(mm)　　表10-50

名　称	承载(主)龙骨			覆面(次)龙骨		
标　记	LLD-CB	LLD-CS	LLD-CS	LLD-CB	LLD-CB	LLD-CB
断面规格	CB38×12×1.0	CS50×15×1.2	CS60×27×1.2	CB50×19×0.5	CB50×20×0.6	CB60×27×0.6
断　面						
重量(kg/m)	0.45	0.70	1.09	0.39	0.47	0.55
备　注				打　麻　点		

龙牌龙骨配件　　　　**表 10-51**

名　称	简　图	标　记	厚度(mm)	名　称	简　图	标　记	厚度(mm)
吊件	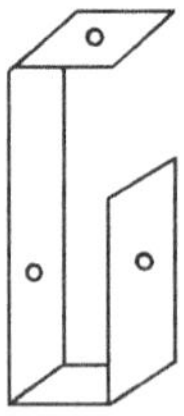	CS60-1	3.0	连接件	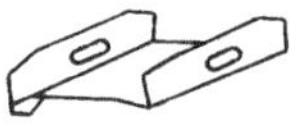	CB50-L	0.5
		CS50-1	3.0			CB60-L	0.5
					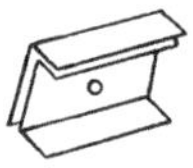	CB38-L	1.2
		CB50-1	2.0			CS50-1	1.2
						CS60-L	1.5
		CB50-1P	1.5				
		CB60-1P	1.5	水平件	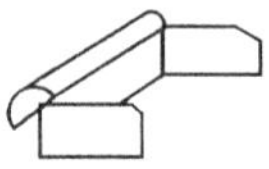	CB50-4	0.5
		CB38-1	2.0			CB60-4	0.5
长挂件	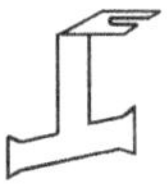	CS60-2	1.0	大固定件	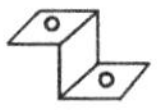		3.0
		CS5060-2	1.0	小固定件			3.0
		CB50-2	1.0	支撑卡		LLQ-ZC(75系列)	0.8
短挂件		CB60-3	0.8			LLQ-ZC(100系列)	0.8
		CB50-3	0.8	空气龙骨	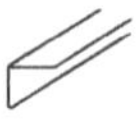	LLQ-HJ	0.5
		CB5038-2	0.8			LLQ-BB	0.5
支托	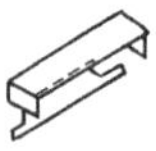		0.8	角托	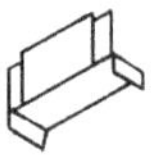		0.8

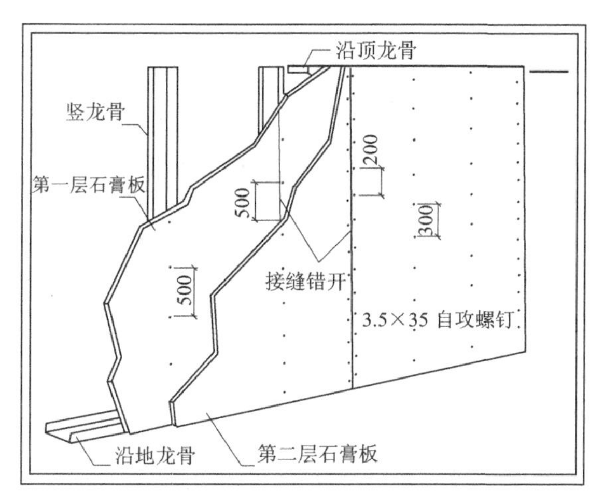

图 10-11　龙牌轻钢龙骨、纸面石膏板隔墙安装示意图

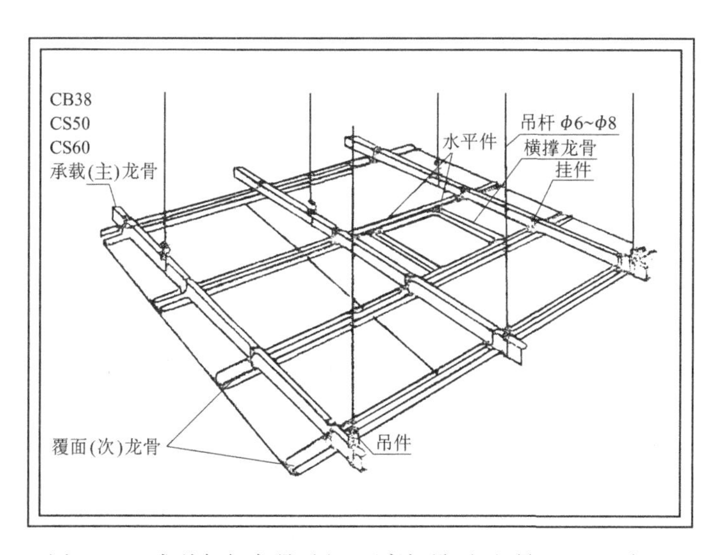

图 10-12　龙牌轻钢龙骨、纸面石膏板吊顶(竖吊)施工示意图

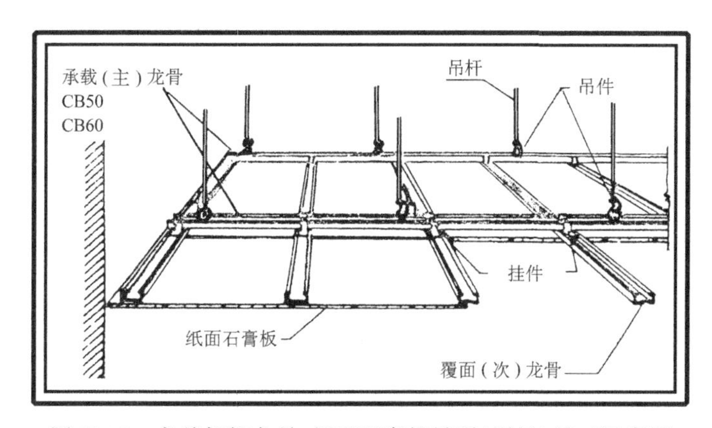

图 10-13　龙牌轻钢龙骨、纸面石膏板吊顶(平吊)施工示意图

第十一章　建筑装饰用金属材料

用于建筑装饰的金属材料近年来发展很快，如铝合金、不锈钢、彩色钢板、铝塑复合板、铜材甚至一些较贵重的金属材料，都用于不同档次的建筑装饰。在本书第十章中涉及了轻钢龙骨和铝合金吊顶板材等内容，本章主要介绍不锈钢、彩色涂层钢板、铝合金型材、铜材及金属装饰制品等。

第一节　装饰用不锈钢

一、不锈钢的一般特性

在钢的冶炼过程中，加入铬（Cr）、镍（Ni）等元素，形成以铬元素为主要元素的合金钢，就称为不锈钢。通常不锈钢含铬12%以上。不锈钢克服了普通钢材在常温下或潮湿环境中易发生的化学腐蚀或电化学腐蚀的缺点，能提高钢材的耐腐蚀性。合金钢中铬的含量越高，钢材的抗腐蚀性越好。除铬外，不锈钢中还有镍、锰（Mn）、钛（Ti）、硅（Si）等元素，这些元素的含量都能影响不锈钢的强度、塑性、韧性和耐腐蚀性。

不锈钢之所以耐腐性，主要原因是其中铬的性质比铁活泼。在不锈钢中，铬首先与环境中的氧化合，生成一层与钢基体牢固结合的致密的氧化膜层，称为钝化膜，它能使铬合金钢得到保护，不致锈蚀。

不锈钢按其化学成分可分为铬不锈钢、铬镍不锈钢和高锰低铬不锈钢等几类。按不同的耐腐蚀特点，又可分为普通不锈钢（简称不锈钢）和耐酸不锈钢两类。前者具有耐大气和水蒸气侵蚀的能力，后者除对大气和水蒸气有抗蚀能力外，还对某些化学侵蚀介质（如酸、碱、盐溶液）具有良好的抗蚀性。常用的不锈钢有40多个品种，其中建筑装饰用不锈钢主要是Cr18Ni8、Cr17Ti和Cr17MnTi等几种。

二、装饰用不锈钢及其制品

建筑装饰用不锈钢制品主要是各种薄板、各种不锈钢型材、管材和异型材，各种规格的不锈钢厨具、卫生洁具、五金配件及其他装饰制品。这些制品表面经加工处理，可达到高度抛光发亮，也可无光泽。经化学浸渍着色处理，可制得褐、蓝、黄、红、绿等各种颜色，既保持了不锈钢原有优异的耐蚀性能，又进一步提高了其装饰效果。

在常用的不锈钢薄板中，以厚度小于2mm的使用得最多。板材的规格为：长1000～2000mm；宽500～1000mm；厚0.2～2.0mm。

光泽度是不锈钢的另一重要特点。不锈钢经不同的表面加工可形成不同的光泽度和反射性，并按此划分成不同的等级，其装饰性也正是利用了不锈钢表面的光泽度和反射性。高级别的抛光不锈钢的表面光泽度，具有同玻璃相同的反射能力。

不锈钢及其制品在建筑装饰上通常用来做屋面、幕墙、门、窗、内外墙饰面、栏杆扶手、电梯间、壁画或装饰画边框、展厅陈列架及护栏等。不锈钢柱被广泛用于大型商场、宾馆、酒店、银行等大型高档建筑的入口、门厅、中厅等处，在通高大厅和四季厅之中，也常被采用。这是由于不锈钢包柱不仅是一种现代装饰的新颖手法,而且由于其镜面的反射和折射作用,可取得与周围环境交相辉映的效果。同时,在灯光的照射下,还可形成晶莹明亮的高光部分,从而有助于在这些共享空间中,形成空间环境中的兴趣中心,对空间环境的艺术效果起到强化、点缀和烘托作用。

第二节 彩色钢板

一、彩色涂层钢板

彩色涂层钢板,又称有机涂层钢板,它是以冷轧钢板或镀锌钢板的卷板为基板,经过刷磨、除油(脱脂)、磷化、钝化(铬酸盐处理)等表面处理后,在基板的表面形成了一层极薄的磷化钝化膜。该膜对增强基材的耐蚀性和提高漆膜对基材的附着力具有重要作用。经过表面处理的基板在通过辊涂机时,基板的两面被涂覆以各种色彩的有机涂料,再通过烘烤炉加热使涂料固化。一般涂覆并烘干两次,即可获得彩色涂层钢板。除有机涂料外,彩色钢板还可用无机涂料和复合涂料作表面涂层。

彩色涂层钢板具有优异的装饰性,涂层附着力强,可长期保持新颖的色泽。板材可加工性好,可以进行切断、弯曲、钻孔、铆接、卷边等。

彩色涂层钢板一般用于制作建筑门窗、交通运输、建筑屋面、墙面、护面板等装饰工程。

彩色涂层钢板有一涂一烘(涂一层涂料,烘干一次)、二涂二烘(涂两层涂料,每层涂料烘干一次)两种类型产品。上表面层涂料有聚酯硅改性树脂、聚偏二氟乙烯等,下表面层涂料有环氧树脂、聚酯树脂、丙烯酸酯、透明清漆等。

彩色钢板具有以下性能:

1. 耐污染性能好

将番茄酱、口红、咖啡饮料、食用油等涂抹在聚酯类涂层表面,24h 后用洗涤液清洗、烘干,其表面光泽、色差无任何变化。

2. 耐热性能好

涂层钢板在 120℃烘箱中连续加热 90h,涂层光泽、颜色无明显变化。

3. 耐低温性能好

涂层钢板在 -54℃低温下放置 24h 后,涂层弯曲、抗冲击性能无明显变化。

4. 耐沸水性能好

各类涂层产品试样在沸水中浸泡 60min 后表面的光泽和颜色无任何变化,不起泡、软化、无膨胀等现象。

将软质或半软质 PVC 薄膜层压到钢板上制得的钢板,称为复层钢板或塑料复合钢板。这类钢板上海钢铁三厂和鞍山钢铁公司冷轧厂都曾大批量生产过。

彩色涂层钢板的分类见表 11-1,技术性能指标见表 11-2。

彩色涂层钢板分类表 **表 11-1**

分类方法	类别	代号
按表面形状分	涂层板	TC
	印花板	YH

续表

分类方法	类别		代号
按涂料种类分	外用丙烯酸		WB
	内用丙烯酸		NB
	外用聚酯		WZ
	内用聚酯		NZ
	硅改性聚酯		GZ
	聚氯乙烯——有机溶胶		YJ
	聚氯乙烯——塑料溶胶		SJ
按基材类别分	冷轧板		L
	电镀锌板		DX
	热镀锌　小锌花光整板		XG
	热镀锌　通常锌花光整板		ZG
按涂层结构分	上表面	下表面	
	一次涂层	不涂	D_1
	一次涂层	下层涂漆	D_2
	一次涂层	一次涂层	D_3
	二次涂层	不涂	S_1
	二次涂层	下层涂漆	S_2
	二次涂层	一次涂层	S_3
	二次涂层	二次涂层	S_4

注:1. 不涂:基板表面不予涂漆或涂层。
2. 下层涂漆:为任何涂料的一层漆,对外观、可成型性和耐腐蚀性能等,没有要求。
3. 一次涂层:一层漆,对外观、可成型性和耐腐蚀等可有一定的要求。
4. 二次涂层:二层漆,由一层底漆和一层面漆组成,对外观、可成型性和耐腐蚀等有要求。
5. 交货时上表面位置:以钢卷交货时,钢卷的外面为下表面。

彩色涂层钢板的规格和性能　　**表 11-2**

名称	规格（mm）	技术性能	生产厂家
彩色涂层钢板	颜色有黄、绿、米黄色等多种;花纹有立体感木纹、皮革纹、布纹等		上海宝山钢铁公司初轧厂
彩色涂层钢板	颜色有黄、绿、米黄色等多种;花纹有立体感木纹、皮革纹、布纹等		武汉钢铁公司
彩色涂层钢板			广州彩色钢带厂
彩色涂层钢板	钢卷厚度:0.25～1.2 宽度:610～1100 内径:610 或 508 最大卷重:10t	1)基材的化学成分和力学性能符合相应标准的规定 2)涂层性能符合 GB/1275—91 的有关规定	北京市门窗公司彩色钢板厂

续表

名　　称	规　格　(mm)	技　术　性　能	生　产　厂　家
塑料复合钢板	长:1800、2000; 宽:450、500、1000; 厚:0.35、0.40、0.50、0.60、0.70、0.80、1.0、1.5、2.0	1)耐腐蚀性能:可耐酸、耐碱、耐油、耐醇类的腐蚀,但对有机溶剂的耐腐蚀性差; 2)耐水性能好; 3)绝缘、耐磨性能良好; 4)剥离强度及深冲性能:塑料与钢材的剥离强度>20N/cm; 5)冷弯180°时,覆合层不分离开裂; 6)具有普通钢板所具有的切断、弯曲、深冲、钻孔、铆接、咬合、卷边等加工性能,加工温度20～40℃为宜; 7)使用温度:在10～60℃可以长期使用,短期可耐120℃温度	上海第三钢铁厂

二、彩色涂层压型钢板

彩色涂层压型钢板又称彩色压型钢板,由彩色涂层钢板辊压加工成纵断面呈"V"或"U"形及其他类型制得,也可由镀锌钢板经成型机轧制,并涂敷各种耐腐蚀涂层与彩色烤漆而制成的轻型围护结构材料,用来做工业与民用建筑的屋面、墙面和装饰工程。用彩色压型钢板与H型钢、冷弯型材等各种经济断面型材的钢结构配合建造房屋,已发展成为一种完整的、成熟的建筑体系,它使钢结构的重量大大减轻。某些以彩色压型钢板为围护结构的全钢结构的用钢量已降低到接近甚至低于钢筋混凝土结构的用钢量,充分显示出这一建筑体系的综合经济效益。

1. 特点

(1)自重轻。彩色压型钢板的自重只有7～13kg/m²。以宝山钢铁公司工程为例,一个15m柱距的厂房加上支撑、檩条,整个屋面的静荷载只有65kg/m²左右,与一般6m柱距的钢筋混凝土大型屋面板荷载228kg/m²相比,柱距加大2.5倍,荷载只有其1/3左右。由于减轻了上部结构的荷载,可使下部基础费用相应地减少。

(2)建设周期短。在现场施工地基基础的同时,可在工厂同步加工彩色涂层压型钢板和钢结构,待基础工程完工后,即可进行上部工程的安装施工。

(3)彩色压型钢板与钢结构的安装均为干法作业,文明施工,生产效率高,劳动强度小。

(4)建筑构造节点标准化,设计工作量减少,容易保证工程质量。

(5)抗震性能优越,适宜于地震区建筑。

(6)由于标准化生产,产品尺寸准确,波纹平直坚挺,色彩鲜艳丰富,可赋予建筑物以特殊的艺术表现力。

2. 检验

彩色压型钢板使用前应进行下列质量检验:

(1)涂层的化学和物理性能检验——以判断涂层的防腐性能和使用寿命。

(2)外观质量检验——彩色涂层不应有影响使用的伤痕、色斑、颜色不均匀等缺陷。

(3)外形尺寸检验——外形尺寸公差过大会造成施工安装困难,并给使用功能和寿命带来影响。检验项目有:长度允许公差、断面形状允许公差、扭曲、侧向弯曲、翘曲等。

(4)抗弯强度检验——检验彩色压型钢板的受力性能。

(5)防水性能检验——检验彩色压型钢板及其零配件的密闭性能,以判断其防水能力。

与彩色压型钢板配套使用的主要零配件有固定件、泛水板、采光板、端部堵头、通风器、隔热材料、涂层修补剂、嵌缝膏及密封胶带等。

上海宝钢初轧厂生产的压型钢板有四种:

(1)W_{550}型,材质为 C. G. S. S;

(2)V_{115N}型,材质为 C. G. S. S 及 C. A. A. S. S;

(3)波型镀锌合金板(KP-1);

(4)强化 C. G. S. S 板,有 W_{550}型和 V_{115N}型。

美国 H·H·R 公司生产的彩色压型屋面板和墙板板型见图 11-1 和图 11-2。压型板的有关特性值见表 11-3、表 11-4、表 11-5 和表 11-6。

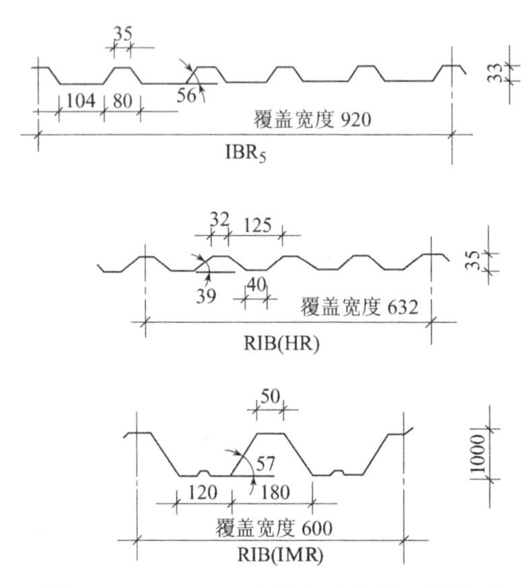

图 11-1　H·H·R 公司生产的屋面板板型

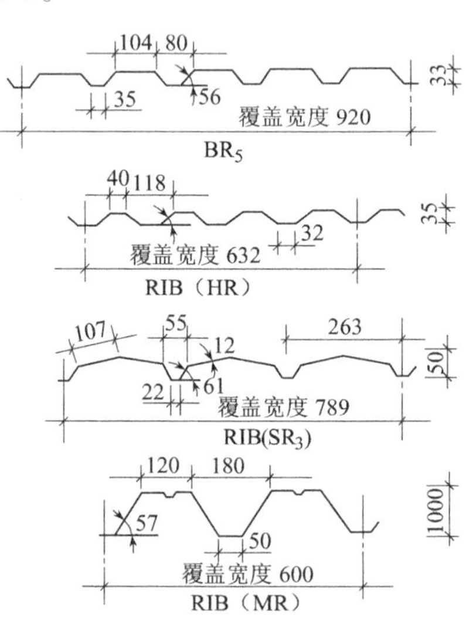

图 11-2　H·H·R 公司生产的墙板板型

IBR_5 屋面板允许安全荷载(kPa)　　**表 11-3**

跨　度 (mm)	单　跨			双　跨			三　跨		
	钢板厚度(mm)			钢板厚度(mm)			钢板厚度(mm)		
	0.6	0.7	0.9	0.6	0.7	0.9	0.6	0.7	0.9
900	8.23	10.35	15.21	8.23	10.35	15.21	10.30	12.93	19.01
1200	4.44	5.47	7.80	4.63	5.82	8.56	5.79	7.27	10.69
1500	2.27	2.80	3.99	2.96	3.72	5.48	3.1	4.65	6.84
1800	1.32	1.62	2.31	2.06	2.59	3.80	2.48	3.06	4.36
2100		1.02	1.46	1.51	1.90	2.79	1.56	1.93	2.75
2400			0.98	1.16	1.45	2.14	1.05	1.29	1.84
2700					1.15	1.65		0.91	1.29
3000						1.20		0.94	

IBR_5 屋面板特性表　　**表 11-4**

钢板厚度 (mm)	单位长度重量 (kg/m)	单位面积重量 (kg/m^2)	应　力　系　数			挠　度　系　数		
			单跨	双跨	三跨	单跨	双跨	三跨
0.6	6.50	7.07	6.67	6.67	8.34	7.67	18.43	14.47
0.7	7.39	8.03	8.38	8.38	10.47	9.45	22.72	17.84
0.9	9.15	9.95	12.32	12.32	15.40	13.48	32.39	25.43

IBR_5 墙板允许安全荷载表(kPa)　　　　**表 11-5**

跨　度(mm)	单　跨			双　跨			三　跨		
	钢板厚度(mm)			钢板厚度(mm)			钢板厚度(mm)		
	0.6	0.7	0.9	0.6	0.7	0.9	0.6	0.7	0.9
900	10.99	13.79	20.28	10.99	13.79	20.28	13.73	17.23	25.36
1200	6.18	7.76	11.41	6.18	7.76	11.41	7.72	9.69	14.26
1500	3.41	4.20	5.99	3.96	4.96	7.30	4.84	6.20	9.13
1800	1.97	2.43	3.47	2.75	3.45	5.07	3.43	4.31	6.34
2100	1.24	1.53	2.18	2.02	2.53	3.73	2.34	2.89	4.12
2400	0.83	1.03	1.46	1.55	1.94	2.85	1.57	1.94	2.76
2700	0.58	0.72	1.03	1.22	1.53	2.25	1.10	1.36	1.94
3000	0.43	0.53	0.75	0.99	1.24	1.80	0.80	0.99	1.41

IBR_5 墙板特性表　　　　**表 11-6**

钢板厚度(mm)	单位长度重量(kg/m)	单位面积重量(kg/m^2)	应力系数			挠度系数		
			单跨	双跨	三跨	单跨	双跨	三跨
0.6	6.50	7.07	8.90	8.90	11.12	11.50	27.64	21.07
0.7	7.39	8.03	11.17	11.17	13.96	14.18	34.08	26.75
0.9	9.15	9.95	16.43	16.43	20.54	20.21	48.59	38.14

第三节　铝合金型材和铝装饰板

一、铝合金及其性质

纯铝强度较低,为提高其实用价值,常在铝中加入适量的铜、镁、锰、硅、锌等元素组成铝合金。铝中加入合金元素后,其机械性能明显提高,并仍能保持铝固有的特性,用途也更加广泛,不仅用于建筑装饰,也用于建筑结构。

铝合金的弹性模量约为钢的 1/3,而铝合金的比强度(按单位体积重量计算的材料强度,其值等于材料强度与其表观密度之比,比强度是衡量材料轻质高强性能的重要指标)却为钢的几倍。铝合金的线膨胀系数约为钢的两倍,但因其弹性模量小,由温度变化引起的内应力并不大。就铝合金而言,由于弹性模量较低,所以刚度和承受弯曲的能力较小。

铝合金广泛用于建筑结构和建筑装饰,如铝合金型材、屋架、屋面板、幕墙、门窗框、活动式隔断、顶棚、散热器、阳台、楼梯扶手以及其他室内装修及建筑五金等。日本的高层建筑 98% 采用了铝合金门窗。

为了提高铝合金的性能及装饰效果,需要对其进行表面的处理。通常采用阳极氧化处理方法和表面着色处理方法。

二、铝合金型材

铝合金型材的生产方法可分为挤压法和轧制法。铝合金型材的各种复杂断面形状及大小规格均可一次挤压成型,具有质轻、高强、耐蚀、耐磨、刚度大的特点,经阳极氧化着色处理后可得到各种雅致色泽,装饰效果良好,因而应用十分广泛。它是铝合金门窗及其配件、幕墙、门面装饰及展示柜、货柜等装饰部位的主要装饰材料之一。

(一)铝合金型材的表面处理方法

1. 阳极氧化处理

阳极氧化处理一般用硫酸法。处理后的型材表面呈银白色,它是建筑用铝合金型材的主要品种。国外这种型材一般占铝型材的75% ~85%,着色型材占15% ~25%,前者仍有上升趋势。

阳极氧化处理主要通过控制氧气条件和工艺参数,使铝材表面产生比自然氧化膜(厚度小于0.1μm)厚得多的氧化膜层(Al_2O_3,厚度5~20μm),Al_2O_3 膜层本身是致密的,但在结晶中存在缺陷。因硫酸电解液中的 H^+、SO_4^{-2}、HSO_4^- 离子会被浸入膜层,使氧化物局部溶解,在型材表面形成大量小孔,故要进行"封孔"处理,以提高铝合金型材表面硬度、耐磨性、耐腐蚀性等。致密的膜层也为进一步着色创造了条件。

阳极氧化处理的原理实为水的电解过程。水电解时在阴极上生成氢(H^+),在阳极上生成氧(O),氧和铝化合形成三氧化二铝(Al_2O_3),其反应如下:

阴极　　$2H^+ + 2e \rightarrow H_2\uparrow$

阳极　　$2Al^{+3} + 3O^{-2} \rightarrow Al_2O_3$ + 放热

2. 表面着色处理

经中和水洗或阳极氧化后的铝型材,可以进行表面着色处理。着色方法有自然着色法、金属盐电解着色法、化学浸渍着色法、涂漆法等。最常用的是自然着色法,此法在美国和德国普遍应用,电解法在加拿大和日本应用较多。

自然着色法是铝型材在特定的电解液和电解条件下被阳极氧化而又同时着色。电解法是对常规硫酸液中生成的氧化膜进一步电解,使电解液所含的金属离子沉淀到氧化膜孔底而着色。

(二)铝合金型材的技术要求

按《铝合金建筑型材》(GB 5237.1 ~ 5237.6—2008)的规定,建筑行业用的铝合金型材分基材、阳极氧化、着色型材、电泳涂漆型材、粉末喷涂型材、氟碳漆喷涂型材及隔热型材。

1. 基材

基材是指表面未经处理的铝合金建筑型材。其牌号和供应状态应符合表11-7的规定。

基材的牌号与供应状态　　表11-7

合金牌号	供应状态
6005	T5、T6
6061	T4、T6
6060、6063、6063A、6463、6463A	T4、T5、T6

注:以其他状态订货时,由供需双方协商并在合同中注明。

(1)规格　建筑型材的规格应符合YS/T436的规定或以供需双方签订的技术图样确定,且由供方给予命名;建筑型材的长度由供需双方商定,并在合同中注明。

(2)产品标记　产品标记按产品名称、合金牌号、供应状态、规格(由型材的代号与定尺长度两部分组成)和标准号的顺序表示。标记示例如下:

用6063合金制造的,供应状态为T5,型材代号为421001,定尺长度为6000mm的铝型材,标记为:

基材 6063—T5　421001×6000 GB 5237.1—2008

(3)尺寸允许偏差及其他技术要求详见国家标准。

2. 阳极氧化、着色型材(GB 5237.2—2008)

(1)产品分类和牌号:产品的牌号、供应状态和规格应符合GB 5237.1—2008的规定。

(2)标记示例:产品标记按产品名称(阳极氧化型材以"氧化铝建型"表示,阳极氧化加电解着色型材以"氧化电解铝建型"表示,阳极氧化加有机着色型以"氧化有机铝建型"表示)、合金牌号、状态、产品规格(由型材代号与定尺长度两部分组成)、颜色、膜厚级别和本标准编号的顺序表示,标记示例如下:

用6063合金制造的,T5状态,型材代号为421001,定尺长度为3000mm,表面经阳极氧化电解着色处理,中青铜色,膜厚级别为AA10的外窗用型材,标记为:

外窗型材6603-T5　421001×3000中青铜AA10　GB 5237.2—2008

(3)基材质量:基材质量应符合GB 5237.1—2008的规定。

(4)产品尺寸允许偏差(包括氧化膜在内)应符合GB 5237.1—2008的规定。

(5)其他技术要求应符合相应国家标准的要求。

3. 电泳涂漆型材(GB 5237.3—2008)

电泳涂漆型材是表面阳极氧化处理后再经电泳涂漆(水溶性清漆)而形成的带有耐蚀性、耐候性和耐磨性复合膜的型材。

(1)产品分类和牌号:应符合GB 5237.1相应的规定。

(2)标记示例:产品的标记按产品名称、合金牌号、供应状态、规格(由型材代号与定尺长度两部分组成)、颜色、复合膜厚度级别和标准号的顺序表示。标记示例如下:

用6063合金制造的,供应状态为T5,型材代号为421001,定尺长度为6000mm,表面处理方式为阳极氧化电解着古铜色,加电泳涂漆处理,复合膜厚度级别为A级的外窗用型材,标记为:

电泳铝外窗型材6063—T5 421001×6000古铜　A　GB 5237.3—2008。

(3)基材质量:电泳型材所用的基材应符合GB 5237.1的规定。

(4)产品的化学成分、力学性能:电泳型材去除膜层后,其化学成分、室温力学性能应符合GB 5237.1的规定。

(5)尺寸允许偏差(包括复合膜在内):应符合GB 5237.1的规定。

(6)其他技术性能要求应符合GB/T 5237.3—2008的规定。

4. 粉末喷涂型材

粉末喷涂型材是以热固性饱和聚酯粉末作涂层的铝合金热挤压型材(简称喷粉型材)。其技术指标要求及规定见GB 5237.4—2008。

5. 氟碳漆喷涂型材

氟碳漆喷涂型材是以聚偏二氟乙烯漆作涂层的建筑行业用铝合金热挤压型材(简称喷漆型材)。其技术指标要求及规定见GB 5237.5—2008。

6. 隔热型材

隔热型材是以隔热材料连接铝合金型材而制成的具有隔热功能的复合型材。通常采用把液态隔热材料注入铝合金型材浇注槽内并固化,切除铝合金型材浇注槽内的临时连接桥,使之断开金属连接,通过隔热材料将铝合金型材断开的两部分结合在一起的复合方式。其技术指标要求及规定见GB 5237.6—2008。

(三)国内铝合金型材生产知名企业

主要有辽宁忠旺集团、亚洲铝业有限公司、苏州罗普斯金铝业股份有限公司、广东兴发铝业有限公司、广东凤铝铝业有限公司、广东坚美铝型材有限公司、山东南山铝业有限公司、广东永利坚铝业有限公司、张家港鑫宏铝业开发有限公司、广东铝厂有限公司等。

张家港市鑫宏铝业开发有限公司生产的铝合金型材主要品种有:铝合金门窗765

系列、推拉窗765系列、落地推拉门1235系列、铝合金门窗90系列、推拉窗70系列、推拉窗73系列、平开窗AP38系列、平开窗38系列、50系列、地弹簧门100系列、平开门770系列、落地防盗大门75系列、办公室隔断材料等型材及其配套材料。

表11-8为张家港市鑫宏铝业开发有限公司铝合金型材技术性能。

铝合金型材性能　　表11-8

项　目	性能指标	项　目	性能指标
		765系列检测指标:	
拉力强度	>15kg/mm^2	空气渗透性	属于GB 7107第Ⅱ级
屈服强度	>11kg/mm^2	雨水渗透性	属于GB 7107第Ⅲ级
伸长率	>8%	风压变形性	属于GB 7107第Ⅲ级

广东兴发铝型材集团公司生产产品主要品种有:100系列推拉窗、90和90-A系列推拉窗、70-A系列推拉窗、70-B系列推拉窗、70系列带纱推拉窗、55系列推拉窗、52系列平开窗、50系列平开窗、38系列平开窗、130、155、180系列隐框玻璃幕墙、155系列中空玻璃墙、120系列玻璃幕墙以及玻璃棚、顶棚、地柜、风口、展品架等铝合金型材。颜色主要有古铜色、银白色和电泳喷漆、静电粉末涂装等。

三、铝装饰板

铝装饰板是新型、高档内外墙装饰材料,包括单层彩色铝板、铝塑复合板、铝蜂窝板和铝保温复合板等。从建筑物的幕墙装饰来看,国内目前以玻璃幕墙、石材幕墙和铝装饰幕墙为主,其中铝装饰板后来居上,是目前发展最快的幕墙装饰材料。

1. 单层彩色铝板

单层彩色铝板是采用一定厚度的铝板,按一定尺寸、形状和结构形式加工,并对其表面进行涂饰处理的一种高档装饰材料。

单层彩色铝板厚度规格通常用2、2.5、3mm,最大尺寸为1600mm×4500mm。

单层彩色铝板主要由面板、加强筋、挂耳等组成,有要求时面板背面可填隔热矿岩棉。挂耳可直接由面板折弯而成,也可在面板上用型材另外加装。面板背面焊有螺栓,通过螺栓把加强筋和面板联系起来,形成一个牢固的整体,加强筋起到增强单层彩色铝板强度和刚性的作用,保证铝板在长期使用中的平整性。

单层彩色铝板的表面一般采用静电液体喷涂。室外用的彩色铝板涂装应采用氟碳树脂(PVDF)作为涂料,即通常所说的氟碳树脂喷涂,这是因为氟碳树脂具有极其优良的耐候性、耐腐蚀性和抗粉化性。铝板常被着色为黄、绿、橙、红、紫、灰等多种颜色。

静电液体喷涂设备最先进的要数美国、德国、英国等国家。我国深圳方大实业股份有限公司从国外引进的自动喷涂生产线,对前处理液体温度、烘烤温度、漆液添加、喷涂工序的时间选定、喷枪的启闭和运动频率及幅度都能进行自动控制。还采取了一些环保措施,如喷淋段的水流逆补方式、喷漆室的顶部平流送风与水旋漆雾过滤、烘道废气循环燃烧以及废水生化处理等,最大限度地减少了环境污染。

静电液体喷涂工艺流程如下:

切割下料──→冲孔、开角──→滚弯、卷形──→折边──→种钉(闪光焊)──→焊接──→加肋、组装──→打磨──→喷涂──→装配。

氟碳树脂涂料是一种以KYNAR——500氟碳树脂(聚偏二氟乙烯,简称PVDF)为主的高分子有机涂料,其喷涂工艺流程如下:

脱脂(清除铝板表面油污)——→酸洗腐蚀(去除表面自然氧化膜)——→铬化(形成转化层,保护基材,增强漆料粘附性)——→底漆喷涂——→面漆(金属漆)喷涂——→底面漆固化(220~250℃烘烤)——→罩光漆喷涂——→罩光漆固化(220~250℃)。

氟碳树脂涂层的性能见表11-9。日本、德国生产氟碳树脂涂层铝装饰板时,甚至采取了一次性连续三涂三烤等更为先进的生产方法。

氟碳树脂涂层的性能　　表11-9

项　　目	性能指标	试验方法	项　　目	性能指标	试验方法
涂层厚度	>40μm	ASTMD792	抗冲击	无破裂,不脱落	ASTMD2794-82
光泽度@60	20~40	ASTMD523-89	抗磨性、喷砂	通过	ASTMD968-81
铅笔硬度	H~2H	ASTMD3363-92a	抗盐雾	耐3000h(5% NaCl,35℃)	ASTMB117-85
颜色耐久性	加速老化试验4000h,最大5单位	ASTMD2244-89	耐潮湿	耐3000h(100% RH,35℃)	ASTMD714-87
光泽耐久性	加速老化试验4000h,90%	ASTMD2244-89	耐泥浆性	无变化	AAMA605.2-7.7.2
耐粉化	加速老化试验4000h,最大8单位	ASTMD659-86	耐酸、耐碱性	通过	ASTMD1308-79
柔韧性(T型弯曲)	一次T形弯曲不裂	ASTMD4145-83	耐溶剂性	100次,通过	ASTMD2248-73
附　着　力	1mm×1mm划格,无剥离	ASTMD3359-87			

2. 铝塑复合板

铝塑复合板主要是由三层材料复合而成。上、下两层为高强度铝合金板,中间层为低密度PVC泡沫板或聚乙烯(PE)芯板,经高温、高压而制成的一种新型装饰材料。板材表面喷涂氟碳树脂(PVDF)。这种产品具有如下性能:

(1)质轻,强度高,刚性好。

(2)超强的耐候性能和耐紫外线性能,色彩和光泽持久,能适用于-50℃~+85℃的各种自然环境条件。

(3)耐酸,耐碱。

(4)颜色可选性广,色泽漂亮,质感强,表面平整光洁。

(5)隔声和隔震性能好,抗冲击性好。

(6)隔热和阻燃效果好,火灾时无有毒烟雾产生。

(7)不易玷污,容易清洁。

(8)加工性能优良,易切割,易截剪,易折边,易弯曲,安装方便。

铝塑复合板的厚度有3mm、4mm和6mm,用于外墙装饰时选用4mm,用于室内装饰时一般选用3mm;板宽有1220mm、1470mm等;板长有2000mm、2500mm、3000mm、4000mm及非标准长度。

产品的主要物理力学性能见表11-10。产品主要用于建筑幕墙、门厅、门面、包柱、壁板、吊板、家具、展示台等处。图11-3为日本三菱化学株式会社(MCC)生产的铝塑复合板振动试验参数曲线,图11-4~图11-6为风负荷试验曲线。

铝塑复合板的物理力学性能　　表 11-10

项　目	单　位	板　厚　(mm)			标　准
		3	4	6	
密　度	g/cm^3	1.52	1.37	1.22	ASTMD792
板重(面密度)	kg/m^2	4.55	5.48	7.34	ASTMD792
热膨胀率(-20℃~60℃)	10^{-6}/℃	22	24	25	ASTMD696
热传导率(表观)	W/m·K	0.15~0.19			GB 10294
热变形温度℃	℃	113			ASTMD648
隔声性能(100~3200Hz)	dB	24	26	27	ASTME413
抗拉强度	MPa	45.8	48.0	38.2	ASTMD638
屈服强度	MPa	43.4	44.2	30.4	ASTMD638
伸 长 率	%	12	14	17	ASTMD638
弯曲弹性模量	10^4MPa	3.2	4.2	2.8	ASTMC393
冲击剪切阻力(最大负荷)	kg	1320	1670	2120	ASTMD732
粘接强度	N/mm	8.8	9.0	9.2	ASTMD903

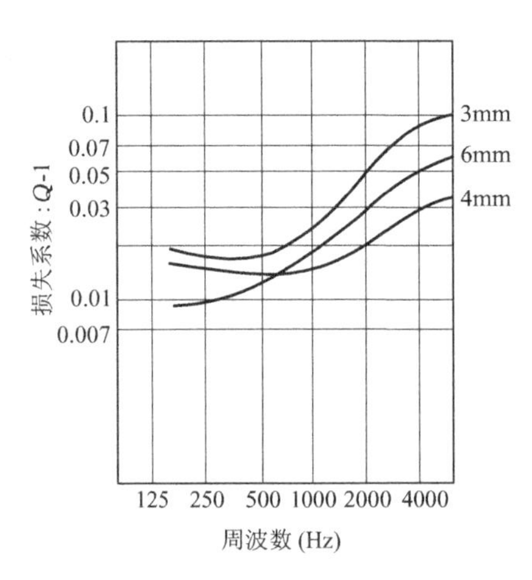

图 11-3　振动衰减曲线(23℃时)

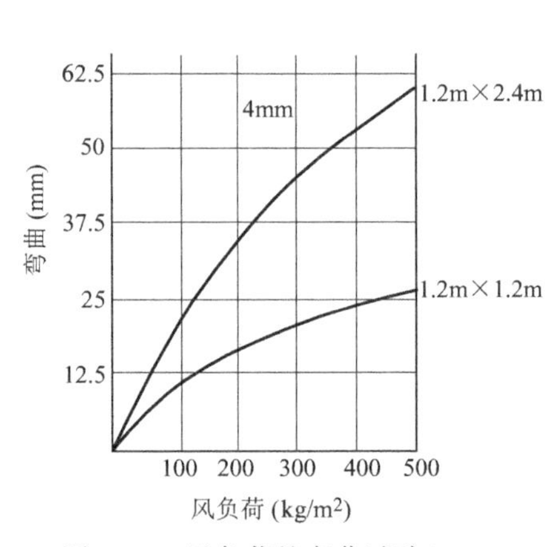

图 11-4　风负荷的弯曲试验(一)
(上下左右固定的状态)

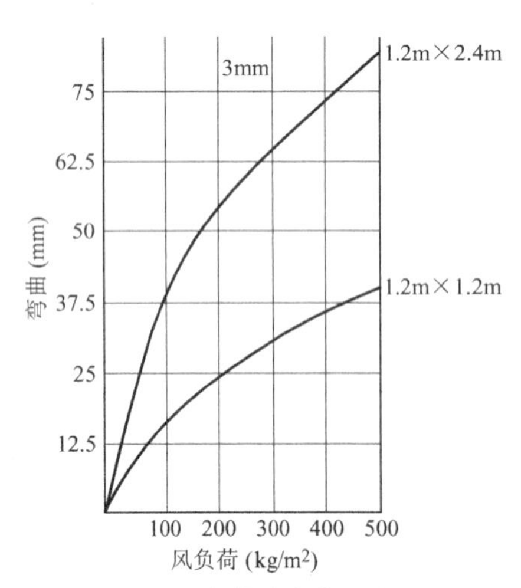

图 11-5　风负荷的弯曲试验(二)
(上下左右固定的状态)

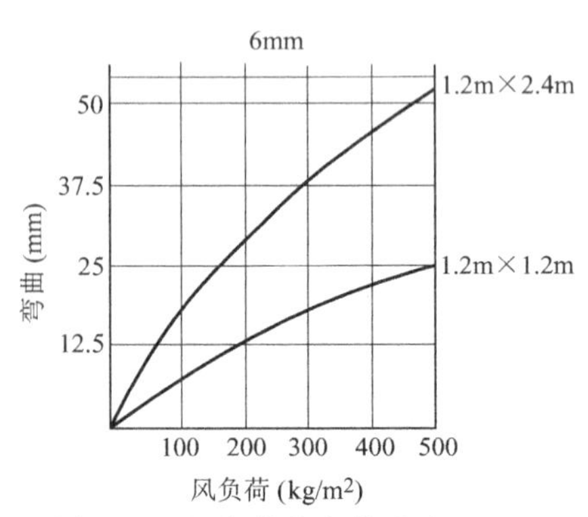

图 11-6　风负荷的弯曲试验(三)
(上下左右固定的状态)

3. 铝蜂窝板

铝蜂窝板又称铝蜂窝复合板或全铝蜂窝板，是将铝合金薄板加工成蜂窝状做芯板，上下两层再用高强度胶粘剂覆盖铝合金板所组成。铝合金板表面可喷涂各种颜色的氟碳树脂（PVDF），并可罩光处理。这种新型装饰材料具有轻质、高强、刚度大、耐酸、耐碱、防腐性能好、阻燃、保温、隔热等优异性能，可用来做建筑幕墙和室内装饰，使用环境从 -40 ~ +80℃。

外层铝合金板性能见表 11-11，蜂窝芯板性能见表 11-12，蜂窝复合板性能见表 11-13。

铝合金覆面板性能　　**表 11-11**

项目	指标	项目	指标
厚度(mm)	1.2	抗拉模量(MPa)	6.5×10^4
抗拉强度(MPa)	180 ~ 200	延伸率(%)	5

蜂窝芯板性能　　**表 11-12**

类别	抗压强度(MPa)		剪切强度(MPa)			
	强度	模量	L 方向	W 方向		
			强度	模量	强度	模量
Ⅰ	2.60	630	1.45	280	0.90	140
Ⅱ	0.90	165	0.65	110	0.40	55

蜂窝复合板的性能　　**表 11-13**

项目	指标	项目	指标
厚度(mm)	12	抗拉强度(MPa)	2 ~ 3
剥离强度(N/cm)	30 ~ 50	导热平数[W/(m·K)]	1.7
剪切强度(板-板)(MPa)	10 ~ 15		

第四节　其他金属装饰材料

一、铜和铜合金

铜是我国历史上使用最早，用途较广的一种有色金属。铜在地壳中储藏量不大，约占 0.01%，且在自然界很少以游离状态存在，而多以化合物状态存在。炼铜的矿石有：黄铜矿（$CuFeS_2$）、辉铜矿（Cu_2S）、斑铜矿（Cu_3FeS_2）、赤铜矿（Cu_2O）和孔雀石（$CuCO_3\cdot Ca(OH)_2$）等。铜是一种容易精炼的金属材料。铜合金最早用于制造武器，以后逐步发展到制造生活用具、工艺品、货币和装饰品等。当今，铜在建筑上是一种高雅华贵的装饰材料，用于高级建筑装修及各种建筑五金配件。

纯铜表面氧化成氧化铜薄膜后呈紫红色，故称紫铜。铜的密度为 8.92g/cm^3，熔点 1083℃，具有高的导电性、导热性、耐蚀性及良好的延展性、易加工性，可压延成薄片（紫铜片）和线材，是良好的止水材料和导电材料。纯铜强度低，不宜直接用作结构材料。

我国纯铜分两类：一类属冶炼产品，另一类属加工产品。纯铜的牌号分四种，即一号铜、二号铜、三号铜和四号铜。纯铜的冶炼产品包括铜锭、铜线锭和电解铜三种。纯铜加工产品其代号用汉语拼音字母"T"和顺序号表示，即 T_1、T_2、T_3、T_4，编号越大，纯度越低。纯铜的主要有害杂质是氧，但可用磷、锰脱氧。含氧在 0.01% 以下的叫纯铜，无氧铜用 TU 表示。磷、锰脱氧铜用 TUP 和 TUMn 表示。

为了改善和提高铜的硬度等机械性能，在铜中掺加锌、锡等元素可制成铜合金。铜合金主要有黄铜、白铜和青铜。

1. 黄铜

（1）普通黄铜

铜（Cu）和锌（Zn）的合金叫普通黄铜。普通黄铜呈金黄色或黄色，色泽随锌的增加而逐渐变淡。工业用黄铜的含锌量约为30% ~45%。含锌30%左右的黄铜，称为7：3黄铜或α黄铜，其延展性好。含锌量约40%的黄铜，称6：4黄铜或$\alpha+\beta$黄铜，其硬度高，主要用于铸造，在高压下轧制和挤压成型材。

黄铜不易生锈腐蚀，延展性较好，易于加工成各种建筑五金、装饰制品、水暖器材等。

（2）特殊黄铜

为了增加黄铜的强度、韧性和其他特殊性质，在铜、锌之外，再添加某些其他元素，便组成特殊黄铜，如锡黄铜、铅黄铜、锰黄铜、镍黄铜（白铜）、铁黄铜等。特殊黄铜主要用于要求高的机械设备、零配件、铸件、锻件等制造加工。

（3）黄铜粉

由黄铜加工生产的粉状材料俗称“金粉”，主要用于调制装饰涂料，在建筑物的一些部分进行装饰，代替“贴金”。

2. 青铜

青铜是以铜和锡作为主要成分的合金。有锡青铜和铝青铜。根据含锡量和含铜量不同，机械性质和加工性能会有变化。锡青铜主要用于武器及其他；铝青铜主要用于制造铜丝、棒、管、板、弹簧和螺栓等。

二、装饰铸锻件

装饰铸锻件主要是用铁通过铸锻工艺而加工成的装饰材料，产品主要有各种欧式铁制品、阳台护栏、楼梯扶手、防盗门、庭院豪华门、屏风、壁挂等装饰件及铁制家具。

装饰铸锻件古朴典雅，充满欧陆情调，它将欧式生活的浪漫情调与东方传统艺术的纯朴高雅巧妙地融为一体，是近年来城市兴起的一种装饰风格。

图11-7和图11-8为武汉佳寄装饰铸锻件工程公司生产的鼎汉系列艺术铸花。

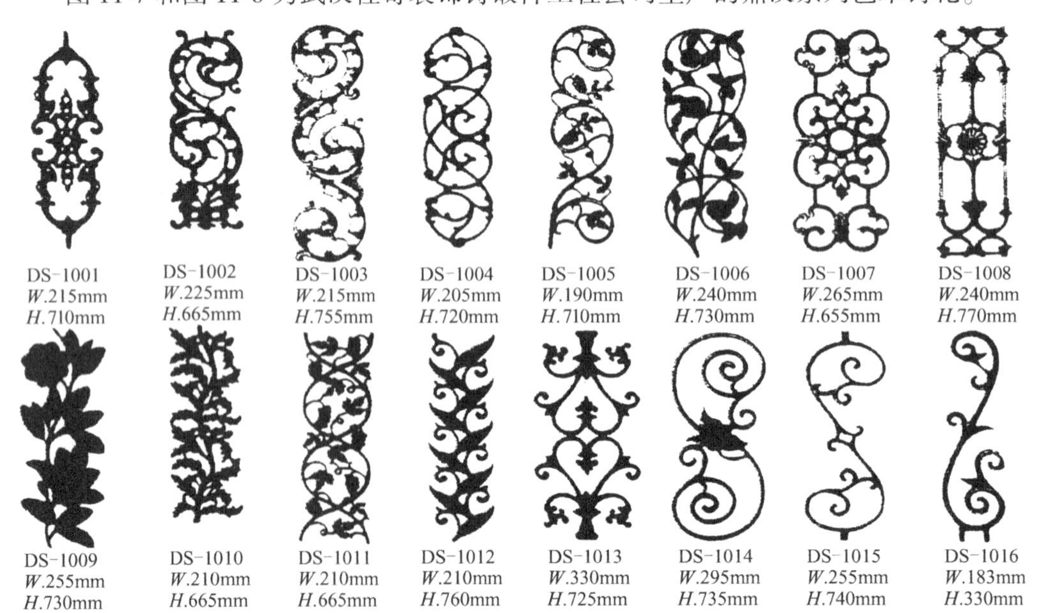

图11-7　鼎汉系列艺术铸花（一）

DS—××××　产品代号；W—产品宽度，mm；H—产品高度，mm。

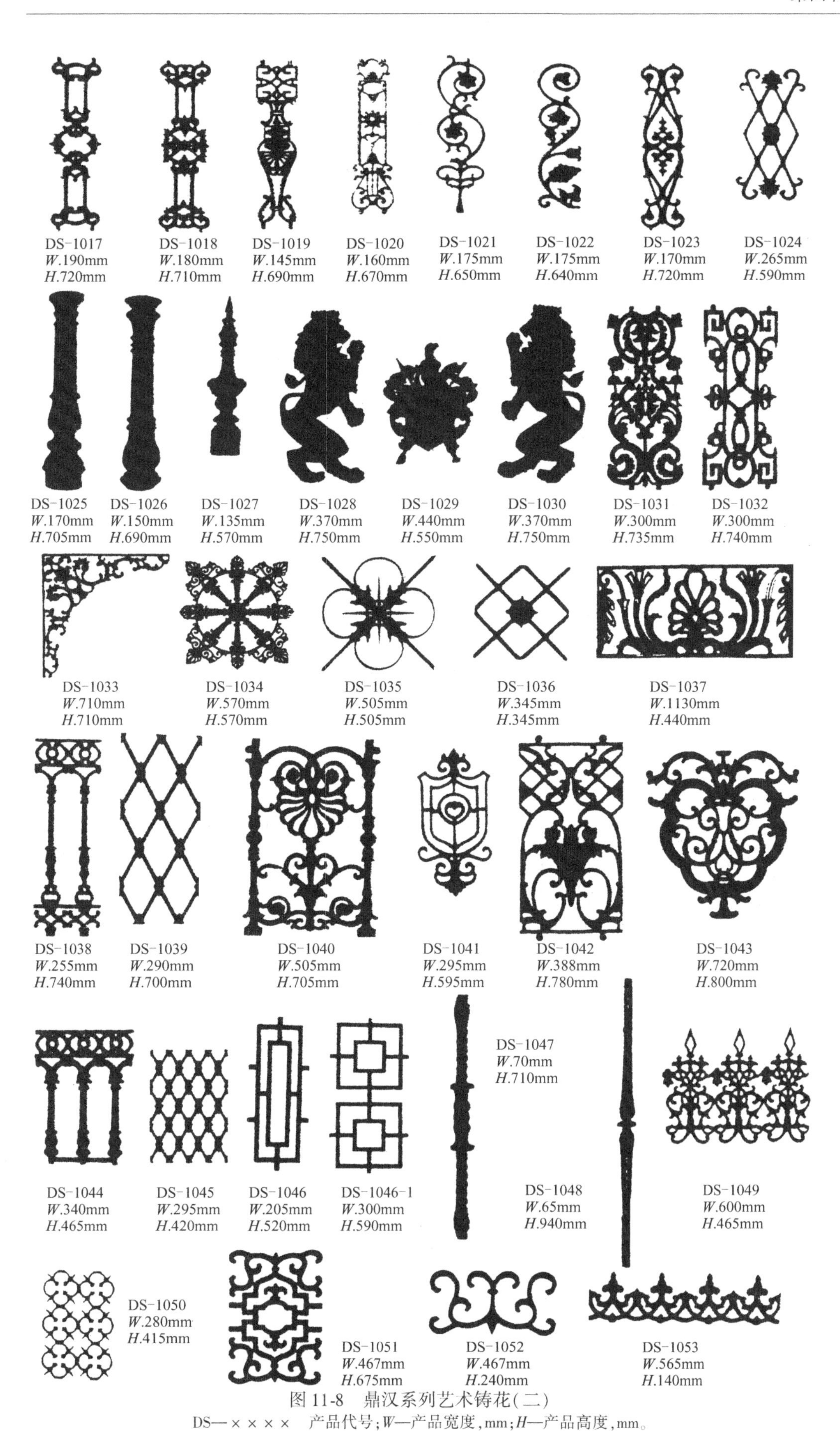

图 11-8　鼎汉系列艺术铸花(二)

DS—××××　产品代号;W—产品宽度,mm;H—产品高度,mm。

第十二章 装饰灯具

灯具是现代室内装饰中不可缺少的重要组成部分。灯具是光源、线罩及管架的总称。早在石器时代人类便开始使用松脂及火把浸渍动物油点燃后作为照明光源，真正作为灯具是人类使用蜡烛和油灯以后才开始的。在汉代以前就使用过庭燎或膏灯，而在欧洲各国最原始的灯具是以陶盘盛油，用线作捻来点燃照明。在战国时期金属做灯盏、灯台；汉代有陶、铜、铁等材料做油灯，如高灯、行灯、九檠火焰及各种动物造型灯等；晋代普遍使用青瓷灯台；唐代有三彩灯台等；到了宋代，灯具式样繁多，如珠子灯、走马灯等；到了元、明、清三代基本沿袭以前的形式，主要保存了八角宫灯、红纸风灯、透明羊角灯、各种纱灯、提灯、桌灯和装饰灯等。

人类自发明了电灯泡之后，电灯作为一种照明设施被广泛应用于人们的日常生活之中，带来了极大的方便，而随着生产力的发展和生活水平的提高，人们已不满足于电灯只是单一作为照明设施，而希望它的造型、灯光在满足照明需要的基础上突出装饰主题。于是古代罗马宫廷的各种造型典雅的枝状吊灯由蜡烛改为电源，单调的白炽灯、荧光灯被重新包装，呈现出灯饰的时代特征。

现代灯饰的良好装饰效果往往能反映出建筑物的风格、等级，增添艺术的美感。灯饰不仅可以渲染气氛，更能显示高级建筑物的豪华气派。不同功能的建筑物，建筑物内不同的使用空间，所设计的灯饰不尽相同，光色各异。因此，合理选择灯饰将对建筑物起画龙点睛之功。

灯饰在建筑物中的主要作用表现为：

(1)丰富室内内容　即利用电光源的强弱、动静、虚实、隐现、扬抑、光色以及投射的角度和范围等手段，收到渲染室内的变动效果，改善空间的层次比例，突出室内的主调中心，增添环境艺术美感的效果，从而营造出最佳室内氛围。

(2)装饰室内的艺术空间　灯饰可以通过光色、造型、质感及组合排列，加强室内艺术效果。当灯饰与室内环境相协调时，更能体现出它的作用。

(3)渲染室内气氛　采用电光源，通过滤色片所获得的彩光和造型优美的灯具使室内空间产生非常明显艺术效果，也是取得室内特定效果的重要手段。形成室内某种特定气氛的视觉环境，是基础光源和局部光源的色光相互作用的结果。

(4)陶冶情操　美的色光对人的生理和心理感受产生不同的影响，比如红、橙、黄等暖色调能表现愉悦、温暖、华丽、奔放的气氛；而蓝、青、紫等冷色调则表现清爽、宁静、高雅、舒适等格调。既要使各种色彩做到和谐统一，也要突出和服从主体基调，注意相似色(如紫与红、紫与蓝、黄与绿)和互补色(如红与绿、紫与红、紫与黄等)的调配，从而达到理想、和谐、完美的效果。

第一节　灯具的照明形式及分类

一、灯具的照明形式

灯具的照明形式通常以改变光源和灯罩或灯壳来实现。灯罩一般有四种作用：一是提高光通量的利用率；二是保护视觉；三是遮控光源；四是起美化装饰作用。其照明形式主要有五种：

（1）直接型灯具。直接型灯具通常以白色搪瓷、铝板和镀水银镜面玻璃作灯罩，充分利用光通量，有90%～100%的光线或光通量投射到工作面或被照面上，使照明区和非照明区之间形成强烈的对比。按配光曲线可分为特深照型、深照型、广照型、配照型及均匀配光型等。一般直接型灯具易产生眩光，会导致视觉不舒适。

（2）半直接型灯具。半直接型灯具能将60%～90%的光通量直接照射在工作面上，也能适当照射空间环境，改善室内的明暗对比，使室内光线柔和，产生一种良好的采光效果。

（3）全部扩散型灯具。全部扩散灯具也称为均匀漫射型灯具，这种类型的灯具能使全部光通量均匀地向四周扩散，其造型美观，光线柔和均匀，但光效不高，损耗较多，最适合没有特殊要求的空间照明。

（4）半间接型灯具。这种灯具能使60%～90%的光通量通过照射到顶棚和墙壁上端形成一大光面。虽然亮度不高，但整个被照空间的光线分布均匀，无明显阴影。由于光损失较大，需增大50%～100%的光通量。

（5）间接型灯具。间接型灯具是将全部光通量都射向顶棚后反射到工作面上，光线比较均匀柔和，可避免眩光，但光损失较大，通常与其他形式的灯具配合使用。

照明形式分类见表12-1。

照明形式分类表　　**表12-1**

	直接照明	半直接照明	全部扩散照明	半间接照明	间接照明
配光方向（以吊顶为例）					
光束比：上方光束/下方光束	0～10/100～90	10～14/90～60	40～60/60～40	60～90/40～10	90～100/10～0
配光曲线					
说　明	铝制的灯罩，在吊顶或埋设入顶棚，只有下部照明的吊顶灯	用布、玻璃制的吊灯灯罩，灯罩上面也能配光照明	用塑料、玻璃制的灯罩，上下方都可以共同配光照明	主要配光是上方，但下方也可以配光照明	上方配光照明，先照射在器具上、部分墙壁上以及顶棚上的间接照明

二、照明灯具的分类

室内照明灯具可分为台灯、工作灯、地灯、壁灯（也称托架灯）、吊挂灯（俗称吊灯）、吸顶灯、槽灯、聚光灯、顶棚埋设灯、舞台专用灯、指示灯等。图 12-1 为室内灯具的安装固定方式，图 12-2 为灯的种类。

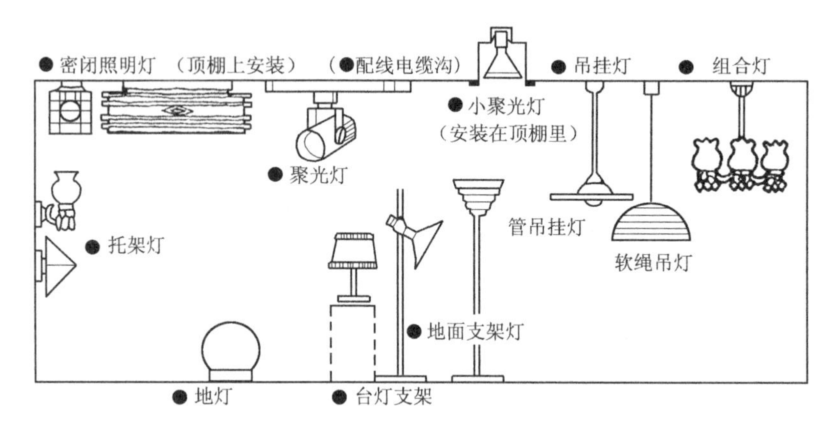

图 12-1 室内灯具根据安装固定方式分类

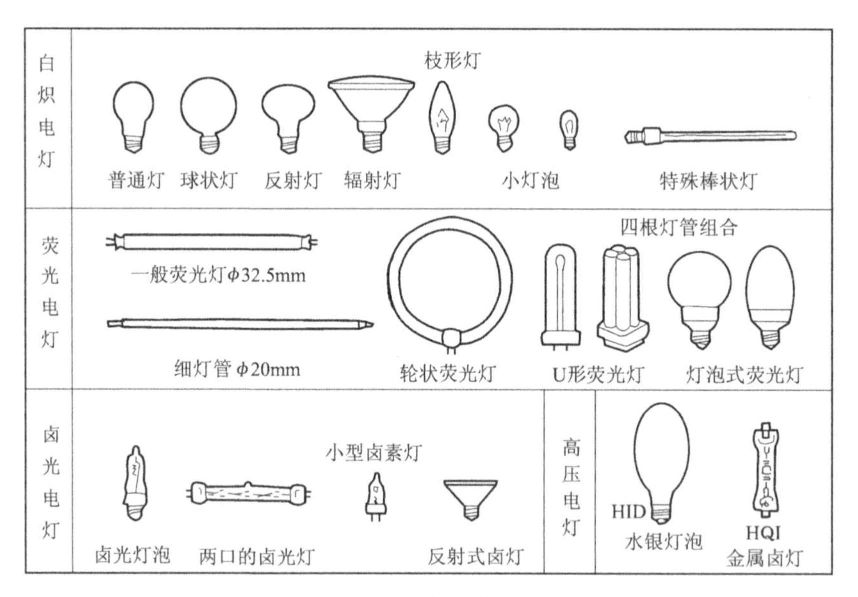

图 12-2 灯的种类

第二节 常用装饰灯具

一、吊挂灯

吊挂灯也称吊灯，适合于公共场所会客室和居家客厅、酒楼等。吊灯花样众多，常用的有欧式吊灯、中式吊灯、水晶吊灯、羊皮纸吊灯、时尚吊灯、锥形罩花灯、尖扁罩花灯、五叉圆球吊灯、玉兰罩花灯、橄榄吊灯等。用于居室的分单头吊灯和多头吊灯两种。吊灯的安装高度，其最低点距地面应不小于 2. 2m。

图 12-3、图 12-4 为各种吊灯造型，表 12-2 为某企业生产的部分产品型号规格。

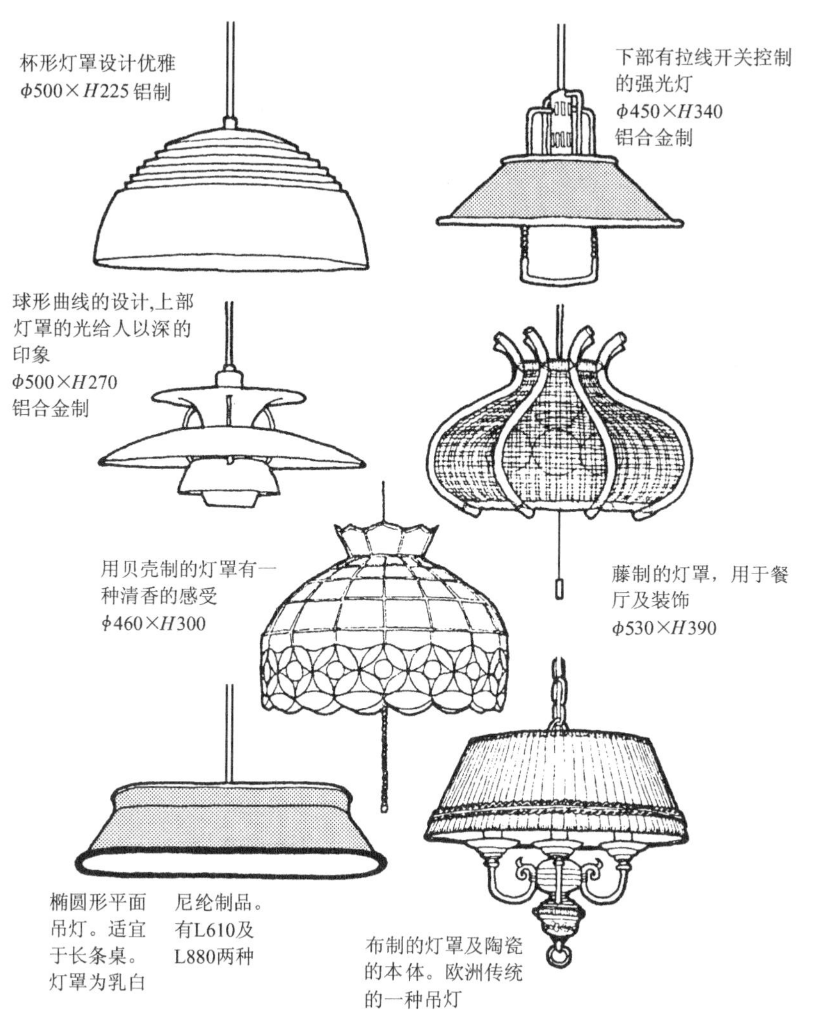

图 12-3　各式吊挂灯造型示意

吊　挂　灯　　表 12-2

编　号	名　称	规 格（mm）	重 量（kg）
CH2062/8×40WE14	水晶吊灯	H600,φ450	7
CH2100/2×40WE14	蜡烛水晶灯	250×250	1.2
CH3001/36×40WE27	彩色水晶吊灯	H7650,φ3,050	108
CH3002/16×40WE14	西班牙式吊灯	H800,φ600	16
CH3003/6×40WE14	水晶灯	H550,φ400	6.5
CH3004/12×40WE27	七彩水晶宫灯	H500,φ700	18
CH3005/24×40WE27	七彩水晶宫灯	H800,φ1,200	135
CH3006/1×40WE27	吊杆筒灯(银色)	H1000,φ180	1.6
CH3007/1×40WE27	吊杆筒灯	H800,φ150	1
CH3008/1×40WE27	吊杆筒灯(金色)	H1000,φ180	1.6
CH3009/1×40WE27	吊杆筒灯	H800,φ150	1
CH3010/1×40WE27	碟罩吊灯	H800,φ240	2.3
CH3011/1×40WE27	碟罩吊灯	H800,φ240	2.3
CH3012/1×40WE27	亭罩吊灯	H280,φ140	1.2
CH3013/1×40WE27	亭罩吊灯	H280,φ140	1.2
CH3014/9×40WE27	彩色水晶吊灯	H400,φ600	16
CH3014/9×40WE14	双层凤眼片吊灯	H430,φ710	9.4

续表

编　　号	名　　称	规 格（mm）	重 量（kg）
CH3015/3×40WE27	水晶吊灯	H250，ϕ310，ϕ350	8
CH3016/4×40WE27	水晶吊灯	H250，ϕ360	7.5
CH3017/1×40WE27	木吊灯	H240×200	2.5
CH3018/1×40WE27	木吊灯	300×300	3
CH3019/1×40WE27	木吊灯	400×400	4.5
CH3020/1×40WE27	木吊灯	400×400	4
CH3021/1×40WE27	藤吊灯	H350，ϕ300	0.8
CH3022/1×40WE27	藤吊灯	H380，ϕ480	3
CH3023/1×40WE27	藤吊灯	H350，ϕ450	1.8
CH3024/1×40WE27	藤吊灯	H450，ϕ300	2.8
CH3025/1×40WE27	纸宫灯	H180，ϕ350	0.4
CH3026/1×40WE27	纸宫灯	H200，ϕ350	0.6
CH3027/1×40WE27	纸宫灯	ϕ300	0.4
CH3028/2×40WE27	布罩吊灯	ϕ400，H300	2
CH3031/24×40WE27	西餐厅水晶片吊灯	H1200，ϕ920	22
CH3032/6×40WE27	中西餐厅吊灯	H500，ϕ600	12
CH3033/8×40W	水晶吊灯	H500，ϕ700	16
CH3051/12×40W	水晶吊灯	H900，ϕ600	9.3
		H880，ϕ180	7
CH3051/6×40WE14	水晶吊灯	H400，ϕ610	4
CH3052/6×40WE14	小花篮吊灯	460×460	4.3
CH3053/8×40WE14	水晶吊灯	H550，ϕ800	8
CH3054/8×40WE14	花篮水晶球吊灯	H455，ϕ580	8.5
		H600，ϕ700	10
CH3055/8×40WE14	水晶吊灯	H510，ϕ510	
CH3055/12×40WE14	水晶吊灯	H610，ϕ610	
CH3055/16×40WE14	水晶吊灯	H800，ϕ800	
CH3056/14×14WE14	蜡烛吊灯	H560，ϕ800	12.5
CH3057/7×40WE27	杨柳吊灯	H600，ϕ700	8.8
CH3059/9×40WE14	蜡烛吊灯	H520，ϕ400	8
CH3060/18×40WE14	蜡烛水晶吊灯	H600，ϕ900	9
CH3061/10×40WE14	蜡烛水晶吊灯	500×500	8
CH3064/6×40WE14	水晶吊灯	400×520	9.8
CH3064/12×40WE14	水晶吊灯	500×630	9.8
CH3064/14×40WE14	水晶吊灯	600×750	12
CH3065/36×40WE14	蜡烛皇冠水晶灯	H1500，ϕ1400	120
CH3067/8×40WE14	铸花水晶灯	H450，ϕ500	14
CH3068/8×40WE14	铸花水晶灯	H500，ϕ600	16
CH3069/1×40WE14	铸花水晶灯	H280，ϕ200	2.5
CH3071/6×40WE14	水晶吊灯	H450，ϕ400	7.6
CH3072/12×40WE14	水晶吊灯	H600，ϕ760	15
CH3074/8×40WE14	水晶吊灯	H550，ϕ460	11
CH3076/10×40WE14	水晶灯	H600，ϕ640	15
CH3077/8×40WE14	水晶灯	H600，ϕ550	12
CH3078/6×40WE14	水晶吊灯	H480，ϕ480	12
CH3080/9×40WE14	杨柳水晶吊灯	H550，ϕ400	13
CH3084/8×40WE14	水晶灯	H300，ϕ500	19
CH3085/1×40WE14	杨柳吊灯	250×250	2

续表

编 号	名 称	规 格（mm）	重 量（kg）
CH3086/3×40WE14	杨柳楼梯灯	250×250，H1200	4.2
CH3087/1×40WE14	杨柳水晶灯	H300，ϕ250	1.5
CH3088/5×40WE14	杨柳水晶珠楼梯灯	H280，ϕ220	7
CH3089/8×40WE14	铜铸件水晶吊灯	H450，ϕ500	16
CH3090/8×40WE14	铜铸件水晶吊灯	H560，ϕ560	15
CH3091/8×40WE14	铜铸件水晶吊灯	H560，ϕ450	14
CH3092/24×40WE14	大型水晶灯	H1500，ϕ1200	128
CH3093/49×40WE14	蜡烛水晶吊灯	H1400，ϕ1400	160
CH3094/6×40WE14	蜡烛水晶灯	H400，ϕ460	7.5
CH3095/10×40WE14	蜡烛水晶灯	H350，ϕ550	14
CH3096/8×40WE14	蜡烛水晶灯	H350，ϕ500	12
CH3097/6×40WE14	蜡烛水晶灯	H400，ϕ450	8
CH3098/8×40WE14	蜡烛水晶灯	H400，ϕ450	10
CH3099/5×40WE14	蜡烛水晶灯	H800，ϕ450	7
CH3100/1×40WE14	水晶灯	H250，ϕ250	6
CH3101/6×40WE14	兰花吊灯	H500，ϕ550	12
CH3102/8×40WE14	蜡烛水晶灯	H300，ϕ600	14
CH3103/8×40WE14	蜡烛水晶灯	H300，ϕ600	14.5
CH3104/12×40WE14	蜡烛水晶灯	H300，ϕ600	18
CH3105/24×40WE14	大型皇冠水晶灯	H1800，ϕ1040	60
CH3106/12×40WE14	蜡烛水晶灯	H900，ϕ700	21
CH3107/12×40WE14	蜡烛水晶灯	H800，ϕ620	21
CH3108/18×40WE14	蜡烛水晶灯	H450，ϕ650	24
CH3111/12×40WE14	蜡烛吊灯	H400，ϕ500	22
CH3112/8×40WE14	水晶灯	H300，ϕ640	19
CH3113/6×40WE14	蜡烛水晶灯	H600，ϕ600	9
CH3114/6×40WE14	蜡烛水晶灯	H350，ϕ600	7
CH3119/12×40WE14	七彩长旋条水晶吊灯	H420，ϕ520	15.2
CH3133/6×40WE14	小皇冠水晶吊灯	H540，ϕ420	7
CH3135/4×40WE14 E27	直片茶色 玻璃麻雀灯	H350，ϕ340	4.4
CH3145/3×40WE14 E27	弯片茶色 玻璃麻雀灯	H500，ϕ430	3.7
CH3154/12×40WE14	铸龙水晶宫灯	H900，ϕ750	12
CH3169/19×40WE14	蜡烛吊灯	H900，ϕ1000	14
CH3174/8×40WE14	八头圆球罩吊灯	H480，ϕ680	3.5
CH3187/22×40WE14	蜡烛皇冠大吊灯	H1170，ϕ1100	18.5
CH3197/5×40WE14	铸料花球罩吊灯	H700，ϕ600	5.5
CH3198/5×40WE14	铸料花球罩吊灯	H700，ϕ600	6
CH3199/9×40WE14	新潮杨柳水晶吊灯	H550，ϕ600	11.5
CH3201/9×40WE14	双层裂纹玻璃筒吊灯	H950，ϕ500	15
CH3204/6×40WE14	葡萄花铸铜金线罩吊灯	H900，ϕ700	8.2
CH3205/5×40WE14	倒挂荷花罩吊灯	H550，ϕ600	3.8
CH3205/6×40WE14	倒挂圆珠罩吊灯	H500，ϕ600	3.8

续表

编　　号	名　　称	规格（mm）	重量（kg）
CH3211/1 ×40WE14	贝壳形玻璃片吊灯	H300，ϕ300	4.8
CH3212/8 ×40WE14	壳形玻璃片吊灯	H250，ϕ480	6
CH3213/4 ×40WE14	伞形玻璃片吊灯	H350，ϕ450	5
CH3214/1 ×40WE14	伞形吊灯	H350，ϕ250	3

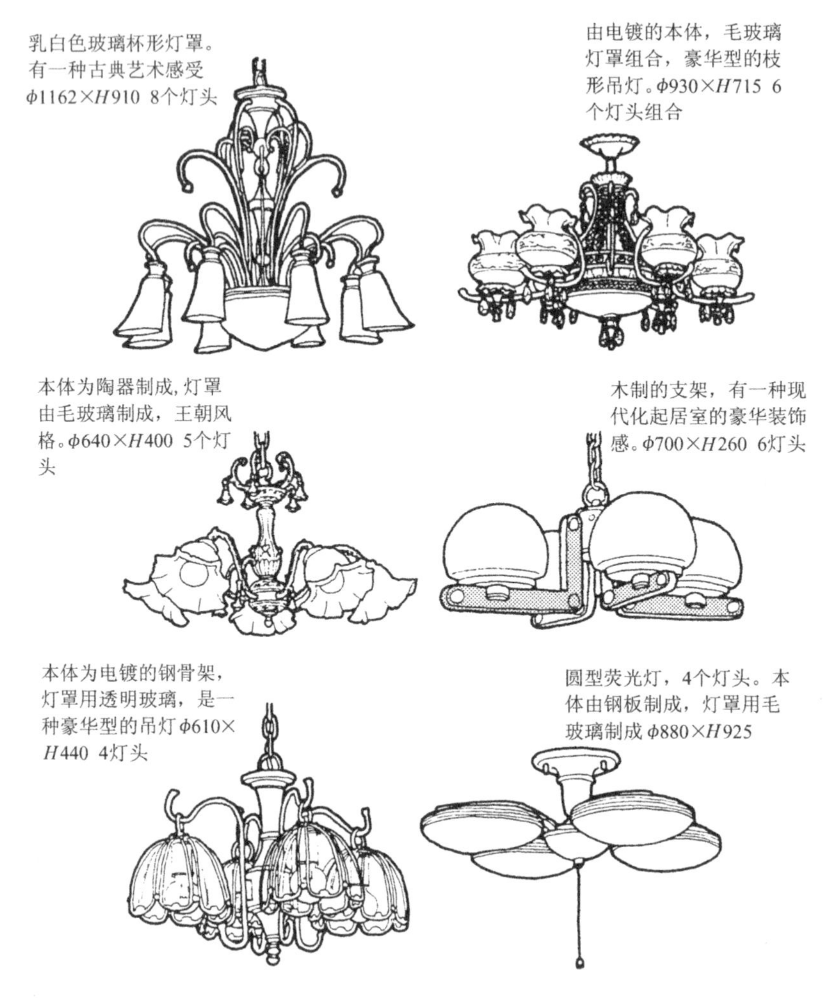

图 12-4　各式吊挂灯选型示意

二、吸顶灯

吸顶灯是直接固定在顶棚上的灯具，通常以白炽灯和荧光灯为光源，配有各式磨砂玻璃罩，如圆球形、圆筒形、橄榄形、方形、菱形等多种式样。按安装方式分为嵌入式、隐藏式、浮凸式及移动式等，有单头和多头之分。吸顶灯具有防暴、防脱落、结构安全、安装维修方便以及不占空间、光线柔和等特点，是现代各类建筑中比较常用的照明装饰灯具。但是，如果吸顶灯安置在顶棚中心位置，则房间四个角的亮度较差一些，要考虑到安装其他类型的辅助照明灯具。

图 12-5 为吸顶灯造型示意图。表 12-3 为某企业生产的部分吸顶灯编号、名称及规格。

吸　　顶　　灯　　　　　　　　**表 12-3**

编　　号	名　　称	规　格 (mm)	重 量 (kg)
CH5001/9 ×40WE27	小八角盘水帘球吸顶灯	H350,ϕ560	788
CH5002/9 ×40WE27	大八角盘水帘球吸顶灯	H780,ϕ800	1600
CH5003/5 ×40WE27	方盘水帘球吸顶灯	560 ×560 ×1,200	880
CH5004/8 ×40WE14	彩鱼鳞片组合灯	H1,020,ϕ500	1980
CH5005/16 ×40WE14	珊瑚片半圆球形吸顶灯	H560,ϕ112	3280
CH5006/24 ×40WE14	圆形水晶灯组合	H610,ϕ1,800	18358
CH5007/32 ×40WE14	椭圆形水晶灯组合	H610,ϕ3,000	28,230
CH5008/24 ×40WE27	方形水晶灯组合	300 ×300(24 个)	8960
CH5009/36 ×40WE14	金铝片水晶球组合	H310,ϕ3,000	18648
CH5010/12 ×40WE27	圆盘水帘珠吸顶灯	ϕ800,H610	2,380
CH5011/8 ×40WE27	圆盘水帘珠吸顶灯	ϕ600,H500	1,600
		ϕ600,H500	1,000
CH5012/12 ×40WE27	长方形雪花片吸顶灯	L1170,W560,H750	1,200
CH5013/1 ×40WE27	小圆盘雪花片吸顶灯	H200,ϕ230	3
CH5014/1 ×40WE27	吸顶灯	H350,ϕ250	4
CH5017/21 ×40WE27	三级彩色灯下灯	H1170 ×1170	68
CH5018/13 ×40WE27	S 型螺旋楼梯灯	H2250,ϕ800	19
CH5019/9 ×40WE27	四方盘玻璃片吸顶灯	820 ×820 ×680	13
CH5020/4 ×40WE27	四方盘玻璃片吸顶灯	360 ×360 ×360	4.7
CH5021/1 ×40WE27	四方盘玻璃片吸顶灯	200 ×200 ×200	1.5
CH5022/5 ×40WE27	四方盘玻璃片吸顶灯	360 ×360 ×210	4.7
CH5023/1 ×40WE27	四方盘玻璃片吸顶灯	200 ×200 ×210	1.5
	方盘喷砂玻璃吸顶灯	200 ×200 ×210	1.5
CH5024/13 ×40WE27	四方盘玻璃片吸顶灯	820 ×820 ×680	13
CH5025/2 ×40WE27	碟形吸顶灯	H170,ϕ500	2.5
CH5026/2 ×40WE27	波纹罩吸顶灯	H180,ϕ550	2.5
CH5027/2 ×40WE27	印花吸顶灯	H220,ϕ550	2.5
CH5028/2 ×40WE27	八角罩吸顶灯	H190,ϕ480	2.3
CH5029/2 ×40WE27	铜边吸顶灯	H270,ϕ620	2.5
CH5030/2 ×40WE27	喷花吸顶灯	H160,ϕ400	2
CH5035/4 ×40WE27	小方盘磨砂玻璃吸顶灯	360 ×360,H210	4.7
CH5040/1 ×40W	圆盘四叶雪花片吸顶灯	ϕ200,H200	0.8
CH5043/4 ×40WE14	粉红玻璃瓶垂帘吸顶灯	H1200,ϕ400	10
CH5044/9 ×40WE27	水帘珠吸顶灯	H960,ϕ460	11
CH5045/8 ×40WE27	粉红玻璃瓶垂帘吸顶灯	H1700,ϕ400	22
CH5046/12 ×40WE27	粉红玻璃瓶垂帘吸顶灯	H2400,ϕ400	33
CH5051/24 ×40WE27	长方盘雪花片吸顶灯	1200 ×800 ×680	32
CH5052/3 ×40WE27	水晶吸顶灯	H300,ϕ400	10
CH5053/4 ×40WE27	乳胆吸顶灯	H220,ϕ600	3.5

续表

编　　号	名　　称	规　格（mm）	重 量（kg）
CH5054/4 ×40WE27	乳胆吸顶灯	H300，ϕ500	4.8
CH5055/4 ×40WE27	乳胆吸顶灯	H380，ϕ350	3.8
CH5056/4 ×40WE27	乳胆吸顶灯	H350，ϕ400	4
CH5057/4 ×40WE27	乳胆吸顶灯	H600，ϕ400	3
CH5058/3 ×40WE27	乳胆吸顶灯	H600，ϕ400	2.6
CH5059/25 ×40WE27	组合灯	700 ×1，200H250	25.5
CH5060/1	组合灯（单位）	H250 140 ×140H350 H300	0.8
CH5061/9 ×40WE27	凸球吸顶灯	H560，ϕ460	8.6
CH5062/9 ×40WE27	凸球吸顶灯	H560，ϕ460	8.6
CH5063/4 ×40WE27	菱形罩吸顶灯	460 ×460	7
CH5064/4 ×40WE27	方罩吸顶灯	460 ×460	6.5
CH5065/4 ×40WE27	柚木玻璃片吸顶灯	440 ×440	6

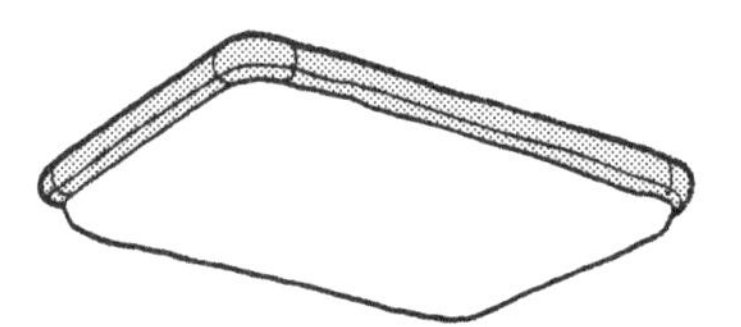

内装荧光灯。起居室，餐厅等整体照明使用。外罩是丙烯酸的，乳白色。6~8张塌塌米房间（约10~13m^2）用FL20W×4灯，W480×L650×H85

接待室，起居室房间能够使用。使用玻璃管与结晶玻璃为框架豪华的顶棚灯。40W透明灯泡9个。W600×D600×H315

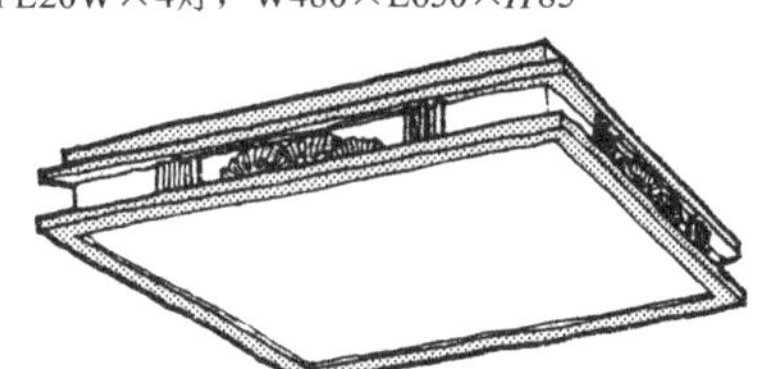

木制灯框和乳白色的丙烯酸板组合而成的日本风格的顶棚灯。10～12张塌塌米房间（约16~19m^2）用FL20W×6灯W710×L710×H120

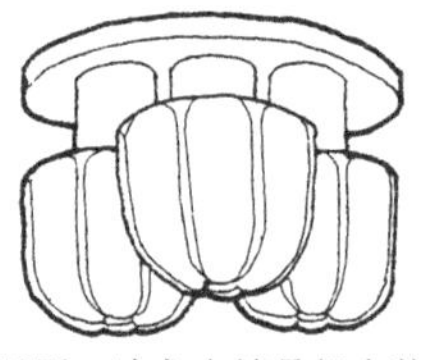

门厅用。冷色电镀骨架中装毛玻璃灯罩。这种顶棚灯，60W普通灯泡×3灯380Φ×H240

60W普通灯泡 ×3灯
ϕ500×H160

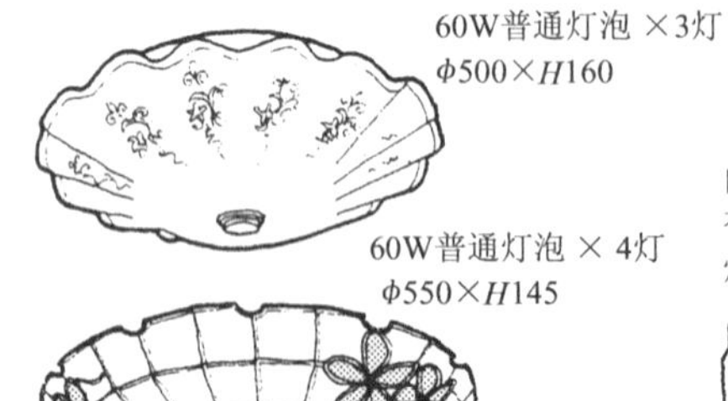

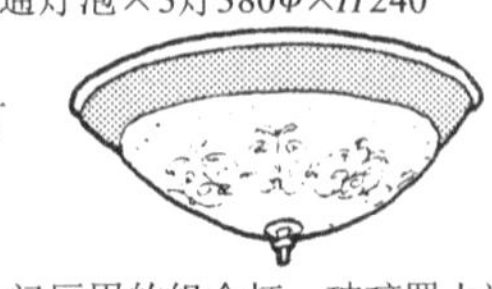

门厅用的组合灯，玻璃罩上还有装饰的顶棚灯。FCL30W×1灯ϕ400×H160

60W普通灯泡 × 4灯
ϕ550×H145

适宜于卧室的照明用灯。上图为玻璃制的，下图为贝壳制的。内装普通灯泡或环形灯管

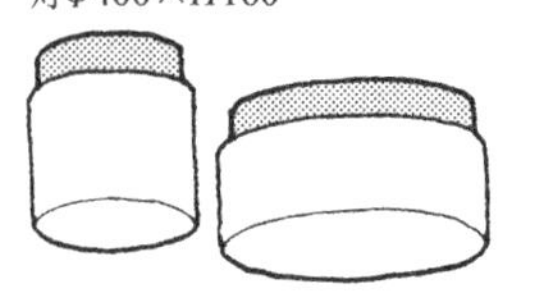

洗脸间，车库里用的防湿、防滴型的顶棚灯。左边普通灯泡60W×1灯，右边FCL30W×1灯

图12-5　各种吸顶灯造型示意图

三、壁灯

壁灯也称托架灯，或称墙灯，是安装在墙壁上的一种照明灯具，也是一种装饰设施。壁灯通常距墙面 90～400mm，距地面 1440～2650mm，一般以白炽灯或荧光灯作为光源。作为宾馆客房和家庭卧室的床头壁灯不受上述距离范围的限制，且可调光和旋转角度，使用十分方便。

壁灯造型关键在灯罩和灯座。灯罩选材很多，如大理石、塑料、丝绸、麻棉、玻璃乃至金属；灯座多用金属、大理石、木制品、塑料等。灯罩造型有圆柱形、圆台形、正方形、长方形、圆球形及其他异形，丰富多彩，烘托室内温馨气氛，创造优雅宜人的环境。

图 12-6 为壁灯造型示意图。表 12-4 为某企业生产的部分壁灯产品型号与规格。

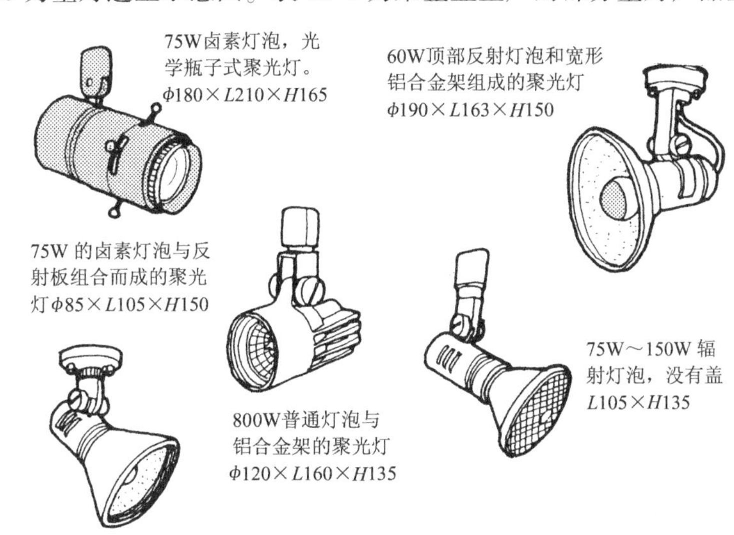

图 12-6 壁灯造型示意图

壁 灯 表 12-4

编号	名称	规格（mm）	重量(kg)
CH2013/1×40WE27	万向壁灯	ϕ140	0.8
CH3016/1×40WE27	曲尺单头床头灯	H520，L470	1
CH2017/2×40WE27	双头单摇床头壁灯	H420，L600-1，200	1.3
CH2018/3×40WE14	三头凤尾铸料花蜡烛壁灯	H350，200×200	1.5
CH2019/2×40WE27	镜前灯	530×190×140	1.8
CH2022/4×40W	镜前灯	600×100×120	3
CH2024/2×40WE27	凤尾铸料双头荷花罩滴水壁灯	H290，420×230	2.3
CH2027/1×40WE27	单头双摇床头灯	H420，L350～700	1.2
CH2028/1×40WE27	单头单摇斜筒罩圆座壁灯	H420，L450	0.8
CH2029/1×40WE27	单头单摇罩壁灯	H420，L480	0.8
CH2030/1×40WE27	双头皇冠水帘球壁灯	H420，L480	0.8
CH2031/2×40WE14	杨柳水帘珠壁灯	H205，190×120	1
CH2032/2×40WE14	半圆槽灯	H300，260×170	1.7
CH2035/1×40WE27	万向壁灯	ϕ300	1
CH2036/1×40WE27	双头双摇床头灯	ϕ140	1

续表

编　　号	名　　称	规　格　(mm)	重量(kg)
CH2037/2×40W	庭园灯	H420,L600~1,600	1.5
CH2038/1×40WE27	水晶壁灯	H280,φ135	0.7
CH2039/2×40WE27	杨柳水晶玻璃壁灯	220×100×240	2.5
CH2040/2×40WE14	水晶壁灯	H250,250×170	1.6
CH2041/1×40WE14	水晶壁灯	100×100×200	1.2
CH2042/1×40WE27	四星壁灯	120×160×220	1.9
CH2043/1×40WE14	十四星壁灯	260×310×250	1.3
CH2044/2×40WE14	雪花壁灯	350×180×250	2.5
CH2045/2×40WE14	雪花壁灯	286×430×140	1.8
CH2046/1×40WE14	滴水壁灯	130×350×160	1.2
CH2047/1×40WE27	蜡烛壁灯	320×360×180	3
CH2048/2×40WE14	蜡烛壁灯	500×340×260	1.9
CH2049/3×40WE14	蜡烛壁灯	360×550×220	1.4
CH2050/2×40WE14	花园灯	250×280×200	1.4
CH2054/1×40WE27	杨柳壁灯	H450,φ135	1.8
CH2058/1×40WE14	水晶壁灯	H250,φ200	1
CH2063/2×40WE14	铸花水晶壁灯	H250,φ180	1.2
CH2070/1×40WE14	水晶壁灯	H250,φ200	1.8
CH2073/1×40WE14	水晶壁灯	H250,φ200	1
CH2078/1×40WE14	杨柳水晶壁灯	250×250	1.4
CH2081/2×40WE14	水晶壁灯	H300,φ250	2
CH2083/2×40WE14	水晶壁灯	H350,φ200	4.8
CH2086/3×40WE14	水晶壁灯	250×250	2.5
CH2087/1×15W(灯管)	镜前灯	W300,φ80	2.3
CH2088/1×40W	床头壁灯	H320,L350~700	1.5
CH2089/1×40W	单头茶罩壁灯	H480,φ300	0.2
CH2090/2×40W	双头茶罩壁灯	H480,φ350	3.4
CH2091/2×40W	铜铸料茶罩壁灯	H480,φ500	3.8
CH2092/1×40W	铜铸料茶罩壁灯	H480,φ500	2.6
CH2093/2×40W	石榴花壁灯	H360,φ560	3
CH2094/1×40W	石榴花壁灯	H360,φ560	1.6
CH2095/2×40W	镜前灯	W300,H80	2
CH2096/4×40W	镜前灯	W600,H80	5
CH2097/4×40W	镜前灯	W600,H80	3
CH2098/2×40W	镜前灯	W45	2
CH2101/1×40WE14	蜡烛壁灯	250×130	0.8
CH2105/2×40WE14	蜡烛壁灯	H300,φ250	2
CH2110/2×40WE14	蜡烛壁灯	H350,φ350	14
CH2112/2×40WE14	蜡烛壁灯	H400,φ280	3
CH2128/2×40WE27	三叶茶色玻璃壁灯	H260,175×175	1.9
CH2143/2×40WE27	浴室镜前灯	L1000,85×160	2.9

续表

编　　　号	名　　　称	规　格　(mm)	重量(kg)
CH2149/2×40WE27	菠萝片浴室壁灯	345×100×80	1.2
CH2150/1×40W	镜旁灯	H320,ϕ100	1.2
CH2151/2×40W	双头壁灯	H320,ϕ200	2
CH2152/1×40W	单头壁灯	H320,ϕ200	1.2
CH2153/2×40W	双头壁灯	H320,ϕ200	2
CH2154/1×40WE27	壁　灯	260×160×320	1.3
CH2155/1×40WE27	壁　灯	320×200×250	1.4
CH2156/1×40WE27	壁　灯	320×180×300	1.2
CH2157/1×40WE14	水晶壁灯	H240,100×100	1.9
CH2158/2×40WE14	水晶壁灯	H240,100×200	3.8
CH2159/2×40WE14	水廉珠壁灯	H240,100×200	3.7
CH2160/1×40WE14	水廉珠壁灯	H240,100×100	1.8
CH2161/1×40WE27	扇形壁灯	H240,ϕ200	1.2
CH2162/1×40W	水廉珠壁灯	H240,ϕ120	1.1
CH2163/3×40WE14	贝壳型壁灯	H420,360×150	2
CH2164/3×40WE27	三头皇冠水廉珠壁灯	H260,310×170	1.4
CH2176/3×40WE14	三头蜡烛壁灯	H400,380×190	1.3
CH2186/2×40WE14	双头皇冠水廉珠壁灯	H210,235×120	1.2
CH2188/2×40WE14	双头蜡烛滴水壁灯	H310,360×190	1
CH2193/1×40WE14	铸料花单头蜡烛彩桃壁灯		
CH2195/1×40WE14	铸料花单头蜡烛滴水珠壁灯	H330,200×315	2.1
CH2196/1×40WE27	铸料花单头莲花罩滴水珠壁灯	285×167×315	1
CH2202/1×40WE27	扇形三叶茶色玻璃壁灯	H250,320×175	2
CH2212/1×40WE27	铸料花单头球罩滴水珠壁灯	H330,200×360(罩ϕ200)	2.3
CH2218/1×40WE27	铸料花单头鸡心罩壁灯	H300,180×260	0.6
CH2219/2×40WE14	蜡烛壁灯	H350,ϕ250	1.2

四、聚光灯

聚光灯又称射灯，是一种局部照明灯，一方面照射室内附属部件，另一方面作为一种间接照明，使用聚光灯投射到墙壁、顶棚、室内陈设。通过配线管道与组合，能表现出各种变化的照明空间。图12-7为各种聚光灯造型示意图。舞台照明和旋转闪烁的灯光中也有聚光灯的作用。

五、顶棚埋设灯

顶棚埋设灯又称镶嵌灯，是镶嵌在顶棚内的隐藏式或半隐藏式灯具。考虑到灯泡的安装与更换，应选用易于手工操作的灯泡。顶棚埋设灯适用于宾馆客房、酒吧、咖啡厅、家庭居室等场所。有些顶棚埋设灯的灯泡装置有一定角度，可以根据要照射到墙壁、壁画、壁挂、工艺陈设及其他部位，垂直地面安装的灯泡，光线只能垂直照到地面上。

图 12-7　各种聚光灯造型示意图

顶棚埋设灯也是室内照明的一种辅助光源，所采用的灯泡多为光线柔和的白炽灯，夏季也可采用节能型荧光灯。表 12-5 为某公司生产的顶棚埋设灯的型号及外形尺寸，该公司生产的顶棚埋设灯均使用节能灯管，具有高效的节能效果。

图 12-8（文前彩图）为顶棚埋设灯及照明效果实例，图 12-9（文前彩图）为北京五洲大酒店啤酒屋顶棚埋设灯作为辅助光源效果图。

六、台灯

台灯又称桌灯，主要用于室内桌台等处做局部照明，多以白炽灯和荧光灯为光源，有大、中、小型之分。灯罩常用颜色适中的绢、纱、纸、胶片、塑料薄片、金属材料及刻花、磨砂玻璃等材料做成。灯座选用大理石、花岗岩、金属、优质硬木、玻璃、陶瓷、塑料等材料制作。台灯的灯罩及灯座材料取材多样，造型丰富多彩，用户可根据室内设计风格和个人兴趣而选择不同材质、不同造型的台灯。

顶棚埋设灯型号、规格　　表 12-5

类　型	型　号	外形尺寸（mm）			功　率（W）
		长(*L*)	宽(*B*)	高(H)	
横置型	LTSC-23033	226	226	205	PLC2×26
	LTSC-23074	226	226	165	PLC2×18
	LTSC-13016	200	200	150	PLC2×9
直置型	LTSC-22086	176	176	245	PLC1×18
	LTSC-22085	148	148	230	PLC1×13
防潮型	LTSC-13018	250	200	90	PL2×9
防尘型	LTSC-13019	140	140	180	PL2×7
经济型	LTSC-6004	170	170	90	PL1×9
	LTSC-4001	136	136	180	PL1×7

注：PL—柱形节能灯管；PLC—凹形节能灯管。

有些台灯上还附有其他功能，如将时钟、计算器、万年历、小风扇、名片盒、笔类、收音机、验钞器等功能器件附设在台灯上。在台灯的电路中加入敏感元件，可用遥控器控制开关及调节亮度，或者成为触摸式台灯。

七、落地灯

落地灯又称坐地灯或立灯，是一种局部自由照明灯具，多以白炽灯为光源。通常用纱、绢、塑料片、羊皮纸等制成灯罩，灯罩绘有图案和织成花边。灯杆结构安全稳定，方位高度调节自如，投光角度随意灵活，具有不产生眩光，造型美观等特点，特别适合用于宾馆客房、住宅书房、会客厅等场所。灯座架常采用金属、陶瓷、塑料、大理石、优质硬木等材料制作而成。表 12-6 为某企业生产的部分落地灯型号、规格。

八、庭园灯

庭园灯又称园林灯，专为房屋周围的绿地、庭院、花园、公园及城市广场照明，兼有装饰功能。通常以白炽灯或荧光灯为光源。灯体造型常有柱式和亭式之分：柱式一般较高，多分布在路边、池塘畔、绿地旁等处，灯罩常用彩色玻璃或有机玻璃等制成方形、圆形、球形、扁形、棱形以及其他形状；亭式多数低矮，主要位于憩座位边，花木丛中，亭台楼阁旁作亦灯亦饰。其造型多数与建筑物风格和环境相协调，有梯形、圆球形、圆筒形、四、六、八角柱形等等。庭园灯具有光线柔和、古朴典雅、艺术感染力强以及防水、防腐、防爆等特点。

表 12-7 为部分庭园灯型号及规格。

落　地　灯　　表 12-6

编　号	名　称	规　格（mm）	重量（kg）
GH7003/1×40WE27	红木龙头坐地吊笼灯	H1,820,ϕ380	6
GH7006/1×40WE27	半圆坐地灯	H1,825,ϕ650	5.7
GH7009/1×40WE27	新款落地摇臂灯	H1450,ϕ800	6.2
GH7012/1×40WE27	六角形铸铜落地灯	H1,400,ϕ600	8
GH7013/1×40WE27	摇臂落地灯	H1,630,ϕ800	6.5
GH7014/3×40E27	三头坐地灯	H1,650,ϕ500	7
GH7015/1×40WE27	柚木坐地灯	H1,500,ϕ400	6
GH7016/1×40WE27	坐地灯	H1,500,ϕ450	7

续表

编　　号	名　　称	规　格（mm）	重　量（kg）
GH7017/1×40WE27	木坐地灯	H1,500,ϕ450	6
GH7018/1×40WE27	杠杆型坐地灯	H1,500,ϕ380	6.5
GH7019/1×40E27	流线型坐地灯	H1,500,ϕ400	6.5
GH7020/1×40WE27	三头蜡烛纹罩坐地灯	H1,650,ϕ500	7
GH7021/1×40W	古铜双头金属落地灯	H1,620,ϕ390	6.5
GH7022/1×40W	坐地摇臂灯	H1,600,ϕ400	5
GH7031/1×40WE27	木杆落地灯	ϕ400,H1,550	5.8
GH7035/2×40WE27	八角罩双头金管落地灯	H1620,ϕ390	6.3
GH7120/1×40W	茶色爆裂花园球庭园灯	H1,500,ϕ300	10.5
GH7203/5×40WE14	圣诞蜡烛金管落地灯	H1,800,ϕ560	6.8
JLD2/E27	落地灯	2200×800	2×60W

部分庭园灯型号及规格　　表 12-7

编　　号	名　　称	规　　格
CH1015/1×18WE27	茶色玻璃罩庭园壁灯	ϕ300
CH1016/1×60WE27	玻璃罩庭园壁灯	ϕ300
CH1017/1×60WE27	乳白罩庭园壁灯	ϕ300
CH1018/1×60WE27	乳白罩双头庭园壁灯	ϕ300
CH1022/1×60WE27	单头庭园灯	ϕ300
LD2	六角庭园灯	520×500×2500
LD3—2	两头大奶白球罩庭园灯	550×300×2300
LD4—2	三头圆球庭园灯	550×300×2300
LD6—2	双头庭园灯	300×320×2400
LD9	方罩庭园灯	190×190×2200
MJ701—1	圆球庭园灯	600×ϕ500
MJ702—1	圆球庭园灯	300×ϕ800
MJ703—3(A—328)	圆球庭园灯	350×ϕ310
MJ704—1(A—318)	圆球庭园灯	

第三节　电光源照明标准及要求

在建筑照明中既要设置基础照明，也应注意设局部照明，以适应满足对视觉的要求，收到应有的效果。若只设局部照明，不设基础照明，容易使工作面与环境产生强烈对比，导致视觉疲劳，时间一长就会伤害眼睛，同时也会影响对物体细小部位的分辨。一般较大办公室或教室的照度差（即最亮与最暗值之比）不能大于1:1.5，在局部照明情况下，距离在0.7m之内，其照度差最大不能超过2:1。为了避免眩光，要求光源不必裸露。对于照明的方向也很重要，一般写字台其光线应从左上方射向被照工作面上，而且不应产生反光。另外，室内照明如果完全消除暗影时，会使立体失去空间感，还会使人产生错觉。

根据民用建筑照明设计标准，建筑照明设计应符合建筑功能和保护人们视力健康的要求，并且要做到节约能源、技术先进、经济合理、使用安全和维修方便等等。

民用建筑照明照度标准值应按以下系列分级：0.5、1、2、3、5、10、15、20、30、50、75、100、150、200、300、500、750、1000、1500 和 2000lx。其值是能考评面上的平均照度值，同时规定一个范围，根据不同建筑等级、不同功能要求和使用条件，可作适当的选择。

一、住宅照明

住宅照明不仅要求满足人们对光照的技术上的需要，而且在造型和色彩上还必须与室内的建筑风格相协调，符合人们的审美要求。既要求光线分布均匀，光色适宜，不产生眩光，又要求造型美观，色彩适宜，有利于人的视觉健康和工作效率的提高：

（1）起居室照明。起居室照明除了采用基本照明外，如吊灯或吸顶灯等，还可设置适当的局部照明，如台灯、立灯、壁灯及装饰灯等，以满足人们在不同的活动中创造出与其相适应的环境和气氛。起居室的照明形式常采用半直接型灯具为佳。在一般活动区里［即在 0.75m 高的水平面（下同）］，其照度标准值为 20～50lx；书写、阅读处为 150～300lx；床头阅读为 75～150lx；精细作业处在 200～500lx 间。电视机背景的照度一般为 30lx，周围一般在 3lx 以上。

（2）卧室照明。卧室照明一般要求光线柔和，尽量避免强光照射，以免影响他人休息。宜采用半间接型或间接型照明，可取国标规定范围内的下限值，一般多选 50lx 较好。

（3）餐厅与厨房照明。餐厅一般要求光线柔和，光色呈黄为宜。灯具造型美观，以创造出亲切愉快、增进食欲的气氛。常采用均匀漫射型或半间接型等形式，国标规定照度标准值为 20～50lx。

厨房照明若亮度要求较高，除设置基本照明外，还可根据需要设局部照明，平均照度约在 100～200lx 之间，其灯具造型力求简洁，便于清洗、安全可靠。

（4）卫生间照明。卫生间照明一般按其空间大小设置，在较宽大的卫生间内，应安装吸顶灯或壁灯；在较窄小的空间里，则在镜框两边装上壁灯即可。这类灯具应具备防潮、防水、防锈及绝缘性高等性能，避免漏电触电发生。其照度标准值在 10～20lx。

（5）门厅照明。对于较窄小的门厅可装吸顶灯和壁灯，这样不占空间；对较宽大的门厅宜装吊灯，还可在墙上设局部照明，作为补充光源。通常采用均匀漫射型灯具。其照度标准值为 30～75lx。

二、公共场所照明

公共场所照明首先必须符合特定的功能要求；其次要考虑照明安全系统，即除了满足正常的照明之外，还应备有防止事故照明，其电源应是单独的供电系统。第三，为了充分利用照度值，在室内墙表面最好选择淡色调，既能使光色协调一致，又能给视觉以舒适感，从而提高工作效率。

（1）楼梯间照明。楼梯间照明为了避免眩光产生，通常采用均匀漫射型灯具，一般将吸顶灯设在歇脚板的上部和最下一级踏步处的顶部。以便光线将每级踏步的水平面都照亮，避免下楼人的身影遮挡光线影响视觉。若在最上一级踏步处的上方也装上灯具，其照明效果更佳。楼梯间的地面照度标准值在 5～15lx。另外如果将灯具安装在扶手和踢脚板里，最好采用双向开关来控制，即在顶层和底层各装一个开关，则有利于使用方便，节约电能。

(2)办公室照明。办公室最佳照明方式是采用发光顶棚,其次是荧光灯或白炽灯。还可根据实际需要增设局部照明相配合。如果有视觉显示屏的作业,屏幕上的垂直照度应不超过150lx。一般办公室、会议室及接待室等处的照度标准值为100~200lx。复印、晒图和档案室为75~150lx。值班室为50~100lx。

(3)商店照明,商店照明应根据各类商品的不同特点与要求,采用理想的不同照明方式来展示突出商品。如金银首饰品柜要求高亮度的光源,以显示出光彩夺目;布匹、鲜花及国画等柜则要求近似于日光源,便于顾客看清货物;一般肉食店若采用玫瑰色光可使肉色更新鲜好看等等。

为扩大商店的空间,常采用吸顶灯或光带作基本照明,当突出某一商品时,可增设壁灯和射灯,还可在柜台内安装隐蔽的日光灯。商店一般区域空间的照度标准值为75~150lx,柜台面为100~200lx,货架为100~200lx,陈列柜和橱窗为200~500lx,室内菜市场营业厅为50~100lx,自选商场营业厅150~300lx,收款处在150~300lx,库房为30~75lx。

(4)影剧院照明。影剧院照明要求柔和的光线,既不要求眩光产生影响人们的观看效果,也应使观众能辨别看清座位。观众厅内通常采用半直接型、半间接型和间接型照明器,如吊灯、吸顶灯、槽灯、发光顶棚等。电影院照度标准为30~75lx,戏剧院为50~100lx,而门厅地面的照度标准值在100~200lx,门厅过道在75~150lx。影院中的观众休息厅为50~100lx,剧场的观众休息厅为75~150lx。一般常选用吊灯或吸顶灯或壁灯等。

(5)学校照明。学校照明主要是对教室的要求:一要满足足够的照度,二不应产生眩光;三使黑板和课桌无反光。一般黑板应为单独照明,灯管必须带罩,其安装位置的垂直线与光线的夹角应小于45°,才能避免眩光。教室的直射灯具的排列间距应为灯具悬挂高度的1.6~1.8倍。各课桌的照度值不小80lx。

(6)图书馆照明。图书馆可分面对社会的公共图书馆和事业单位所附设的图书馆,不论哪一种图书馆的主要视觉作用是查阅书名,为了便于人们查阅,其照明要求,最好是采用以荧光灯为光源的吸顶灯,但应注意灯光与顶棚之间不能造成太大的亮度比。通常采用均匀漫射型灯具,在借书柜台上,适当增加局部照明,则可收到较好的效果。

阅览室照明要求光线柔和,尽量减少眩光,为了减轻读者视觉疲劳,必须保证足够的照度值,最好采用半直接照明荧光灯具。照度标准值为150~300lx;陈列室、目录室等处为75~150lx,书库在20~50lx之间。

(7)展览厅照明。展览厅照明一般要求光线的投射方向与光色相应,和日光相似,避免在画面上产生反光使之真实展现出来。另外还应根据展品的种类和特点,相应地选用不同形式的照明。

展室墙上的光源位置,应在反射区之外,使光线至画面的投影角不小于30°,以满足画面有均匀的照度,照度范围在150~200lx。

第四节　LED节能灯

一、大力发展节能灯的意义

目前,我国照明用电量约占全社会用量的12%,超过4300亿kWh。如果把在用的白炽灯全部替换为节能灯,每年可节电480亿kWh,相当于减排二氧化碳4800万t。

我国从1996年开始实施绿色照明工程。2008年,国家发改委和财政部补贴推广高效照明产品活动,对大宗用户和城乡居民购买节能灯分别给予30%和50%的补贴。

2009 年,我国白炽灯产量 37.6 亿只,约占世界产量的三分之一,其中紧凑型荧光灯(CFL)产量 36.5 亿只,占世界产量的 80% 以上。如果未来几年用节能灯逐步替代白炽灯,那么节能灯产量将迅速增长,中国也将为世界范围内的节能减排作出贡献。

与白炽灯相比,节能灯的光效高得多,一盏 11W 的节能灯能产生与 60W 白炽灯相当的亮度。节能灯能把 80% 的电能转化成光能,它的寿命更是白炽灯的 5～10 倍。正因为如此,世界各国都已开始大力提倡使用节能灯。欧盟从 2009 年开始实施淘汰白炽灯的分步计划。2011 年 11 月 1 日,我国国家发改委、商务部、海关总署、国家工商总局、国家质检总局联合印发了《关于逐步禁止进口和销售普通照明白炽灯的公告》,决定从 2012 年 10 月 1 日起,按功率大小分防段逐步禁止进口和销售普通照明白炽灯。中国逐步淘汰白炽灯线路图分为五个阶段:2011 年 11 月 1 日～2012 年 9 月 30 日为过渡期,2012 年 10 月 1 日起禁止进口和销售 100W 及以上普通照明白炽灯,2014 年 10 月 1 日起禁止进口和销售 60W 及以上普通照明白炽灯,2015 年 10 月 1 日至 2016 年 9 月 30 日为中期评估期,视中期评估结果进行调整。

二、LED 节能灯概述

LED(Light Emitting Diode)即发光二极管,是一种固态的半导体器件,它可以直接把电能转化成光能。LED 的心脏是一个半导体的晶片,晶片的一端附在一个支架上,一端是负极,另一端连接电源的正极,使整个晶片被环氧树脂封装起来。半导体晶片由两部分组成,一部分是 *P* 型半导体,在它里面空穴占主导地位,另一端是 N 型半导体,里面主要是电子。当这两种半导体连接起来的时候,它们之间就形成了一个 *P—N* 结。当电流通过导线作用于这个晶片时,电子就会被推向 *P* 区,在 *P* 区里电子与空穴复合,然后就会以光子的形式发出能量,这就是 LED 发光的原理。而光的波长也就是光的颜色,是由形成 *P—N* 结的材料决定的。

最初 LED 用作仪器仪表的指示光源,后来各种各色的 LED 在交通信号灯和大面积显示屏中得到了广泛应用,产生了很好的经济效益和社会效益。以 12 英寸的红色交通信号灯为例,在美国本来是采用长寿命、低光效的 140W 白炽灯作为光源,它产生 2000lm 的白光,经红色滤光片后,光损失 90%,只剩下 200lm 的红光。而在新设计的信号灯中,采用 18 只红色 LED 光源,包括电路损失在内,共耗电 14W,即可产生同样的光效。汽车信号灯也是 LED 光源应用的重要领域。

对于一般照明而言,人们更需要白色的光源。1998 年发白光的 LED 开发成功。这种 LED 是将 GAN 芯片和钇铝石榴石(YAG)封装在一起制成。GAN 芯片发蓝光(λ_p = 465nm,*W*d = 30nm),高温烧结制成的含 $Ce3^+$ 的 YAG 荧光粉受此蓝光激发后发出黄色光射,峰值 550nm。蓝光 LED 基片安装在碗形反射腔中,覆盖以混有 YAG 的树脂薄层,约 200～500nm。LED 基片发出的蓝光部分被荧光粉吸收,第一部分蓝光与荧光粉发出的黄光混合,可以得到白光。现在,通过改变 YAG 荧光粉的化学组成和调节荧光粉层的厚度,可以获得色温 3500～10000K 的各色白光。这种通过蓝光 LED 得到白光的方法,构造简单,成本低廉,技术成熟度高,因此运用最多。

三、LED 节能灯的分类及特点

LED 节能灯是继紧凑型荧光灯(即普通节能灯)后的新一代照明光源,相比普通节能灯,LED 节能灯环保,不含汞,可回收再利用,高光效,长寿命,即开即亮,耐频繁开关,光衰小。LED 节能灯色彩丰富,可调光变幻。目前市面上有三种类型的 LED 节能灯。

第一类：由草帽型小功率LED制成的LED节能灯，电源采用阻容降压电路。草帽型LED沿用指示灯LED的封装形式，用环氧树脂封装，使得LED芯片无法将热量散出，光衰严重。很多白色LED在使用一段时间后，色温变高，渐渐成偏蓝色，变得昏暗。这类LED节能灯产品为过渡性产品，价格低，质量较差。

第二类：由3528或5050贴片中功率LED制成的LED节能灯，电源也采用阻容降压电路，也有部分厂家采用恒流电路。相比草帽型LED，贴片LED散热效果稍好，有导热基板，再配合铝基板，能将一部分热量导出。但是由于仍然忽视了LED产生的热量，很多中功率贴片LED节能灯没有散热器，依旧使用塑料外壳，光衰依然严重。此类产品价格适中，质量一般。

第三类：由大功率贴片LED制成的LED节能灯，电源普遍采用恒流隔离电路，即有一个恒定的电流，如5W的LED，通常采用5片1W的LED芯片串联，采用恒流300mA的电流源供电，宽电压电源。当电网波动时，电流没有改变，光通量即亮度维持稳定。5片贴片LED焊接在铝基板之上，铝基板再结合于散热器上，使得热量能够及时快速散去，保证LED芯片温度低于LED允许结温，从而保证LED节能灯的真实有效寿命。这类LED节能灯价格高、质量好，是今后LED节能灯的发展方向。

一只好的LED节能灯，应该包含四个部分，即优质的LED芯片、恒流隔离电源、相对灯具功率的合适的散热器、光扩散效果柔和及不见点光源的灯罩。

好的LED芯片，光效高、升温低、显色指数高、结温高、抗静电。

散热很重要。如果一味强调LED是冷光源，不需要散热，那完全是错误的。在还没有开发出真正低发热的LED芯片之前，LED如果不加优质散热器，那么其寿命可能远远不及现在的普通节能灯。因为光衰到了初始光通量的70%时，就已经标志着LED节能灯寿命终结了。

电源也很重要。电源是否经得住高温高湿，是否过得了高压安全规定（UL），是否过得了电磁兼容（EMC/EMI），这都是硬性指标，也决定了LED节能灯的真实寿命。借用木桶效应，电源可能就是LED节能灯使用寿命的短板。

灯罩也很关键。灯罩是LED节能灯的二次配光。目前市场上的LED节能灯有不加灯罩的，有加灯罩的（加透明灯罩、磨砂灯罩、乳白色灯罩、光扩散灯罩等等）。不加灯罩和加透明灯罩，无二次配光，看得见LED，多LED即多光源，直视刺眼，且物体照射发虚。磨砂灯罩点亮后能看见LED光源，物体也部分发虚。乳白色灯罩点亮看不见LED光源但透光率偏低。优质的LED节能灯，普遍采用光扩散材料，在LED光线到达灯罩时，将光线扩散开去，点亮后看不见LED光源，LED节能灯成为一个大的光源，照射物体不发虚，且其光扩散型灯罩普遍透光率在80%以上，效果很好。

优质的LED节能灯，具有如下优点：

1. 高效节能

以同样亮度比较，3W的LED节能灯333小时耗1度电，而普通60W白炽灯17h耗1度电，普通5W节能灯200小时耗1度电。

2. 超长寿命

半导体芯片发光，无灯丝，无玻璃灯泡，不怕振动，不易破碎，使用寿命可达5万小时（普通白炽灯使用寿命为1000小时，普通节能灯使用寿命为8000小时）。

3. 健康环保

LED节能灯在使用过程中含紫外线和红外线少，产生辐射少（普通灯光线中含有紫外线和红外线）。LED节能灯不含汞和氙等有害元素，有利人体健康，有利于回收重复加工使用。采用点流驱动，无频闪，保护视力（普通灯采用交流电，容易产生频闪）。

4. 光效率高

最高光效已达260Lm/W,而市面上单颗大功率LED也已突破100Lm/W。

5. 安全系数高

所需电压、电流较小,安全隐患少。

6. 市场潜力大

由于采用低压、直流供电,可用太阳线、电池等新能源供电。对于偏远山区和野外作业等缺电少电场所十分适用。

四、如何选购LED节能灯

1. LED亮度(MCD)不同,价格也不同。用于LED灯具的LED应符合激光等级Ⅰ类标准。

2. 抗静电能力强的LED,寿命长,因而价格高。通常抗静电大于700v的LED才能用于LED灯饰。

3. 波长一致的LED,颜色一致。如要求颜色一致,则价格高。没有LED分光分色仪的生产厂家很难生产色彩纯正的产品。

4. 漏电电流。LED是单向导电的发光体,如有反向电流,则称为漏电电流。漏电电流大的LED寿命短,价格低。

5. 用途不同的LED其发光角度不一样。特殊的发光角度,价格较高,如全漫射角。

6. 不同品质的LED关键是使用寿命。寿命由光衰决定,光衰小,寿命则长,价格高。

7. LED的发光体为晶片,不同的晶片价格差异很大。日本、美国生产的晶片较贵,国产(含台湾)的晶片价格低于日本、美国。

8. 大晶片LED的品质要优于小晶片。价格与晶片大小成正比。

9. 普通的LED封装胶体一般为环氧树脂。加有抗紫外线及防火剂的LED价格较贵。高品质的户外LED灯饰应抗紫外线及防火。每一种LED产品都会有不同的设计。不同的设计适用不同的用途。LED灯饰可靠性设计方面包含:电气安全、防火安全、适用环境安全、机械设备安全、健康安全、安全使用时间等因素。从电气安全角度考虑,还应符合相关的国际、国家标准。

第五节　灯具选择原则

照明设计中,应选择既满足使用功能和照明质量的要求,又便于安装、维护、长期运行费用低的灯具。具体应考虑以下几个方面:

1. 光学性能

要考虑与灯具配置场所的配光、眩光的控制。

2. 经济性能

要考虑灯具的使用效率、初始投资及长期运行费等。如居家面积较小,客厅只有十来个平方,不宜选用大型多枝状吊灯,可选用小型吸顶灯或简约化吊灯即可。

3. 特殊的环境条件

如环境有火灾危险,爆炸危险,有灰尘、潮湿、振动或化学腐蚀,则应选用特殊功能的灯具。

4. 外形

灯具的外形应与建筑物相协调。

5. 灯具效率

灯具效率取决于反射器形状和材料，出光口大小，漫射罩或格栅形状及材料。

灯具配光的选择上，通常按室空间比（RCR）选择灯具配光，以提高利用系数。表12-8可供参考。

按RCR选择配光　　表12-8

RCR	灯具配光类型	最大允许距离比
1～3	宽配光	2.5～1.5
3～6	中配光	1.5～0.8
6～10	窄配光	1.0～0.5

在灯具的选择上，建议消费者选择那些市场信誉度较高的品牌，如阿斯莱特（Artslight）、雷士、惠明达、琪朗、新特丽、欧普、贝洛斯特、金达、宝辉、飞利浦、耐普、松下、欧司朗、TCL、阳光等。

在灯饰选择上，建议消费者在以下众多品牌中选择：广东华光灯饰、江苏红联—鸿联灯饰、广东胜球灯饰、广东开元灯饰、广东琪朗灯饰、广东千丽灯饰、广东东方灯饰、福建文行灯饰、香港宝辉灯饰等。

第十三章　门窗装饰用材

门窗装饰用材常见种类有塑料（塑钢）、木质、实木、实木复合、铝合金、铝包木、铜、钢等。居家常用的则是塑料门窗、铝合金门窗、木质门窗、实木复合门窗、铝包木门窗、彩钢门窗等等。

第一节　塑料门窗

塑料门窗是以聚氯乙烯（PVC）为主要原料，掺入适量的助剂和改性剂，经挤压机挤出各种截面的异型材，再根据不同的品种规格选用不同截面异型材组装而成。因PVC塑料的变形较大，刚度较差，一般在空腔内插入型钢或铝合金型材，以增强抗弯曲能力。

一、塑料门窗的特点和性能

与钢、铝合金、木门窗相比，PVC塑料门窗具有以下性能：

1. 节能、保温隔热性能好

塑料门窗的生产能耗低，生产1t门窗型材各种原材料所需能耗比例为：

PVC：钢：铝合金＝1：4.5：8

2. 使用过程中能耗最省

PVC在使用过程中，是一种热损失最小的材料，其传热系数为0.14W/（m^2·K），仅为铝合金传热系数的1/1250［铝合金的传热系数为175W/（m^2·K）］，钢的1/357［钢的传热系数为50W/（m^2·K）］。加之PVC窗型材挤出时制成多空腔结构，这种空腔中空气的导热系数仅为0.04W/（m^2·K）。由此可见，PVC窗是热损失最小的，节能效果十分显著。经测定，塑料门窗整体的传热系数为3.18W/（m^2·K），符合我国长江以北广大地区采暖供热建筑节能标准要求。据哈尔滨地区应用试验，使用PVC窗可提高室温3～5℃。

3. 密封与隔声性好

塑料门窗可制成全周边密封或双级、三级密封的结构，气密性可以达到＜0.5m^3/（h·m）；水密性＞250N/m^2；隔声性能＞30dB（A）。主要密封性能达到铝合金门窗的技术要求。在建筑卫生和净化要求较高的建筑中是较理想的门窗产品。根据日本资料介绍：要达到同样降低噪声要求的建筑物，安装铝合金窗与交通干道的距离应大于50m，而安装塑料窗，距离可缩短到16m。

4. 耐化学腐蚀性好

PVC门窗不锈、不腐、不需刷漆维护，对酸、碱或其他化学介质的耐蚀性能非常好。在强腐蚀、大气污染、海水和盐雾、酸雨等恶劣环境下，其耐蚀能力是钢、木、铝合金的窗无法达到的。因此，塑料门窗特别适用于沿海盐雾大的地区、湿度大的南方地区和带有腐蚀性介质的环境中。

5. 造型美观、装饰效果好

塑料门窗型材截面大，造型美观，色调和谐，线条流畅，颜色可任选，装饰效果好。

根据设计要求可配套采用中空玻璃、镀膜玻璃、吸热玻璃等玻璃品种，以达到改善门窗热工性能和提高装饰效果。

6. 产品工艺性好、性能稳定

塑料门窗从原材料配制、型材挤出成型、门窗组装加工等工艺过程全部实现机械化流水作业，劳动强度低，无污染和噪声。

由于开发出了一些新型的外加剂，如抗老化剂、抗紫外线剂、抗氧化剂等，长期困扰塑料门窗推广的老化、变形、耐候、保色等质量问题已有了很大改善或提高。国产塑料门窗工作环境温度已达到 -55℃ ~ +50℃，高温变形低温脆裂问题已经解决。人工加速老化和保色试验的连续试验时间已达 5000h，相当于使用寿命可达 30 年。

7. 可通过加金属型材提高其刚度和强度

塑料门窗的截面抗弯模量远低于钢、铝合金门窗，其抗拉强度也只有钢的 1/84、铝的 1/28。为提高塑料门窗的刚度和强度，改善防风性能，在其主要受力杆件的空腔内必须嵌装金属（钢或铝合金）骨架。因此，塑料门窗实质上是塑钢或塑铝复合门窗。按设计规范要求配置金属骨架后，塑料门窗的抗风强度可达到 $3kN/m^2$，可适应中等风压地区高层建筑的需要，并能满足制成大面积组合式门窗的强度要求。

8. 代钢、代木效果显著

塑料可以代替木材、钢材或其他金属。据测算，$10000m^3$ 的塑料窗可代替 $1000m^3$ 原木；用塑料做成 15 万件窗户零配件，可代替 100t 有色金属。在某些特殊用途的建筑中，塑料还能解决木材、水泥、金属等材料无法解决的问题。

此外，塑料门窗价格为中档，有较强的市场竞争优势。

二、塑料门窗型材

（一）型材种类

PVC 塑料门窗型材是多腔室中空异型材，种类很多，大致可分为以下几种：

（1）闭合中空异型材　单孔或多孔的异型材，完全闭合，可以有横筋和尖角，壁厚也可能不同。

（2）开放中空异型材　也是单孔或多孔的异型材，但有从中空室伸出的分枝。

（3）开放异型材　它没有中空室，断面形状多样。

（4）复合异型材　用两种不同的塑料或不同颜色的同种塑料共同挤出而成，其断面也可以是中空的。

（5）嵌件异型材　是用塑料包覆在金属、木材的外面挤出，挤出时要用十字机头。

（二）塑料窗异型材

根据 PVC 塑料窗的结构特点，所需的异型材有以下几种：

1. 窗框异型材

（1）固定窗的窗框异型材，一般为 L 形，见图 13-1（*a*）。

（2）用于开启窗的窗框异型材。窗扇是凹入式的，一边有凹槽安装固定铁，另一边设有安装玻璃的沟槽。中空肋的末端有凹槽供安装密缝条。在内外两侧均可安装密缝条，以保证框扇之间缝隙的密封，见图 13-1（*b*）。

（3）用于外侧相平的开启窗上的窗框异型材，其断面中间有一凸起部分，与窗扇上的密封条形成密接，见图 13-1（*c*）。

（4）用于双扇窗的中梃异型材，呈 T 形状。根据其用途不同，在细部形状和尺寸上有所差异，见图 13-2。

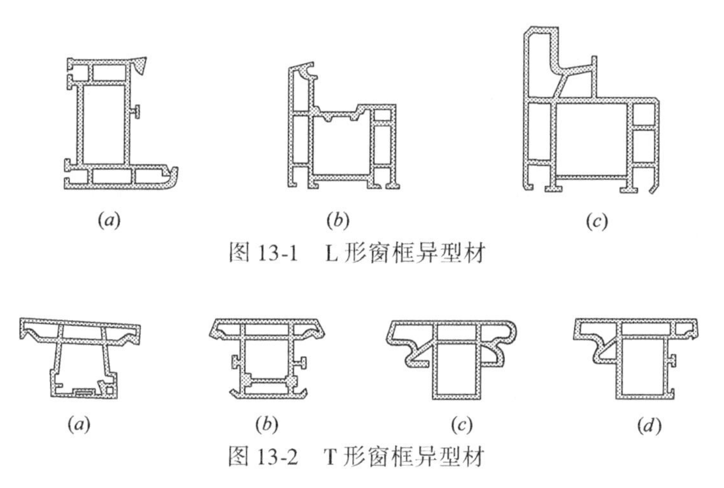

图 13-1　L 形窗框异型材

图 13-2　T 形窗框异型材

2. 窗扇异型材

窗扇异型材共有两种断面，即 Z 形和 T 形，其中 Z 形是用在凹入窗扇的窗扇料，而 T 形为外侧平窗的扇料型。Z 形窗扇型材断面如图 13-3 所示。

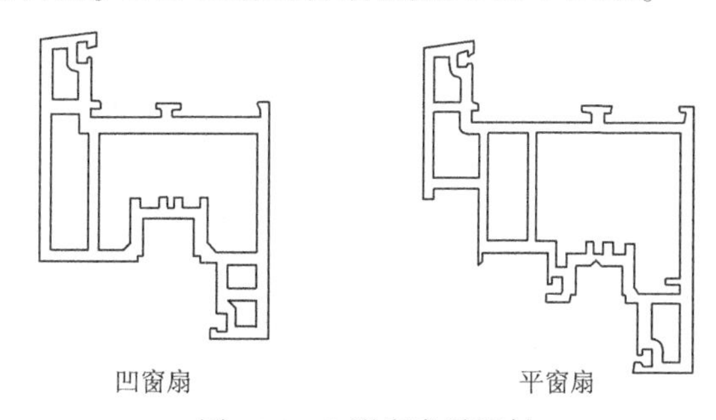

图 13-3　Z 形窗扇异型材

用适当的辅助异型材，T 形材和 L 形材同样可作为窗扇异型材。

3. 辅助异型材

辅助异型材包括固定玻璃异型材（简称玻璃压条）、密封条（密封玻璃和窗扇）、密缝条（密封窗框与窗扇间隙缝），排水异型材，拼接异型材等。

（1）玻璃压条　材质与框扇料相同的各种尺寸、规格的挤压型材，用来固定玻璃。按用途分别选用各种尺寸，安装单层、双层或三层玻璃。

（2）密封条和密缝条　一般用软质 PVC 或橡胶制成，或用软质与硬质 PVC 复合挤出而成。图 13-4 是常见的密封条断面形状。

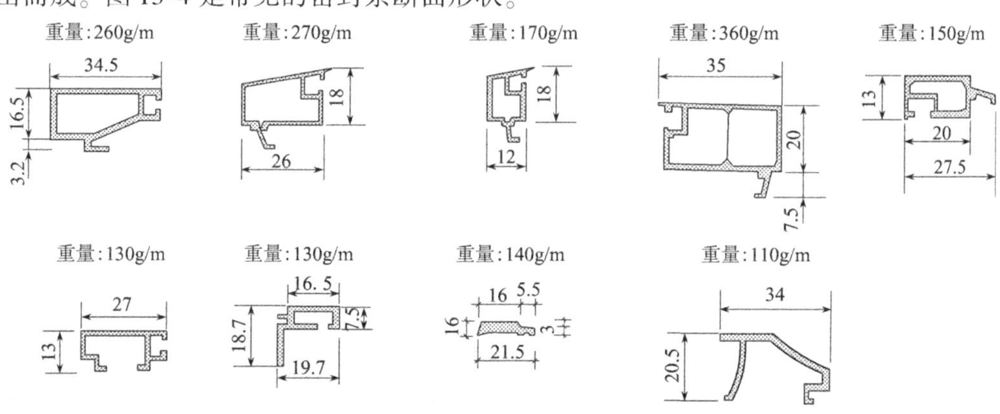

图 13-4　密封条异型材

4. 金属增强型材

由于 PVC 的刚性不及钢、木，对于面积较大的窗，或风压较大的地区，为了保证窗有足够的刚度，通常采用在塑料门窗的主型材内腔中插入钢质或铝合金异型材来增强的办法。一般窗框异型材长度大于 1.6m 时，必须增强处理；窗扇异型材长度大于 1.0m 时必须增强处理。加强筋型钢的形状和尺寸根据主型材的结构而定。

（三）型材的技术要求

（1）外观及尺寸允许偏差见表 13-1。

门、窗框用硬质 PVC 型材外观及尺寸允许偏差　　表 13-1

项　　目	指　　标
外　　观	表面应平滑，不应有影响使用的伤痕、凹凸、裂纹、杂质等缺陷
颜　　色	色泽应均匀一致，颜色与用户协商而定
外　　形	型材应无扭曲，各个表面轴向翘曲应在 2mm/m 以内
尺寸公差	断面尺寸公差应在 ±0.5mm 以内，压边、装饰部位的配合尺寸公差应在 0.3mm 以内
质　　量	型材单位长度的质量，不应小于规定值的 5%

（2）物理力学性能见表 13-2。

门、窗框用硬质 PVC 型材性能　　表 13-2

<table>
<tr><th>项　　目</th><th>指　　标</th><th colspan="3">项　　目</th><th>指　　标</th></tr>
<tr><td>硬度（HRR），不小于</td><td>85</td><td colspan="3">加热后尺寸变化率，不大于（%）</td><td>25</td></tr>
<tr><td>拉伸强度，不小于（MPa）</td><td>36.8</td><td colspan="3">氧指数，不小于（%）</td><td>35</td></tr>
<tr><td>断裂伸长率，不小于（%）</td><td>100</td><td colspan="3">高低温反复尺寸变化率，不大于（%）</td><td>0.2</td></tr>
<tr><td>弯曲弹性模量，不小于（MPa）</td><td>1961</td><td colspan="2" rowspan="2">简支梁冲击强度，不小于（kJ/m²）</td><td>外门、外窗</td><td>12.7（23±2℃）、4.9（−10±1℃）</td></tr>
<tr><td>低温落锤冲击，不大于（破裂个数）</td><td>1</td><td>内门、内窗</td><td>4.9（23±2℃）、3.9（−10±1℃）</td></tr>
<tr><td>维卡软化点，不小于（℃）</td><td>83</td><td rowspan="3">耐候性</td><td rowspan="2">简支梁冲击强度不小于（kJ/m²）</td><td>外门、外窗</td><td>8.8</td></tr>
<tr><td rowspan="2">加热后状态</td><td rowspan="2">无气泡、无裂痕、无麻点</td><td>内门、内窗</td><td>6.9</td></tr>
<tr><td colspan="2">颜色变化</td><td>无显著变化</td></tr>
</table>

三、塑料门窗品种

塑料门窗按原材料分，有 PVC 塑料门窗和其他树脂为原料的塑料门窗；按开闭方式分，有平开窗（门）、固定窗、悬挂窗、组合窗等；按构造分，有全塑窗（门）、复合 PVC 窗；在塑料门中又分全塑料体门、组装塑料门、塑料夹层门。复合 PVC 窗选用的窗框，又分两种：一种是塑料窗框内部嵌入金属型材增强；另一种是内面为 PVC，外表为铝的复合窗框。

欧洲一些国家还比较普遍采用塑料窗与窗帘盒的整体生产和安装。窗帘盒中既可以是外窗帘，也可以是内窗帘，还可以是内、外窗帘。外窗帘多用与窗框颜色和材质相同的材料制成，内窗帘上一般有着不同的图案和花纹。无论内、外窗帘，均多为百叶窗帘式。夏季光照增强时，除关闭窗户，还放下窗帘遮阳，既美观，又节能。窗帘盒中的窗帘可调整角度，升降及调整十分自如。

我国生产塑料门窗的著名企业大连实德集团推出360、66平开窗系列，62、77、95、73、80、88、85推拉窗系列，60平开门、62推拉门、地弹门、百叶窗、中旋窗系列。根据用户不同需求，可生产单玻、双玻、三玻塑料门窗。

四、塑料门窗安装质量要求及检验方法

1. 质量要求

（1）塑料门窗及其配件必须符合设计要求和有关标准的规定。

（2）塑料门窗安装的位置、开启方向，必须符合设计要求。

（3）塑料门窗应安装牢固，预埋连接件的数量、位置、埋设连接方法必须符合设计要求。

2. 检验方法

检验方法见表13-3。

塑料门窗安装质量要求和检验方法　　表13-3

项　　目	质量等级	质　　量　　要　　求	检　验　方　法
门窗扇安装	合　格	关闭严密，间隙基本均匀，开关灵活	观察和开闭检查
	优　良	关闭严密，间隙均匀，开关灵活	
门窗附件安装	合　格	附件齐全，安装牢固，灵活适用，达到各自功能	观察、手扳和尺量检查
	优　良	附件齐全，安装位置正确、牢固、灵活适用，达到各自的功能，端正美观	
门窗框与墙体间缝隙填嵌	合　格	填嵌基本饱满密实，表面平整，填塞材料、方法基本符合设计要求	观察检查
	优　良	填嵌饱满密实，表面平整，光滑，无裂缝，填塞材料、方法符合设计要求	
门窗外观	合　格	表面洁净，无明显划痕、碰伤，表面基本平整、光滑、无气孔	观察检查
	优　良	表面洁净，无明显划痕、碰伤、光滑、色泽均匀，无气孔	
密封质量	合　格	关闭后各配合处无明显缝隙，不透光，不透气	观察检查
	优　良	关闭后各配合处无缝隙，不透光，不透气	

3. 安装质量允许偏差

安装质量允许偏差见表13-4。

塑料门窗安装质量的允许偏差　　表13-4

项	目	允许偏差（mm）	检　验　方　法
门窗槽口对角线尺寸之差	≤2000mm	≤3	用3m钢卷尺检查
	＞2000mm	≤5	
门窗框（含拼樘料）的垂直度	≤2000mm	≤2	用线坠、水平靠尺检查
	＞2000mm	≤3	
门窗框（含拼樘料）的水平度	≤2000mm	≤2	用水平靠尺检查
	＞2000mm	≤3	
门窗横框标高		≤5	用钢板尺检查
门窗竖向偏离中心		≤5	用线坠、钢板尺检查
双层门窗内外框、框（含拼樘料）中心距		≤4	用钢板尺检查

第二节　木　门　窗

木门，即木制的门，按照材质、工艺及用途不同，可分为很多种类。木窗，则表示窗框由木质材料，镶嵌玻璃而成的窗户。由于木窗的制作比较简单，本节主要介绍木门。

一、木门的分类

1. 按开启方式分类

木门按开启方式分为平开门、推拉门、折叠门、弹簧门等四种。这四种开启方式的代号分别用 P、T、Z、H 表示。其中固定部分与平开门或推拉门组合时为平开门或推拉门。

2. 按构造分类

根据木门的构造不同，可分为全实木门（也称全实木榫拼门）、实木复合门、夹板模压空心门（也称模压木门）。

（1）全实木门

全实木门是用实木加工制成的装饰门，是当今比较高档的木门，代号为 Q。所用实木有原木和指接木两种。原木木门是以取自天然的原木作门芯，然后经过下料、刨光、开榫、打眼、雕刻、定型等工艺加工而成。指接木实木门是指原木经锯切、指接后的木材，经过与原木木门相同的加工工艺制成的木门。指接木实木门不易变形，性能比原木木门稳定。

全实木木门所选用原料多为名贵木材，如樱桃木、胡桃木、柚木等。经加工后的成品实木门具有不易变形、耐腐蚀、无裂纹及隔热保温等特点。同时，实木门具有良好的吸音性，能有效起到隔声作用。

全实木门的工艺质量要求很高，其优点是豪华美观、造型厚实。经现代化设计、精密加工工艺与传统手工雕技工艺相融合，赋予了实木门自然、恒久的人文艺术魅力，体现了尊贵、经典的艺术价值。市场上全实木门的价格比较高，是室内门中最高档的产品。

（2）实木复合门

一般高级的实木复合门，其门芯多为优质白松，表面则为实木单板。由于白松密度小、质量轻，且较容易控制含水率，用其制成的成品门的质量都较轻，也不易开裂、变形。

实木复合门具有和实木门相同的恒久稳定、不变形、不开裂、保温、隔音、耐冲击、阻燃等特点。实木复合门解决了门芯板由于季节气候变化而引起的木材含水率变化导致的开裂变形。实木复合门的质感略逊于实木门，但材质与款式更加多样化，如精致的欧式雕花门、中式的各色古典拼花门、现代时尚、风格简约门等。

（3）夹板模压空心门

夹板模压空心门也称作模压木门，是以实木做框架，两面用装饰板粘压在框架上，经热压加工而成。代号为 K。

夹板模压空心门门芯、框架多以松木为主，款式单一，结构简单。门型受模板形状限制，具体个别的定制尺寸可能比例失调。价格较全实木门和实木复合门更为经济实惠。由于门板内部是空心的，隔音效果较差，手感也不如上述两者。

夹板模压空心门贴有刷上清漆的木皮或木纹纸，保持了木材纹理的装饰效果，同时也可进行面板拼花。

一般的夹板模压空心门在交货时都带有白色的中性底漆，消费者购买后可以根据个人喜好，在中性底漆上再上其他颜色。

3. 按饰面分类

木门按饰面分类可分为木皮、人造板和高分子材料三种，代号分别为 *M*、*R* 和 *G*。

二、木门的选择

1. 实木门的选择

根据消费者家庭装饰风格、个人喜好、与房屋装修的格调特别是与家具、地板相协调来选择实木门。同样，家庭经济条件也是要考虑的。

实木门材质的选择时下比较流行的有桃木、水曲柳、柚木、白橡木、金丝柚、黄菠萝木等。在采用各种门型时，设计者应考虑到门的木质与家庭整体装修中采用的木质和家具木质品种的一致性和协调性，以获得最佳设计和装饰效果。

实木门门型的选择可以根据每个居家的特征，整体设计或按不同的居家使用功能进行设计。门的实际使用功能大体上分为：入户门、小厅门、卧室门、书房门、客厅门、厨房门、卫生间门、储藏室门、阳台门、过道门、露台门、北方防寒用的二道保温门等。

入户门除考虑安全因素的防盗门外，从美观实用的角度，多数家庭又选用了具有装饰效果的结实、厚重感的全实木门。门厅、客厅门大多采用对扇形、推拉型或折叠式门型，配以方格式玻璃，占地面积小，简洁、明快、透亮。卧室门宜选用温馨自然、线条优雅的实木门型，方格式、不透明玻璃的日式门也比较适合于卧室门。书房门宜选用造型优美、古朴典雅的半玻璃椭圆形门。厨房门宜采用喷砂、磨砂图案、半透光的半面玻璃门。卫生间宜采用较独特的全实木门，或采用上半部磨砂处理的半玻璃门，给人们安全感。储藏室门宜采用透气性较好的百叶木门。阳台门、露台门宜采用透光性好的全玻璃门。

目前市场上知名度较高的实木门品牌有：美心、TATA、梦天、冠牛、盼盼、中南、群星—星星、红鹤、华鹤、钰翎珑、车威利、豪利、汇豪、材源帝、金丰、润成创展等等。

2. 实木复合门的选择

(1)看油漆

仔细看、摸油漆漆膜的丰满程度，这要多看几次就会看了。漆膜丰满，说明施漆工序到位，油漆质量好，聚合力强，对木材的封闭性好。

可以门的斜侧方找到门面的反光角度，看表面的漆膜是否平整，有无橘皮现象，有无突起的细小颗粒。如有比较明显的细小颗粒，说明生产此门的企业涂漆设备比较简陋，至少设有全压无尘的喷烤漆房，这是控制漆面质量的必备设备。如果橘皮现象比较严重，说明油漆烘烤工艺不过关。

如消费者选择花式造型实木复合门，要看产生造型的线条的边缘，尤其是阴角有没有漆膜开裂的现象。

选购时还需问一下油漆的种类。实木复合门的生产企业基本上是用 PU 漆(聚氨酯漆)。PU 漆的优点是固化后容易打磨，加工过程省时省力；缺点是所形成的漆膜比较软，轻轻磕碰容易产生白印凹痕。如果在喷涂油漆工艺中至少用一层 PE 漆(聚酯漆)，就会大大提高表面漆膜的质量和硬度。PE 漆的优点是漆膜硬，遮盖力强，透明度好，能更好地表现木皮纹理。缺点是难打磨，加工时费时费力，绝大多数生产企业都不愿意采用 PE 漆。

(2)看表面的平整度

如发现木皮起泡，说明木皮在粘贴过程中受热不均，或者涂胶不均匀。采用平板热压机可以解决平板门贴皮时受热不均的问题。

一些作坊式小企业为节省成本，获取高额利润，往往会选用廉价的材料，所以板面平整度很差。

看门的工艺接缝是否细小均匀，此项直接反映了生产企业的综合技术水平。

成品套装门虽然在工厂完成生产，但真正成为商品交给顾客使用才算完成。所以从产品出厂只能算半成品，门的安装是关键环节，好的安装流程 、安装工具、经验丰富的安装队伍都是安装成败的关键。安装过硬的门，要横平竖直，缝隙均匀细小，开启顺畅自如，不产生异响，开启到任何角度都不会自动走位(安装闭门器的除外)。合页、门锁、拉手等五金件做工精良，结合精细、配合流畅，且要安装得横平竖直，美观大方。

市场上受消费者欢迎的实木复合门品牌有美心、TATA、盼盼、开开、红塔木业、冠牛、天河木门、华鹤、孟氏、霍尔茨等。

3. 模压门的选择

选择模压门应注意，贴面板与门框体要连接牢固，无翘边、裂缝；内框横、竖龙骨排列符合设计要求，安装合页处应有横向龙骨。板面平整，洁净，无节疤，无虫眼，无裂缝及腐斑；木纹清晰、纹理美观。贴面板厚度不得低于3mm。

模压门的品牌有盼盼、美心、群星—星星、王力、步阳、飞云、艺王、美森耐、春天、万嘉、龙鼎、巨成、博亮、表尔迈斯、千川木业等。

第三节　铝包木门窗

铝包木门窗是在保留纯实木门窗特性和功能的前提下，是将隔热(断桥)铝合金型材和实木通过机械方法复合而成的框体。两种材料通过高分子尼龙件连接，充分照顾了木材和金属收缩系数不同的属性。铝包木窗的主要受力结构为隔热断桥铝合金铝木门窗所选用的木材是生长靠近北极地区的北欧红松与东北亚原始森林的落叶松，再经过严格筛选，以及防腐、脱脂、阻燃等处理，并采用德国高强度的黏合胶水，使木材的强度、耐腐蚀性、耐候性等方面都得到保障，可以经久耐用。这种门窗具有双重装饰效果，从室内看是温馨高雅的木窗，从室外看则是高贵豪华的铝合金窗。这样既能满足建筑物内外侧封门窗材料的不同要求，保留纯木门窗的特性和功能，外层铝合金又起到了保护作用，且便于保养，可以在外层进行多种颜色的喷涂处理，维护建筑物的整体美。

一、铝包木门窗的特点

铝木门窗最大的特点是保温、节能、抗风沙。铝包木窗是在实木之外又包了一层铝合金，使门窗的密封性更强，可以有效地阻隔风沙的侵袭。当酷暑难耐之时，又可以阻挡室外燥热，减少室内冷气的散失；在寒冷的冬季也不会结冰、结露，还能将噪音拒之窗外。

(1)其室外部分采用铝合金专用模具挤型材，表面进行氟碳喷涂，可以抵抗阳光中的紫外线及自然界中的各种腐蚀；可有多种颜色及图案供业主选择。室内部分为经过特殊工艺加工的高档优质木材，可按业主要求选用木材种类。木材表面采用德国优质油漆涂装，抗紫外线、防水，抗腐蚀性能极佳，绿色环保。采用门窗专用型材，变形小，能与室内各种装饰风格相协调，起到良好的装饰作用；并与室内装饰漆为一体，窗体线条具有美国风格及现代感。由于室内侧木材型材阻断了室内外能量传递的热桥，节能效果非常明显。

(2)采用多道密封，其开启部分和窗(门)框之间采用了运用于高档幕墙的等压腔防水原理设计，防水、密封性能优良，防水、密封性能优于一般铝窗及高档塑钢窗。

（3）玻璃部分可选用中空钢化玻璃。玻璃内部采用了美国技术生产的玻璃装饰条，比国内一般门窗所采用的铝装饰条具有更好的装饰性、保温性和隔声性能。

（4）采用世界知名美国五金件，产品性能稳定，质量上乘，使用寿命长，开启、关闭手感颇佳。

（5）采用先安装副框，后安装主框的安装方式，安装精度高，施工质量好。副框采用防腐木材加工制作，同时应用美式窗特有之窗翅固定，更能保证窗体的防水性能。

（6）纱窗安装于室内，与窗框拼合密实，且防蚊性好，拆卸清洗方便。纱窗框采用木材制作，装饰效果与窗体浑然一体。

二、铝包木门窗的分类

1. 德式铝包木门窗

德式铝包木门窗是在保留纯实木门窗特性和功能的前提下，用铝合金型材通过机械方法复合而成的框体。两种材料通过高分子尼龙件连接，充分照顾了木材和金属收缩系数不同的属性。外铝内木，达到双重装饰效果。室内是温馨、高雅的实木门窗，室外则是高贵、豪华的铝合金门窗。德式铝包木门窗保留纯木门窗的特性和功能，外层铝合金又起到了保护作用，且便于保养，可以在外层进行多种颜色的喷涂处理，维护建筑物的整体美。

德式铝包木门窗主材料采用天然落叶松集成材和6063-T5高精级铝合金型材，选用优质德国五金系统，配用高性能达22mm的中空玻璃，按照德国DIN标准精心制作而成。德式铝包木门窗最大的特点是保温、节能、抗风沙。德式铝包木门窗是在实木之外又包了一层铝合金，使门窗的密封性更强，可以有效地阻隔风沙和侵袭。当酷暑难耐之时，又可以阻挡室外燥热，减少室内冷气的散失；在寒冷的冬季也不会结冰、结露，还能将噪音拒之窗外。

2. 意式铝包木门窗

意式木包铝门窗将隔热（断桥）铝合金门窗的特点和实木门窗的主要特点结合为一体，且环保性、装饰性、节能性又高于铝合金门窗。木包铝门窗的主要受力结构为隔热断桥铝合金。内木可根据客户要求，选择广泛，可用针叶类、也可用阔叶类，体现自然和谐、充满大自然的韵味。外铝可采用氟碳或静电喷涂、电泳等处理方法，其结构坚固、美观大方。

木包铝门窗的结构强度等同于铝合金门窗。内部美观高雅的实木，中部保温隔热的塑料型材，外部耐久高强度的铝合金型材完美组合，是大型商业建筑及大型高档民用住宅建筑的首选。意式木包铝门窗主体结构是铝合金，但吸取了铝合金门窗及纯木门窗的长处，使意式木包铝门窗具有了铝合金门窗与木门窗的两种优点。室内装饰以名贵天然木材，呈现出高级木门窗的华贵；而室外采用铝合金，保留铝合金门窗强度高、色彩丰富、装饰效果好、耐候性好的优点。外铝内木，适合于各种天气条件和不同的建筑风格。

三、铝包木门窗开启方式

1. 铝包木平开门、平开窗

铝包木平开门窗有外开、内开、单扇、多扇以及各类欧式风格的种类，并且可适用各类门窗同时使用；配置的三维可调节高强度专用胶链，开启方便，安全可靠。也可将自动感应门、闭门器等多种机构配置于它，充分满足不同的需求。

2. 铝包木折叠门

有超强的灵活性能，可快速轻易开启，并可实现门的最大限度展开。其最大时可连接6扇，从而根据不同的空间需求做出合适的折叠和伸展，稳固中拥有优雅淡然的风姿，与您的高雅家居交相辉映。

3. 内开内倒窗

实现窗门的平开/上悬两种开启方式。与其他窗形相比，密封防水，安全可靠，更合理的排结构及排水孔设计，防止风吹造成雨水和灰尘的进入，在不占空间的情况下，可实现良好的通风效果。

4. 外开上悬铝包木门窗

外部铝窗采用特殊铝型材，与木窗与卡扣连接，从而消除了由不同的热胀冷缩而产生的应力。

四、铝包木门窗选购

铝包木门窗成为门窗界的新宠儿。

窗可以算是房屋的眼睛。窗户打通了自然与人的隔膜，可以足不出户就享受到温暖的阳光和凉爽的清风。以往，老建筑中的钢窗、旧式铝合金门窗因保温、密封性较差，在风吹日晒中容易变形，很难起到保暖的作用。

冬季，选择保暖、密封性好的窗户显得尤为重要。调查发现，目前市场上销售的门窗主要以塑钢窗为主，也有少量的高档纯铝门窗、加断桥隔热装置的铝合金门窗，而最抢眼的则是“铝包木”的木门窗了。

比较知名的铝包木门窗品牌有顺达、德国维盾、美国赫德、其昌铝窗、森鹰、德国墨瑟、德国汉斯洛克等等。

第四节　铝合金门窗

铝合金门窗是采用铝合金挤压型材边框、梃、扇料，配以玻璃、五金配件、密封材料而制成。铝合金门窗有推拉铝合金门、推拉铝合金窗、平开铝合金门、平开铝合金窗及铝合金地弹门五种。

每种门窗按门窗框厚度构造尺寸分为若干系列。例如门框厚度构造尺寸为90mm的推拉铝合金门，则称为90系列推拉铝合金门。

铝合金推拉门有70系列和90系列两种，基本门洞高度有2100、2400、2700、3000mm，基本门洞宽度有1500、1800、2100、2700、3000、3300、3600mm。铝合金推拉窗有55系列、60系列、70系列、90系列、90—1系列，基本窗洞高度有900、1200、1400、1500、1800、2100mm，基本窗洞宽度有1200、1500、1800、2100、2400、2700、3100mm。

铝合金平开门有50系列、55系列、70系列。基本门洞高度有2100、2400、2700mm，基本门洞宽度有800、900、1200、1500、1800mm。铝合金平开窗有40系列、50系列、70系列。基本窗洞高度有600、900、1200、1400、1500、1800、2100mm，基本洞宽有600、900、1200、1500、1800、2100mm。

铝合金地弹门有70系列、100系列。基本门洞高度有2100、2400、2700、3000、3300mm，基本门洞宽度有900、1000、1500、1800、2400、3000、3300、3600mm。

铝合金门窗所使用的玻璃品种，与其他材质的门窗一样，可采用普通平板玻璃、浮片玻璃、夹层玻璃、中空玻璃、钢化玻璃、印花玻璃、压花玻璃、毛玻璃等。玻璃厚度一般5～6mm。

铝合金门窗还分带纱扇和不带纱扇的。

由于在本书第十一章中对铝合金型材已有木门介绍，故本章不再重复介绍制作铝合金门窗的型材。

铝合金门窗的质量可以从用料、加工、价格等方面来判断。

优质的铝合金门窗所用的铝合金型材，其厚度、强度、氧化膜等，应符合国家有关标准规定，壁厚应大于1.2mm，抗拉强度应达到157N/mm^2，屈服强度要达到108N/mm^2，氧化膜厚度应达到10μm。如果达不到上述要求，就是劣质产品，不可使用。

优质的铝合金门窗，加工精细、安装讲究、密封性能好、开启自如。劣质的铝合金门窗，盲目选用铝合金型材和规格，加工粗制滥造，以锯切割代替铣加工，不按要求进行安装，密封性能差，开启不自如。不仅漏风漏雨，甚至会出现玻璃炸裂现象。一旦遇到强风和外力，容易将推拉部分或玻璃刮落或碰落，毁物伤人。

在通常情况下，优质铝合金门窗因生产成本高，价格一般比低档的铝合金门窗高出30%以上。有些壁厚仅0.6~0.8mm的铝型材制作的铝合金门窗，抗拉强度和屈服强度远低于国家有关标准，价格往往比优质产品低出很多，消费者一旦选购，后患无穷。

隔热断桥铝合金型材（也称为断桥铝合金型材），是在两层传统的铝合金型材之间加入PA66尼龙，形成隔热断桥，致使铝合金不能成为一个完整的导热体。PA66尼龙把内外两层铝合金型材既隔断又通过自身将两层铝合金型材相连接成整体，构成一种新的隔热型铝型材。依据PA66尼龙的连接方式可分为穿条式和注胶式。用这种型材做门窗，其隔热性能优越，密封严实，水密性和气密性比任何铝合金门窗、塑钢门窗都好。能保证风沙大的地区室内窗台和地板无灰尘，能保证在高速公路两侧50m内的居民不受噪音干扰。断桥铝合金门窗已逐步取代传统的铝合金门窗，成为门窗装饰材料市场新的宠儿。

第五节　其他新型门窗装饰用材

一、彩色塑料型材门窗

近年来，彩色塑料门窗使用越来越多。彩色塑料门窗是继白色塑料门窗之后的一款新型产品，主要是为了满足日益多样的建筑装饰需求。

彩色塑料门窗主要依靠所用原材料PVC塑料型材的彩色化，通常有覆膜、共挤、喷涂、通体着色等彩色化技术。彩色型材有红、黄、蓝、墨绿、黑、紫及其他颜色，可以制作出木纹、金属、大理石等仿真效果。因此，彩色塑料门窗深受消费者青睐和喜爱。

国家有关部门正着手制定彩色塑料门窗型材的标准。

二、铝塑共挤型材门窗

铝塑共挤型材，从外到内分别为硬质塑料、微发泡塑料、铝衬。以铝合金作为型材骨架，满足了其刚性与强度的需求。而成窗角部采用的是角码连接加焊接工艺，可进一步提高成窗的拉风压性能及水密性能，同时具有良好的保温性能。

在保证良好的抗风压与隔热保温性能的同时，铝塑共挤型材在生产环节上更是实现了低能耗的目标。生产1万m^{2}铝塑型材所消耗的能源只有铝合金型材的75%，只有塑料门窗型材的65%，也就相当于节省了370t标准煤，减少排放251t粉尘，减少排放 922tCO_2。

三、彩色钢板门窗

彩色钢板门窗（简称彩板门窗），是指以冷轧镀锌板为基板，敷以耐候性高抗蚀面层，由现代工艺制成的彩色涂层建筑外用卷材作为生产门窗的原材料。我国只有宝钢、武钢以及北京、广东等少数企业能生产这种专用材料。

彩色镀锌卷材经专门设备剪制成带材，再用冷弯成型连续轧制成封闭的门窗专用异型管材，然后经涂加工制成彩板门窗。这种生产技术，我国是从 20 世纪 80 年代中期从意大利引进。现在国内原材料供应充裕，专用加工设备已实现国产化，配套附件及辅助材料已形成了生产体系，具备了大面积推广使用的条件。

彩板门窗是节能型门窗，是传统钢门窗的换代产品。由于采用镀锌基板和耐蚀树脂涂层，彻底克服了普通钢窗的腐蚀问题。由于采用冷弯成型咬口封闭工艺，实现了组合装配深加工工艺，摆脱了普通钢窗传统的焊接工艺。门窗结构采用全周边密封构造，彻底解决了门窗密封问题。其气密性、水密性和抗风压强度等技术指标达到了国内建筑门窗的先进水平。根据实测，彩板门窗其强度、隔音、保温、密封性能是铝合金门窗的 3 倍。经过 480 小时盐雾试验，涂层不起泡、无锈蚀。由于表面涂层中掺入了抗紫外线元素，因此，多年经日光照射颜色无变化。颜色有白色、茶色、绿色等多种。其色彩绚丽、装饰效果好，使用寿命可达 30 年以上，被国家住建部列为重点推荐产品。

四、新型门窗型材新视窗

欧典装饰材料公司推出了一种新型门窗型材新视窗，它是一种全敞开可移动无框门、窗、隔断结构的空间分割系统。

传统的门、窗或隔断结构主要是由边框和扇体组成，扇体周围设有围框。这种门、窗的边框型材结构单一、视野受阻、清洁困难，而且安装的门窗只能左右、内外移动，实现部分敞开。欧典型材为下方开口的腔体结构。该腔体内设有若干条横向滑道；各横向滑道相互平行，采用无框技术，使整体效果更加美观，视野非常开阔，能 100% 全部打开。其通风效果更佳，彻底改变窗只能开 50% 的问题。采用直接接口密封，效果更好。便于清洁擦洗玻璃。

第十四章　建筑装饰用胶粘剂

胶粘剂又称粘合剂、粘结剂及粘胶。它是一种能在两种物体表面形成薄膜，使之粘结在一起的液态或膏状材料，也是建筑装饰中不可缺少的材料之一。如铺贴壁纸和贴墙布、铺贴地板、装饰板、镶嵌玻璃等，都离不开胶粘剂。不同的胶粘剂，其性能也有所不同。常用的主要有聚乙烯醇、醋酸乙烯、过氯乙烯、氯丁橡胶、苯-丙乳液及环氧树脂等。

胶粘剂工业在发达国家正稳步发展并趋向成熟。随着技术的进步，胶粘剂由一般的胶粘特性向功能性胶种提高，例如耐热、耐低温、阻燃、绝缘、导电、导热、高强、耐久等热、电、力学性能的提高。胶粘剂的硬化方式也发展成为多种多样，例如紫外固化、低温固化、温气固化、特殊环境（如油面、湿面）中固化。各种性能的压敏胶、无公害安全型胶、便于回收处理的胶也不断问世。这些技术进步和发展趋势极大地推动了合成胶粘剂的发展。

由于日益严格的环保要求，工业发达国家合成胶粘剂产品结构特点是水乳型大大高于溶剂型。在美国，水乳型与溶剂型的比例为63%：11%；西欧国家的比例为46%：10%；日本的比例为32%：6%。

在水乳型胶粘剂方面，近年来又出现了一些新的改进方法，例如：

1. 高固体含量（65%～70%），低黏度（0.8～2.4Pa·s），贮存稳定的醋酸乙烯-乙烯共聚乳液，粒子聚集速度快，固化时间仅需3～6s，胶膜耐水，性能可与溶剂胶相竞争。

2. 一种由聚氨酯软树脂作为壳层，丙烯酸硬树脂作为芯层的芯壳型粒子结构乳液，不含乳化剂、分散剂、保护膜，因而提高了胶的耐水、耐热及粘结性能，性能可与双组分溶剂型聚氨酯相近。

3. 两种乳液共混技术，例如聚氨酯乳液和丙烯酸乳液共混，使丙烯酸树脂乳液起成膜助剂作用，从而改善胶粘性能。

4. 各种性能优良的树脂都制备成乳液使用，如环氧乳液与普通环氧树脂一样，也可用各种添加剂和改性剂与环氧乳液配合以改进物理化学性能，配制成对各种基材都有良好的粘接力的胶粘剂。

第一节　胶粘剂的组成与分类

一、胶粘剂的组成

胶粘剂一般多为有机合成材料，主要由粘结料、固化剂、增塑剂、稀释剂及填充剂（填料）等原料配制而成。有时为了改善胶粘剂的某些性能，还需要加入一些改性材料。对于某一种胶粘剂而言，不一定完全含有这些组分，同样也不限于这几种组分，而取决于其性能和用途。

1. 粘结料

粘结料也称粘结物质，是胶粘剂中的主要成分，起着粘结两物体的作用，它的性质决定了胶粘剂的性能，用途和使用工艺。一般胶粘剂是以粘结料的名称来命名的。

2. 固化剂

固化剂是促使粘结料进行化学反应，加快胶粘剂固化产生胶结强度的一种物质，常用的有胺类或酸酐类固化剂等。

3. 增塑剂

增塑剂也称增韧剂，它主要是可以改善粘结层的韧性，以提高其冲击强度。常用的增塑剂主要有邻苯二甲酸二丁酯和邻苯二甲酸二辛酯等。

4. 稀释剂

稀释剂又称溶剂，主要对胶粘剂起稀释分散、降低黏度的作用。常用的有机溶剂有丙酮、甲乙酮、乙酸乙酯、苯、甲苯、酒精等。

5. 填充剂

填充剂也称填料，一般在胶粘剂中不与其他组分发生化学反应。其作用是增加胶粘剂的稠度，降低膨胀系数，减少收缩性，提高胶结层的抗冲击韧性和机械强度。同时，也能降低胶粘剂的生产成本。常用的填充剂主要有石棉粉、铝粉、磁性铁粉、石英粉、滑石粉及其他矿粉等无机材料。

除此以外，为了改善胶粘剂的性能，还可分别加入阻聚剂、防腐剂、防霉剂、稳定剂等。

二、胶粘剂的分类

随着化学工业的不断发展，胶粘剂的种类也日益增多，但目前尚无统一的分类标准。一般可按以下几个方面进行分类：

1. 按固化条件分类

按固化条件可将胶粘剂分为室温固化胶粘剂、低温固化胶粘剂、高温固化胶粘剂、光敏固化胶粘剂、电子束固化胶粘剂等。

2. 按粘结料性质分类

按粘结料性质可将胶粘剂分为有机胶粘剂和无机胶粘剂两大类，其中有机类中又可再分为人工合成有机类和天然有机类，见图14-1。

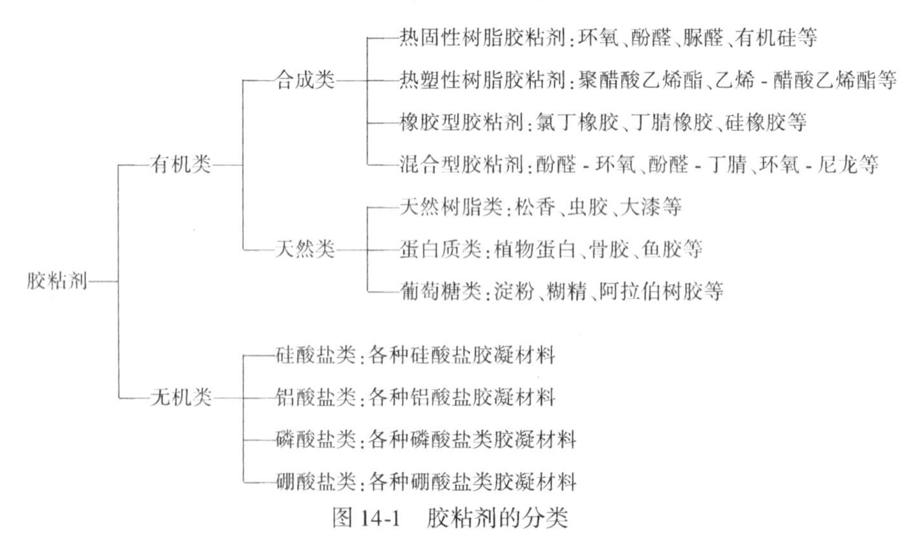

图14-1　胶粘剂的分类

3. 按状态分类

按状态可分为溶液类胶粘剂、乳液类胶粘剂、膏糊类胶粘剂、膜状类胶粘剂和固体类胶粘剂等。

4. 按用途分类

按用途可将胶粘剂分为：

(1)结构型胶粘剂　其胶接强度高，至少与被粘物质本身的材料强度相当。一般剪切强度大于15MPa，不均匀扯离强度大于3MPa。如环氧树脂胶粘剂。

(2)非结构型胶粘剂　有一定的粘接强度，但不能承受较大的力。如聚醋酸乙烯等。

(3)特种胶粘剂　能满足某些特殊性能和要求，如可具有导电、导磁、绝缘、导热、耐腐蚀、耐高温、耐超低温、厌氧、光敏等性能。

第二节　胶粘剂的胶粘机理及胶接强度影响因素

一、胶粘剂的胶粘机理

胶粘剂能与被粘物牢固地粘接在一起，其粘接原理主要有以下四种：

1. 机械连接理论

这种理论认为被粘物表面是粗糙的，有些是多孔的，胶粘剂能够渗透到被粘物表面的孔隙中去，固化后就形成了许多微小的机械键合。胶粘剂主要依靠这些机械键合与被粘物牢固地粘接在一起。纤维植物或表面有纤维状结构的被粘物与胶粘剂结合，可以形成类似纤维增强复合材料的表面层。因此，机械连接理论认为机械结合力对粘接强度的贡献大小与被粘物表面状态有关。

2. 物理吸附理论

这种理论认为任何物质的分子(或原子)之间都有两种相互作用的力：一种是强的主价键力或称化学键力；一种是弱的次价键力或称范德华力。物理吸附是由次价键力所引起的，虽然次价键力远低于化学键力，但由于原子和分子的数量相当多，故这种物理吸附作用还是相当大的。这种理论把胶粘剂的粘接力归于胶粘剂分子和被粘物表面之间的物理吸附作用。

3. 扩散理论

扩散理论认为胶粘剂分子与被粘物表面之间仅靠互相紧密接触还是不够的，必须互相扩散才能形成牢固的粘接，因为相互扩散的结果能使更多的胶粘剂分子(或原子)与被粘物分子之间更加接近，相互碰撞机会增多，从而增强它们的物理吸附作用。

4. 化学键理论

化学键理论认为某些胶粘剂与被粘物表面之间还能形成化学键。化学键结合力的强度不仅比物理吸附力高，而且对抵抗破坏性环境的侵蚀能力也很强。在许多情况下，解决困难的胶接问题往往求助于化学键。高分子材料与金属材料之间形成化学键的一个典型例子是橡胶与镀黄铜的金属之间的胶接。用电子衍射法可证实，黄铜表面形成一层硫化亚铜，它通过硫原子与橡胶分子结合在一起。化学键结合对于粘接技术的重要意义最容易从偶联剂的广泛应用中得到证明。偶联剂分子具有能与被粘物表面发生化学反应的基团，而分子的另一些基团又能与胶粘剂发生化学反应。目前最常用的是硅烷偶联剂。无机物或金属表面经过硅烷偶联剂处理之后，与水的接触角增大，使胶接强度和耐水性大大提高。

必须指出，以上各种理论仅仅反映了粘接现象的本质的一个方面。事实上胶粘剂与被粘物之间的牢固粘接是以上理论涉及的一些因素的综合结果。当然，由于所采用的胶粘剂不同，被粘物不同，被粘物的表面性状或粘接头的处理方法不同，上述各种理论涉及的各种因素对粘接力度的贡献大小也不一样。

值得注意的是胶粘剂对被粘物表面的浸润作用。无论粘接界面上发生何种物理的、化学的或机械的作用，胶粘剂对被粘物表面的完全浸润是获得理想的粘接效果的先决条件。

二、影响胶接强度的主要因素

评定胶接强度的有剪切强度、剥离强度、疲劳强度、冲击强度等，一般采用拉伸剪切强度作为胶接强度大小的主要评定指标。

影响胶接强度的因素有很多，最主要的有胶粘剂的性质、被粘接材料的性质、胶粘剂对被粘物表面的浸润性（或称湿润性）、粘接工艺及环境条件等。

（一）胶粘剂的性质

胶粘剂的性质包括黏度、分子量、极性、空间结构和体积收缩等。

一般作为胶粘剂基料的聚合物（合成树脂或橡胶等），其分子量较低，黏度较小，流动性好，易于浸润并渗透胶接表面的空隙及裂缝中，故粘附性较好，但内聚力低，最终的胶接强度不高；反之，若分子量大，胶层内聚力高，但黏度增大，不利于表面浸润，使胶接性能变差。为提高粘附性，通常需进行加热、加压。因此，对每一种胶粘剂，必须选择适当的分子量，才能既满足黏度要求，又能具有较高的内聚力。

聚合物的分子结构中，极性基团（如羟基、羧基、环氧基等）的多少，极性的强弱，对胶粘剂的内聚力和粘附性也具有较大影响。含有较多极性基团的聚合物，如环氧树脂、丁腈橡胶、氯丁橡胶等，常被用作胶粘剂的基本材料；而不含极性基团的聚合物，如聚乙烯、聚丙烯等，则很少用作胶粘剂。

聚合物的空间结构，即侧链的种类对胶接强度有很大的影响。由于侧链的空间位置增大，妨碍了分子链接运动，不利于浸润和粘附，对胶粘剂的胶接力有不良的影响。如果侧链足够长时，它们已能起单独的分子链作用，能比大分子的中间段更易于扩散到被粘物内部，有利于提高粘附性和胶接力。如聚乙烯醇缩醛类胶粘剂中缩丁醛由于侧链长，链的柔顺性好，易扩散进入被粘物内部，则胶层的粘附性和韧性较好。侧链长易于断裂分解，耐热性差。如缩甲醛，由于没有长的侧链，虽然在常温下有较好的胶接性能，但胶层的粘附性和韧性较差，而耐热性较好。

胶粘剂在固化过程中体积收缩变化大小也影响胶接强度和耐久性。胶粘剂中溶剂的挥发、胶液冷却，固化过程中释放出低分子物（如缩聚反应生成水等），都会造成体积收缩而产生收缩应力，影响胶接质量。为降低内应力，在胶粘剂中加入增塑剂和无机填料，或在胶接时适当减少胶层厚度都是有效办法。

（二）被粘物的性质

被粘物的性质主要指被粘物的组成、结构及表面状况等。

一般来说，非极性被粘物采用极性胶粘剂，或者极性被粘物要用非极性胶粘剂，粘接强度都不会太高。这是由于极性胶粘剂适合于粘接极性材料，非极性胶粘剂适合于粘接非极性材料。因此，使用同一种胶粘剂胶接不同的被粘物时，所获得的胶接强度是不同的，其原因就在于被粘物的组成和结构不同的缘故。

被粘物表面状况也直接影响粘附力，对胶接强度影响极大，因此要求被粘物表面具有如下特征：

（1）清洁度　要求被粘物表面清洁、干燥、无油污、无锈蚀、无漆皮。因为被粘物表面常吸附水分及尘埃，有的还有油污、锈蚀等附着物，这些均会降低胶粘剂的湿润性（浸润性），阻碍胶粘剂接触被粘物的基体表面。同时这些附着物内聚力比胶层要小得多,造成胶接强度降低。

(2)粗糙度　被粘物表面有一定的粗糙度,能增大粘接面积,增加机械结合力,防止胶层内微裂纹的扩展。但过于粗糙又会影响胶粘剂的湿润及残存气泡,反而使胶接强度降低。通常被粘物表面粗糙度用"μm"表示(被粘物表面是由峰谷组成的起伏不平表面,以"μm"来表示表面峰高或谷深的平均值,即为粗糙度)。一般的要求是,使用有机胶粘剂时被粘物表面粗糙度以12.5μm~3.2μm为宜,使用无机胶粘剂时被粘物表面粗糙度以12.5μm为宜。

(3)表面化学性质　被粘物表面张力大小、极性强弱、氧化膜致密程度等,会影响胶粘剂的浸润性和化学键的形成。

(4)表面温度　适宜的表面温度,可以增加胶粘剂的流动性和浸润性,有助于粘接强度的提高。

(三)胶粘剂对被粘物表面的浸润性

浸润(即湿润)是液态物质在固态物质表面分子力的作用下均匀分布的现象。胶接的首要条件是胶粘剂均匀分布在被粘物上,因此,胶粘剂完全浸润被粘物是获得理想的胶接强度的先决条件。如果被粘物表面浸润不完全,未曾接触到的界面就会形成许多空缺,在这些空缺之处显然无法实现吸附、扩散或渗透作用,甚至在这些空缺的周围会产生应力集中,从而大大降低粘接强度。

浸润性通常用湿润边角θ来表示。湿润边角θ越小,浸润性越好;湿润边角θ愈大,湿润性则愈差(见图14-2)。湿润边角θ大小与材料的表面张力有关。浸润性既受胶粘剂表面张力影响,又受被粘物表面张力影响。例如水能浸润洁净的玻璃,却不能浸润石蜡。一般而言,胶粘剂表面张力愈大,愈有利于胶粘剂的完全浸润。降低胶粘剂液体黏度,提高其流动性,给胶层以压力,提高被粘物表面光洁度和表面温度,都对提高浸润性有利。

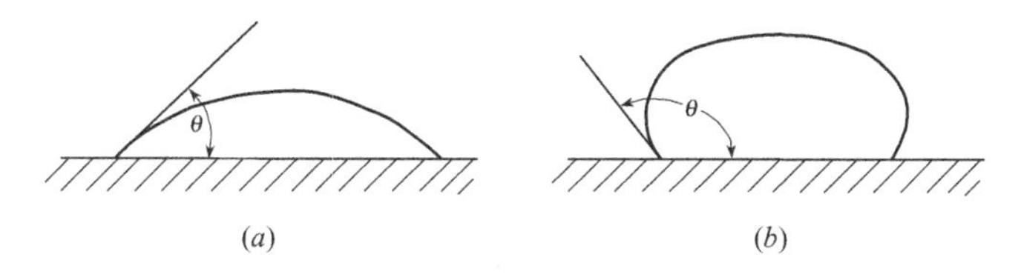

图14-2　材料的浸润示意图

(a)亲水性材料;(b)憎水性材料

(四)粘接工艺

1. 清洗要干净

必须彻底清除被粘物表面的水分、油污、锈蚀和漆皮等附着物。

2. 胶层要匀薄

大多数胶粘剂的胶接强度随着胶层的厚度增加而降低。一般无机胶粘剂胶层厚度为0.1~0.2mm,有机胶粘剂胶层厚度为0.05~0.1mm。当然,胶层过薄易产生缺胶,会影响胶接效果。

3. 晾置时间要充分

对含有稀释剂的胶粘剂,胶接前一定要晾置,使稀释剂充分挥发,否则会在胶层内产生气孔和疏松现象,影响胶接强度。

4. 固化要完全

固化过程三要素即压力、温度和时间。固化时,加一定的压力,有利于胶液的流动和浸润,保证胶层的均匀和致密,使气泡从胶层挤出。温度是固化的主要条件,适当提高固化温度,有利于分子间的扩散和渗透,有助于气泡的逸出和增加胶液的流动性。温度高,固化速度快。但温度过高,固化速度过快,会影响胶粘剂对被粘物表面的浸润效果,产生内应力,降低胶接强度。

(五)环境因素和接头形式

环境空气湿度大,胶层内的稀释剂不易挥发,容易产生气泡。空气中灰尘大、气温低时会降低胶接强度。粘接接头如设计合理,可充分发挥粘合力的作用。要尽量增大粘接面积,尽可能避免胶层承受弯曲和剥离作用。

第三节　常用胶粘剂的品种、特性及选用原则

一、环氧树脂类胶粘剂

环氧树脂胶粘剂(俗称"万能胶")是以二酚基丙烷和环氧氯丙烷缩聚而成,再加入适量的固化剂,在一定条件下,固化成网状结构的固化物,并将两种被粘物体牢牢粘结为一整体。这类胶粘剂具有粘结强度高,收缩率小,耐腐蚀,电绝缘性好,而且耐水、耐油等特点,是目前应用最广的胶种之一。除了对聚乙烯、聚四氟乙烯、硅树脂、硅橡胶等少数几种塑料胶结性较差外,对于铁制品、玻璃、陶瓷、木材、塑料、皮革、水泥制品、纤维材料等都具有良好的粘结能力。

二、聚醋酸乙烯酯类胶粘剂

聚醋酸乙烯酯胶粘剂是由醋酸乙烯单体经聚合反应而得到的一种热塑性胶。该胶可分为溶液型和乳液型两种。其中聚醋酸乙烯乳液又称白乳液,具有如下特点:

(1)呈酸性。该乳液是一种白色黏稠液体,含固量一般为50%,pH值4~6,呈酸性。

(2)具有亲水性。聚醋酸乙烯乳液属于极性分子,其结构中有羧基和羰基。因此,可认为是水溶性、粘结亲水性的材料,湿润能力较强。

(3)在胶粘时可以湿粘,也可干粘。干粘时涂刷胶粘剂后先不粘合,待晾干水分蒸发后,再加热加压使其聚合。

(4)流动性好。白乳胶对于多孔材料特别有利,会渗入被粘物的孔隙中,加强了机械结合力,并且干固后具有韧性。

(5)内聚力低。白乳胶属于通用型胶粘剂,主要用于承受力不太大的胶结中,如纸张、木材、纤维等材料粘结。

(6)干固温度不宜过高或过低。施工时,温度不应低于5℃,也不得高于80℃。

(7)耐水性差。不能用于湿度较大的环境。

(8)可加入到建筑涂料和水泥浆中使用。

三、合成橡胶胶粘剂

合成橡胶胶粘剂也称氯丁橡胶胶粘剂(简称氯丁胶),是以氯丁橡胶为主,另加入氧化锌、氧化镁和填料等经混炼后溶于溶剂而制成,具有弹性高、柔性好、耐水、耐燃、耐候、耐油,耐溶剂和耐药物性等特点,但耐寒性较差,贮存稳定性欠佳,一般使用温度在12℃以上,主要分粘结型和通用型。氯丁胶也是应用较广的胶种之一。

四、胶粘剂选用方法

胶粘剂选用方法参考表 14-1。

按相粘材质选用胶粘剂　　　　**表 14-1**

胶粘剂品种 / 相粘材料名称	酚醛	酚醛缩醛	酚醛聚酰胺	酚醛氯丁橡胶	酚醛丁腈橡胶	环氧树脂	环氧聚酰胺	过氯乙烯	聚酯树脂	聚氨酯	聚酰胺	聚醋酸乙烯酯	聚乙烯醇	聚丙烯酸酯	氰基丙烯酸酯	天然橡胶	丁苯橡胶	氯丁橡胶	丁腈橡胶	备注
纸-纸													○				○			○表示可以选用
织物-织物										○		○				○	○			
织物-纸													○				○			
皮革-皮革										○		○			○	○	○	○		
皮革-织物										○						○	○	○		
皮革-纸																○	○	○		
木材-木材	○				○	○				○		○								
木材-皮革												○				○	○	○		
木材-织物										○						○	○			
木材-纸													○			○				
尼龙-尼龙			○		○		○			○	○									
尼龙-木材					○	○	○				○									
尼龙-皮革					○						○									
尼龙-织物					○		○				○								○	
尼龙-纸					○						○									
ABS-ABS					○	○								○						
ABS-尼龙					○															
ABS-木材				○	○															
ABS-皮革				○	○															
ABC-织物				○	○															
ABS-纸				○	○	○						○								
玻璃钢-玻璃钢					○	○			○											
玻璃钢-ABS					○	○														
玻璃钢-尼龙					○		○													
玻璃钢-木材					○	○														
玻璃钢-皮革					○	○														
玻璃钢-织物					○	○						○								
玻璃钢-纸					○	○						○								
PVC-PVC					○			○											○	
PVC-玻璃钢					○		○												○	
PVC-ABS				○	○															
PVC-尼龙					○		○												○	
PVC-木材					○							○								
PVC-皮革					○							○								

续表

胶粘剂品种 / 相粘材料名称	酚醛	酚醛缩醛	酚醛聚酰胺	酚醛氯丁橡胶	酚醛丁腈橡胶	环氧树脂	环氧聚酰胺	过氯乙烯	聚酯树脂	聚氨酯	聚酰胺	聚醋酸乙烯酯	聚乙烯醇	聚丙烯酸酯	氰基丙烯酸酯	天然橡胶	丁苯橡胶	氯丁橡胶	丁腈橡胶	备注
PVC-织物					○							○								
PVC-纸					○							○								
橡胶-橡胶				○	○					○					○	○				
橡胶-PVC				○	○															
橡胶-玻璃钢					○	○				○									○	
橡胶-ABS				○	○					○										
橡胶-尼龙					○															
橡胶-木材		○		○	○					○					○	○				
橡胶-皮革										○					○	○		○		
橡胶-织物										○						○	○			
橡胶-纸																○				
玻璃陶瓷-玻璃陶瓷		○		○	○	○				○					○					○表示可以选用
玻璃陶瓷-橡胶			○	○						○					○	○				
玻璃陶瓷-PVC				○		○														
玻璃陶瓷-玻璃钢	○					○														
玻璃陶瓷-ABS				○	○	○														
玻璃陶瓷-尼龙							○				○									
玻璃陶瓷-木材		○		○	○	○				○		○			○	○				
玻璃陶瓷-皮革						○				○		○			○			○		
玻璃陶瓷-织物										○		○				○		○		
玻璃陶瓷-纸												○				○				
金属-金属		○	○		○	○							○		○					
金属-玻璃陶瓷		○	○	○		○				○										
金属-橡胶		○		○	○	○				○					○	○				
金属-PVC					○	○		○												
金属-玻璃钢						○	○		○											
金属-ABS					○	○														
金属-尼龙	○					○					○							○	○	
金属-木材	○	○		○	○	○				○		○				○				
金属-皮革										○		○				○		○	○	
金属-织物										○		○				○		○		
金属-纸												○				○				

第四节　胶粘剂的环保问题

胶粘剂迅速发展，为社会提供了众多的胶粘剂品种。据不完全统计，如今胶粘剂品种已发展到数千种，在消费者大量使用胶粘剂的时候，也给环境带来了新的污染问题，这就要求生产胶粘剂的企业尽可能开发生产绿色环保类的胶粘剂产品。

由于胶粘剂特殊的化学组成，决定了它含有对环境有污染的有害物质，如胶粘剂中所含的挥发性有机化合物、有毒的固化剂、增塑剂、稀释剂及其他助剂、有害填料等。

挥发性有机化合物（VOC）在胶粘剂中存在很多，如溶剂型胶粘剂中的有机溶剂；三醛胶（酚醛、脲醛、三聚氰胺甲醛）中的游离甲醛；不饱和聚酯胶粘剂中的苯乙烯；丙烯酸酯乳液胶粘剂中的未反应单体；改性丙烯酸酯快固结构胶粘剂中的甲基丙烯酸甲酯；建筑胶中的甲醇；丙烯酸酯乳液中的增稠剂氨水等。这些易挥发性的物质排放到大气中，危害很大，而且有些发生光化作用产生臭氧。低层空间的臭氧污染大气，影响人类健康及生物生长。

胶粘剂中添加的固化剂，有些毒性很大，甚至引发癌症，如芳香胺类固化剂中的间苯二胺等还会引起膀胱癌。增塑剂磷酸三甲酚酯毒性极大，如今发现邻苯二甲酸二丁酯（DBP）和邻苯二甲酸二辛酯（DOP）对人体健康有害，吸入后会使人体内分泌失调。动物实试表明，DBP 和 DOP 对人体肝脏和肾脏损害较大。

胶粘剂中添加的填料，有些对人体健康危害很大。如石棉粉、石英粉、含重金属（铅、铬、镉）的填料等。

胶粘剂性能的改善靠加入的助剂。有些助剂具有毒性，如防老化剂 D 已被确定有致癌性，MDCA、偶氮二异丁腈（AIBN）、二月桂酸二丁基锡都有较大的毒性。

为了避免污染环境和破坏生态，发展低污染或无污染的环保型胶粘剂势在必行。环保、健康、安全的胶粘剂发展方向是水性化、固体化、无溶剂化、低毒化。

胶粘剂的水性化就是以水为溶剂或分散介质制成的水基胶粘剂。由于不用有机溶剂，有效防止了溶剂污染。当然，并非所有的水基胶粘剂都无污染，如脲醛胶和 107 胶都是水性胶，污染却很严重。

水性复膜胶已开始代替溶剂型覆膜胶，无毒性，不燃烧，无公害，使用安全。水性胶粘剂可以无毒无害，不污染，但其不足之处是干燥速度慢，耐水性差，抗冻性不好。其应采用交联方式，提高固体部分，提高干燥过度和耐水性，以扩大其用途。

无溶剂化是指胶粘中不含溶剂。固无溶剂向大气中挥发，不会对环境造成污染。绝大多数环氧胶、厌氧胶、α-氰基丙烯酸酯胶、需氧改性丙烯酸酯结构胶、无溶剂聚氨酯胶、光固化胶粘剂等都属于无溶剂型胶粘剂品种。

固体化是指胶粘剂以固态形式使用，如热熔胶、热熔压敏胶、水溶粉状胶、反应型棒状胶、办公用固体胶棒等。在涂布和粘结过程中都无挥发物放出，完全无环境污染。国外推崇使用粉状胶，具有性能稳定、无污染的特点。美国 CP 胶粘剂公司生产了一种脲醛树脂粉，本身含有固化剂和填料，无气味，无污染，无毒害，用作优良的通用型木材胶粘剂。国内已出现一种高强优质的新型粉状胶粘剂——邦家强力胶粉，加水混合后成为聚合物分散体，具有良好的粘结性、耐水性和耐老化性。

低毒化主要是指溶剂型胶粘剂所使用的溶剂是低毒或无毒的。如用环己烷、醋酸乙酯、丁酮、碳酸二甲酯等制成低毒或无毒的溶剂型胶粘剂。前述要大力发展无溶剂型胶粘剂，但由于溶剂型胶粘剂干燥速度快，耐水性好，虽然有污染和毒性，但目前尚不能完全被水基胶粘剂取代，故采用低毒化溶剂是发展方向。

解决胶粘剂的环保问题必须有法律保障。在我国，胶粘剂中有害物质限量已成为国家强制性执行标准 GB 18583—2001。相信随着科技水平的不断提高，更多绿色环保类的胶粘剂品种不断问世，以满足消费者的各种需求。与此同时，胶粘剂的产品质量要求和环保标准将会更加完善。

第十五章　卫生洁具及其配件

卫生洁具系指人们盥洗或洗涤使用的器具，如洗面器、大便器、浴缸、淋浴房、洗涤槽等，这些器具统称为卫生洁具。

卫生洁具是指现代建筑中不可缺少的组成部分。工业发达国家非常重视卫生洁具及其配件的发展。近十多年来，产品更新换代很快，尤其在节能、节水、消声、造型、色彩和配套水平等方面都有较快的发展。而卫生洁具的材质也由过去传统的陶瓷、铸铁搪瓷制品和一般的金属配件，发展到目前国内外相继推出的玻璃钢、人造大理石（玛瑙）、塑料、不锈钢、玻璃、丙烯酸板和玻璃钢复合等新材料。卫生洁具的功能也由过去的单一功能发展到自动加温、自动冲洗、热风烘干等多种功能。卫生洁具五金配件的加工技术，也是由一般的镀铬处理发展到通过各种手段进行高精度的加工获得各种造型美观、节能、节水、消声的高档产品。卫生洁具国家已颁布了相应标准，可详见《卫生陶瓷》（GB/T 6952—1999）。

第一节　面　　盆

面盆又称洗面器，有壁挂式、立柱式和台式三种，立柱式和台式也称作柱脚式和嵌入式。壁挂式面盆最省地方，不过长时间使用后，镶入墙身的支架和螺钉可能会因为长期或过分承重而变松，使盆身下坠。此外，盆边与墙壁接合的地方也容易因为潮湿而发霉。嵌入式面盆是把面盆嵌于大理石台面或地柜面上，好处是可以让使用者摆放日常用品，在宾馆卫生间较常使用。立柱式面盆的承托力比壁挂式的为佳，较少出现盆身下坠变形的情况，而且造型十分优美。

面盆无论在形状、材料、颜色上都增加了许多选择。不过，选择面盆的款式宜与坐厕（大便器）、浴缸等一并考虑，选择什么样的水龙头等五金配件也是不可忽视的。

面盆材质多数为陶瓷材料，具有颜色多样、结构致密、表面细腻光滑、气孔率小、强度较大、吸水率小、抗腐蚀、热稳定性好、易清洗等特点。人造大理石、人造玛瑙、玻璃钢、塑料、压克力（丙烯酸板与玻璃钢的复合材料）、不锈钢等材料也用来制作面盆，同样具有很好的性能及装饰效果。近年来又有钢化玻璃面盆问世。

图 15-1（文前彩图）为广东东莞家乐玻璃有限公司生产的玻璃面盆。

国内生产洗面器的厂家很多，表 15-1 为唐山卫生陶瓷厂等厂家生产的洗面器品种及规格。

洗面器品种与规格　　　　**表 15-1**

产品编号及名称	规格（长×宽×高）(mm)	色　调	材　质	生产单位
7201 洗面器	660×530×200	白、绿、红、黄、蓝色釉	陶　瓷	唐山陶瓷厂
7301 洗面器	635×510×200	普通釉、乳白色、黄、粉、蓝釉	陶　瓷	唐山卫生陶瓷厂
7901 洗面器	660×510×200	同上	陶　瓷	同上
前进 4 号洗面器	635×510×210	白、彩釉	陶　瓷	唐山建筑陶瓷厂
卫 2 号洗面器	365×420×195	乳白釉	陶　瓷	唐山卫生陶瓷厂

续表

产品编号及名称	规格(长×宽×高)(mm)	色　　调	材　质	生产单位
洗面器	500×350×200(椭圆形) 510×400×200(圆方形) 520×460×210(圆形) 500×390×230(方形) 800×700×500(带脚) 500×390×200 800×700×560(带脚)	各　　色	玻璃钢	
B201 洗面器 B202 洗面器	410×310×200 650×550×855	各　　色	人　造 大理石	

第二节　坐　便　器

坐便器是宾馆、家庭和一些公共场所常用的卫生洁具。按冲洗排污方式可分为冲落式和虹吸式两大类。为提高排污能力和节水、消声，又有喷射虹吸式和涡虹吸式两种新颖坐便器。冲落式坐便器冲洗时噪声大，水面小而浅，污物不易冲净而产生臭气，卫生条件差，其优点是结构简单、价格便宜，一般用于要求不很高的场所。

坐便器分为带水箱和不带水箱两种，而带水箱的坐便器又分为分离式和相连式。以往，水箱都是高高在上，让人拉下绳索冲厕的；如今，大部分高级住宅和宾馆，都比较倾向采用不带水箱的坐便器，使坐便器的外形更显得简单、线条更优美。最常见的冲厕方法是利用水泵的开关把贮水压出贮水箱。传统观念认为，坐便器水箱做得越大蓄水就越多，冲洗得越干净，其实，这样浪费了大量的水。目前国际上有些节水型相连式坐便器，蓄水仅 6L，比传统的蓄水量减少一半，但冲洗功能并无差别。

坐便器多以陶瓷来制造，而坐板的材质则有木、玻璃纤维、塑料等等。在外形和颜色的种类上，坐便器的选择比较有限，一般选择的都是坐板和马桶盖的图案和色彩。在功能和舒适性上的设计可谓日新月异。例如日本 INAS 制造的一种坐便器，不但能够防臭防菌，更可以以电子感应或电动遥控来控制坐板的开揭。国际上还有些坐便器，只要使用者把坐盖翻下来就会自动冲洗。日本东陶(TOTO)制造的先进坐便器，更加重视卫生方面的处理。其中“温水臀部洗净式便坐”，便坐下有一喷水口，可喷出适量温度的清水，便于使用者便后自动喷洗清洁臀部。喷水口的水量、水温和喷射角度均可通过坐便器旁的电子控制器来调节，并备有温风吹干和坐板保温功能。还有“坐板圈附坐垫纸自动供应器”则是在坐便器的后方设一供应坐垫纸的圆筒箱，每次使用坐便器时，只要按一下按钮，就会在坐板之上自动覆盖一层清洁卫生的坐垫纸(一般是一次性用纸)，使臀部与坐板不直接接触，保持卫生。

东陶机器(北京)有限公司最近推出了新一代 TOTO 产品——“智洁”陶瓷卫生洁具。从外表上看，这种新型连体卫生洁具除表面光滑、小巧美观之外，看不出有什么特别之处。但“智洁”洁具的最大特点是，其施釉技术十分先进，这种世界先进的技术叫做“超平滑表面防污离子层”。它的保洁原理是，这种釉能在洁具表面形成隔离层，当污垢接触到壁的瞬间，离子力量及时发生反应将其弹出，无法粘附在洁具上。这种不粘污垢的超平滑洁具的表面釉层，使“智洁”洁具具有三个突出特点：一是一次冲便只需 6 升水便可冲净，符合国际上目前流行的 6 升水节水型坐便器的发展方向；二是不粘污垢，使洁具清洁美丽；三是因不粘污垢，断绝了霉菌营养源，消除了洁具黑斑之患。此外，由于其水箱内水与坐厕积水之间落差缩小，使冲洗粪便时水珠反跳的情形得以改善，冲水噪声大大降低。

考虑到老人和行动不便者，某些坐便器设计时考虑到了升降功能，如日本东陶生产的电动升降坐便器板就是专为患有关节疾病、脑血栓以及起坐时有困难的人士而设计的。整个设计包括一块可自动调节高低的坐板、扶手枕和靠背。只需轻轻按动手枕前的开关，即可自动调整坐板的高度，方便使用者，而且靠背和手枕的设计，可令座位更加安全、舒适。

为了方便妇女，一些高级宾馆和家庭逐步安装妇洗器，一般在卫生间内与坐便器并排安装，便于使用。妇洗器也称洗涤器，基本形式与坐便器相似，但无盖板，有调节水温装置。

图 15-2(文前彩图)为 TOTO 牌坐便器部分样品。

表 15-2 为国产坐便器品种和规格。

国产部分坐便器品种及规格　　　**表 15-2**

产品编号及名称	规格(长×宽×)(mm)	色　调	生产单位
7201 坐便器 低水箱	670×350×390 480×220×340	白、绿、红、黄、蓝色釉等	唐山陶瓷厂
7301 坐便器 低水箱 妇洗器	670×350×390 490×190×330 590×370×360	普通釉、乳白、黄、粉、蓝釉等	唐山建筑陶瓷厂 唐山卫生陶瓷厂 大同云冈瓷厂
7901 坐便器 低水箱 妇洗器	670×350×390 490×190×330 590×370×360	普通釉、乳白、黄、粉、蓝釉等	同上
SP-1 坐便器 低水箱 妇洗器	590×350×370 510×200×350 510×400×234		沈阳陶瓷厂
前进 4 号坐便器 低水箱 妇洗器	715×350×390 500×220×360 590×370×340	白釉、彩釉	唐山建筑陶瓷厂
玻璃钢坐便器(带水箱) 玻璃钢坐便器 玻璃钢坐便器	680×350×380 340×360×430 350×360×430		
人造大理石坐便器 B305 人造大理石坐便器 B304 妇洗器 B306	450×360×350 680×348×375 580×375×360		

第三节　浴　缸

浴缸又称浴盆，形式花色多样。按洗浴方式分，有坐浴、躺浴、带盥洗底盘的坐浴。按支承方式分，有脚腿支承的和无腿而设垫直接放置地坪上的，用泡沫塑料设垫还可起到隔声作用。新颖浴盆多带裙边，并做有防滑底，不设溢水口。也有盆外加设保温壳的，两边带靠手或扶手等等。还新发展一种使水和空气混合后，以水定向喷入方式，能对人体起按摩作用的旋涡浴缸(亦称按摩浴缸)，规格有单人、双人和多人的几种。更高级一些的是按摩浴与蒸汽浴结合成为一体，备有电子程序水力按摩系统，电子轻触式控制指示屏，还设置时钟、音乐和香味挥发装置，使人边洗浴、边按摩，边听音乐，边呼吸扑鼻的芳香，实在是一种高级享受。

浴盆的制造材料有陶瓷、搪瓷、玻璃钢、人造大理石、人造玛瑙、压克力等。图 15-3(文前彩图)为阿波罗高级按摩浴缸。

在国产浴缸中，以铸铁搪瓷浴缸、玻璃钢浴缸、人造大理石浴缸和人造玛瑙浴缸较为常见。其中人造玛瑙浴缸属于高档卫生洁具。人造玛瑙健身浴缸，由浴缸、高级离心泵、配套电机、水和气的循环管道、喷嘴、触电保护装置等组成。使用时，浴缸的前后左右六个喷嘴喷出的射流和气泡，使浴缸中浴液形成涡流运动状态，水流均匀柔和，流量适中，水温调节自如，对人体穴位进行水流按摩，以解除疲劳，松弛神经，达到健身之目的。表15-3为国产浴缸的型号与规格。天津市装饰材料厂生产的健身浴缸与国外同类产品性能对比见表15-4，国产人造玛瑙健身浴缸的物理性能见表15-5。

国产浴缸的规格　　表15-3

型　　号	规格(长×宽×高)(mm)	容水量(L)	备　　注
搪瓷浴缸 BH150L BH150R BH165L BH165R	 1500×810×390 1500×810×390 1650×810×390 1650×810×390	 194 194 217 217	溢水孔直径60mm；排水孔直径65mm
Q110 Q120 Q125 Q140	1100×670×340 1200×670×340 1250×670×340 1400×670×340	95 110 115 126	溢水孔径46mm，排水孔径51mm
QH140 QH150 QH165	1400×720×340 1500×720×340 1650×720×340	128 140 158	溢水孔径46mm，排水孔径51mm
F183	1830×860×420	250	溢水孔65mm，排水孔60mm
SH140 SH150 SH165	1400×720×390 1500×750×390 1600×780×390	160 184 218	同上
S186	1860×840×425	221	溢水孔46mm，排水孔51mm
玻璃钢浴缸 1型 2型 3型 4型	1700×770×435 1500×730×435 1400×680×410 1300×680×410		
人造大理石浴缸 C120 C103 C104 C105	1800×810×400 1200×650×360 1400×700×360 1500×720×360		排水孔径50mm

天津市装饰材料厂与国外同类浴缸产品比较　　表15-4

序　　号	项　　目	单　　位	标　准　值	美国产品	天津产品
1	泄漏电流	mA	≤0.2	0.078	0.158
2	冷态绝缘电阻	MΩ	≥2	500	500
3	输入功率	W	≤800	548	798
4	噪　　声	dB	≤75	68.75	87.75
5	漏水检查			通过	通过
6	外　　观			良好	良好
7	耐　　压	V	1500	通过	通过
8	温　　升	℃	≤75	35.6	39.3
9	接地电阻	Ω	≤0.1	0.05	0.05
10	转　　速	r/min		2850	2800

人造玛瑙浴缸的物理性能 **表 15-5**

序号	名 称	指 标	序号	名 称	指 标
1	抗压强度(MPa)	94	7	耐酸性能	20% 盐酸浸泡 1 周无变化
2	抗折强度(MPa)	22.7	8	耐碱性能	饱和 $Ca(OH)_2$ 泡 1 周无变化
3	光泽度(度)	110	9	球压痕硬度(MPa)	131.8
4	耐热性	120℃4h,不变形,不粘	10	无缺口冲击强度(MPa)	1.82
5	耐急冷、急热	无裂痕	11	密度(g/cm^3)	1.6~2.2
6	吸水率(%)	0.2			

不同牌号的按摩浴缸有不同的结构,有些按摩缸使用钢铁框架,高强度钢管系统,加上 5mm 厚异丁烯盐,增强耐用性,保持缸身光滑;并设吸声装置令浴缸保持宁静。大部分按摩浴缸都有一个清楚的功能屏板,令使用者可以选用自己喜欢的程序,部分还有声频安装,能以声音指示使用者。不少按摩浴缸也可以把射嘴隐蔽,提供一般沐浴功能。多功能豪华型按摩浴缸又增加了水的净化、矿化、磁化、紫外线消毒,加热,恒温等功能。

使用按摩浴,最好是在饭后食物消化后,水温控制在 37℃ 左右,沐浴时间控制在 15min,上了年纪或患高血压的人不宜用冷水,水温也不宜过高。

最新式的健身浴则是将按摩与蒸汽浴融为一体。利用浴池的特殊结构和装置,在对身体穴位进行按摩的同时可利用水蒸气张开毛孔,进行深层清洁,令皮肤光亮、柔软。使用蒸汽浴,不宜在饭后立即进行,洗浴时间也不宜超过 25min。开始时不宜把温度调得太高,应逐步升温,进行蒸汽浴前后适宜饮用大量开水或鲜果汁,以补足身体失去的水分和盐分。浴后用温水沐浴,并在身上涂上适量的润肤膏,使人精神焕发,舒畅无比。

第四节 淋 浴 房

为了在冬季保暖防寒和增强浴室私密性,近几年国内外流行淋浴房设施,占地不大,又很实用,目前不少家庭装修都把安装淋浴房作为一项必不可缺的装饰内容。

淋浴房的结构有整体式和分截式。玻璃钢整体浴室就是典型的整体式淋浴房;所谓分截式是指浴盆和上部围护部件分为两截,在安装时成为整体。淋浴房所用的材料主要有玻璃钢、压力克、有机玻璃、毛玻璃等。

淋浴房有简易的,也有复杂豪华的。复杂豪华的淋浴房内水流喷射有很好的按摩消除疲劳作用,内部还伴有音响、电话等设施。图 15-4(文前彩图)为淋浴房效果图。

第五节 其他卫生洁具及五金配件

其他卫生洁具还包括小便器、烘手机、洗涤槽、肥皂盒、手纸盒、毛巾架等。

卫生洁具五金配件主要有洗面器配件、浴缸配件、妇洗器配件、坐便器配件、蹲便器配件、小便器配件、淋浴器配件等。配件材质有铸铁、不锈钢、塑料、铜材甚至一些贵重金属。表 15-6 为国产卫生洁具的部分配件规格。图 15-5(文前彩图)为各种水龙头实例。

卫生洁具五金配件规格　　表 15-6

配件名称	规格	材质	生产厂家
洗面器水龙头	DN15mm DN15mm	MG_1 全铜镀镍铬 MG_2 全铜镀镍铬	广西平南水暖器材厂
洗面器水龙头	DN15mm DN15mm DN15mm DN15mm	MG_3 全铜镀镍铬 MG_4 全铜镀镍铬 MG_5 全铜镀镍铬 MG_6 全铜镀镍铬	北京水暖器材一厂
7201 洗面器排水阀 6202 洗面器排水阀 1 号洗面器排水阀 理发盆排水阀 洗面器 S 型排水阀 洗面器 P 型排水阀 4″洗面器排水阀 洗面器 S 型排水阀 洗面器 P 型排水阀		MP_1 全铜镀镍铬 MP_2 全铜镀镍铬 MP_3 全铜镀镍铬 MP_4 全铜镀镍铬 MP_5 全铜镀镍铬 MP_6 全铜镀镍铬 MP_7 全铜镀镍铬 MP_8 全铜镀镍铬 MP_9 全铜镀镍铬	天津建阳五金厂 上海红光机械厂 北京水暖器材一厂
洗面器存水弯管 进水带进水管	ϕ12×300mm	MP-Ⅱ-1 全铜镀镍铬 MP-Ⅱ-2 全铜镀镍铬 MT 全铜镀镍铬	广西平南水暖器材厂
浴缸给水阀 浴缸混合龙头	*DN*20mm *DN*15mm	YG_1 全铜抛光 YG_4 全铜抛光 YG_2 全铜镀镍铬 YG_5 全铜镀镍铬 YG_1 全铜镀镍铬 YE-15	北京水暖器材一厂
双联放水阀 浴缸给水阀		YP_1 YP_2 YP_3	广西平南水暖器材厂 上海红光机械厂 北京水暖器材一厂
6201 妇洗器配件 妇洗器配件	*DN*15mm *DN*15mm	铜材镀镍铬 FX-15	北京水暖器材一厂 上海红光机械厂
坐便器配件		$ZJIGLP_1F_1$ 钢材镀镍铬 $ZJGIP_3J$ 铜材镀镍铬	北京水暖器材一厂
延时自闭器	*DN*15mm	LG_1 全铜镀镍铬	广西平南水暖器材厂
小便器冲洗阀 双门抛光淋浴器 双门镀铬淋浴器 单门大喷头淋浴器 单门小喷头淋浴器 暗式淋浴器 升降式淋浴器	*DN*15mm *DN*15mm *DN*15mm *DN*15mm *DN*15mm *DN*15mm *DN*15mm	LC_2 全铜镀镍铬 0101-15 铜材抛光 0102-15 铜材抛光 0103-15 铜材镀镍铬 0104-15 铜材镀镍铬 0106-15 铜材镀镍铬 0109-15 铜材镀镍铬	广西平南水暖器材厂 北京水暖器材一厂
淋浴双联软管放水阀 浴缸三联放水阀	*DN*15mm *DN*15mm	LE-15 YS-15	上海红光机械厂

附录

附录1　材料有关性能及单位换算

公制计量单位表　　附表1-1

类别	名称	代号	换算	类别	名称	代号	换算
长度	微米	μm	1/1000000米	重量	千克(公斤)	kg	1
	忽米	cmm	1/100000米		吨	t	1000公斤
	丝米	dmm	1/10000米	面积	平方毫米	mm^2	1/1000000平方米
	毫米	mm	1/1000米		平方厘米	cm^2	1/10000平方米
	厘米	cm	1/100米		平方米	m^2	1
	分米	dm	1/10米	容量	毫升	mL	1/1000升
	米	m	1		厘升	cL	1/100升
	十米	dam	10米		分升	dL	1/10升
	百米	hm	100米		升	L	1
	千米(公里)	km	1000米		十升	daL	10升
重量	毫克	mg	1/1000000公斤		百升	hL	100升
	厘克	cg	1/100000公斤		千升	kL	1000升
	分克	dg	1/10000公斤				
	克	g	1/1000公斤				
	十克	dag	1/100公斤				
	百克	hg	1/10公斤				

习用非法定计量单位与法定计量单位换算关系表　　附表1-2

量的名称	习用非法定计量单位		法定计量单位		单位换算关系
	名称	符号	名称	符号	
力	千克力	kgf	牛顿	N	1kgf = 9.80665N
	吨力	tf	千牛顿	kN	1tf = 9.80665kN
线分布力	千克力每米	kgf/m	牛顿每米	N/m	1kgf/m = 9.80665N/m
	吨力每米	tf/m	千牛顿每米	kN/m	1tf/m = 9.80665kN/m
面分布力、压强	千克力每平方米	kgf/m^2	牛顿每平方米(帕斯卡)	N/m^2(kPa)	1kgf/m^2 = 9.80665N/m^2(Pa)
	吨力每平方米	tf/m^2	千牛顿每平方米(千帕斯卡)	kN/m^2(kPa)	1tf/m^2 = 9.80665kN/m^2(kPa)
	标准大气压	atm	兆帕斯卡	MPa	1atm = 0.101325MPa
	工程大气压	at	兆帕斯卡	MPa	1at = 0.0980665MPa
	毫米水柱	mmH$_2$O	帕斯卡	Pa	1mmH$_2$O = 9.80665Pa（按水的密度为1g/cm^{3}计）
	毫米汞柱	mmHg	帕斯卡	Pa	1mmHg = 133.322Pa
	巴	bar	帕斯卡	Pa	1bar = 10^{5}Pa
体分布力	千克力每立方米	kgf/m^3	牛顿每立方米	N/m^3	1kgf/m^3 = 9.08665N/m^3
	吨力每立方米	tf/m^3	千牛顿每立方米	kN/m^3	1tf/m^3 = 9.08665kN/m^3

续表

量的名称	习用非法定计量单位		法定计量单位		单位换算关系
	名　称	符　号	名　称	符　号	
力矩、弯矩、扭矩、力偶矩、转矩	千克力米	kgf · m	牛顿米	N · m	1kgf · m = 9.08665N · m
	吨力米	tf · m	千牛顿米	kN · m	1tf · m = 9.08665kN · m
双弯矩	千克力平方米	kgf · m^2	牛顿平方米	N · m^2	1kgf · m^2 = 9.08665N · m^2
	吨力平方米	tf · m^2	千牛顿平方米	kN · m^2	1tf · m^2 = 9.08665kN · m^2
应力、材料强度	千克力每平方毫米	kgf/mm^2	兆帕斯卡	MPa	1kgf/mm^2 = 9.80665MPa
	千克力每平方厘米	kgf/cm^2	兆帕斯卡	MPa	1kgf/cm^2 = 0.0980665MPa
	吨力每平方米	tf/m^2	千帕斯卡	kPa	1tf · m^2 = 9.80665kPa
弹性模量、剪变模量、压缩模量	千克力每平方厘米	kgf/cm^2	兆帕斯卡	MPa	1kgf/cm^2 = 0.0980665MPa
压缩系数	平方厘米每千克力	cm^2/kgf	每兆帕斯卡	MPa^{-1}	1cm^2/kgf = (1/0.098665)MPa^{-1}
地基抗力刚度系数	吨力每三次方米	tf/m^3	千牛顿每三次方米	kN/m^3	1tf/m^3 = 9.80665kN/m^3
地基抗力比例系数	吨力每四次方米	tf/m^4	千牛顿每四次方米	kN/m^4	1tf/m^4 = 9.80665kN/m^4
功、能、热量	千克力米	kgf · m	焦耳	J	1kgf · m = 9.80665J
	吨力米	tf · m	千焦耳	kJ	1tf · m = 9.80665kJ
	立方厘米标准大气压	cm^3 · atm	焦耳	J	1cm^3 · atm = 0.101325J
	升标准大气压	L · atm	焦耳	J	1L · atm = 101.325J
	升工程大气压	L · at	焦耳	J	1L · at = 98.0665J
	国际蒸汽表卡	cal	焦耳	J	1cal = 4.1868J
	热化学卡	cal_{th}	焦耳	J	1cal_{th} = 4.184J
	15℃卡	Cal_{th}	焦耳	J	1cal_{15} = 4.1855J
功　率	千克力米每秒	kgf · m/s	瓦特	W	1kgf · m/s = 9.80665W
	国际蒸汽表卡每秒	cal/s	瓦特	W	1cal/s = 4.1868W
	千卡每小时	kcal/h	瓦特	W	1kcal/h = 1.163W
	热化学卡每秒	cal_{th}/s	瓦特	W	1cal_{th}/s = 4.184W
	升标准大气压每秒	L · atm/s	瓦特	W	1L · atm/s = 101.325W
	升工程大气压每秒	L · at/s	瓦特	W	1L · at/s = 98.0665W
	米制马力		瓦特	W	1米制马力 = 735.499W
	电工马力		瓦特	W	1电工马力 = 746W
	锅炉马力		瓦特	W	1锅炉马力 = 9809.5W
动力黏度	千克力秒每平方米	kgf · s/m^2	帕斯卡秒	Pa · s	1kgf · s/m^2 = 9.80665Pa
	泊	P	帕斯卡秒	Pa · s	1P = 0.1Pa · s
运动粘度	斯托克斯	St	平方米每秒	m^2/s	1^{St} = $10^{-4}$$m^2$/s
发热量	千卡每立方米	kcal/m^3	千焦耳每立方米	kJ/m^3	1kcal/m^3 = 4.1868kJ/m^3
	热化学千卡每立方米	$kcal_{th}$/m^3	千焦耳每立方米	kJ/m^3	1$kcal_{th}$/m^3 = 4.184kJ/m^3
汽化热	千卡每千克	kcal/kg	千焦耳每千克	kJ/kg	1kcal/kg = 4.1868kJ/kg
热负荷	千卡每小时	kcal/h	瓦特	W	1kcal/h = 1.63W

续表

量的名称	习用非法定计量单位		法定计量单位		单位换算关系
	名　称	符　号	名　称	符　号	
热强度、容积热负荷	千卡每立方米小时	$kcal/(m^3 \cdot h)$	瓦特每立方米	W/m^3	$1kcal/(m^3 \cdot h)=1.163W/m^3$
热流密度	卡每平方厘米秒	$cal/(cm^2 \cdot s)$	瓦特每平方米	W/m^2	$1cal/(cm^2 \cdot s)=41868W/m^2$
	千卡每平方米小时	$kcal/(m^2 \cdot h)$	瓦特每平方米	W/m^2	$1kcal/(m^2 \cdot h)=1.163W/m^2$
比热容	千卡每千克摄氏度	$kcal/(kg \cdot ℃)$	千焦耳每千克开尔文	$kJ/(kg \cdot K)$	$1kcal/(kg \cdot ℃)=4.1868kJ/(kg \cdot K)$
	热化学千卡每千克摄氏度	$kcal_{th}/(kg \cdot ℃)$	千焦耳每千克开尔文	$kJ/(kg \cdot K)$	$1kcal_{th}/(kg \cdot ℃)=4.184kJ/(kg \cdot K)$
体积热容	千卡每立方米摄氏度	$kcal/(m^3 \cdot ℃)$	千焦耳每立方米开尔文	$kJ/(m^3 \cdot K)$	$1kcal/(m^3 \cdot ℃)4.1868=kJ/(m^3 \cdot K)$
	热化学千卡每立方米摄氏度	$kcalth/(m^3 \cdot ℃)$	千焦耳每立方米开尔文	$kJ/(m^3 \cdot K)$	$1kcalth/(m^3 \cdot ℃)=4.184kJ/(m^3 \cdot K)$
传热系数	卡每平方厘米秒摄氏度	$cal/(cm^2 \cdot s \cdot ℃)$	瓦特每平方米开尔文	$W/(m^2 \cdot K)$	$1cal/(cm^2 \cdot s \cdot ℃)=41868W/(m^2 \cdot K)$
	千卡每平方米小时摄氏度	$kcal/(m^2 \cdot h \cdot ℃)$	瓦特每平方米开尔文	$W/(m^2 \cdot K)$	$1kcal/(m^2 \cdot h \cdot ℃)=1.163W/(m^2 \cdot K)$
导热系数	卡每厘米秒摄氏度	$cal/(cm \cdot s \cdot ℃)$	瓦特每米开尔文	$W/(m \cdot K)$	$1cal/(cm \cdot s \cdot ℃)=418.68W/(m \cdot K)$
	千卡每米小时摄氏度	$kcal/(m \cdot h \cdot ℃)$	瓦特每米开尔文	$W/(m \cdot K)$	$1kcal/(m \cdot h \cdot ℃)=1.163W/(m \cdot K)$
热阻率	厘米秒摄氏度每卡	$cm \cdot s \cdot ℃/cal$	米开尔文每瓦特	$m \cdot K/W$	$1cm \cdot s \cdot ℃/cal=(1/418.68)m \cdot K/W$
	平方米小时摄氏度每千卡	$m^2 \cdot h \cdot ℃/kcal$	平方米开尔文每瓦特	$m^2 \cdot K/W$	$1m^2 \cdot h \cdot ℃/kcal=(1/1.163)m^2 \cdot K/W$
光照度	辐透	ph	勒克斯	lx	$1ph=10^4lx$
	熙提	sb	坎德拉每平方米	cd/m^2	$1Sb=10^4cd/m^2$
	亚熙提	asb	坎德拉每平方米	cd/m^2	$1Asb=(1/\pi)cd/m^2$
	郎伯	la	坎德拉每平方米	cd/m^2	$1La=(10^4/\pi)cd/m^2$
声　压	微巴	μbar	帕斯卡	Pa	$1\mu bar=10^{-1}Pa$
声能密度	尔格每立方厘米	erg/cm^3	焦耳每立方米	J/m^3	$1erg/cm^3=10^{-1}J/m^3$
声功率	尔格每秒	erg/s	瓦特	W	$1erg/s=10^{-7}W$
声　强	尔格每秒平方厘米	$erg/(s \cdot cm^2)$	瓦特每平方米	W/m^2	$1erg/(s \cdot cm^2)=10^{-3}W/m^2$
声阻抗率、流阻	CGS 瑞利	CGSrayl	帕斯卡秒每米	$Pa \cdot s/m$	$1CGSrayl=10Pa \cdot s/m$
	瑞利	rayl	帕斯卡秒每米	$Pa \cdot s/m$	$1rayl=1Pa \cdot s/m$
声阻抗	CGS 声欧姆	$CGS\Omega_A$	帕斯卡秒每三次方米	$Pa \cdot s/m^3$	$1CGS\Omega_A=10^5Pa \cdot s/m^3$
	声欧姆	Ω_A	帕斯卡秒每三次方米	$Pa \cdot s/m^3$	$1\Omega_A=1Pa \cdot s/m^3$
力阻抗	CGS 力欧姆	$CGS\Omega_M$	牛顿秒每米	$N \cdot s/m$	$1CGS\Omega_M=10^3N \cdot s/m$
	力欧姆	Ω_M	牛顿秒每米	$N \cdot s/m$	$1\Omega_M=1N \cdot s/m$
吸声量	赛宾	Sab	平方米	m^2	$1Sab=1m^2$

常用材料基本性质、名称及代号表　　附表1-3

名称	代号	公式	常用单位	说明
实际密度	ρ	$\rho = G/V$	g/cm^3	G:材料干燥状态下的重量(g) V:材料绝对密实状态下的体积(cm^3)
表现密度	ρ_0	$\rho_0 = G/V_1$	g/cm^3	G:材料的重量(g) V_1:材料在自然状态下的体积(cm^3)
孔隙率	P	$P = \frac{V_1 - V}{V_1} \times 100\%$	%	计算松散状态的颗粒之间的P时,V为颗粒密度,V_1为松散密度
强　度	f	$f = P/A$	MPa	P:破坏时的荷重(kg) A:受力面积(cm^2) $1kgf/cm^2 \approx 0.1MPa$
含水率	W	$m_{水}/m$	%	$m_{水}$:材料中所含水量(g) m:材料干燥重量(g)
重量吸水率	$B_{重}$	$B_{重} = \frac{m_1 - m}{m} \times 100\%$	%	m:材料干燥重量(g) m_1:材料吸水饱和状态下的重量(g)
体积吸水率	$B_{体}$	$B_{体} = \frac{m_1 - m}{V_1} \times 100\%$	%	V_1:材料自然状态下的体积(cm^3) m、m_1:材料吸水饱和状态下的重量(g)
软化系数	Kp	$Kp = \frac{f_{饱}}{f_{干}}$		$f_{饱}$:材料在水饱和状态下的抗压强度(MPa) $f_{干}$:材料在干燥状态下的抗压强度(MPa)
渗透系数	K	$\frac{Q}{A} = K\frac{H}{L}$		Q/A:单位时间内渗过材料试件单位面积的水量 H/L:压力水头和渗透距离(试件厚度)的比值
抗冻等级	FX			材料在-15℃以下冻结,反复冻融后重量损失≤5%,强度损失≤25%的冻融次数
抗渗等级	PX			试件能承受的最大水压力值
导热系数	λ		W/(m·K) [kcal/(m·h·℃)]	物体厚1m,两表面温度差1℃,1h通过$1m^2$围护结构表面积的热量 1kcal/(m·h·℃)=1.163W/(m·K)
传热系数	K_0		W/(m^2·K) [kcal/(m^2·h·℃)]	室内外温差为1℃时,1h通过$1m^2$围护结构表面的热量 1kcal/(m^2·h·℃)=1.163W/(m^2·K)
热　阻	R		m^2·K/W (m^2·h·℃/kcal)	室内外温差为1℃,使1kcal热量通过$1m^2$围护结构表面所需的时间 $R=\delta/\lambda$(δ为围护结构材料厚度) $1m^2$·h·℃/kcal=1/1.163m^2·K/W
比　热	C	$C = \frac{Q}{P(t_1 - t_2)}$	kJ/(kg·K) [kcal/(kg·℃)]	Q:加热于物体所耗热量(大卡) P:材料重量(kg) $t_1 - t_2$:物体加热前后的温度差(℃) 1kcal/(kg·℃)=4.1868kJ/(kg·K)
蓄热系数	S		W/(m^2·K) [kcal/(m^2·h·℃)]	表面温度波动1℃时,在1h内,$1m^2$围护结构表面吸收或散发的热量 1kcal/(m^2·h·℃)=1.163W/(m^2·K)
热惰性	D			热阻与蓄热系数的乘积,$D = R \cdot S$
相对湿度	Ψ	%		空气的绝对湿度与该空气温度下饱和时的绝对湿度的比
蒸汽渗透系数	μ		g/(m·s·Pa) [g/(m·h·mmHg)]	材料厚1m,两侧水蒸气分压力差为1mm水银柱时,1h经过$1m^2$表面积扩散的水蒸气量
吸声系数	a	$a = \frac{E}{E_0}$	%	材料吸收声能与射声能的比值

注:(　)为习用非法定单位。

常用建筑材料的热工参考指标 附表 1-4

材料名称	表观密度 ρ (kg/m^3)	导热系数 λ [W/(m·K)]	比热 C [kJ/(kg·K)]	蓄热系数 S (Z=24h) [$W/(m^2·K)$]	蒸汽渗透参数 μ [$\times10^{-6}$g/(m·s·Pa)]
石棉制品					
石棉毡	420	0.116	0.837	0.174	0.0134
石棉水泥块和板	1900	0.349	0.837	6.338	0.007
石棉水泥隔热板	500	0.128	0.837	1.965	0.104
石棉水泥隔热板	300	0.093	0.837	1.303	0.104
石棉水泥隔热板混凝土	250	0.07	0.837	0.965	0.104
地沥青混凝土	2100	0.105	1.674	16.282	0.002
钢筋混凝土	2400	1.512	0.837	14.945	0.008
碎石或卵石混凝土①	2200	1.28	0.837	13.026	0.012
碎砖混凝土	1800	0.872	0.837	9.769	0.018
大孔隙的无砂混凝土	1900	0.989	0.837	10.641	0.055
大孔隙的无砂混凝土	1600	0.698	0.837	8.20	0.06
石渣混凝土(轻混凝土)	1500	0.698	0.795	7.734	0.024
石渣混凝土(轻混凝土)	1000	0.407	0.754	4.710	0.036
蒸养和非蒸养泡沫混凝土	800	0.291	0.837	3.745	0.049
蒸养和非蒸养泡沫混凝土	600	0.209	0.837	2.756	0.057
蒸养和非蒸养泡沫混凝土	400	0.151	0.837	1.919	0.065
土壤制品、填充材料					
夯实草泥或黏土墙	2000	0.93	0.837	10.583	0.026
草　泥	1000	0.349	1.047	5.117	0.05
土坯墙	1600	0.698	1.047	9.188	0.046
黏土-砂	1800	0.698	0.837	8.723	0.026
黏土-矿渣	1300	0.523	0.795	6.28	0.04
黏土-稻草浆	1000	0.349	1.047	5.117	0.05
建筑物下的腐殖土	1800	1.163	0.837	11.281	—
用于砂填充	1600	0.582	0.837	7.501	0.044
用非透水性砂填充	1500	0.349	0.837	5.641	0.04
用硅藻土填充	600	0.174	0.837	3.386	0.08
硅藻土填充	1000	0.326			
用陶土填充(有孔黏土)	900	0.407	0.879	4.826	0.056
用陶土填充	500	0.209	0.879	2.559	0.08
干土填料	700	0.256			
石　材					
大理石、花岗石、玄武石	2800	3.489	0.921	25.47	0.003
砂岩与石英岩	2400	2.035	0.921	18.027	0.01
形状整齐的石砌体(石块 ρ=2800)	2680	3.198	0.921	23.958	0.0056
形状整齐的石砌体(石块 ρ=2000)	1960	1.128	0.921	12.095	0.0172
形状整齐的石砌体(石块 ρ=1200)	1260	0.512	0.921	6.571	0.035
形状整齐的石砌体②(石块 ρ=2800)	2420	2.57	0.921	20.353	0.11
形状整齐的石砌体②(石块 ρ=2000)	1900	1.058	0.921	11.572	0.0196
形状整齐的石砌体②(石块 ρ=1200)	1380	0.605	0.921	7.443	0.034
木料及木材					
软木板	250	0.07	2.093	1.628	0.01
软木屑板	150	0.058	1.884	1.093	0.012
松和云杉垂直木纹	550	0.174	2.512	4.187	0.0164
松和云杉平行木纹	550	0.349	2.512	5.873	0.68

续表

材料名称	表观密度ρ (kg/m^3)	导热系数λ [W/(m·K)]	比热C [kJ/(kg·K)]	蓄热系数S (Z=24h) [W/(m^2·K)]	蒸汽渗透参数μ [$\times10^{-6}$g/(m·s·Pa)]
木料及木材					
橡木垂直木纹	800	0.233	2.512	5.815	0.015
橡木平行木纹	800	0.407	2.512	7.676	0.08
平木板③	250	0.058	2.512	1.628	
密实的刨花	300	0.116	2.512	2.50	0.12
木锯末	250	0.093	2.512	2.035	0.07
干木屑	150	0.047	2.512	1.233	0.07
白灰锯末	300	0.128	2.303	2.50	0.07
木丝板	250	0.076	2.512	1.861	0.07
树脂木屑板	300	0.116	1.884	2.210	0.066
菱苦土刨花板及硅酸盐水泥刨花板④	600	0.233	2.303	4.826	0.028
菱苦土刨花板及硅酸盐水泥刨花板④	400	0.163	2.303	3.291	0.028
菱苦土刨花板及硅酸盐水泥刨花板④	250	0.116	2.303	2.198	0.028
无水泥的木质纤维板	600	0.163	2.512	4.187	0.03
无水泥的木质纤维板	250	0.076	2.512	1.861	0.064
无水泥的木质纤维板	150	0.058	2.512	1.279	0.09
胶合板	600	0.174	2.512	4.361	0.006
硬性木质纤维板	700	0.233	1.456	4.129	0.02
甘蔗板	360	0.047	2.512	1.803	0.054
砖砌体					
重砂浆黏土砖砌体	1800	0.814	0.879	9.653	0.028
轻砂浆(ρ=1400)黏土砖砌体	1700	0.756	0.879	9.013	0.032
重砂浆硅酸盐砖砌体	1900	0.872	0.837	10.00	0.028
轻砂浆(ρ=1400) 多孔砖砌体(ρ=1300)	1350	0.582	0.879	7.036	0.04
重砂浆空心砖(105孔)砌体	1300	0.523	0.879	6.571	—
重砂浆空心砖(60孔)砌体	1300	0.582	0.879	6.978	—
重砂浆空心砖(31孔)砌体	1360	0.64	0.879	7.443	—
轻砂浆(ρ=1400)硅藻土砖砌体(ρ=1000)	1100	0.465	0.837	5.582	0.05
卷　材					
厚纸板(层厚1mm)	1000	0.233	1.465	4.943	16.66
油毡、油纸、油毡纸	600	0.174	1.465	3.315	0.00036
建筑用毛毡	150	0.058	1.884	1.093	0.09
麻毡(亚麻屑面板)	150	0.052	1.675	0.989	0.018
矿物油制的毛毡	250	0.076	0.754	0.989	0.12
矿物油制的毛毡	150	0.064	0.754	0.721	0.13
铺地用的漆布	1100	0.186	1.884	5.292	0.0004
玻璃及玻璃制品					
玻璃砖	2500	0.814	0.837	11.083	
普通玻璃	2500	0.756	0.837	10.70	
玻璃棉	200	0.058	0.837	8.374	0.13
玻璃棉	100	0.052	0.837	0.558	0.13
加气玻璃、泡沫玻璃	500	0.163	0.837	2.21	0.006
加气玻璃、泡沫玻璃	300	0.116	0.837	1.454	0.006
砂浆及粉刷					
水泥砂浆	1800	0.93	0.837	10.06	0.024

续表

材料名称	表观密度ρ (kg/m³)	导热系数λ [W/(m·K)]	比热C [kJ/(kg·K)]	蓄热系数S (Z=24h) [W/(m²·K)]	蒸汽渗透参数μ [×10⁻⁶g/(m·s·Pa)]
砂浆及粉刷					
石灰砂浆	1600	0.814	0.837	8.897	0.032
轻矿渣矿浆	1400	0.64	0.754	6.987	0.03
轻矿渣矿浆	1200	0.523	0.754	5.873	0.036
石灰砂浆内表面抹灰	1600	0.697	0.837	8.199	0.036
石灰砂浆内表面板条抹灰	1400	0.523	1.047	7.443	0.032
农业副产品					
稻　壳	250	0.209	1.876	8.385	0.12
稻　草	320	0.093	1.507	1.803	0.12
稻草板	300	0.105	1.465	1.861	0.12
芦苇(杂草板)	400	0.14	1.465	2.431	0.12
芦苇板	360	0.105	1.507	2.024	0.12
切碎稻草填充物	120	0.047	1.507	0.756	0.12
砻糠(稻壳)	155	0.084	1.876	1.326	—
矿渣及矿渣制品					
锅炉炉渣	1000	0.291	0.754	3.954	0.052
锅炉炉渣	700	0.221	0.754	2.908	0.058
矿渣砖	1400	0.582	0.754	6.687	—
矿渣砖	1100	0.419	0.754	5.013	—
高炉熔渣(粒状)	800	0.256	0.754	3.536	0.054
高炉熔渣	500	0.163	0.754	3.276	0.06
白灰焦渣	1000	0.291	0.754	3.954	0.052
菱苦土					
地板中的菱苦土上层	1800	0.814	1.675	13.316	0.024
地板中的菱苦土下层	1000	0.349	2.093	7.269	0.034
菱苦土木花板	450	0.174	—	—	—
菱苦土木花板	550	0.233	—	—	—
砖					
耐火砖(100℃)⑤	1700	0.698	—	—	—
耐火砖(1000℃)⑤	1900	1.279	—	—	—
空心砖	1500	0.64	0.921	8.025	—
空心砖	1200	0.523	0.921	6.466	—
空心砖	1000	0.465	0.921	5.559	—
石膏制品					
纯石膏和石膏板	1250	0.465	0.837	5.931	0.028
纯石膏和石膏板	1100	0.407	0.837	5.175	0.028
石膏板(干抹灰)	1000	0.233	1.005	4.071	0.018
金　属					
建筑钢	7850	58.15	0.481	126.07	—
铸铁零件	7200	50.01	0.481	112.11	—
其　他					
橡　皮	2200	0.041	1.507	0.302	0.15
多微孔瓷砖	2090	1.093	—	—	—
在自然干燥下的土壤	1800	1.163	0.837	11.281	—
蛭　石	120	0.07	1.382	0.942	—
蛭　石	150	0.093	1.34	1.877	—
沥青蛭石板	380	0.087	1.34	1.128	—

续表

材料名称	表观密度ρ (kg/m^3)	导热系数λ [W/(m·K)]	比热C [kJ/(kg·K)]	蓄热系数S ($Z=24h$) [W/(m^2·K)]	蒸汽渗透参数μ [$\times10^{-6}$g/(m·s·Pa)]
硬泡沫	20	0.041	1.507	0.302	0.15
油膏(二毡三油)	600	0.174	1.465	3.315	0.001
沥　青	1800	0.756	1.675	12.851	0.002
水磨石	1400	1.74	0.837	12.153	—
矿　棉	176	0.056	0.754	0.733	0.13
矿　棉	200	0.07	0.754	0.872	0.13
浮　石	1000	0.372	1.256	5.815	0.1
浮石填料(每块大小约10~20mm)	300	0.14	1.256	1.954	0.1

①μ值指中等密实的混凝土,较密实的混凝土的μ值要小些,可用试验测定。
②形状不整齐的石砌体砂浆体积取一般砌体的35%,当砂浆与石块有不同体积比例时,砌体应分别计算确定。
③木制面板和壁板,当缝的面积与板面积的1%时……$\mu=0.018[\times10^{-6}g/(m\cdot s\cdot Pa)]$。
木制面板和壁板,当缝的面积与板面积的3%时……$\mu=0.024[\times10^{-6}g/(m\cdot s\cdot Pa)]$。
木制面板和壁板,当缝的面积与板面积的5%时……$\mu=0.03[\times10^{-6}g/(m\cdot s\cdot Pa)]$。
④普通水泥纤维板与表中硅酸盐水泥刨花板相同,仅蒸汽渗透系数$\mu=0.08[\times10^{-6}g/(m\cdot s\cdot Pa)]$。
⑤耐火砖导热系数亦可按$\lambda=0.8+0.6\times10^{-3}\times$(烟囱内平均温度)求得。

常用建筑材料的参考吸声系数　　附表1-5

名称及构造	厚度(cm)	吸声系数(当频率为以下Hz时)					
		125	250	500	1000	2000	4000
有机材料							
软木砖Ⅰ	4.5	0.06	0.13	0.42	0.32	0.32	—
软木砖Ⅱ	2.7	0.03	0.06	0.18	0.34	0.21	—
木门或厚2cm以上的木板	—	0.16	0.15	0.10	0.10	0.10	0.10
嵌木地板铺在沥青上	—	0.05	0.03	0.06	0.09	0.10	0.22
松木板	1.9	0.10	0.11	0.10	0.08	0.08	0.11
松木板涂清漆	1.9	0.05	—	0.03	—	0.03	—
作过防火处理的化学木板	3.6	0.04	0.08	0.09	0.07	0.37	0.22
木墙板紧贴墙	—	0.05	0.06	0.06	0.10	0.10	0.10
木墙板距墙5~10cm	0.3~1.5	0.30	0.25	0.20	0.17	0.15	0.10
轻木板	2.6	0.09	0.17	0.33	0.79	0.52	0.38
木屑板(密度0.7g/cm^2)	1.6	0.04	0.05	0.07	0.07	0.08	—
木屑板(密度1.2g/cm^2)	0.8	0.02	0.02	0.03	0.02	0.02	—
软木屑板	2.5	0.05	0.11	0.25	0.63	0.71	0.23
碎木屑板	1.2	0.02	0.07	0.20	0.23	0.24	0.26
木花板、后空10cm,龙骨间距50cm×45cm	—	0.35	0.13	0.10	0.52	0.08	0.21
木花板、后空5cm,龙骨间距50cm×45cm	—	0.24	0.22	0.15	0.08	0.10	0.21
木花板	0.8	0.03	0.02	0.03	0.03	0.04	—
刨花板紧贴墙	2.5	0.18	0.14	0.29	0.48	0.74	0.84
刨花板距墙5cm	2.5	0.18	0.18	0.50	0.48	0.58	0.85
刨花板,距离5cm,内填玻璃纤维(50kg/m^3)	2.5	0.53	0.65	0.83	0.65	0.87	1.0
三夹板,距离10cm,龙骨间距50cm×45cm	0.3	0.59	0.38	0.18	0.05	0.04	0.08
三夹板,距离10cm,龙骨间距50cm×45cm,骨四周用2kg/m^2矿棉条填满	0.3	0.75	0.34	0.25	0.14	0.08	0.09
三夹墙,距墙5cm	0.3	0.21	0.73	0.21	0.19	0.08	0.12
三夹板,距墙5cm,板与龙骨间垫8kg/m^2,矿棉	0.3	0.37	0.57	0.28	0.12	0.09	0.12

续表

名称及构造	厚度(cm)	吸声系数(当频率为以下 Hz 时)					
		125	250	500	1000	2000	4000
三夹板(0.18g/cm^2),距墙 3cm	0.3	0.14	0.34	0.26	0.17	0.09	0.11
三夹板(0.18g/cm^2),后空 3cm,后垫 2.5cm 刨花板,距墙 2cm	0.3	0.23	0.56	0.17	0.14	0.13	0.10
五夹板(上三道油),距墙 10cm,龙骨间距 50cm×45cm	0.5	0.20	0.10	0.13	0.61	0.06	0.20
五夹板(上三道油),距墙 20cm,龙骨间距 50cm×45cm	0.5	0.60	0.13	0.10	0.04	0.061	0.17
五夹板(上三道油),距墙 25cm,龙骨间距 50cm×45cm	0.5	0.35	0.13	0.12	0.06	0.06	0.11
塑料五夹板,距离 21cm,龙骨间距 50cm×45cm	0.5	0.47	0.19	0.14	0.08	0.07	0.13
七夹板(上一道油),距墙 25cm,龙骨间距 50cm×45cm	0.7	0.37	0.13	0.10	0.05	0.05	0.10
胶合板,距墙 10cm	1.0	0.34	0.19	0.10	0.09	0.12	0.11
胶合板,装在厚 5cm 龙骨上	0.8	0.28	0.22	0.17	0.09	0.10	0.11
胶合板,装在厚 4cm 龙骨上	1.6	0.18	0.12	0.10	0.09	0.08	0.07
木屑刨花胶合板(α_0)	1.2	0.03	0.10	0.13	0.23	0.21	—
木屑刨花板胶合板,距墙 5cm(α_0)	1.2	0.26	0.34	0.35	0.20	0.15	0.25
石膏木屑胶合板(α_0)	1.75	0.07	0.19	0.17	0.21	0.15	0.20
细木丝板,紧贴墙(α_T)	1.6	0.04	0.11	0.20	0.21	0.60	0.68
细木丝板,距离 3cm(α_T)	1.6	0.07	0.18	0.30	0.49	0.37	0.66
细木丝板(α_0)	2.5	0.06	0.06	0.11	0.34	0.686	0.59
细木丝板	5.4	0.06	0.15	0.64	0.57	0.61	0.97
细木丝板,抹灰层很厚时	5	0.10	0.20	0.36	0.50	0.60	0.63
细木丝板,抹灰层很薄时	5	0.16	0.30	0.61	0.73	0.81	0.83
细木丝板,紧贴墙	5	0.15	0.23	0.64	0.78	0.87	0.92
细木丝板,距墙 5cm	5	0.29	0.77	0.73	0.68	0.81	0.83
细木丝板,距墙 10cm	5	0.33	0.93	0.68	0.72	0.83	0.86
细木丝板叠成鱼鳞状,距墙 5cm,水泥胶合(α_T)	3	0.22	0.51	0.47	0.38	0.67	0.70
甘蔗板紧贴墙(α_0)	1.9	0.09	0.11	0.13	0.13	0.18	0.34
甘蔗板紧贴墙(α_0)	2.5	0.14	0.30	0.32	0.34	0.44	0.52
甘蔗纤维板紧贴墙(α_T)	1.5	0.06	0.20	0.41	0.44	0.52	0.53
甘蔗纤维板,距墙 3cm	1.3	0.28	0.40	0.33	0.32	0.37	0.26
甘蔗纤维板紧贴墙	2	0.14	0.28	0.53	0.70	0.76	0.59
甘蔗纤维板,距墙 5cm	2	0.25	0.82	0.74	0.64	0.51	0.56
甘蔗纤维板,距墙 10cm	2	0.46	0.98	0.52	0.62	0.58	0.56
麻纤维板(密度 0.27g/cm^3)(α_T)	1.3	0.14	0.18	0.27	0.34	0.47	—
麻纤维板(密度 0.26g/cm^3)(α_T)	2.0	0.18	0.21	0.30	0.40	0.49	—
植物纤维板(密度 0.4g/cm^3)(α_T)	1.5	0.12	0.16	0.21	0.25	0.23	—
木质纤维板紧贴墙	1.1	0.06	0.15	0.28	0.30	0.33	0.31
木质纤维板距离 5cm	1	0.22	0.30	0.34	0.32	0.41	0.42
椰子丝纤维板紧贴墙(α_0)	2.5	0.07	0.09	0.10	0.03	0.31	0.93
海草板紧贴墙(α_0)	3.0	0.11	0.38	0.65	0.60	0.54	0.50
纸浆板紧贴墙(α_0)	2.4	0.11	0.16	0.18	0.22	0.30	0.28
稻草板,距墙 14cm(α_0)	1.5	0.52	0.20	0.22	0.22	0.20	0.25
稻草板紧贴墙(α_T)	1.8	0.17	0.24	0.25	0.34	0.43	0.51
麻袋中装稻草,并作防火处理(α_T)	—	0.10	0.28	0.70	0.66	0.76	0.88
稻草板紧贴墙(α_0)	2.3	0.08	0.08	0.19	0.61	0.37	0.71
稻草板,距墙 5cm	2.3	0.25	0.39	0.60	0.26	0.33	0.72

续表

名称及构造	厚度（cm）	吸声系数（当频率为以下Hz时）					
		125	250	500	1000	2000	4000
废草板紧贴墙（α_0）	2.5	0.16	0.30	0.37	0.35	0.23	0.28
棉秆板紧贴墙（α_0）	3	0.15	0.21	0.27	0.24	0.40	0.53
向日葵秆板（α_0）	1.46	0.04	0.17	0.23	0.60	0.57	—
葵芯板	2.2	0.07	0.09	0.22	0.42	0.55	0.43
麻秆板	4.2	0.14	0.22	0.37	0.32	0.30	0.53
玉蜀黍秆板紧贴墙（α_0）	1.3	0.13	0.15	0.17	0.16	0.28	0.32
麦秆板紧贴墙4cm（α_0）	0.8	—	0.04	0.15	0.25	0.23	0.27
麦秆板，距墙4cm（α_0）	0.8	—	0.25	0.18	0.10	0.17	0.28
无机材料							
砖（清水面）	—	0.02	0.03	0.04	0.04	0.05	0.05
砖（油漆面）	—	0.01	0.01	0.02	0.02	0.02	0.02
砖（粉刷面）	—	0.01	0.02	0.02	0.03	0.04	0.55
吸声泥砖	6.5	0.05	0.07	0.10	0.12	0.16	—
大理石	—	0.01	—	0.01	—	0.02	—
水磨石	—	0.01	0.01	0.01	0.02	0.02	0.02
片石紧贴墙（α_T）	—	0.01	0.01	0.01	0.02	0.02	0.02
石板	3.8	0.12	0.14	0.35	0.39	0.55	0.60
石膏板（有花纹）	—	0.03	0.05	0.06	0.09	0.04	0.06
水泥蛭石板（α_0）	4.0	—	0.14	0.46	0.78	0.50	0.60
一般玻璃窗（关闭时）	—	0.35	0.25	0.18	0.12	0.02	0.04
混凝土（露明）	—	0.01	0.01	0.02	0.02	0.02	0.03
混凝土（涂油漆）	—	0.01	0.01	0.01	0.02	0.02	0.02
炉渣（密度0.093g/cm^3）（α_0）	3.2	0.01	0.02	0.04	0.06	0.03	0.15
拉毛（小拉毛）油漆（α_T）	—	0.04	0.03	0.03	0.10	0.05	0.07
拉毛（大拉毛）油漆（α_T）	—	0.04	0.04	0.07	0.02	0.09	0.05
板条抹灰（光面）	—	0.02	0.03	0.03	0.04	0.04	0.03
板条抹灰（糙面）	—	0.03	0.05	0.06	0.09	0.04	0.06
钢丝网板条抹灰	1.9	0.04	0.05	0.06	0.08	0.04	0.06
水泥砂浆（α_o）①	1.7	0.21	0.16	0.25	0.40	0.42	0.48
水泥砂浆（α_o）②	2.1	0.38	0.21	0.11	0.30	0.42	0.77
紫泥底（2cm厚）蛭石吸声粉刷（α_T）③	3.2	0.13	0.23	0.24	0.21	0.21	0.44
多孔材料							
泡沫玻璃（α_0）	2.5	0.21	0.22	0.33	0.42	0.48	—
泡沫玻璃（α_0）	3.8	0.15	0.25	0.26	0.36	0.45	0.24
泡沫玻璃（α_0）	5.3	0.23	0.69	0.57	0.46	0.49	0.55
泡沫水泥（α_0）	2.1	0.17	0.28	0.32	0.49	0.51	0.60
泡沫水泥，外面粉刷（α_0）	2.1	0.18	0.05	0.22	0.48	0.22	0.32
泡沫水泥紧贴墙	5	0.32	0.39	0.48	0.49	0.47	0.54
泡沫水泥，距墙5cm	5	0.42	0.40	0.43	0.48	0.49	0.55
白泡沫水泥	4.4	0.09	0.31	0.52	0.43	0.50	0.40
黄泡沫水泥	2.4	0.06	0.19	0.55	0.84	0.52	0.66
棕泡沫水泥	4.2	0.11	0.25	0.45	0.45	0.47	0.54
灰泡沫水泥	4.1	0.13	0.26	0.51	0.53	0.55	0.57
脲醛泡沫塑料（α_0）	3.5	0.38	0.45	0.21	0.73	0.82	—
泡沫塑料（α_0）	0.5	0.07	0.04	0.06	0.21	0.14	0.32
泡沫塑料（α_0）	1.0	0.03	0.06	0.12	0.41	0.85	0.67

续表

名称及构造	厚度(cm)	吸声系数(当频率为以下Hz时)					
		125	250	500	1000	2000	4000
二层泡沫塑料(进口)上层穿孔(孔径4mm,孔距2cm)(α_0)	2.0	0.06	0.07	0.21	0.89	0.75	0.87
二层泡沫塑料(国产)上层穿孔(孔径4mm,孔距2cm)(α_0)	1.0	0.08	0.04	0.07	0.38	0.26	0.50
吸声蜂窝板,紧贴(α_0)	—	0.27	0.12	0.42	0.86	0.48	0.30
吸声蜂窝板,内装矿棉孔径,4mm(α_0)	—	0.48	0.11	0.15	0.45	0.36	0.34
塑料蜂窝板(密度0.29g/cm^3)(α_0)	5.1	0.08	0.36	0.53	0.30	—	—
塑料蜂窝板(密度0.47g/cm^3)(α_0)	3.3	0.13	0.39	0.49	0.38	—	—
纤维质材料							
矿棉,紧贴墙(α_0)	5	0.27	0.41	0.62	0.95	0.84	0.90
矿棉,距墙6cm(α_0)	5	0.21	0.70	0.79	0.98	0.77	0.89
矿棉,紧贴墙(α_0)	8	0.30	0.41	0.61	0.70	0.78	0.90
玻璃棉,紧贴墙(α_0)	4	0.31	0.33	0.54	0.76	0.84	0.93
玻璃棉,距墙4cm(α_0)	4	0.21	0.33	0.55	0.99	0.92	0.90
玻璃棉,距墙8cm(α_0)	4	0.25	0.47	0.81	0.99	0.82	0.95
玻璃棉,紧贴墙(α_0)	8	0.25	0.23	0.64	0.91	0.81	0.88
玻璃棉,距墙4cm(α_0)	8	0.27	0.25	0.72	0.90	0.79	0.93
玻璃棉,紧贴墙(α_0)	10	0.34	0.40	0.76	0.98	0.97	0.98
玻璃棉,距墙4cm(α_0)	10	0.35	0.25	0.96	0.95	0.98	0.98
玻璃棉(面密度8kg/m^2)	3	0.07	0.18	0.58	0.89	0.81	0.98
玻璃棉(面密度8.2kg/m^2)(α_0)	5	0.08	0.24	0.75	0.97	0.97	0.96
玻璃棉(面密度2.5kg/m^2)(α_0)	3	0.07	0.15	0.43	0.89	0.98	0.95
酚醛酸玻璃棉砖(密度0.14g/cm^3)	5	0.15	0.32	0.70	0.94	0.94	—
酚醛酸玻璃棉砖(密度0.14g/cm^3)	10	0.39	0.66	0.85	0.87	0.96	—
散玻璃棉(密度0.08g/cm^3)	5	0.11	0.25	0.60	0.94	0.94	—
散玻璃棉(密度0.08g/cm^3)	10	0.19	0.62	0.95	0.97	0.99	—
麻下脚料(密度0.15g/cm^3)(α_0)	5	0.39	0.41	0.70	0.74	0.78	0.94
麻下脚料(密度0.124g/cm^3)(α_0)	10	0.45	0.68	0.75	0.83	0.91	0.94
芦花(密度0.28g/cm^3)(α_0)	5	0.24	0.60	0.70	0.78	—	—
芦花(密度0.28g/cm^3)(α_0)	10	0.52	0.69	0.77	0.87	0.94	—

①熟石灰+粉煤灰+水泥+细骨料。
②石膏+粉煤灰+水泥+细骨料。
③水泥(32.5级):蛭石(粒径5mm):砂:水=1:4.9:2.1:1.5(体积比)。

温度换算表 **附表1-6**

温度单位	摄氏(℃)	华氏(℉)	列氏(°R)
换算公式	$C=5/4R=5/9(F-32)$	$F=9/5C+32=9/4R+32$	$R=4/5C=4/9(F-32)$
冰点	0	32	0
沸点	100	212	80

涂料各种黏度换算表(25℃为准)　　附表1-7

加氏管(号数)	格氏管(气泡法)(s)	涂-4黏度杯(s)	标准黏度(P)	加氏管(号数)	格氏管(气泡法)(s)	涂-4黏度杯(s)	标准黏度(P)
A		20	0.50	S	7.30		5.00
B		26	0.65	T	8.10		5.50
C		34	0.85	U	9.20		6.27
D	1.46	40	1.00	U-V	11.60		8.00
E	1.83	46	1.25	V	13.00		8.84
F	2.05	51	1.40	W	15.70		10.70
G	2.42	57	1.65	X	18.90		12.90
G—H	2.64	60	1.80	X^+	21.00		14.40
H	2.93	65	2.00	Y	25.80		17.60
I	3.30	75	2.25	Z	33.30	154	22.70
J	3.67	85	2.50	Z^+	35.00	166	23.50
K	4.03	96	2.75	Z_1	39.60		27.00
L	4.40	108	3.00	Z_2	49.85		34.00
M	4.70	117	3.20	Z_2^+	54.00		36.20
N	5.00	1.23	3.40	Z_3	67.90		46.30
O	5.40	127	3.70	Z_4	91.00		62.00
P	5.80	131	4.0	Z_4^+	93.00		63.00
Q	6.40	137	4.35	Z_5	144.50		98.50
R	6.90	144	4.40	Z_5^+	176.41		120.00
R^+	4.03	147	4.80	Z_6	217.10		148.00

注:涂－4黏度计,一般超过160s时,应用很少,同时因黏度大,不易准确,所以至160s后,便无对照数据。

塑料名称缩写表　　附表1-8

名称	代号	名称	代号
丙烯酸酯-丙烯腈-苯乙烯	AAS	聚酯	PES
丙烯腈-丁二烯-苯乙烯	ABS	聚对苯二甲酸乙二醇酯	PETE
丙烯腈-氯化聚乙烯-苯乙烯	ACS	酚醛树脂	PF
醇酸树脂	ALK	聚酰亚胺	PI
丙烯腈-苯乙烯-丙烯酸	ASA	聚异丁烯	PIB
醋酸纤维素	CA	聚甲基丙烯酸甲酯(有机玻璃)	PMMA
丁酸-醋酸纤维素	CAB	聚烯烃	PO
丙酸-醋酸纤维素	CAP	聚甲醛	POM
甲酚甲醛树脂	CF	聚丙烯	PP
羧甲基纤维素	CMC	聚苯醚	PPO
硝酸纤维素	CN	聚苯乙烯	PS
丙酸纤维素	CP	苯乙烯-丙烯腈共聚物	PSB
氯化聚乙烯	CPE	聚砜	PSF(PSUL)
酪朊	CS	聚四氟乙烯	PTFE
邻苯二甲酸二丙烯酯	DAP	聚氨基甲酸酯	PUR
二甲基乙酰胺	DMA	聚醋酸乙烯	PVAC
乙基纤维素	EC	聚乙烯醇	PVAL
环氧树脂	EP	聚乙烯醇缩丁醛	PVB
乙烯—醋酸乙烯	EVA	聚氯乙烯	PVC
玻璃纤维增强塑料	ERP	聚氯乙烯—醋酸乙烯酯	PVCA
玻璃纤维增强热塑性塑料	ERTP	聚偏二氯乙烯	PVDC
玻璃纤维	CF	聚偏氟乙烯	PVDF

续表

名　　称	代　　号	名　　称	代　　号
玻璃纤维增强塑料	GFP	聚氟乙烯	PVF
甲基丙烯酸甲酯共聚树脂一丁	CBS	聚乙烯醇缩甲醛	PVFM
甲基丙烯酸甲酯	MMA	增强热塑性塑料	RTP
三聚氰胺甲醛树脂	MF	增强塑料	RP
聚酰胺(尼龙)	PA	苯乙烯-丙烯腈	SAN
聚苯并咪唑	PBI	苯乙烯-丁二烯	SB
聚苯并噻唑	PBT	硅树脂	SI
聚碳酸酯	PC	苯乙烯-甲基丙烯酸甲酯	SM
聚三氟氯乙烯	PCFFE	磷酸三苯酯	TPP
聚邻苯二甲酸二丙烯酯	PDAP	脲甲醛树脂	UF
聚乙烯	PE	不饱和聚酯	RP

常用增塑剂名称缩写　　附表 1-9

增塑剂名称	缩　　写	增塑剂名称	缩　　写
苯二甲酸二辛酯	DOP	磷酸三(二甲苯)酯	TXP
苯二甲酸二异辛酯	DIOP	磷酸三辛酯	TOP
苯二甲酸七九酯	DAP	磷酸三甲酚酯	TCP
苯二甲酸二丁酯	DBP	癸二酸二丁酯	DBS
苯二甲酸二仲辛酯	DCP	癸二酸二辛酯	DOS
苯二甲酸二壬酯	DNP	己二酸二辛酯	DOA
苯二甲酸二异癸酯	DIDP	己二酸二异辛酯	DIOA
磷酸三甲苯酯	TTP		

部分塑料表观密度(g/cm^3)比较表　　附表 1-10

名　　称	表观密度	名　　称	表观密度
聚氨酯泡沫塑料(硬质)	0.02～0.03	聚氯乙烯泡沫塑料(硬)	≤0.045
聚氨酯泡沫塑料(软质)	0.03～0.045	酚醛泡沫塑料	0.14～0.2
可发性聚苯乙烯泡沫塑料	0.02～0.05	脲醛泡沫塑料	0.01～0.02
乳液聚苯乙烯泡沫塑料	0.02～0.1	有机硅泡沫塑料	0.19～0.40
聚乙烯泡沫塑料	≤0.06	环氧树脂泡沫塑料	0.084
聚氯乙烯泡沫塑(软)	0.08～0.15	聚乙烯醇缩甲醛泡沫塑料	0.1～0.5
聚氯乙烯(硬质)	1.35～1.60	玻纤增强尼龙	1.3～1.52
聚氯乙烯(软质)	1.3～1.5	聚甲醛(共)	1.43
聚丙烯	0.9～0.91	聚碳酸酯	1.2
低压聚乙烯	0.94～0.95	玻纤增强聚碳酸酯	1.4
高压聚乙烯	0.91～0.93	聚四氟乙烯	2.1～2.2
聚苯乙烯	1.04～1.09	聚三氟氯乙烯	2.09～2.16
氟塑料-46	2.10～2.2	碎木酚醛塑料	1.3～1.4
聚　砜	1.24	石棉酚醛塑料	1.5～1.6
聚酰亚胺	1.4～1.6	酚醛玻纤压塑料	1.7～1.8
有机玻璃	1.19	DAP 塑料	1.55～1.90
聚氯醚	1.4	脲-甲醛模压塑料(α-纤维填充)	1.4～1.52
糖　醛	1.16	三聚氰胺—甲醛压塑料(玻纤增强)	1.8～2.0
酚　醛	1.25～1.40		
碎布酚醛塑料	1.3～1.4	三聚氰胺—甲醛塑料	1.45～1.5
AS 塑料	1.00～1.08	不饱和聚酯玻纤压塑料	2.1
ABS 塑料	1.02～1.20	聚酯塑料	1.38～1.39

续表

名　　称	表观密度	名　　称	表观密度
尼龙-6	1.12～1.14	环氧玻纤压塑料	1.8～2.0
尼龙-66	1.15	玻纤增强糖醛—丙酮塑料	1.7
尼龙-610	1.09～1.13	赛璐珞塑料	1.35～1.40
尼龙-9	1.05	有机硅玻纤层压塑料	1.7
尼龙-1010	1.04～1.09	氨基塑料	1.35～1.45
尼龙-11	1.04		

环氧树脂牌号表　　**附表 1-11**

新牌号	老牌号	化　学　名　称	软化点(℃)	环氧值(当量/100g)
A-42	654	三聚氰酸环氧树脂	—	—
A-95	699	三聚氰酸环氧树脂	熔点 90～95	0.90～0.95
D-17	2000 62000	聚丁二烯环氧树脂	黏稠液体	
E-03	609	双酚 A 环氧树脂	135～155	0.02～0.045
E-06	607	双酚 A 环氧树脂	110～135	0.04～0.07
E-12	604	双酚 A 环氧树脂	85～95	0.09～0.14
E-14	603	双酚 A 环氧树脂	78～85	0.10～0.18
E-20	601	双酚 A 环氧树脂	64～76	0.18～0.22
E-31	638	双酚 A 环氧树脂	40～55	0.23～0.38
E-35	637	双酚 A 环氧树脂	20～35	0.30～0.40
E-42	634	双酚 A 环氧树脂	21～27	0.38～0.45
E-44	6101	双酚 A 环氧树脂	12～20	0.41～0.47
E-51	618	双酚 A 环氧树脂	液　体	0.48～0.54
	6828 (616)	双酚 A 环氧树脂	液　体	0.52～0.54
EG-02	665	有机硅改性双酚 A 环氧树脂	(含固量≮50%) 液体	0.01～0.03
ET-40	670	有机钛改性双酚 A 环氧树脂	20～35	0.35～0.45
F-44	644	酚醛环氧树脂	≤40	>0.44
F-46	648	酚醛环氧树脂	≤70	>0.44
FA-68	672	—	—	—
H-17	201 6201	3,4—环氧基-6-甲基环己烷甲酸	—	0.60～0.64
R-122	207 6207	二氧化双环戊二烯	熔点 184	1.22
W-95	30 400 6300 6400	二氧化双环戊烯基醚	熔点 55	≥0.95
Y-132	6206	二氧化乙烯基环已烯环氧树脂	液　体	1.29～1.35
YJ-118	6269	二甲基代二氧化乙烯基环已烷环氧树脂	液　体	1.16～1.19
	701	二氧化双环戊二烯乙醇醚	—	—
	711	四氢邻苯二甲酸二缩水甘油酯	液　体	0.6
	713	羟甲基双酚 A 环氧树脂	液　体	0.4～0.5
	731	邻苯二甲酸二缩水甘油酯	液　体	0.6

各种彩色颜料性能表 附表 1-12

彩色颜料	细度（325 目筛余%）	耐光性（全色）	耐光性（冲淡色）	耐热性（℃）	耐酸性	耐碱性
甲苯胺红	0.04～1.20	优	良	160	良	良
立索尔红	0.30	中	差	74	良	良
铁红（湿法）	1～30	优	优	160	良	良
镉 红	2～3	优	优	160	差	良
银 朱	0.03～0.15	优	优	160	良	良
浅铬绿	0.28	良	中	110	良	差
中铬绿	0.10	良	中	160	良	差
深铬绿	0.10	良	中	160	良	差
氧化铬绿	0.10	优	优	110	优	优
群 青	0.10	优	良	160	差	良
铁 蓝	0.10	优	良	160	优	差
酞菁蓝	—	优	优	—	优	优
柠檬黄	0.19	中	差	110	良	差
中绿黄	0.4	良	中	160	良	差
锌铬黄	0.39	优	良	74	差	差
铁 黄	0.2	优	优	110	优	良
耐晒黄 10G	0.11	优	良	110	良	良
耐晒黄 G	0.10	优	良	160	良	良
深铬橙	0.18	优	良	160	差	良
钼 橙	0.10	良	中	110	良	差

各种白色颜料性能表 附表 1-13

白色颜料	化学成分	折光率	着色强度	遮盖力（g/m^2）
钛白（金红石型）	TiO_2	2.7	1600	30.9
钛白（锐钛型）	TiO_2	2.55	1250	39.5
钛钙白（50%）		—	880	55.3
钛钙白（30%）		1.98	600	79.6
锌钡白	$ZnS, BaSO_4$	1.84～2.0	280	168
硫化锌	ZnS	2.37	640	78.2
氧化锌	ZnO	1.99～2.902	210	227
含铅锌化锌（35%）	$ZnO, PbSO_4$	—	175	227
盐基性碳酸铅白	$2PbCO_3, Pb(OH)_2$	1.94～2.09	160	252
盐基性硫酸铅白	$2PbSO_4, PbO$	1.93	120	324
含硅铅白		—	90	378
三氧化二锑	Sb_2O_3	2.09～2.29	300	206

色泽的波长对照表 附表 1-14

标准色	波长，埃（Å）	色泽范围	波长，埃（Å）	标准色	波长，埃（Å）	色泽范围	波长，埃（Å）
暗紫	3969			黄	5780	黄	5700～5900
紫	4176	紫	4000～4600	橙	6074	橙	5900～6100
青	4738	青	4600～5000	红	6770	红	6100～7000
绿	5235	绿	5000～5700	暗红	7594		

附录2　建筑材料放射性核素限量(摘录)

(国家强制性执行标准:GB 6566—2001)

一、范　围

本标准规定了建筑材料中天然放射性核素镭-226、钍-232、钾-40 放射性比活度的限量和试验方法。

本标准适用于建造各类建筑物所使用的无机非金属建筑材料,包括掺工业废渣的建筑材料。

二、建筑材料

本标准将建筑材料分为主体建筑材料和装修材料两种。

主体建筑材料包括:水泥与水泥制品、砖、瓦、混凝土、混凝土预制构件、砌块、墙体保温材料、工业废渣、掺工业废渣的建筑材料及各种新型墙体材料等。

装修材料包括:花岗岩、建筑陶瓷、石膏制品、吊顶材料、粉刷材料及其他新型饰面材料等。

三、术语和定义

1. 内照射指数

本标准中内照射指数是指:建筑材料中天然放射性核素镭-226 的放射性比活度,除以本标准规定的限量而得的商。

表达式为　$$I_{Ra}=\frac{C_{Ra}}{200}$$

式中　I_{Ra}——内照射指数;

C_{Ra}——建筑材料中天然放射性核素镭-226 的放射性比活度,单位为贝可/千克($Bq \cdot kg^{-1}$);

200——仅考虑内照射情况下,本标准规定的建筑材料中放射性核素镭-226 的放射性比活度限量,单位为贝可/千克($Bq \cdot kg^{-1}$)。

2. 外照射指数

本标准中外照射指数是指:建筑材料中天然放射性核素镭-226、钍-232 和钾-40的放射性比活度分别除以其各自单独存在时本标准规定限量而得的商之和。

表达式为:　$$I_r=\frac{C_{Ra}}{370}+\frac{C_{Th}}{260}+\frac{C_k}{4200}$$

式中　I_r——外照射指数;

C_{Ra}、C_{Th}、C_k——分别为建筑材料中天然放射性核素镭-226、钍-232 和钾-40 的放射性比活度,单位为贝可/千克($Bq \cdot kg^{-1}$);

370、260、4200——分别为仅考虑外照射情况下,本标准规定的建筑材料中天然放射性核素镭-226、钍-232 和钾-40 在其各自单独存在时本标准规定的限量,单位为贝可/千克($Bq \cdot kg^{-1}$)。

3. 放射性比活度

某种核素的放射性比活度是指：物质中的某种核素放射性活度除以该物质的质量而得的商。

$$表达式为：\quad C = \frac{A}{m}$$

式中 C——放射性比活度，单位为贝可/千克（$Bq \cdot kg^{-1}$）；

A——核素放射性活度，单位为贝可（Bq）；

m——物质的质量，单位为千克（kg）。

4. 测量不确定度

测量不确定度是表征被测量的真值在某一量值范围内的评定，即测量值与实际值偏离程度。

5. 空心率

在本标准中，空心率是指：空心建材制品的空心体积与整个空心建材制品体积之比的百分率。

四、要　求

1. 主体建筑材料

当主体建筑材料中天然放射性核素镭-226、钍-232、钾-40的放射性比活度同时满足 $I_{Ra} \leq 1.0$ 和 $I_r \leq 1.0$ 时，其产销与使用范围不受限制。

对于空心率大于25%的建筑主体材料，其天然放射性核素镭-226、钍-232、钾-40的放射性比活度同时满足 $I_{Ra} \leq 1.0$ 和 $I_r \leq 1.3$ 时，其产销与使用范围不受限制。

2. 装修材料

本标准根据装修材料放射性水平大小划分为以下三类：

（1）A 类装修材料：装修材料中天然放射性核素镭-226、钍-232、钾-40的放射性比活度同时满足 $I_{Ra} \leq 1.0$ 和 $I_r \leq 1.3$ 要求的为 A 类装修材料。A 类装修材料的产销与使用范围不受限制。

（2）B 类装修材料：不满足 A 类装修材料要求但同时满足 $I_{Ra} \leq 1.3$ 和 $I_r \leq 1.9$ 要求的为 B 类装修材料。B 类装修材料不可用于Ⅰ类民用建筑的内饰面，但可用于Ⅰ类民用建筑的外饰面及其他一切建筑的内、外饰面。

（3）C 类装修材料：不满足 A、B 类装修材料要求但满足 $I_r \leq 2.8$ 要求的为 C 类装修材料。C 类装修材料只可用于建筑物的外饰面及室外其他用途。

（4）$I_r > 2.8$ 的花岗岩只可用于碑石、海堤、桥墩等人类很少涉及的地方。

五、试验方法略（详见GB 6566—2001）。

附录3 内墙涂料中有害物质限量(摘录)

(国家强制性执行标准:GB 18582—2008)

一、本标准与 GB 18587—2001 相比主要技术差异:

——范围中增加了水性墙面腻子,并对其规定了有害物质限量值;

——水性墙面涂料中挥发性有机化合物的限量值大幅度降低,表示方法改为产品中除水后的挥发性有机化合物的含量;

——游离甲醛计量单位改变,其限量值更加严格;

——增加了苯、甲苯、乙苯和二甲苯总和控制项目;

——增加了挥发性有机化合物的定义,测试方法由总挥发物扣除水分改为用气相色谱分析技术分离被测样品中各种挥发性有机化合物,并定性鉴定和定量分析;

——修改完善了游离甲醛和可溶性重金属的测试方法;

——建立了苯、甲苯、乙苯和二甲苯总和的测试方法,并将其与测试挥发性有机化合物方法相结合。

二、范围

本标准规定了室内装饰装修用水性墙面涂料(包括面漆和底漆)和水性墙面腻子中对人体有害物质允许限量的要求、试验方法、检验规则、包装标志、涂装安全及防护。

本标准适用于各类室内装饰装修用水性墙面涂料和水性墙面腻子。

三、要求

产品应符合附表 3-1 的技术要求。

技术要求 **附表 3-1**

项目		限量值	
		水性墙面涂料[a]	水性墙面腻子[b]
挥发性有机化合物含量(VOC) ≤		120g/L	15g/kg
苯、甲苯、乙苯、二甲苯总和(mg/kg) ≤		300	
游离甲醛(mg/kg) ≤		100	
可溶性重金属(mg/kg) ≤	铅 Pb	90	
	镉 Cd	25	
	铬 Cr	60	
	汞 Hg	60	

a 涂料产品所有项目均不考虑稀释配比。

b 膏状腻子所有项目均不考虑稀释配比;粉状腻子除可溶性重金属项目直接测试粉体外,其余 3 项按产品规定的配比将粉体与水或胶粘剂等其他液体混合后测试。如配比为某一范围时,应按照水用量最小、胶粘剂等其他液体用量最大的配比混合后测试。

四、试验方法（略）

五、检验规则（略）

六、包装标志

产品包装标志应符合 GB/T 9750 的规定外，按本标准检验合格的产品可在包装标志上明示。

七、涂装安全及防护

1. 涂装时应保证证室内通风良好。
2. 涂装时施工人员应穿戴好必要的防护用品。
3. 涂装完成后继续保持室内空气流通。

附录4　室内装饰装修材料溶剂型木器涂料中有害物质限量(摘录)

（国家强制性执行标准：GB 18581—2009）

一、范　围

本标准规定了室内装饰装修用聚氨酯类、硝基类和醇酸类溶剂型木器涂料以及木器用溶剂型腻子中对人体和环境有害物质容许限值的要求，试验方法、检验规则、包装标志、涂装安全及防护等内容。

本标准适用于室内装饰装修和工厂化涂装用聚氨酯类、硝基类和醇酸类溶剂型木器涂料（包括底漆和面漆）及木器用溶剂型腻子。不适用于辐射固化涂料和不饱和聚酯腻子。

二、术语和定义

下列术语和定义适用于本标准。

1. 挥发性有机化合物（VOC）　volatile organic compounds

在101.3kPa标准大气压下，任何初沸点低于或等于250℃的有机化合物。

2. 挥发性有机化合物含量　volatile organic compounds content

按规定的测试方法测试产品所得到的挥发性有机化合物的含量。

3. 聚氨酯类涂料 polyurethane coatings

以由多异氰酸酯与含活性氢的化合物反应而成的聚氨（基甲酸）酯树脂为主要成膜物质的一类涂料。

4. 硝基类涂料 nitrocellulose coatings

以由硝酸和硫酸的混合物与纤维素酯化反应制得的硝酸纤维素为主要成膜物质的一类涂料。

5. 醇酸类涂料 alkyd coatings

以由多元酸、脂肪酸（或植物油）与多元醇缩聚制得的醇酸树脂为主要成膜物质的一类涂料。

三、要　求

产品中有害物质限量应符合附表4-1的要求。

有害物质限量的要求　　附表4-1

项　目	限量值				
	聚氨酯类涂料		硝基类涂料	醇酸类涂料	腻子
	面漆	底漆			
挥发性有机化合物（VOC）含量[a]/（g/L）≤	光泽（60°）≥80，580 光泽（60°）<80，670	670	720	500	550
苯含量[a]/% ≤	0.3				
甲苯、二甲苯、乙苯含量总和[a]/% ≤	30		30	5	30

续表

项目		限量值				
		聚氨酯类涂料		硝基类涂料	醇酸类涂料	腻子
		面漆	底漆			
游离二异氰酸酯(TDI、HDI)含量总和[b]/% ≤		0.4		—	—	0.4(限聚氨酯类腻子)
甲醇含量[a]/% ≤		—		0.3	—	0.3(限硝基类腻子)
卤代烃含量[a,c]/% ≤		0.1				
可溶性重金属含量(限色漆、腻子和醇酸清漆)/(mg/kg) ≤	铅 Pb	90				
	镉 Cd	75				
	铬 Cr	60				
	汞 Hg	60				

a 按产品明示的施工配比混合后测定,如稀释剂的使用量为某一范围时,应按照产品施工配比规定的最大稀释比例混合后进行测定。

b 如聚氨酯类涂料和腻子规定了稀释比例或由双组分或多组分组成时,应先测定固化剂(含游离二异氰酸酯预聚物)中的含量,再按产品明示的施工配比计算混合后涂料中的含量,如稀释剂的使用量为某一范围时,应按照产品施工配比规定的最小稀释比例进行计算。

c 包括二氯甲烷、1.1－二氯乙烷、1.2－二氯乙烷、三氯甲烷、1.1.1-三氯乙烷、1.1.2-三氯乙烷、四氯化碳。

四、试验方法(略)

五、检验规则(略)

六、包装标志

1. 产品包装标志除应符合 GB/T 9750 的规定外,按本标准检验合格的产品可在包装标志上明示。

2. 对于由双组分或多组分配套组成的涂料和腻子,包装标志上或产品说明书中应明确各组分的施工配比。对于施工时需要稀释的涂料和腻子,包装标志上或产品说明书中应明确稀释比例。

七、涂装安全及防护

1. 涂装时应保证室内通风良好。
2. 涂装时施工人员应穿戴好必要的防护用品。
3. 涂装完成后继续保持室内空气流通。

附录5　室内装饰装修材料水性木器涂料中有害物质限量(摘录)

（国家强制性执行标准：GB 24410—2009）

一、范　围

本标准规定了室内装饰装修用水性木器涂料和木器用水性腻子中对人体和环境有害的物质容许限量的要求、试验方法、检验规则、包装标志、涂装安全及防护等内容。

本标准适用于室内装饰装修和工厂化涂装用水性木器涂料以及木器用水性腻子。

二、术语和定义

下列术语和定义适用于本标准。

1. 挥发性有机化合物(VOC)　volatile organic compounds

在101.3kPa标准大气压下，任何初沸点低于或等于250℃的有机化合物。

2. 挥发性有机化合物含量　volatile organic compounds content

按规定的测试方法测试产品所得到的挥发性有机化合物的含量。

注1：涂料产品以扣除水分后的挥发性有机化合物的含量计，以克每升(g/L)表示。

注2：腻子产品以不扣除水分的挥发性有机化合物的含量计，以克每千克(g/kg)表示。

三、要　求

产品中有害物质限量应符合附表5-1的要求。

有害物质限量的要求　　**附表5-1**

项　目		限量值	
		涂　料[a]	腻　子[b]
挥发性有机化合物含量≤		300g/L	60g/kg
苯系物含量(苯、甲苯、乙苯和二甲苯总和)/(mg/kg)　≤		300	
乙二醇醚及其酯类含量(乙二醇甲醚、乙二醇甲醚醋酸酯、乙二醇乙醚、乙二醇乙醚醋酸酯、二乙二醇丁醚醋酸酯总和)/(mg/kg)　≤		300	
游离甲醛含量/(mg/kg)　≤		100	
可溶性重金属含量(限色漆和腻子)/(mg/kg)　≤	铅Pb	90	
	镉Cd	75	
	铬Cr	60	
	汞Hg	60	

a　对于双组分或多组分组成的涂料，应按产品规定的配比混合后测定。水不作为一个组分，测定时不考虑稀释配比。

b　粉状腻子除可溶性重金属项目直接测定粉体外，其余项目是指按产品规定的配比将粉体与水或胶粘剂等其他液体混合后测定。如配比为某一范围时，水应按照水用量最小的配比量混合后测定。胶粘剂等其他液体应按照其用量最大的配比量混合后测定。

四、试验方法（略）

五、检验规则（略）

六、包装标志

1. 产品包装标志除应符合 GB/T 9750 的规定外，按本标准检验合格的产品可在包装标志上明示。

2. 对于由双组分或多组分配套组成的涂料或腻子，包装标志上或产品说明书中应明确各组分施工配比。

七、涂装安全及防护

1. 涂装时应保证室内通风良好。
2. 涂装时施工人员应穿戴好必要的防护用品。
3. 涂装完成后继续保持室内空气流通。

附录6 建筑用外墙涂料中有害物质限量(摘录)

(国家强制性执行标准:GB 24408—2009)

一、范 围

本标准规定了建筑用外墙涂料中对人体和环境有害的有害物质容许限量的要求、试验方法、检验规则和包装标志等内容。

本标准适用于直接在现场涂装、对以水泥基及其他非金属材料为基材的建筑物外表面进行装饰和防护的各类水性外墙涂料和溶剂型外墙涂料。

二、术语和定义

下列术语和定义适用于本标准。

1. 挥发性有机化合物(VOC) volatile organic compounds

在101.3kPa标准大气压下,任何初沸点低于或等于250℃的有机化合物。

2. 挥发性有机化合物含量(VOC含量) volatile organic compounds content

按规定的测试方法测试产品所得到的挥发性有机化合物的含量。

注1:水性外墙底漆和面漆以扣除水分后的挥发性有机化合物含量计,以克每升(s/L)表示;溶剂型外墙底漆和面漆挥发性有机化合物的含量,以克每升(g/L)表示。

注2:水性外墙腻子以不扣除水分的挥发性有机化合物含量计,以克每千克(g/kg)表示。

三、产品分类

产品分为两大类:水性外墙涂料(包括腻子、底漆和面漆)和溶剂型外墙涂料(包括底漆和面漆)。其中溶剂型外墙涂料又分为色漆、清漆和闪光漆三类。

四、要 求

产品中有害物质限量应符合附表6-1的要求。

有害物质限量的要求 附表6-1

项 目	限 量 值					
	水性外墙涂料			溶剂型外墙涂料(包括底漆和面漆)		
	底漆[a]	面漆[a]	腻子[b]	色漆	清漆	闪光漆
挥发性有机化合物(VOC)含量/(g/L) ≤	120	150	15g/kg	680[c]	700[c]	760[c]
苯含量[c]/% ≤	—			0.3		
甲苯、乙苯和二甲苯含量总和[c]/% ≤	—			40		
游离甲醛含量/(mg/kg) ≤	100			—		
游离二异氰酸酯(TDI和HDI)含量总和[d]/% ≤(限以异氰酸酯作为固化剂的溶型外墙涂料)	—			0.4		

续表

项目		限量值					
		水性外墙涂料			溶剂型外墙涂料(包括底漆和面漆)		
		底漆[a]	面漆[a]	腻子[b]	色漆	清漆	闪光漆
乙二醇醚及醚酯含量总和[a,b,c]/% ≤(限乙二醇甲醚、乙二醇甲醚醋酸酯、乙二醇乙醚、乙二醇乙醚醋酸酯和二乙二醇丁醚醋酸酯)		0.03					
重金属含量/(mg/kg)≤(限色漆和腻子)	铅(Pb)	1000					
	镉(Cd)	100					
	六价铬(Cr^{6+})	1000					
	汞(Hg)	1000					

a 水性外墙底漆和面漆所有项目均不考虑稀释配比。

b 水性外墙腻子中膏状腻子所有项目均不考虑稀释配比;粉状腻子除重金属项目直接测试粉体外,其余三项是指按产品明示的施工配比将粉体与水或胶粘剂等其他液体混合后测试。如施工配比为某一范围时,应按照水用量最小、胶粘剂等其他液体用量最大的施工配比混合后测试。

c 溶剂型外墙涂料按产品明示的施工配比混合后测定。如稀释剂的使用量为某一范围时,应按照产品施工配比规定的最大稀释比例混合后进行测定。

d 如果产品规定了稀释比例或由双组分或多组分组成时,应先测定固化剂(含二异氰酸酯预聚物)中的二异氰酸酯含量。再按产品明示的施工配比计算混合后涂料中的含量。如稀释剂的使用量为某一范围时,应按照产品施工配比规定的最小稀释比例进行计算。

五、试验方法(略)

六、检验规则(略)

七、包装标志

1. 产品包装标志除应符合 GB/T 9750 的规定外,按本标准检验合格的产品可在包装标志是明示。

2. 对于由双组分或多组分配套组成的外墙涂料产品,包装标志上或产品说明书中应明确各组分施工配比。对于施工时需要稀释的外墙涂料产品,包装标志上或产品说明书中应明确稀释比例。

附录7 人造板及其制品中甲醛释放限量(摘录)

(国家强制性执行标准:GB 18580—2001)

一、范　围

本标准规定了室内装饰装修用人造板及其制品(包括地板、墙板等)中甲醛释放量的指标值、试验方法和检验规则。

本标准适用于释放甲醛的室内装饰装修用各类人造板及其制品。

二、求语和定义

1. 甲醛释放量——穿孔法测定值

用穿孔萃取法测定的从100g绝干人造板萃取的甲醛量。

2. 甲醛释放量——干燥器法测定值

用干燥器法测定的试件释放于吸收液(蒸馏水)中的甲醛量。

3. 甲醛释放量——气候箱法测定值

以本标准规定的气候箱测定的试件向空气中释放达稳定状态时的甲醛量。

4. 气候容积箱

指无负荷时箱内总的容积。

5. 承载率

指试样总表面积与气候箱容积之比。

6. 空气置换率

每小时通过气候箱的空气体积与气候箱容积之比。

7. 空气流速

气候箱中试样表面附近的空气速度。

三、分　类

(1)穿孔萃取法甲醛释放量(简称穿孔值);

(2)干燥器法甲醛释放量(简称干燥器值);

(3)气候箱法甲醛释放量(简称气候箱值)。

四、要　求

室内装饰装修用人造板及其制品中甲醛释放量应符合附表7-1的规定。

甲醛释放量限量值　　　　**附表7-1**

产品名称	试验方法	限量值	使用范围	限制标志[b]
中密度纤维板、高密度纤维板、刨花板、定向刨花板等	穿孔萃取法	≤9mg/100g	可直接用于室内	E_1
		≤30mg/100g	必须饰面处理后可允许用于室内	E_2

续表

产品名称	试验方法	限量值	使用范围	限制标志[b]
胶合板、装饰单板贴面胶合板、细木工板等	干燥器法	≤1.5mg/L	可直接用于室内	E_1
		≤5.0mg/L	必须饰面处理后可允许用于室内	E_2
饰面人造板（包括浸渍纸层压木质地板、实木复合地板、竹地板、浸渍胶膜纸饰面人造板等）	气候箱法[a]	≤0.12mg/m³	可直接用于室内	E_1
	干燥器法	≤1.5mg/L		

a 仲裁时采用气候箱法。

b E_1 为可直接用于室内的人造板，E_2 为必须饰面处理后允许用于室内的人造板。

五、试验方法（略）

六、检验规则（略）

七、产品标志

应标明产品名称、产品标准编号、商标、生产企业名称、详细地址、产品原产地、产品规格、型号、等级、甲醛释放量限量标识。

附录8　木家具中有害物质限量(摘录)

(国家强制性执行标准:GB 18584—2001)

一、范　围

本标准规定了室内使用的木家具产品中有害物质的限量要求、试验方法和检验规则。

本标准适用于室内使用的各类木家具产品。

二、术语和定义

1. 甲醛释放量

家具的人造板试件通过GB/T 17657—1999中4.12规定的24h干燥器法试验测得的甲醛释放量。

2. 可溶性重金属含量

家具表面色漆涂层中通过GB/T 9758—1988中规定的试验方法测得的可溶性铅、镉、铬、汞等重金属的含量。

三、要　求

木家具产品应符合附表8-1规定的有害物质限量要求。

有害物质限量要求　　**附表8-1**

项目		限量值
甲醛释放量(mg/L)		≤1.5
重金属含量(限色漆)(mg/kg)	可溶性铅	≤90
	可溶性镉	≤75
	可溶性铬	≤60
	可溶性汞	≤60

四、试验方法(略)

五、检验规则(略)

附录9 壁纸中有害物质限量(摘录)

(国家强制性执行标准:GB 18585—2001)

一、范 围

本标准规定了壁纸中的重金属(或其他)元素、氯乙烯单体及甲醛三种有害物质的限量、试验方法和检验规则。

本标准主要适用于以纸为基材的壁纸。

二、要 求

壁纸中有害物质限量值应符合附表 9-1 的规定。

壁纸中有害物质限量值 **附表 9-1**

有害物质名称		限量值
重金属(或其他)元素(mg/kg)	钡	≤1000
	镉	≤25
	铬	≤60
	铅	≤90
	砷	≤8
	汞	≤20
	硒	≤165
	锑	≤20
氯乙烯单体(mg/kg)		≤1.0
甲醛(mg/kg)		≤120

三、试验方法(略)

四、检验规则(略)

五、包装标志

壁纸应用非聚氯乙烯塑料薄膜进行包装,其包装标志应符合 GB/T 10342 中的规定。

附录10　聚氯乙烯卷材地板中有害物质限量(摘录)

（国家强制性执行标准：GB 18586—2001）

一、范　围

本标准规定了聚氯乙烯卷材地板（又称聚氯乙烯地板革）中氯乙烯单体、可溶性铅、可溶性镉和其他挥发物的限量、试验方法、抽样和检验规则。

本标准适用于以聚氯乙烯树脂为主要原料并加入适当助剂，用涂敷、压延、复合工艺生产的发泡或不发泡的、有基材或无基材的聚氯乙烯卷材地板（以下简称卷材地板），也适用于聚氯乙烯复合铺炕革、聚氯乙烯车用地板。

二、要　求

1. 氯乙烯单体限量

卷材地板聚氯乙烯层中氯乙烯单体含量应不大于5mg/kg。

2. 可溶性重金属限量

卷材地板中不得使用铅盐助剂；作为杂质，卷材地板中可溶性铅含量应不大于20mg/m^2。

卷材地板中可溶性镉含量应不大于20mg/m^2。

3. 挥发物的限量

卷材地板中挥发物的限量见附表10-1。

挥发物的限量(g/m^2)　　**附表10-1**

发泡类卷材地板中挥发物的限量		非发泡类卷材地板中挥发物的限量	
玻璃纤维基材	其他基材	玻璃纤维基材	其他基材
≤75	≤35	≤40	≤10

三、抽样（略）

四、试验方法（略）

五、检验规则（略）

附录11　地毯、地毯衬垫及地毯胶粘剂有害物质释放限量（摘录）

（国家强制性执行标准：GB 18587—2001）

一、范　围

本标准规定了地毯、地毯衬垫及地毯胶粘剂中有害物质释放限量、测试方法及检验规则。

本标准适用于生产或销售的地毯、地毯衬垫及地毯胶粘剂。

二、术语和定义

1. 总挥发性有机物

用气相色谱非极性柱分析保留时间在正己烷和正十六烷之间，并包括它们在内的已知和未知的挥发性有机化合物。

2. 空气交换率

每小时进入舱内清新空气的体积和舱内有效容积之比，单位为小时负一次方（h^{-1}）。

3. 材料/舱负荷比

试样的暴露表面积和舱内有效的容积之比，单位为平方米每立方米（m^2/m^3）。

4. 空气流速

通过试样表面的空气速度，单位为米每秒（m/s）。

三、要　求

1. 限量及分级规定

地毯、地毯衬垫及地毯胶粘剂有害物质释放限量应分别符合附表11-1、附表11-2、附表11-3的规定。

A 级为环保型产品，*B* 级为有害物质释放限量合格产品。

地毯有害物质释放限量　　　**附表11-1**

序号	有害物质测试项目	限量［mg/(m² · h)］	
		A 级	*B* 级
1	总挥发性有机化合物（TVOC）	≤0.500	≤0.600
2	甲醛（Formaldehyde）	≤0.050	≤0.050
3	苯乙烯（Styrene）	≤0.400	≤0.500
4	4-苯基环己烯（4-Phenylcyclohexene）	≤0.050	≤0.050

地毯衬垫中有害物质释放限量　　**附表 11-2**

序　号	有害物质测试项目	限　量　[mg/(m²·h)]	
		A　级	*B*　级
1	总挥发性有机化合物(TVOC)	≤1.000	≤1.200
2	甲　醛	≤0.050	≤0.050
3	苯乙烯	≤0.030	≤0.030
4	4-苯基环己烯	≤0.050	≤0.050

地毯胶粘剂中有害物质释放限量　　**附表 11-3**

序　号	有害物质测试项目	限　量　[mg/(m²·h)]	
		A　级	*B*　级
1	总挥发性有机化合物(TVOC)	≤10.000	≤12.000
2	甲　醛	≤0.050	≤0.050
3	2-乙基己醇(2-ethyl-1-hexanol)	≤3.000	≤3.500

2. 标签标识

在产品标签上,应标识产品有害物质释放限量的级别。

四、测试方法(略)

五、检验规则(略)

附录12 胶粘剂中有害物质限量(摘录)

（国家强制性执行标准:GB 18583—2001）

一、范 围

本标准规定了室内建筑装饰装修用胶粘剂中有害物质限量及其试验方法。

本标准适用于室内建筑装饰装修用胶粘剂。

二、要 求

1. 溶剂型胶粘剂中有害物质限量应符合附表12-1的规定。

溶剂型胶粘剂中有害物质限量值 **附表12-1**

项目		指标		
		橡胶胶粘剂	聚氨酯类胶粘剂	其他胶粘剂
游离甲醛(g/kg)	≤	0.5	—	—
苯[a](g/kg)	≤	5		
甲苯十二甲苯(g/kg)	≤	200		
甲苯二异氰酸酯(g/kg)	≤	—	10	—
总挥发性有机物(g/L)	≤	750		

注:a 苯不能作为溶剂使用,作为杂质其最高含量不得大于附表12-1的规定。

2. 水基型胶粘剂中有害物质限量值应符合附表12-2的规定。

水基型胶粘剂中有害物质限量值 **附表12-2**

项目		指标				
		缩甲醛类胶粘剂	聚乙酸乙烯酯胶粘剂	橡胶类胶粘剂	聚氨酯类胶粘剂	其他胶粘剂
游离甲醛(g/kg)	≤	1	1	1	—	1
苯(g/kg)	≤	0.2				
甲苯十二甲苯(g/kg)	≤	10				
总挥发性有机物(g/L)	≤	50				

三、试验方法(略)

四、检验规则(略)

主要参考文献

1. 向才旺主编. 新型建筑装饰材料实用手册(第二版). 北京:中国建材工业出版社,2001

2. 向才旺编著. 建筑装饰材料. 北京:中国建筑工业出版社,1999

3. 中国建筑装饰协会编. 建筑装饰实用手册(3)建筑装饰材料与五金. 北京:中国建筑工业出版社,1996

4. 杨斌主编. 建筑材料标准汇编(建筑装饰装修材料). 北京:中国标准出版社,1999

5. 符芳主编. 建筑装饰材料. 南京:东南大学出版社,1994

6. 张绮曼,郑曙旸主编. 室内设计资料集. 北京:中国建筑工业出版社,1991

7. 新型建筑材料杂志社编. 新型建筑材料. 1997 年至 2011 年各期. 杭州:新型建筑材料杂志社

8. 建设科技杂志社编. 建设科技. 2002 年各期. 北京:建设科技杂志社

9. 国家质量监督检验检疫总局发布的有关标准

10. 中国新型建筑材料(集团)公司、中国建材工业经济研究会新型建筑材料专业委员会编著. 新型建材跨世纪发展与应用(1996 ~ 2010). 北京:中国计划出版社,1997